"国家示范性高等职业院校建设计划项目"中央财政支持重点建设专业
杨凌职业技术学院水利水电建筑工程专业课程改革系列教材

工程水文及水利计算

《工程水文及水利计算》课程建设团队　主编

U0280851

中国水利水电出版社
www.waterpub.com.cn

内 容 提 要

本教材是"国家示范性高等职业院校建设计划项目"中央财政支持重点建设专业杨凌职业技术学院水利水电建筑工程专业课程改革系列教材。本教材是工学结合教材，内容主要包括学习任务和工作任务两大部分，根据内容性质分为四个模块，分别是：工程水文基础、工程水文分析计算、水利计算、水库调度简介。

本书可作为高职院校水利类专业的教材，也可供相关专业的科技工作者参考。

图书在版编目（ＣＩＰ）数据

工程水文及水利计算 / 《工程水文及水利计算》课程建设团队主编. -- 北京 ： 中国水利水电出版社，2010.6（2019.6重印）
"国家示范性高等职业院校建设计划项目". 中央财政支持重点建设专业 杨凌职业技术学院水利水电建筑工程专业课程改革系列教材
ISBN 978-7-5084-7567-7

Ⅰ．①工… Ⅱ．①工… Ⅲ. ①工程水文学－高等学校：技术学校－教材②水利计算－高等学校：技术学校－教材 Ⅳ．①TV12

中国版本图书馆CIP数据核字(2010)第109692号

书　　名	"国家示范性高等职业院校建设计划项目"中央财政支持重点建设专业 杨凌职业技术学院水利水电建筑工程专业课程改革系列教材 **工程水文及水利计算**
作　　者	《工程水文及水利计算》课程建设团队　主编
出版发行	中国水利水电出版社 （北京市海淀区玉渊潭南路１号Ｄ座　100038） 网址：www.waterpub.com.cn E-mail：sales@waterpub.com.cn 电话：(010) 68367658 （营销中心）
经　　售	北京科水图书销售中心 （零售） 电话：(010) 88383994、63202643、68545874 全国各地新华书店和相关出版物销售网点
排　　版	中国水利水电出版社微机排版中心
印　　刷	北京市密东印刷有限公司
规　　格	184mm×260mm　16 开本　19印张　462 千字
版　　次	2010 年 6 月第 1 版　2019 年 6 月第 5 次印刷
印　　数	13001—15000 册
定　　价	**49.50 元**

"国家示范性高等职业院校建设计划项目"
教材编写委员会

主　任：张朝晖

副主任：陈登文

委　员：刘永亮　祝战斌　拜存有　张　迪　史康立
　　　　解建军　段智毅　张宗民　邹　剑　张宏辉
　　　　赵建民　刘玉凤　张　周

《工程水文及水利计算》
教材编写团队

主　编：杨凌职业技术学院　　　　　　　　　　拜存有

　　　　徐州建筑职业技术学院　　　　　　　　张子贤

参　编：杨凌职业技术学院　　　　　　　　　　刘红英

主　审：中国水电顾问集团西北勘测设计研究院　王康柱

　　　　陕西省水文水资源勘测局　　　　　　　刘　波

2006 年 11 月，教育部、财政部联合启动了"国家示范性高等职业院校建设计划项目"，杨凌职业技术学院是国家首批批准立项建设的 28 所国家示范性高等职业院校之一。在示范院校建设过程中，学院坚持以人为本，以服务为宗旨，以就业为导向，紧密围绕行业和地方经济发展的实际需求，致力于积极探索和构建行业、企业和学院共同参与的高职教育运行机制，在此基础上，以"工学结合"的人才培养模式创新为改革的切入点，推动专业建设，引导课程改革。

课程改革是专业教学改革的主要落脚点，课程体系和教学内容的改革是教学改革的重点和难点，教材是实施人才培养方案的有效载体，也是专业建设和课程改革成果的具体体现。在课程建设与改革中，我们坚持以职业岗位（群）核心能力（典型工作任务）为基础，以课程教学内容和教学方法改革为切入点，坚持将行业标准和职业岗位要求融入到课程教学之中，使课程教学内容与职业岗位能力融通、与生产实际融通、与行业标准融通、与职业资格证书融通，同时，强化课程教学内容的系统化设计，协调基础知识培养与实践动手能力培养的关系，增强学生的可持续发展能力。

通过示范院校建设与实践，我院重点建设专业初步形成了"工学结合"特色较为明显的人才培养模式和较为科学合理的课程体系，制订了课程标准，进行了课程总体教学设计和单元教学设计，并在教学中予以实施，收到了良好的效果。为了进一步巩固扩大教学改革成果，发挥示范、辐射、带动作用，我们在课程实施的基础上，组织由专业课教师及合作企业的专业技术人员组成的课程改革团队编写了这套工学结合特色教材。本套教材突出体现了以下几个特点：一是在整体内容构架上，以实际工作任务为引领，以项目为基础，以实际工作流程为依据，打破了传统的学科知识体系，形成了特色鲜明的项目化教材内容体系；二是按照有关行业标准、国家职业资格证书要求以及毕业生面向职业岗位的具体要求编排教学内容，充分体现教材内容与生产实际相融通，与岗位技术标准相对接，增强了实用性；三是以技术应用能力（操作技能）为核心，以基本理论知识为支撑，以拓展性知识为延伸，将理论知识学习与能力培养置于实际情景之中，突出工作过程技术能力的培养和经验性知识的积累。

本套特色教材的出版，既是我院国家示范性高等职业院校建设成果的集中反映，也是带动高等职业院校课程改革、发挥示范辐射带动作用的有效途径。我们希望本套教材能对我院人才培养质量的提高发挥积极作用，同时，为相关兄弟院校提供良好借鉴。

杨凌职业技术学院院长：

2010 年 2 月 5 日于杨凌

水利水电建筑工程专业是杨凌职业技术学院"国家示范性高等职业院校建设计划项目"中央财政重点支持的 4 个专业之一，项目编号为 062302。按照子项目建设方案，在广泛调研的基础上，与行业企业专家共同研讨，在原国家教改试点成果的基础上不断创新"合格＋特长"的人才培养模式，以水利水电工程建设一线的主要技术岗位核心能力为主线，兼顾学生职业迁移和可持续发展需要，构建工学结合的课程体系，优化课程内容，进行专业平台课与优质专业核心课的建设。经过三年的探索实践取得了一系列的成果，2009年 9 月 23 日顺利通过省级验收。为了固化示范建设成果，进一步将其应用到教学之中，实现最终让学生受益，在同类院校中形成示范与辐射，经学院专门会议审核，决定正式出版系列课程教材，包括优质专业核心课程、工学结合一般课程等，共计 16 本。

本册《工程水文及水利计算》属于工学结合特色教材，是根据水利水电建筑工程专业人才方案中《工程水文及水利计算》课程的目标要求，以北方地区中小型水利水电工程项目的可研、初设、施工和管理运用等工作过程中所涉及的水文工作任务构建课程内容体系，以工作任务为导向，贯彻工程规范要求、突出工学结合（工作过程与学习过程、工作任务与学习任务、工作内容与学习内容的结合）。按照学习与工作的不同特点，遵循学生的认知规律，编排教材的内容体系。

本书内容主要包括学习任务和工作任务两大部分，根据内容性质分为 4 个模块，分别是：

模块 1　工程水文基础；

模块 2　工程水文分析计算；

模块 3　水利计算；

模块 4　水库调度简介。

每个模块前面有明确的学习目标与要求。内容以工程水文设计计算为主线，相关的知识用拓展知识单独列出。内容中安排足够的实例作例题，在计算方法上用 Excel 和专门软件计算，每部分后附技能训练题目。另外，与本教材配套的还有《工程水文及水利计算工学结合案例及技能训练项目集》，将另行成册。

本教材编写团队分别由高职院校教师和行业企业专家共同组成。全书由杨凌职业技术学院拜存有和徐州建筑职业技术学院张子贤共同担任主编，拜存有负责统稿。杨凌职业技术学院刘红英任参编，中国水利水电西北勘测设计研究院王康柱和陕西省水文水资源勘测局刘波任主审。

教材编写中将工作任务与工作内容引入课程教学，实现了"学中做"和"做中学"，体现了职业教育的最新理念。本套教材的编写是示范建设中的一种大胆创新，虽有一定的新意，但错误与缺陷在所难免，恳请读者多提宝贵意见！

本课程建设团队

2009 年 9 月

课　程　描　述

　　水资源是一种特殊而宝贵的自然资源。对水资源的综合开发利用是国民经济建设中的一项重要任务，而开发利用水资源的各种措施（包括工程措施和非工程措施）都需要研究掌握水资源的变化规律。每一项工程的实施过程一般可以分为规划设计、施工和管理运用三个阶段，每一阶段的任务是不同的。本课程针对北方地区中小型水利水电工程项目的可研、初设、施工和管理运用等工作过程中所涉及的水文工作构建课程内容体系，以工作任务为导向，贯彻工程规范要求，突出工作任务与学习任务、工作内容与学习内容的结合。主要任务是研究解决水利水电工程建设各个阶段的水文问题，内容主要包括学习任务和工作任务两大部分，根据内容性质分为四个模块，分别是：

　　模块1为工程水文基础。属于学习任务，主要为完成实际工作任务和从事水利水电工作奠定基础，需要学习河流水文学的基本概念、基本原理，基本水文资料收集和水文分析计算的基本方法。

　　模块2为工程水文分析计算。属于实际工作任务，主要解决水利水电工程在可研、初设、施工阶段的年径流、设计洪水和河流泥沙的分析计算。

　　模块3为水利计算。主要解决工程规模的确定问题，包括水库兴利调节计算、水库防洪调节计算和小型水电站水能计算三个工作任务，通过计算确定水库的特征水位、库容（如死水位、死库容、正常蓄水位、兴利库容等），水电站保证出力及多年平均发电量，为工程建筑物设计提供依据。

　　模块4为水库调度简介。主要围绕以灌溉为主水库的管理运用，解决兴利调度和防洪调度方案编制的工作任务，以科学合理地调度水库，充分发挥水库的效益。

　　本课程主要是将水文学知识应用于工程建设（本书主要涉及水利水电工程建设）的一门学科，既是专业平台课，又兼有专业核心课的性质。主要研究与水利水电工程建设有关的水文问题，又为水利水电工程的规划、设计、施工和管理运用提供有关暴雨、洪水、年径流、泥沙等方面的分析计算和预报的水文依据，用于工程规模确定、施工组织安排和管理运用。

　　在工程的规划设计阶段，主要是研究河流水情的变化规律，对河流未来的水量、泥沙和洪水等水文情势做出合理的预估，经径流调节计算确定工程的规模参数，如水库的死库容与死水位、兴利库容与正常蓄水位、调洪库容与设计洪水位、水电站的保证出力和多年平均发电量等，并确定主要建筑物尺寸，如水库大坝高度、溢洪道尺寸、引水渠道尺寸、水电站的装机容量等。再经过不同方案（即不同的参数组合）的经济技术和环境评价、论证，从而确定最后的设计方案。

　　在施工阶段，主要是研究整个工程施工期的水文问题，如施工期的设计洪水或预报洪水大小、施工导流问题、水库蓄水计划等，从而确定临时建筑物（如围堰、导流隧洞等）的规模尺寸，以及编制工程初期蓄水方案等。

在管理运用阶段，需要根据当时的和预报的水文情况，编制工程调度运用计划，以充分发挥工程的效益。例如，为了控制有防洪任务的水库，需要进行洪水预报，以便提前腾空库容和及时拦蓄洪水。在工程建成以后，还要不断复核和修改设计阶段的水文计算成果，对工程进行改造。

总之，在开发利用水资源的过程中，为了建好、管好和用好各种水利工程，都必须应用工程水文与水利水电规划的基本知识和原理、方法。本课程涉及的范围很广，内容丰富，并且还在不断发展之中，有些问题还需进一步探索。

在水利水电建筑工程和水利工程专业设置该课程的目的，主要是使学生了解我国的水资源特点，掌握河流水文学的基本知识，具备一定的水文水利（能）计算能力，能够进行水利水电工程的水文分析计算和水利水能计算工作，初步具备灌溉水库兴利调度和防洪调度的能力。本课程以"高等数学"、"工程水力计算"、"工程测量"为基础，又为"灌溉与排水工程技术"、"水工建筑物"、"水利水电工程施工技术"、"水利工程管理"和"水利工程经济"等课程提供知识与技能支撑。

课　程　标　准

一、前言

（一）课程基本信息

课程名称：工程水文及水利计算

课程类别：专业平台课

课程编码：021036

适用专业：水利水电建筑工程专业及专业群

学时：60

（二）课程性质

"工程水文及水利计算"是高职高专水利水电建筑工程专业及其专业群（水利工程、水利工程监理）的一门重要的理论实践课程。该课程是以中小型水利水电枢纽工程的规划、设计、施工和管理运用阶段的工程水文及水利计算工作任务为背景，系统分析水利水电工程建设过程需要掌握的工程水文基本知识和分析计算方法，为充分开发利用水资源，发挥工程效益提供合理的水文水利计算数据，属于专业平台课，同时兼有优质专业核心课的性质。

本课程的作用是培养学生认识水文现象的一般规律，掌握水文资料的收集、整理、审查、应用的方法，正确理解和运用工程水文及水利计算有关的基本概念、基本原理和基本方法，使学生经过一定的实践训练，能够解决一般中小型水利水电工程建设立项、可研、初设、施工和管理运用等工作过程中的相关分析及设计计算问题。为学生学习后续专业核心课以及毕业后参与水利水电工程不同建设阶段（规划设计、施工及运行管理等）的技术工作奠定基础。

本课程以"高等数学"、"工程水力计算"和"工程测量"等课程的基本知识与技能为基础，同时与"水利水电工程施工技术"、"水工建筑物"、"水电站概论"、"治河与防洪工程"和"灌溉与排水工程技术"等课程相衔接，共同打造学生的专业核心技能。

（三）课程标准的设计思路

1. 课程设置的依据

本课程是根据教育部《关于全面提高高等职业教育教学质量的若干意见》（教高[2006] 16 号）有关精神，结合水利水电建筑工程专业人才培养目标和"合格＋特长"人才培养模式课程体系的构建思路，在与校外企业专家共同研讨的基础上设置的。

2. 课程改革的基本理念

"工程水文及水利计算"立足于实际工作能力的培养，主要针对中小型水利水电工程项目的立项、可研、初设、施工和管理运用等工作过程中所涉及的水文工作构建课程内容体系，以工作任务为导向，贯彻工程规范要求，突出工学结合（工作过程与学习过程、工作任务与学习任务、工作内容与学习内容的结合）。因此，课程内容的选择打破以知识传授为主要特征的传统学科课程模式，转变为以工作任务为中心组织课程内容和课程教学，让学生在完成具体工作任务的过程中学习相关知识，训练分析计算技能和培养严谨的工作态度，为后续职业发展奠定基础。

3. 课程目标与课程内容制定的依据

整个课程以职业能力培养为重点，以职业工作任务为导向，以能力为目标，以工程项目工作任务为载体，以学生为中心，与行业企业合作进行基于工作任务的开发与设计，充分体现职业性、实践性和开放性的要求。

本课程按照以中小型水利水电工程建设所需的知识与技能要求为设计思路，在整门课程内容的编排上，考虑到学生的认知水平，由浅入深地安排课程内容，实现能力的递进，将采用以工作任务为课程主题的模块结构，把工作过程与学习过程、工作任务与学习任务、工作内容与学习内容相结合的教学内容，把该课程分为 4 个不同的教学模块来实施，培养学生强有力的动手能力和解决工程实际的能力。该课程教学模块有：

（1）工程水文基础模块。该模块主要以学习工程水文基本知识为任务，使学生基本掌握水利水电工程立项、可研、初设、施工和管理运用等阶段所涉及的工程水文基本概念、原理、方法和资料收集等，为水文分析计算、水利计算和水库调度运用等工作奠定基础。

（2）工程水文分析计算模块。该部分主要以水利水电工程设计、施工、运用阶段的水文计算工作任务为导向，包括年径流分析计算、枯水径流分析计算、河流泥沙分析计算、设计洪水分析计算以及工程建成后入库洪水的分析计算和水库逐年的淤积变化计算等工作任务。

（3）水利计算模块。该模块主要以工程规划设计阶段的工作任务为导向，依据水文分析计算结果和用水过程，进行水库兴利调节计算确定兴利库容和正常蓄水位；根据不同标准的设计洪水进行调洪计算，确定防洪特征水位和特征库容，确定出坝顶高程；进行小型水电站的保证出力和多年平均发电量的计算，确定水电站的装机容量；提供工程建设的不同规模方案，为合理选择工程方案提供依据。

（4）水库调度简介模块。该模块主要以水利水电枢纽工程运行管理阶段的工作任务为导向，依据水文预报和实际水文资料，制定兴利、防洪调度方案，最大可能地发挥工程的作用，满足下游兴利和防洪要求。

4. 课程目标实现的途径

为了实现课程目标，提高课程目标对教学过程的指导价值，培养学生的实际能力，按照认知规律，依据教学模块中的学习任务和工作任务，由浅入深、由易到难采用不同的方法完成教学组织和实施。在讲授工程水文基础模块时，首先加强学生的实践认识环节，除了在课堂讲授过程中组织学生观看"自然界的水循环"、"河川径流的形成过程"和"水文测验"三个教学课件外，专门设置实践课时，组织学生参观水利工程枢纽仿真模型，亲自进行各种水文要素观测及资料整编等，增加学生的感性认识。在讲授工程水文分析计算模块时，主要依据水利水电工程水文计算规范在规划设计阶段的工作任务，结合实例讲授和课后练习，使学生掌握设计年径流计算、设计洪水分析计算、枯水径流计算和泥沙分析计算的方法。在讲授水利计算模块时，根据课程进度和工程水文分析计算结果，结合生产实例安排"兴利调节"、"防洪调节"、"水能计算"课后大作业训练，让学生通过设计练习加深对"工程水文及水利计算"计算方法的理解以及对水文计算成果的应用，具体体会本课程在工程建设中的地位和作用，提高学生的学习兴趣，增强了学生的动手能力。在讲授水库调度基本知识模块时，讲述如何制定工程运用管理方案，重点介绍中小型水库兴利调度和防洪调度方案的编制与实施，将实践经验引入教学过程，扩充教学内容，增大教学容量，培养实际工作能力。

二、课程目标

（一）总目标

《工程水文及水利计算》是高职高专水利水电建筑工程专业及专业群学生就业后从事职业工作所必须掌握的专业技能之一。课程的总体目标是：能够正确应用在水利水电工程规划设计、施工、管理过程中所常用的水文学基本概念、基本原理和基本方法，能够进行主要水文要素的观测和资料整理，能够收集水文分析与水利计算所需的基本资料；会进行年径流、河流泥沙的分析计算，会推求不同水利水电工程的设计洪水；能进行小型水库的兴利调节计算、防洪调节计算和小型水电站水能计算；初步掌握水库兴利及防洪调度的原理和方法；培养学生的工程规范意识、严谨的工作态度，创新思维和发现问题及解决问题的能力。使学生能利用相关原理、概念、规范、标准等知识，结合有关水工建筑物设计标准进行分析和解决实际工程中常见的水文问题，为今后从事施工生产一线的工作奠定良好的基础。

（二）具体目标

1. 知识目标

（1）能叙述本课程的目的任务及内容体系，水资源的概念和特点，水文现象的特点及其研究方法。

（2）能具体陈述不同工作过程时气象、水文要素对河川径流的影响，说出流域面平均雨量的计算方法和径流常用表示方法及单位。

（3）能根据工作任务要求，说明收集整理水位、流量、泥沙、降水、蒸发等水文资料的途径及应用步骤。

（4）能解释水文统计中的事件、频率、概率、重现期、统计参数、抽样误差、适线法、相关分析的概念。

（5）能陈述经验频率曲线与理论频率曲线的区别，区分频率、概率和重现期的关系。

（6）能陈述工程在初步设计阶段不同资料条件下的设计年径流分析计算方法。

（7）能陈述工程初步设计阶段设计洪水的概念和推求设计洪水的主要方法途径以及施工期分期洪水的计算方法。

（8）能陈述工程初步设计阶段，不同资料条件下设计泥沙的分析计算方法，以及工程管理运用阶段的泥沙分析计算。

（9）能陈述初步设计和施工阶段水库调节作用与调节类型，水库特性曲线的由来，不同设计保证率和供水过程水库兴利调节的原理以及年调节水库的调节计算方法。

（10）能陈述初步设计阶段小型水电站水能开发利用的基本方式，水电站保证出力、多年平均发电量、小型水电站装机容量的概念。

（11）能陈述水库初步设计阶段防洪调节的基本原理，无闸门控制水库的调洪计算方法（列表试算法、半图解法、简化三角形法）和有闸门控制水库的调洪计算，确定坝顶高程思路。

（12）能陈述管理运用阶段调度的内容和任务，水库兴利调度图和防洪调度图的概念。

2. 能力目标

（1）能根据地形图勾绘出流域的分水线和量算流域特征值（F、L、J）。

（2）能根据气象、水文要素资料分析计算流域面平均雨量，进行径流常用单位的换算。

（3）能根据水文样本资料绘制经验频率曲线和理论频率曲线。

（4）能熟练应用二变量直线相关进行资料的插补与延长。

（5）能根据工程实际需要收集降水、蒸发、水位、流量和泥沙等资料。

（6）能进行常规方法的水位观测与流量测验，并进行资料整理。

（7）能进行工程在初步设计阶段，不同资料条件下的设计年径流和河流泥沙的分析计算。

（8）能进行工程初步设计阶段，设计洪水的推求以及施工期分期洪水的计算。

（9）能进行初步设计阶段年调节水库的兴利调节计算。

（10）能进行初步设计阶段小型水电站保证出力、多年平均发电量以及装机容量的确定。

（11）能进行水库初步设计阶段无闸门控制水库的调洪计算（列表试算法、半图解法、简化三角形法）和有闸门控制水库的调洪计算，并会确定坝顶高程。

（12）能初步绘制年调节水库兴利调度图和防洪调度图。

3. 素质目标

培养学生严谨的工作态度、团结协作的精神、工程规范意识和吃苦耐劳、乐于奉献的职业素养。

三、课程内容标准

按课程的设计思路，遵循学生基础和水利工程相关岗位能力需求，以完成实际工作任务为主旨组织、安排教学内容。

课程内容分为 4 个模块：模块 1 为学习任务模块，主要为完成实际工作任务奠定基础；模块 2～模块 4 为工作任务模块，包括工程水文分析计算、水利计算和水库调度运用基本知识三部分。以水利工程在不同建设阶段具体水文工作任务为主线，其具体知识要求和技能要求见以下列表。

模块 1　工程水文基础

学习任务 1：河流水文学基本知识

知 识 内 容 要 求	技 能 与 态 度 要 求
1. 了解本课程的目的任务及内容体系，水文现象的特点及其研究方法； 2. 说明水文循环的过程与水资源的特点； 3. 列举河流、流域的基本特征；说明降水的成因与分类、蒸发与下渗、降雨径流的形成过程； 4. 解释流域水量平衡原理	1. 能从水文循环的途径出发分析气象、水文要素对河川径流的影响； 2. 能根据地形图勾绘出小流域的分水线和量计河流与流域的基本特征值； 3. 能用适当的方法计算流域面平均雨量； 4. 能计算次洪水径流深，并能进行径流单位的换算； 5. 培养严谨的学习态度，运用所学知识综合分析问题的能力

学习任务 2：水文测验与资料收集

知 识 内 容 要 求	技 能 与 态 度 要 求
1. 说出水文测站布设原则、基本设施和主要工作内容； 2. 概述水位、流量的常规观测方法和资料整理的主要内容； 3. 了解降水、蒸发、泥沙资料的观测与整理； 4. 列举常用水文资料的形式与特点	1. 能使用人工水尺观测水位； 2. 能用流速仪及配套设备测算河、渠道流量； 3. 能绘制水位过程线和单一的水位流量关系曲线，并可推流进行水位流量资料的整编计算； 4. 能根据水文年鉴及水文资料数据库、水文手册收集水文资料； 5. 培养团队协作的精神和吃苦耐劳、严谨认真的工作态度

学习任务 3：水文统计的基本方法

知 识 内 容 要 求	技 能 与 态 度 要 求
1. 了解水文统计的任务与基本方法； 2. 解释频率与重现期、总体与样本、统计参数与抽样误差； 3. 说明频率适线法、相关分析计算的作用与做法步骤	1. 能进行频率与重现期的转换计算； 2. 能根据实测样本资料系列绘制经验频率曲线和理论频率曲线； 3. 能根据实际样本资料建立两变量直线相关关系，并对短缺的资料进行插补延长

模块 2 工程水文分析计算

工作任务 1：年径流与枯水径流分析计算

知 识 内 容 要 求	技 能 与 态 度 要 求
1. 说出年径流的概念及其影响因素、年径流计算的内容； 2. 说明有长资料、短资料和缺乏实测资料情况下设计年径流分析计算基本思路和主要步骤； 3. 说明不同资料下，设计年径流及其年内分配的计算方法； 4. 了解枯水径流分析计算的作用与方法	1. 能收集年径流分析计算所需的基本资料； 2. 能对有资料情况下的设计年径流进行分析计算； 3. 能对无资料情况下设计年径流的分析计算； 4. 能初步掌握枯水径流分析计算

工作任务 2：设计洪水分析计算

知 识 内 容 要 求	技 能 与 态 度 要 求
1. 能陈述洪水与设计洪水的概念，列举设计洪水规范及设计标准的确定； 2. 说明设计洪水的方法与途径； 3. 解释有流量资料推求设计洪水的方法步骤；说明设计洪峰流量频率计算（不连序系列的频率计算）的主要特点和同频率放大法计算设计洪水流量过程线的特点； 4. 说明由暴雨资料推求设计洪水的方法步骤； 5. 解释设计净雨、单位线的概念； 6. 说明小流域设计洪水的特点和计算方法	1. 能分析确定工程设计洪水的标准； 2. 能根据实测流量资料推求设计洪水过程线； 3. 能根据实测暴雨资料，进行设计暴雨过程计算和设计净雨计算； 4. 能根据水文手册或雨洪图集等资料中瞬时单位线的参数推求时段单位线； 5. 能根据设计净雨过程利用单位线推求设计洪水过程线； 6. 能根据水文手册（图集）计算小流域设计洪水； 7. 培养学生综合分析问题与解决问题的能力

工作任务 3：河流泥沙分析计算

知 识 内 容 要 求	技 能 与 态 度 要 求
1. 说明河流泥沙的来源、分类、影响因素和解决河流泥沙问题的主要措施； 2. 能叙述河流泥沙表示方法和计量单位； 3. 陈述具有长资料、短资料和缺乏实测资料情况下的河流多年平均输沙量计算的方法途径； 4. 设计年输沙量及年内分配分析计算	1. 能进行河流泥沙计量单位的换算； 2. 能进行具有长资料、短缺资料和缺乏资料情况下悬移质多年平均输沙量计算； 3. 能计算推移质的多年平均输沙量； 4. 树立水土保持意识

模块 3　水 利 计 算

工作任务 4：水库兴利调节计算

知 识 内 容 要 求	技 能 与 态 度 要 求
1. 说明水库兴利调节的含义和分类； 2. 说明水库兴利调节计算所需的基本资料； 3. 解释水库用水设计保证率的含义和确定思路； 4. 说明水库兴利调节基本原理、水库特性曲线、水库特征水位与特征库容； 5. 解释水库供水与水量损失、水库死水位确定思路； 6. 说明年调节水库兴利计算列表法的方法步骤	1. 能根据库区地形图计算绘制水库特性曲线； 2. 能根据水库的主要任务确定水库死水位； 3. 能根据水库蓄水变化计算水库水量损失； 4. 能用设计代表年列表法进行年调节水库的兴利计算； 5. 培养工程方案比较优化意识

工作任务 5：水库防洪调节计算

知 识 内 容 要 求	技 能 与 态 度 要 求
1. 说明水库调洪计算的目的和任务； 2. 解释调洪计算基本原理和基本方法； 3. 区别无闸门控制水库的调洪计算和有闸控制水库调洪计算的异同点	1. 能计算绘制水库的库容与下泄流量关系曲线； 2. 能运用列表试算法、半图解法对无闸控制水库进行调洪计算； 3. 能用简化三角形法对有小型水库进行调洪计算； 4. 能根据调洪计算的最高洪水位确定坝顶高程

工作任务 6：小型水电站水能计算

知 识 内 容 要 求	技 能 与 态 度 要 求
1. 陈述水能开发利用的方式、水能计算的基本方法； 2. 了解电力系统的负荷及其容量组成； 3. 解释水电站保证出力与多年平均发电量的概念； 4. 了解小型水电站装机容量确定方法	1. 能用长系列法和设计代表年法进行保证出力计算和多年平均发电量计算； 2. 能用简化方法确定小型水电站的装机容量； 3. 培养学生合理开发绿色能源的意识

模块 4 水库调度简介

工作任务 7：水库兴利调度

知 识 内 容 要 求	技 能 与 态 度 要 求
1. 明确水库兴利调度作用与任务； 2. 说明年调节灌溉水库兴利调度的主要目的； 3. 解释年调节灌溉水库调度图意义	能绘出年调节水库灌溉调度图

工作任务 8：水库防洪调度

知 识 内 容 要 求	技 能 与 态 度 要 求
1. 了解水库防洪调度方式的拟定思路； 2. 明确水库防洪调度作用与任务； 3. 说明水库兴利调度与防洪调度的区别； 4. 解释水库防洪调度图的意义	1. 会分析确定防洪调度的方式； 2. 能初步根据短期水文预报，绘制防洪调度图

四、实施建议

（一）教学组织

（1）在教学过程中，应立足于加强学生实际操作能力的培养，采用模块化教学，以学习任务和工作任务，引领提高学生的学习兴趣，激发学生的学习积极性。

（2）本课程教学的关键是通过典型的训练项目，由教师提出要求并进行指导，组织学生进行实做，注重"教"与"学"的互动，让学生在训练中增强重合同守信用意识，掌握本课程的职业能力。

（3）在教学过程中，要创设工作氛围，紧密结合职业岗位的工作特点，加强考证实操项目的训练，在实验实训过程中，使学生掌握水文测验方法与水文计算成果在水利计算中的应用，提高学生的岗位适应能力。

（4）在教学过程中，要应用多媒体、投影等现代教学资源辅助教学，帮助学生理解降雨径流的形成过程、水文测验仪器及其使用方法、水文资料的形式与内容、水库兴利与防洪原理、水文与水利计算的过程及要点。

（5）在教学过程中，要重视本专业领域新规范、新技术、新设备的发展趋势，贴近生产现场，为学生提供职业生涯发展的空间，努力培养学生参与社会实践的创新精神和职业能力。

（6）教学过程中教师应积极引导学生提升职业素养，提高职业道德。

（二）教材编写

（1）必须依据本课程标准编写教材，根据行业发展需要和完成岗位实际工作任务所需要的知识，能力、态度要求，重构教学内容，并为学生将来的职业发展奠定良好的基础，内容安排具体考虑工学结合、深广适度。

（2）教材应将学习任务和工作任务结合起来，以工程水文基础知识，工程水文分析计算，水利计算，水库调度基本知识构建课程内容架构，分解成 4 个模块，每个模块包括若干学习（工作）任务。遵循由浅入深和工作任务的先后逻辑顺序，强调理论在实际工作过程中的应用。

（3）教材应图文并茂，激发学生的学习兴趣。教材表达必须精炼、准确、科学。

（4）教材内容应体现先进性、针对性、实用性，要将本专业新技术、新规范及时地融入教材，使教材更贴近本专业的发展和实际需要。

（5）教材中的实训内容要具体，举例尽可能真实或仿真，且有一定的代表性，具有可操作性。

（三）教学评价

（1）改革传统的学生评价手段和方法，可采用阶段评价、目标评价、过程评价，成果评价、理论与实践一体化评价模式。

（2）关注评价的多元性，结合课堂提问、学生作业、平时测验、实验实训、技能竞赛及考试情况，综合评价学生成绩。

（3）应注重学生动手能力和在实践中分析问题、解决问题能力的考核，对在学习和应用上有创新的学生应予特别鼓励，全面综合地评价学生能力。

（4）严格过程考核与成果评价，注重学生的学习态度的转变与提升。

（四）教学资源

（1）注重实验实训指导书和实验实训教材的开发和应用。

（2）注重课程资源和现代化教学资源的开发和利用，这些资源有利于创设形象生动的工作氛围，激发学生的学习兴趣，促进学生对知识的理解和掌握。同时，建议加强课程资源的开发，建立多媒体课程资源的数据库，努力实现资源的共享，以提高课程资源的利用效率。

（3）积极开发和利用网络课程资源，充分利用诸如电子书籍、电子期刊、数据库、数字图书馆、教育网站和电子论坛等网上信息资源，使教学从单一媒体向多种媒体转变；教学活动从信息的单向传递向双向交换转变；学生单独学习向合作学习转变。

（4）产学合作开发实验实训课程资源，充分利用本行业典型的生产企业的资源，进行产学合作，建立实习实训基地，实践"做中学、学中做、边做边学"的育人理念，满足学生的实习实训，同时为学生的就业创造机会。

（5）建立本专业开放实验室及实训基地，使之具备现场教学、实验实训、职业技能证书考证的功能，实现教学与实训合一、教学与培训合一、教学与考证合一，满足学生综合职业能力培养的要求。

序

前言

课程描述

课程标准

模块 1 工 程 水 文 基 础

学习目标与要求

学习任务 1（X1） 河流水文学基本知识 ································· 2

X1.1 水文现象及其研究方法 ························· 2

X1.2 水文循环与水量平衡 ························· 4

X1.3 河流与流域 ························· 6

X1.4 降水 ························· 10

X1.5 蒸发 ························· 16

X1.6 土壤水、下渗与地下水 ························· 18

X1.7 径流 ························· 22

X1.8 流域的水量平衡 ························· 26

X1.9 水资源及其开发利用 ························· 27

复习思考与技能训练题 ························· 30

学习任务 2（X2） 水文测验与资料收集 ····················· 31

X2.1 水文测站与站网 ························· 31

X2.2 水位与流量的测算 ························· 32

X2.3 降水与蒸发的观测 ························· 41

X2.4 泥沙测算 ························· 43

X2.5 水质监测 ························· 46

X2.6 水文资料的收集 ························· 49

复习思考与技能训练题 ························· 50

学习任务 3（X3） 水文统计的基本方法 ····················· 52

X3.1 概述 ························· 52

X3.2 概率的基本概念与定理 ························· 53

X3.3 随机变量的概率分布及其统计参数 ························· 55

X3.4 频率计算中样本估计总体的基本问题 ························· 60

X3.5 水文频率曲线线型 ························· 62

X3.6　水文频率计算适线法 ································· 65

X3.7　相关分析 ··· 70

　　复习思考与技能训练题 ·································· 79

模块 2　工程水文分析计算

学习目标与要求

工作任务 1（G1）　年径流与枯水径流分析计算 ············· 81

G1.1　准备知识 ·· 83

G1.2　具有长期实测径流资料时设计年径流的分析计算 ········· 85

G1.3　具有短期实测径流资料时设计年径流的分析计算 ········· 90

G1.4　缺乏实测径流资料时设计年径流的分析计算 ············· 92

G1.5　设计枯水径流的分析计算 ····························· 95

　　复习思考与技能训练题 ·································· 99

工作任务 2（G2）　设计洪水分析计算 ················· 101

G2.1　准备知识 ·· 102

G2.2　由流量资料推求设计洪水 ···························· 106

G2.3　由暴雨资料推求设计洪水 ···························· 119

G2.4　小流域设计洪水计算 ································ 141

G2.5　设计洪水的其他问题 ································ 150

G2.6　知识拓展 ·· 152

　　复习思考与技能训练题 ································· 156

工作任务 3（G3）　河流泥沙分析计算 ················· 159

G3.1　准备知识 ·· 159

G3.2　多年平均年输沙量计算 ······························ 162

G3.3　输沙量的年际变化及年内分配 ······················· 165

　　复习思考与技能训练题 ································· 167

模块 3　水　利　计　算

学习目标与要求

工作任务 4（G4）　水库兴利调节计算 ················· 168

G4.1　准备知识 ·· 169

G4.2　用水部门的需水要求与设计保证率 ···················· 171

G4.3　水库特性曲线与特征水位 ···························· 176

G4.4　水库的水量损失 ··································· 179

G4.5　水库死水位的确定 ································· 180

G4.6　水库兴利调节计算的基本原理与基本方法 ··············· 182

G4.7　年调节水库兴利调节计算 ···························· 182

G4.8　多年调节水库兴利调节计算 ·························· 191

　　复习思考与技能训练题 ································· 197

工作任务 5（G5）　水库防洪调节计算 ··· 199

G5.1　准备知识 ··· 199

G5.2　水库调洪计算的原理 ··· 201

G5.3　水库调洪计算的方法 ··· 204

G5.4　水库防洪调节计算 ·· 218

复习思考与技能训练题 ·· 223

工作任务 6（G6）　小型水电站水能计算 ··· 224

G6.1　准备知识 ··· 224

G6.2　电力系统的负荷及其容量组成认知 ··· 228

G6.3　水能调节计算方法 ·· 230

G6.4　水电站保证出力和多年平均年发电量计算 ··· 233

G6.5　水电站装机容量的选择 ··· 244

复习思考与技能训练题 ·· 246

模块 4　水　库　调　度　简　介

学习目标与要求

工作任务 7（G7）　水库兴利调度 ··· 249

G7.1　准备知识 ··· 249

G7.2　年调节灌溉水库兴利调度 ·· 250

复习思考与技能训练题 ·· 257

工作任务 8（G8）　水库防洪调度 ··· 259

G8.1　准备知识 ··· 259

G8.2　防洪调度方式的拟定 ··· 260

G8.3　防洪限制水位的推求 ··· 261

G8.4　防洪调度图的绘制与应用 ·· 264

复习思考与技能训练题 ·· 265

附表 ··· 267

附表 1　皮尔逊Ⅲ型曲线的离均系数 Φ_p 值表 ··· 267

附表 2　皮尔逊Ⅲ型曲线的模比系数 k_p 值表 ·· 269

附表 3　三点法用表——S 与 C_s 关系表 ·· 274

附表 4　三点法用表——C_s 与有关 Φ 值的关系表 ······································ 275

附表 5　瞬时单位线 S 曲线查用表 ·· 276

参考文献 ··· 282

模块 1　工　程　水　文　基　础

学习目标与要求

1. 能够解释下列工程水文的基本概念：

水文循环　河流　流域　降水　降雨特性　面雨量　点雨量　蒸发　流域总蒸发　下渗　土壤水　地下水　径流　洪水　水位　流量　径流量　径流深径流系数　悬移质　推移质　含沙量　输沙率　输沙量　侵蚀模数　水位流量关系　统计规律　频率　随机变量　统计参数　样本　总体　经验频率曲线　理论频率曲线　抽样误差　适线法　相关分析　相关系数　复杂相关

2. 能够陈述水文循环的基本过程，并解释常见水文现象；

3. 会量计流域的主要特征值（F、L、J）；

4. 能够阐述水量平衡基本原理，并能解释水量平衡通用方程和闭合流域年水量平衡方程、多年平均水量平衡方程的意义；

5. 能够陈述降雨的成因和分类；

6. 能正确使用面平均雨量计算方法进行流域平均雨量计算；

7. 能够陈述降雨径流的形成过程，并分析主要影响因素；

8. 会进行径流单位换算；

9. 会进行河流泥沙的单位换算；

10. 会进行水位、流量、含沙量、降水、水面蒸发的观测；

11. 会进行水位、流量、含沙量、降水、水面蒸发观测资料的初步整理；

12. 能够叙述水质监测的作用和内容；

13. 能阐述水文资料的整编过程；

14. 会正确使用水文年鉴和水文手册（图集）等水文资料；

15. 能够进行频率与重现期的转换计算，并解释含义；

16. 能够用计算器、计算机软件（Excel）进行水文样本系列的统计参数计算和经验频率计算；

17. 能够手工绘制经验频率曲线；

18. 会运用频率适线估计总体的统计参数；

19. 能够用计算器、计算机软件（Excel）进行简单直线相关计算，并进行资料的插补与延长；

20. 能够用图解法进行简单曲线相关和复杂相关关系线定线；

21. 培养学生认真、严谨的学习态度和相互协作的工作精神。

学习任务 1 (X1)　河流水文学基本知识

学习任务 1 描述：在进行任何一项与水有关的工程（通常包括水利水电工程、公路、铁路工程等）建设时，都需要了解和掌握河流水文学的基本知识、基本概念和基本原理。因此，理解水文现象的形成过程及其主要影响因素，掌握整个水文循环过程中各种水文要素的描述度量方法、水量平衡原理等，是土木工程类专业必须完成的学习任务之一，尤其是对水利类专业，更是显得不可或缺，它是专业学习和从事职业生涯必须具备的基础知识之一。另外，这些基本知识也是完成后面各项具体工作任务必须具备的基础知识。

X1.1　水文现象及其研究方法

X1.1.1　水文现象及其基本特点

水文现象属于自然现象的一种，是由自然界中各种水体的循环变化所形成的。比如降雨、蒸发，河流中的洪水、枯水等。它和其他自然现象一样，是许许多多复杂影响因素综合作用的结果。这些因素按其影响作用分为必然性因素和偶然性因素两类。其中，必然性因素起主导作用，决定着水文现象发生发展的趋势和方向；而偶然性因素起次要作用，对水文现象的发展过程起着促进和延缓作用，使发展的确定趋势出现这样或那样的振荡、偏离。经过人们对水文现象的长期观察、观测、分析和研究，发现水文现象具有以下三种基本特点。

1. 水文现象的确定性

水文现象既然表现为必然性和偶然性两个方面，就可以从不同的侧面去分析研究。在水文学中通常按数学的习惯称必然性为确定性，偶然性为随机性。由于地球的自转和公转，昼夜、四季、海陆分布以及一定的大气环境、季风区域等，使水文现象在时程变化上形成一定的周期性。如一年四季中的降水有多雨季和少雨季的周期变化，河流中的水量则相应呈现汛期和非汛期的交替变化。另外，降雨是形成河流洪水的主要原因，如果在一个河流流域上降一场暴雨，则这条河流就会出现一次洪水。若暴雨雨量大、历时长、笼罩面积大，形成的洪水就大。显然，暴雨与洪水之间存在着因果关系。这就说明，水文现象都有其发生的客观原因和具体形成的条件，它是服从确定性规律的。

2. 水文现象的随机性

因为影响水文现象的因素众多，各因素本身在时间上不断地发生变化，所以受其影响的水文现象也处于不断的变化之中，它们在时程上和数量上的变化过程，伴随着确定性出现的同时，也存在着偶然性，即具有随机性。如任一河流，不同年份的流量过程不会完全一致。即使在同一地区，由于大气环境的特点，某一断面的年最大洪峰流量有的年份大，有些年份小；而且各年出现的时间不会完全相同等。

3. 水文现象的地区性

由于气候因素和地理因素具有地区性变化特点，因此，受其影响的河流水文现象在一定程度上也具有地区性特点。若气候因素和自然地理因素相似，则其水文现象在时空上的变化规律具有相似性。若气候因素和自然地理因素不相似，则其水文现象也具有比较明显的差异性。如我国南方湿润地区的河流普遍水量丰沛，年内各月水量分配比较均匀；而北方干旱地区的大多数河流，水量不足，年内分配不均匀。

X1.1.2　水文学的基本研究方法

根据水文现象的基本特点，水文学的研究方法相应地可分为以下三类。

1. 成因分析法

由于水文现象与其影响因素之间存在着比较确定的因果关系，因此，可通过对实测资料或实验资料的分析，建立某一水文要素与其主要影响因素之间的定量关系，从而由当前的影响因素状况预测未来的水文情势。这种方法在水文预报上应用较多，但是，由于水文现象的影响因素非常复杂，使其在应用上受到一定的限制，目前并不能完全满足实际的需要。

2. 数理统计法

根据水文现象的随机性特点，运用概率论和数理统计的方法，分析水文特征值实测资料系列的统计规律，对未来的水文情势做出概率预估，为工程的规划设计和施工提供基本依据。数理统计法是目前水文分析计算的主要方法。不过这种方法只注重水文现象的随机性特点，所得出的统计规律并不能揭示水文现象的本质和内在联系。因此，在实际应用中必须和成因分析法相结合。

3. 地区综合法

根据水文现象的地区性特点，气候和地理因素相似的地区，水文要素的分布也有一定的地区分布规律。可以依据本地区已有的水文资料进行分析计算，找出其地区分布规律，以等值线图或地区经验公式等形式表示，用于对缺乏实测资料的工程进行水文设计计算。

以上三种方法，相辅相成，互为补充。在实际运用中应结合工程所在地的地区特点以及水文资料情况，遵循"多种方法，综合分析，合理选用"的原则，以便为工程规划设计提供可靠的水文依据。

X1.1.3　水文学的主要内容

水文学是研究地球上各种水体的一门科学，属于地球物理学的一个分支。它研究各种水体的存在、循环和分布规律；探讨水体的物理性质和化学性质以及它们对环境的作用，包括它们对生物的关系。根据研究的水体不同，水文学可分为水文气象学、陆地水文学、海洋水文学和地下水文学。但是，与人类关系最为密切的是陆地水文学，它又可分为河流水文学、湖泊水文学、沼泽水文学、冰川水文学等。河流水文学发展最早、最快，内容也最为丰富。因此，一般所说的水文学指的就是河流水文学。

河流水文学按其研究任务的不同，可分为以下几门主要分支学科。

（1）水文学原理。研究水循环的基本规律和径流形成过程的物理机制。

（2）水文测验与资料整编。研究如何布设水文站网，通过长期的定位观测收集较准确的有代表性的基本水文资料。同时通过水文调查，弥补实测水文资料的不足。然后将所得资料按科学的方法和全国统一规范，进行整编刊印或建立资料数据库，供国民经济建设各部门使用。

（3）水文分析与计算。根据长期实测和调查的水文资料，运用数理统计法，并结合成因分析法、地区综合法，推估未来长期的水文情势，为水利水电工程的规划设计提供合理的水文依据。

（4）水文预报。根据实测和调查资料，在研究过去水文现象变化规律的基础上，预报未来短期内或中长期（如几天、几个月）内的水文情势，为防洪、抗旱及水利水电工程的施工和管理运用等提供依据。

（5）水利水电规划。在水文分析与计算和水文预报的基础上，根据预估和预报未来的水文情势，进行水量、水能调节计算和经济论证，对水利水电工程的位置、规模、工作情况等提出经济合理的方案，以满足合理综合开发利用水资源的目的。

X1.2 水文循环与水量平衡

X1.2.1 自然界的水文循环

1. 水文循环

地球表面的各种水体，在太阳的辐射作用下，从海洋和陆地表面蒸发上升到空中，并随空气流动，在一定的条件下，冷却凝结形成降水又回到地面。降水的一部分经地面、地下形成径流并通过江河流回海洋；一部分又重新蒸发到空中，继续上述过程。这种水分不断交替转移的现象称为水文循环，也称为水循环。

水文循环按其规模与过程的不同，可分为大循环和小循环。大循环是指海洋与陆地之间的水分交换过程；而小循环是指海洋或陆地上的局部水分交换过程。比如，海洋上蒸发的水汽在上升过程中冷却凝结形成降水回到海面，或者陆地上发生类似情况，都属于小循环。大循环是包含有许多小循环的复杂过程。如图 X1.1 所示。

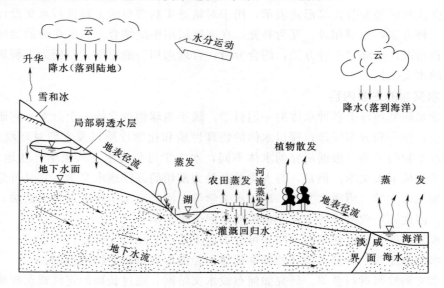

图 X1.1 地球上水文循环示意图

2. 水文循环的成因

形成水文循环的原因分为内因和外因两个方面。内因是水在常态下有固、液、汽三种状态，且在一定条件下相互转换；外因是太阳的辐射作用和地心引力。太阳辐射为水分蒸发提供热量，促使液、固态的水变成水汽，并引起空气流动。地心引力使空中的水汽又以降水方式回到地面，并且促使地面、地下水汇流入海。另外陆地的地形、地质、土壤、植被等条件，对水文循环也有一定的影响。

水文循环是地球上最重要、最活跃的物质循环之一，它对地球环境的形成、演化和人类生存都有着重大的作用和影响。正是由于水文循环，才使得人类生产和生活中不可缺少的水资源具有可恢复性和时空分布不均匀性，形成了江、河、湖、泊等地表和地下水资源。同时也造成了旱涝灾害，给水资源的开发利用增加了难度。

3. 我国水文循环的路径

我国位于欧亚大陆的东部，太平洋的西岸，处于西伯利亚干冷气团和太平洋暖湿气团的交绥带。因此，水汽主要来自太平洋，由东南季风和热带风暴将大量水汽输向内陆形成降水，雨量自东南沿海向西北内陆递减，而相应的大多数河流则自西向东注入太平洋，例如长江、黄河、珠江等。其次是印度洋水汽随西南季风进入我国西南、中南、华北以至于河套地区，成为夏秋季降水的主要源泉之一，径流的一部分自西南一些河流注入印度洋，如雅鲁藏布江、怒江等，另一部分流入太平洋。大西洋的少量水汽随盛行的西风环流东移，也能参加我国内陆腹地的水文循环。北冰洋水汽借强盛的北风经西伯利亚和蒙古进入我国西北，风力大而稳定时，可越过两湖（洞庭湖、鄱阳湖）盆地直至珠江三角洲，但水汽含量少，引起的降水并不多，小部分经由额尔齐斯河注入北冰洋，大部分汇入太平洋。鄂霍茨克海和日本海的水汽随东北季风进入我国，对东北地区春夏季降水起着相当大的作用，径流注入太平洋。

我国河流与海洋相通的外流区域占全国总面积的 64%，河水不注入海洋而消失于内陆沙漠、沼泽和汇入内陆湖泊的内流区域占 36%。最大的内陆河是新疆的塔里木河。

X1.2.2　地球上的水量平衡

1. 水量平衡原理

根据自然界的水文循环，地球水圈的不同水体在周而复始地循环运动着，从而产生一系列水文现象。在这些复杂的水文过程中，水分运动遵循质量守恒定律，即水量平衡原理。具体而言，就是对任一区域在给定时段内，输入区域的各种水量之和与输出区域的各种水量之和的差值，应等于区域内时段蓄水量的变化量。据此原理，可列出一般的水量平衡方程

$$I - O = W_2 - W_1 = \Delta W \tag{X1.1}$$

式中　　I——时段内输入区域的各种水量之和；

　　　　O——时段内输出区域的各种水量之和；

　　W_1、W_2——时段初、末区域内的蓄水量；

　　　ΔW——时段内区域蓄水量的变化量，$\Delta W > 0$，表示时段内区域蓄水量增加，相反　　　　　　　$\Delta W < 0$，表示时段内区域蓄水量减少。

水量平衡原理是水文学中最基本的原理之一。它在降雨径流过程分析、水利计算、水资源评价等问题中应用非常广泛。

2. 地球上的水量平衡

对于地球，以大陆作为研究对象，则某一时段的水量平衡方程式为

$$H_l - (E_l + R) = \Delta W_l \tag{X1.2}$$

同理若以全球海洋为研究对象，则有

$$H_h - (E_h - R) = \Delta W_h \qquad (X1.3)$$

式中　E_l、E_h——陆地和海洋上的蒸发量；

　　　H_l、H_h——陆地和海洋上的降水量；

　　　　　　R——入海径流量（包括地面径流和地下径流）；

　　　ΔW_l、ΔW_h——陆地和海洋在研究时段内的蓄水量变化量。

在短时期内，时段蓄水量的变化量 ΔW_l、ΔW_h 数值有正有负，但在多年平均情况下，正负可以互相抵消，即有

$$\sum \Delta W_l / n \to 0$$
$$\sum \Delta W_h / n \to 0$$

因此多年平均情况下陆地水量平衡方程式为

$$\overline{H_l} - \overline{R} = \overline{E_l} \qquad (X1.4)$$
$$\overline{H_h} + \overline{R} = \overline{E_h} \qquad (X1.5)$$

式中　$\overline{H_l}$、$\overline{H_h}$——陆地、海洋上的多年平均降水量；

　　　$\overline{E_l}$、$\overline{E_h}$——陆地、海洋上的多年平均蒸发量；

　　　　　　$\overline{R}$——多年平均入海径流量。

将式（X1.6）和式（X1.7）相加可得全球多年平均水量平衡方程式为

$$\overline{E_l} + \overline{E_h} = \overline{H_l} + \overline{H_h}$$

即
$$\overline{E_q} = \overline{H_q} \qquad (X1.6)$$

式（X1.6）说明，就长期而言，地球上的总蒸发量等于总降水量，符合物质不灭和质量守恒定律。

X1.3　河流与流域

X1.3.1　河流及其特征
X1.3.1.1　河流

河流是汇集一定区域地表水和地下水的泄水通道。由流动的水体和容纳水流的河槽两个要素构成。水流在重力作用下由高处向低处沿地表面的线形凹地流动，这个线形凹地便是河槽，河槽也称河床，含有立体概念，当仅指其平面位置时，称为河道。枯水期水流所占河床称为基本河床或主槽；汛期洪水泛滥所及部位，称为洪水河床或滩地。从更大范围讲，凡是地形低凹可以排泄水流的谷地称为河谷，河槽就是被水流所占据的河谷底部。流动的水体称为广义的径流，其中包含清水径流和固体径流，固体径流是指水流所挟带的泥沙。通常所说的径流一般是指清水径流。虽然在地球上的各种水体中，河流的水面面积和水量都最小，但它与人类的关系却最为密切，因此，河流是水文学研究的主要对象。

一条河流按其流经区域的自然地理和水文特点划分为河源、上游、中游、下游及河口五段。河源是河流的发源地，可以是泉水、溪涧、湖泊、沼泽或冰川。多数河流发源于山地或高原，也有发源于平原的。确定较大河流的河源，要首先确定干流。一般是把长度最长或水量最大的叫做干流，有时也按习惯确定，如把大渡河看做岷江的支流就是一个实例。直接汇入干流的支流叫一级支流；直接汇入一级支流的称为二级支流；其余依次类

推。由干流与其各级支流所构成脉络相通的泄水系统称为水系或河系、河网。水系常以干流命名，如长江水系、黄河水系等。但是干流和支流是相对的。根据干支流的分布状况，一般将水系分为扇形水系、羽状水系、平行状水系和混合型水系，其中前三种为基本类型，如图 X1.2 所示。

扇形　　　　　　　　羽状　　　　　　　　平行状

图 X1.2　水系形状示意图

划分河流上、中、下游时，有的依据地貌特征，有的侧重水文特征。上游直接连接河源，一般落差大，流速急，水流的下切能力强，多急流、险滩和瀑布。中游段坡降变缓，下切力减弱，旁蚀力加强，河道有弯曲，河床较为稳定，并有滩地出现。下游段一般进入平原，坡降更为平缓，水流缓慢，泥沙淤积，常有浅滩出现，河流多汊。河口是河流注入海洋、湖泊或其他河流的地段。内陆地区有些河流最终消失在沙漠之中，没有河口，称为内陆河。

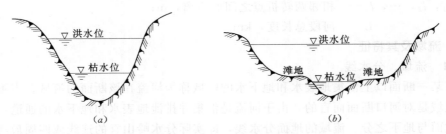

图 X1.3　河槽横断面示意图

（a）单式断面；（b）复式断面

X1.3.1.2　河流的特征

1. 河流的纵横断面

河段某处垂直于水流方向的断面称为横断面，又称过水断面。当水流涨落变化时，过水断面的形状和面积也随着变化。河槽横断面有单式断面和复式断面两种基本形状，如图 X1.3 所示。

将河流各个横断面最深点的连线称作河流深泓线或溪线。假想将河流从河口到河源沿深泓线切开并投影到平面上所得的剖面，称作河槽纵断面。实际工作中常以河槽底部转折点的高程为纵坐标，以河流水平投影长度为横坐标绘出河槽纵断面图，如图 X1.4 所示。

2. 河流长度

一条河流，自河口到河源沿深泓线量计的

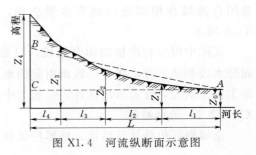

图 X1.4　河流纵断面示意图

平面曲线长度称为河长。一般在大比例尺（如 1/10000 或 1/50000 等）地形图上用分规或曲线仪量计；在数字化地形图上可以应用有关专业软件量计。

3. 河道纵比降

河段两端的河底高程之差称为河床落差，河源与河口的河底高程之差为河床总落差。单位河长的河床落差称为河道纵比降，通常以千分数或小数表示。当河段纵断面近似为直线时，比降可按式（X1.7）计算

$$J = \frac{z_{上} - z_{下}}{l} = \frac{\Delta z}{l} \tag{X1.7}$$

式中　J——河段的纵比降，‰；

$z_{上}$、$z_{下}$——分别为河段上、下断面河底高程，m；

l——河段的长度，m。

当河段的纵断面为折线时，可用面积包围法计算河段的平均纵比降。具体做法是：在河段纵断面图上，通过下游端断面河底处向上游作一条斜线，使得斜线以下的面积与原河底线以下的面积相等，此斜线的坡度即为河道的平均纵比降，如图 X1.4 所示。计算公式为

$$J = \frac{(z_0 + z_1)l_1 + (z_1 + z_2)l_2 + \cdots + (z_{n-1} + z_n)l_n - 2z_0L}{L^2} \tag{X1.8}$$

式中　$z_0, z_1, \cdots, z_n$——河段自下而上沿程各转折点的河底高程，m；

$l_1, l_2, \cdots, l_n$——相邻两转折点之间的距离，m；

L——河段总长度，km。

X1.3.2 流域及其特征

X1.3.2.1 流域、分水线

河流某一断面以上汇集地表水和地下水的区域称为河流在该断面的流域。当不指明断面时，流域是对河口断面而言的。由于河流是汇集并排泄地表水和地下水的通道，因此分水线有地面与地下之分。流域的地面分水线，即实际分水岭山脊的连线或四周最高点的连线。如秦岭是长江与黄河的分水岭，降在分水岭两侧的雨水将分别流入两条河流，其岭脊线便是这两大流域的分水线。但并不是所有的分水线都是山脊的连线，如在平原地区，分水线可能是河堤或者湖泊等，像黄河下游大堤，便是海河流域与淮河流域的分水岭。

当地面分水线与地下分水线完全重合时，该流域称为闭合流域；否则称为非闭合流域。非闭合流域在相邻流域间有水量交换，如图 X1.5 所示。

实际中很少有严格的闭合流域，只要当地

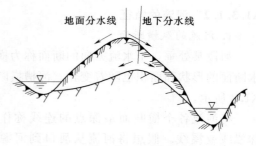

图 X1.5　地面与地下分水线示意图

面分水线和地下分水线不一致所引起的水量误差相对不大时，一般可按闭合流域对待。通常工程上认为，除岩溶地区外，一般大中流域均可看成是闭合流域。

X1.3.2.2 流域特征

流域特征包括几何特征、地形特征和自然地理特征。

1. **流域几何特征**

流域的几何特征包括流域面积（或集水面积）、流域长度、流域宽度和流域形状系数等。

（1）流域面积。是指河流某一横断面以上，由地面分水线所包围不规则图形的面积。如图 X1.6 所示。若不强调断面，则是指流域河口断面以上的面积，以 km² 计。一般可在适当比例尺的地形图上先勾绘出流域分水线，然后用求积仪或数方格的方法量出其面积，当然在数字化地形图上也可以用有关专业软件量计。

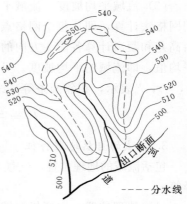

图 X1.6　流域分水线
和流域面积示意图

（2）流域长度。是指流域几何中心轴的长度。对于大致对称的较规则流域，其流域长度可用河口至河源的直线长度来计算；对于不对称流域，可以流域出口为中心作若干个同心圆，求得各同心圆圆周与流域分水线交得若干圆弧割线中点，这些割线中点的连线长度，即为流域长度。

（3）流域平均宽度。是指流域面积与流域长度的比值，以 B_f 表示，由式（X1.9）计算

$$B_f = \frac{F}{L_f} \tag{X1.9}$$

式中　F——流域面积，km²；

　　　L_f——流域长度，km。

集水面积近似相等的两个流域，L_f 愈长，B_f 愈窄小；L_f 愈短，B_f 愈宽。前者径流难以集中，后者则易于集中。

（4）流域的形状系数，以 K_f 表示

$$K_f = \frac{B_f}{L_f} = \frac{F}{L_f^2} \tag{X1.10}$$

K_f 是一个无单位的系数。当 $K_f \approx 1$ 时，流域形状近似为方形；$K_f < 1$ 时，流域为狭长形；$K_f > 1$ 时，流域为扁形。流域形状不同，对降雨径流的影响也不同。

2. **流域地形特征**

流域地形特征可用流域平均高度和流域平均坡度来反映。

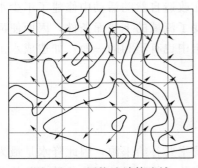

图 X1.7　网格法计算流域
平均高度、平均坡度

（1）流域平均高度。流域平均高度的计算可用网格法和求积仪法。网格法较粗略，具体做法是将流域地形图分为 100 个以上网格，如图 X1.7 所示。内插确定出每个格点的高程，各网格点高程的算术平均值即为流域平均高度；求积仪法是在地形图上，用求积仪分别量出分水线内各相邻等高线间的面积 f_i，用相邻两等高线的平均高程 z_i 式（X1.11）计算

$$\overline{z}_f = \frac{f_1 z_1 + f_2 z_2 + \cdots + f_n z_n}{f_1 + f_2 + \cdots f_n} = \frac{1}{F} \sum_{i=1}^{n} f_i z_i \tag{X1.11}$$

9

（2）流域平均坡度。流域平均坡度是指流域表面坡度的平均情况，以 $\overline{J}_f$ 表示。也可用网格法计算，即从每个网格点作直线与较低的等高线正交，如图 X1.7 中的箭头所示，由高差和距离计算各箭头方向的坡度，作为各网格点的坡度，再将各网格点的坡度取算术平均值，即流域的平均坡度。另外，可以量计出流域范围内各等高线的长度，用 l_0，l_1，l_2，$\cdots$，l_n 表示，相邻两条等高线的高差用 Δz 表示，按式（X1.12）计算

$$\overline{J}_f = \frac{\Delta z(0.5l_0 + l_1 + l_2 + \cdots + 0.5l_n)}{F} \qquad (X1.12)$$

3. 流域的自然地理特征

包括流域的地理位置、气候条件、地形特征、地质构造、土壤性质、植被、湖泊、沼泽等。

（1）地理位置。主要指流域所处的经纬度以及距离海洋的远近。一般是低纬度和近海地区雨水多，高纬度地区和内陆地区降水少。如我国的东南沿海一带雨水就多，而华北、西北地区降水就少，尤其是新疆的沙漠地区更少。

（2）气候条件。主要包括降水、蒸发、温度、风等。其中对径流影响最大的是降水和蒸发。

（3）地形特征。流域的地形可分为高山、高原、丘陵、盆地和平原等，其特征可用流域平均高度和流域平均坡度来反映。同一地理区，不同的地形特征将对降雨径流产生不同的影响。

（4）地质与土壤特性。流域地质构造、岩石和土壤的类型以及水理性质等都将对降水径流产生影响，同时也影响到流域的水土流失和河流泥沙。

（5）植被覆盖。流域内植被可以增大地面糙率，延长地面径流的汇流时间，同时加大下渗量，从而使地下径流增多，洪水过程变得平缓。另外植被还能阻抗水土流失，减少河流泥沙含量，涵养水源；大面积的植被还可以调节流域小气候，改善生态环境等。植被的覆盖程度一般用植被面积与流域面积之比的植被率表示。

（6）湖泊、沼泽、塘库。流域内的大面积水体对河川径流起调节作用，使其在时间上的变化趋于均匀；还能增大水面蒸发量，增强局部小循环，改善流域小气候。通常用湖沼塘库的水面面积与流域面积之比的湖沼率来表示。

以上流域各种特征因素，除气候因素外，都反映了流域的物理性质，它们承受降水并形成径流，直接影响河川径流的数量和变化，所以水文上习惯称为流域下垫面因素。当然，人类活动对流域的下垫面影响也愈来愈大，如人类在改造自然的活动中修建了不少水库、塘堰、梯田，以及植树造林、城市化等，明显地改变了流域的下垫面条件，因而使河川径流发生变化，影响到水量与水质。在人类活动的影响中也有不利的一面，如造成水土流失、水质污染以及河流断流等。

X1.4　降　水

降水是水文循环的一个重要环节，也是陆地水资源的主要补给来源，因此降水是最为重要的气象因素。降水是指空中的水汽以液态或固态形式从大气到达地面的各种水分的总称。通常表现为雨、雪、雹、霜、露等，其中最主要的形式是雨和雪。在我国绝大部分地

区影响河流水情变化的是降雨。因此这里重点介绍降雨。

X1.4.1　降水的成因与分类

由海洋和陆地表面蒸发的水汽上升到空中随空气一起流动，在流动过程中由于某种外力的作用而上升，上升途中由于气压降低使得空气体积膨胀，体积膨胀的结果必然导致气温下降，这种现象在气象学中称为动力冷却。冷却促使水汽产生凝结，凝结的内核是空气中的微尘、烟粒等。水汽分子凝结成小水滴后聚集成云。小水滴继续吸附水汽，并受气流涡动作用，相互碰撞而结合成大水滴，直到其重量超过气流上升顶托力时则下降成雨。因此，降雨的形成必须要有两个基本条件：一是空气中要有一定量的水汽；二是空气要有动力上升冷却。按照空气上升冷却的原因，将降雨分为锋面雨、地形雨、对流雨和台风雨四种类型。

1. 锋面雨

在气象上把水平方向物理性质（温度、湿度、气压等）比较均匀的大块空气叫气团。气团按照温度的高低又可分为暖气团和冷气团，一般暖气团主要在低纬度的热带或副热带洋面上形成，冷气团则在高纬度寒冷的陆地上产生。当冷气团与暖气团在运动过程中相遇时，其交界面（实际上为一过渡带）叫锋面，也称为锋区。锋面与地面的相交地带叫锋线。一般地面锋区的宽度有几十公里，高空锋区的宽度可达几百公里。锋面活动产生的降雨便是锋面雨。按照冷暖气团的相对运动方向将锋面雨分为冷锋雨和暖锋雨。

（1）冷锋雨。当冷气团向暖气团一方移动，两者相遇，因冷空气较重而楔入暖气团下方，迫使暖气团上升，形成冷锋而致雨，就是冷锋雨，如图 X1.8（a）所示。冷锋雨一般强度大、历时短、雨区范围小。

（2）暖锋雨。若冷气团相对静止，暖气团势力较强，向冷气团一方推进，两者相遇暖气团将沿界面爬升于冷气团之上形成降雨，叫暖锋。如图 X1.8（b）所示。暖锋雨的特点是强度小、历时长、雨区范围大。

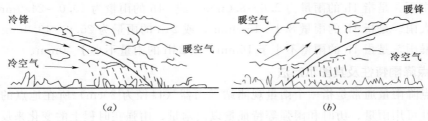

图 X1.8　锋面雨示意图
（a）冷锋雨；（b）暖锋雨

2. 地形雨

当暖湿气团在运移途中，遇到山脉、高原等阻碍，被迫上升冷却而形成的降雨，称为地形雨，如图 X1.9（a）所示。地形雨多发生在山地迎风坡，由于水汽大部分已在迎风坡凝结降落，而且空气过山后下沉时温度增高，因此背风坡雨量锐减。地形雨一般随高程的增加而增大，其降雨历时较短，雨区范围也不大。

3. 对流雨

在盛夏季节当暖湿气团笼罩一个地区时，由于太阳的强烈辐射作用，局部地区因受热不均衡而与上层冷空气发生对流作用，使暖湿空气上升冷却而降雨，叫对流雨，如图

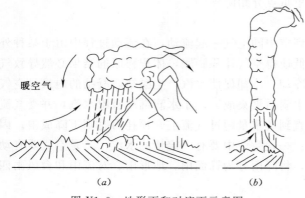

图 X1.9 地形雨和对流雨示意图
(a) 地形雨；(b) 对流雨

X1.9（b）所示。这种雨常发生在夏季酷热的午后，其特点是强度大、历时短、降雨面积分布小，常伴有雷电，故又称为雷阵雨。

4. 台风雨

台风雨是由热带海洋上的风暴带到大陆上来的狂风暴雨。影响我国的热带风暴主要发生在 6～10 月，以 7 月、8 月、9 月三个月最多。它们主要形成于菲律宾以东的太平洋洋面（约在 20°N，130°E 附近），向西或向西北方向移动影响东南沿海和华南地区各地，若势力很强则可影响到燕山、太行山、大巴山一线。台风雨是一种极易形成洪涝灾害的降雨，加之狂风，破坏性极强。如 1975 年 8 月，由该年第 3 号台风登陆后，深入到河南省泌阳县林庄一带，造成非常罕见的大暴雨，中心最大 24h 降雨量为 1060.3mm，最大 3d 降雨量达 1605.3mm，在淮河流域形成大洪水，给人民生命财产造成巨大损失。

在以上四种类型中，锋面雨和台风雨对我国河流洪水影响较大。其中锋面雨对大部分地区影响显著，各地全年锋面雨都在 60% 以上，华中和华北地区超过 80%，是我国大多数河流洪水的主要来源。台风雨在东南沿海诸省，如广东、海南、福建、台湾、浙江等省发生机会较多，由台风造成的雨量占全年总雨量的 20%～30%，且极易造成洪水灾害。

此外，根据我国气象部门的规定，按照 1h 或 24h 的降雨量将降雨分为：

（1）小雨。是指 1h 的雨量不大于 2.5mm，或 24h 的雨量小于 10.0mm。

（2）中雨。是指 1h 的雨量为 2.6～8.0mm，或 24h 的雨量为 10.0～24.9mm。

（3）大雨。是指 1h 的雨量 8.1～15.9mm，或 24h 的雨量为 25.0～49.9mm。

（4）暴雨。是指 1h 的雨量不小于 16mm，或 24h 的雨量不小于 50mm。

X1.4.2 点降雨特性及其图示方法

所谓点降雨量通常是指一个雨量观测站承雨器（口径为 20cm）所在地点的降雨。点降雨的特性可用雨量、历时和雨强等特征量以及雨量、雨强在时程上的变化来反映。

X1.4.2.1 点降雨特性

（1）降雨量。指一定时段内降落在单位水平面积上的雨水深度，用 mm 表示，计至 0.1mm。在标明降雨量时一定要指明时段，常用的降雨时段有分、时、日、月、年等，相应的雨量称为时段雨量、日雨量、月雨量、年雨量。

（2）降雨历时。指一场降雨从开始到结束所经历的时间，常以 h 为单位。与降雨历时相应的还有降雨时段，它是人为规定的。对某一场降雨而言，为了比较各地的降雨量大小，可以人为指定某一时段降雨量作标准。如最大 1h 降雨量、6h 降雨量、24h 降雨量等。这里的 1h、6h、24h 即为降雨时段。但在降雨时段内，降雨并不一定连续。

（3）降雨强度。指单位时间内的降雨量，以 mm/min 或 mm/h 计。

X1.4.2.2 点降雨特性的图示方法

1. 降雨量过程线

降雨过程线是表示降雨量随时间变化的特性。常用降雨量柱状图和降雨量累积曲线表示，如图 X1.10 所示。雨量柱状图（或称雨量直方图），是以时段雨量为纵坐标、时段次序为横坐标绘制而成，时段可根据需要选择 min、h、d、月、年等，它显示降雨量随时间的变化特性，此图也可以将纵坐标换成时段平均雨强，相应图形称为降雨强度柱状图。雨量累积曲线是以逐时段累积雨量为纵坐标、时间为横坐标而绘制。它不仅可以反映降雨量在时间上的变化，而且还可以反映时段平均雨强 $\bar{i}=\Delta H/\Delta t$ 随时间的变化。

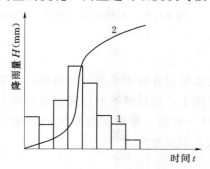

图 X1.10 降雨量过程线

1—雨量柱状图；2—降雨量累积曲线

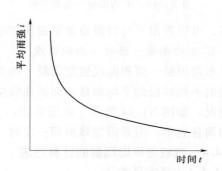

图 X1.11 雨强—历时曲线

2. 强度历时曲线

记录一场降雨过程，选择不同历时，统计不同历时内的最大平均降雨强度，并以平均雨强为纵坐标、历时为横坐标点绘曲线，即为平均雨强—历时曲线，如图 X1.11 所示。

X1.4.3 面雨量特性的图示方法

所谓"面"雨量，是指一定区域（行政区域或流域）面积上的平均雨量。在降雨径流分析中，与洪水大小相应的必须是流域面积上的面平均雨量。面雨量的变化特性常用以下方法表示。

1. 降雨量等值线图（或称等雨量线图）

对于面积较大的区域或流域，为了表示一定时段内的降雨量空间分布情况，可以绘制降雨量等值线图（或称等雨量线图）。具体做法与测量学中绘制地形等高线的方法相类似。首先根据需要，将一定时段流域内及其周边邻近雨量站的同期雨量标注在专用地图相应位置上，然后按照各站降雨量的大小用地理插值法，并参考地形和气候变化进行勾绘，如图 X1.12 所示。降雨量等直线图是研究降雨分布、暴雨中心移动及计算流域平均雨量的有力工具。但绘制等雨量线图，要求有足够的且控制良好的雨量站点。

2. 平均雨量—面积曲线

对一场暴雨，从等雨量线图上的暴雨中心算起，分别量取不同等雨量线所包围的面积，并计算各面积内的平均雨量，以雨量为纵坐标、面积为横坐标绘制曲线，如图 X1.13 所示。曲线表示不同笼罩面积所对应的平均

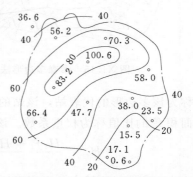

图 X1.12 降雨量等值线图

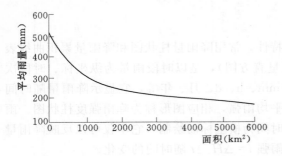

图 X1.13　平均雨量—面积曲线　　　图 X1.14　平均雨量—历时—面积曲线

雨量。可以看出平均雨量随笼罩面积的增大而减小。

3. 平均雨量—历时—面积曲线

平均雨量—面积曲线通常反映一场雨或某一时段降雨在面积上的分布情况，如果将一场雨的不同时段的平均雨量—面积曲线绘在同一张图上，以反映各时段降雨在面积上的分布情况，如图 X1.14 所示。由图可知，当降雨历时一定时，暴雨所笼罩的面积愈大，则平均雨量愈小；当暴雨笼罩面积一定时，历时愈长，雨量愈大。

X1.4.4　流域面平均雨量的计算方法

X1.4.4.1　算术平均法

当流域内地形变化不大，且雨量站数目较多、分布均匀时，可根据各站同一时段内的降雨量用算术平均法计算。其计算公式为

$$H_F = \frac{H_1 + H_2 + \cdots + H_n}{n} = \frac{1}{n} \sum_{i=1}^{n} H_i \qquad (X1.13)$$

式中　H_F——流域面平均降雨量，mm；

　　　H_i——流域内各雨量站雨量（$i = 1, 2, \cdots, n$），mm；

　　　n——雨量站数目。

X1.4.4.2　泰森多边形法

泰森多边形法又称面积加权平均法或垂直平分法。当流域内雨量站分布不均匀或地形

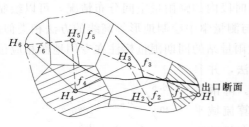

图 X1.15　泰森多边形法

变化较大时，可假定流域上不同地点的降雨量与距其最近的雨量站的雨量相近，并用其值计算流域面平均雨量。具体做法是：先将流域内及其流域外邻近的雨量站就近连成三角形（尽可能连成锐角三角形），构成三角网，再分别作各三角形三条边的垂直平分线，而这些垂直平分线相连组成若干个不规则的多边形，如图 X1.15 所示。每个多边形内都有一个雨量站，称为该多边形的代表站，该站的雨量就是本多边形面积 f_i 上的代表雨量，并将 f_i 与流域面积 F 的比值称为权重系数。该法的计算公式为

$$H_F = \frac{H_1 f_1 + H_2 f_2 + \cdots + H_n f_n}{F} = \frac{1}{F} \sum_{i=1}^{n} H_i f_i = \sum_{i=1}^{n} A_i H_i \qquad (X1.14)$$

式中　f_i——流域内各多边形的面积（$i = 1, 2, \cdots, n$），km²；

F——流域面积，km^2；

A_i——各雨量站的面积权重系数，$A_i = f_i/F$，$\sum\limits_{i=1}^{n} A_i = 1.0$。

X1.4.4.3　等雨量线法

如果降雨在地区上或流域上分布很不均匀，地形起伏大，则宜用等雨量法计算面雨量。等雨量线法也属于以面积作权重的一种加权平均方法。具体做法为：先根据流域上各雨量站的雨量资料绘制等雨量线图，如图 X1.16 所示，并量计出流域内各相邻两条等雨量线间的面积 f_i，则流域平均降雨量计算式为

$$H_F = \frac{1}{F}\sum_{i=1}^{n}\frac{1}{2}(H_i + H_{i+1})f_i = \frac{1}{F}\sum_{i=1}^{n}\overline{H}_i f_i \qquad (X1.15)$$

式中　　f_i——流域内相邻两条等雨量线间的面积，km^2；

$\overline{H}_i$——相邻两条等雨量线间的平均雨量，mm；

n——等雨量线的数目。

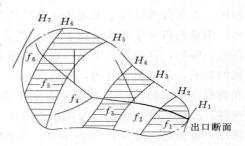

图 X1.16　等雨量线法

X1.4.4.4　降雨点面关系法

当流域内雨量站少，或各雨量站观测不同步时，可用降雨的点面关系来计算面雨量。其计算公式为

$$H_F = aH_0 \qquad (X1.16)$$

式中　　a——面雨量与点雨量的比值，也称点面雨量折算系数；

H_0——点雨量，mm。

降雨的点雨深与其不同面积平均雨深的关系，通常简称为点面关系。是指降雨中心或流域中心附近代表站的点雨量与一定范围内的面雨量之间的关系。它又可分为动点动面关系和定点定面关系。详细内容见 G2.3。

以上四种方法，算术平均法最为简单，但要求的条件较高；泰森多边形法适用性较强，且有一定的精度，尤其是在流域内雨量站网一定的情况下，求得各站的面积权重系数可一直沿用，或用计算机进行计算，所以在水文上应用广泛，但在降雨分布发生变化时，计算结果不一定符合实际；等雨量线法是根据等雨量线图来计算，因此计算精度最高，但它要有足够的雨量站，且每次计算都要绘制等雨量线，并量计流域内相邻两条等雨量线之间的面积，所以计算工作量大，实际当中应用有限；降雨点面关系法，计算更为简单，但需要知道点面关系图，一般用于设计条件下在流域雨量资料较差或缺乏时应用较多。

X1.4.5　我国降水量的时空分布

我国大部分地区受季风环流的影响，降水比较丰富，全国平均降水量可达 648mm，而且雨热同期。

1. 年降水量的地区分布

根据我国的地形和季风特点，降水的总体分布是从东南沿海向西北内陆逐渐减少，按照年降水量的多少，可将全国分为五个降水量带。

（1）多雨带。年降水量超过 1600mm，包括：台湾、广东、海南、福建、浙江大部、广西东部、云南西南部、西藏东南部、江西和湖南山区、四川西部山区。

（2）湿润带。年降水量在 800～1600mm，包括：秦岭—淮河以南的长江中下游地区、云南、贵州、四川和广西大部。

（3）半湿润带。年降水量在 400～800mm，包括：华北平原、东北地区、山西、陕西大部、甘肃、青海东南部、新疆北部、四川西北和西藏东部。

（4）半干旱带。年降水量在 200～400mm，包括：东北西部、内蒙古、宁夏、甘肃大部、新疆西部。

（5）干旱带。年降水量少于 200mm，包括：内蒙古、宁夏、甘肃沙漠区、青海柴达木盆地、新疆塔里木盆地和准噶尔盆地、藏北羌塘地区。

2. 年降水量的季节分布

我国降水在季节上的变化很大，各地雨季的迟早与时间的长短均与夏季风的进退密切相关，大部分地区降水主要集中在夏秋季。长江以南地区，雨季较长，为 3～6 月或 4～7 月，雨量约占全年的 50%～60%。华北和东北地区，雨季为 6～9 月，雨量约占全年的 70%～80%，其中华北雨季最短，大部分集中在 7～8 月。西南地区降水，主要受西南季风的影响，旱季雨季分明，一般 5～10 月为雨季，11 月至次年 4 月为旱季。四川、云南和青藏高原东部，6～9 月雨量占全年的 70%～80%，冬季则不到 5%。新疆西部的伊犁河谷、准噶尔盆地西部以及阿尔泰地区，终年在西风气流的控制下，水汽来自大西洋和北冰洋，虽然远离海洋，降水不多，但四季分配颇为均匀，各季降水量均占年降水量的 20%～30%。此外，台湾的东北端，受东北季风的影响，冬季降水占全年的 30%，也是我国降水量年内分配较均匀的地区。

X1.5 蒸 发

蒸发是指水由液态或固态转化为气态的物理变化过程，是水文循环的重要环节之一，也是水量平衡的基本要素和降雨径流的一种损失。水文上研究的蒸发为自然界的流域蒸发。流域下垫面由水面和陆地表面组成。水面是指江河、湖泊等天然水面；而陆地表面一部分由植被覆盖，另一部分则是土壤直接裸露。因此，流域蒸发包括水面蒸发和陆面蒸发。陆面蒸发又可分为土壤蒸发和植物散发。

X1.5.1 水面蒸发

流域上的各种水体如江河、水库、湖泊、沼泽等，由于太阳的辐射作用其水分子在不断地运动着，当某些水分子所具有的动能大于水分子之间的内聚力时，便从水面逸出变成水汽进入空中，进而向四周及上空扩散；与此同时，另一部分水汽分子又从空中返回到水面。因此，蒸发量是指某一时段内水分子从水体中逸出和返回的差量，常以蒸发掉的水层深度表示，即以 mm 计。蒸发率则是单位时间内的蒸发量，也称为蒸发速度，以 mm/h、mm/d 计。影响水面蒸发的因素主要有气温、湿度、风速、水质及水面大小等。

X1.5.2 陆面蒸发

1. 土壤蒸发

土壤蒸发是指水分从土壤中逸出的物理过程，也是土壤失水干化的过程。土壤是一种有孔介质，它不仅有吸水和持水能力，而且具有输送水分的能力。因此土壤蒸发与水面蒸发不同，除了受气象因素影响外，还受土壤中水分运动的影响，另外土壤含水量、土壤结构、土壤色泽等也对土壤蒸发有一定的影响。

对于某一种土壤，当气象条件一定时，土壤蒸发量的大小与土壤的供水条件有关。土壤水分按照其所受的作用力不同可以分为结合水、毛管水和重力水，当土壤中的重力水完全排除，土壤所保持的毛管悬着水含水量达到最大时，其含水量称为田间持水量。它是土壤蒸发供水条件充分与不充分的分界点。因此根据土壤水分的变化将土壤蒸发分为三个阶段。

当土壤含水量大于田间持水量时，土壤十分湿润甚至饱和，土中有自由重力水存在，且毛细管可以将下层的水分运送到上层，属于充分供水条件下的土壤蒸发，蒸发量大小只受气象条件的影响，大而稳定，接近于水面蒸发。

由于土壤蒸发耗水作用，使土壤含水量不断减少。当其减少到小于田间持水量以后，土壤中毛细管的连续状态将逐渐被破坏，使得土壤内部的水分向上输送受到影响，这时土壤蒸发进入第二阶段，供水条件不如第一阶段充分，土壤蒸发量将随土壤含水量的减少而减少，此阶段影响因素主要为土壤的含水量，而气象条件已成为次要因素。

如果土壤含水量继续减少，以至于毛管水不再以连续状态存在于土壤中，毛管向土壤表面输水的机制遭到完全破坏，水分只能以膜状水形式或汽态形式向上缓慢扩散，土壤蒸发进入第三阶段。这一阶段由于受供水条件的限制，土壤蒸发进行得非常缓慢，蒸发量也十分小，而且稳定，此时，蒸发量的大小与土壤含水量和气象条件关系都不明显。可见，土壤的蒸发过程，实质上是土壤失去水分或干化的过程

在土壤蒸发中，浅层地下水通过毛细管现象经过包气带（地面与地下水位之间土壤含水量经常发生变化的土层）蒸发消耗，这部分蒸发称为潜水蒸发。

2. 植物散发

植物根系从土壤中吸取水分，通过其自身组织输送到叶面，再由叶面散发到空气中的过程称为植物散发或蒸腾。它既是水分的蒸发过程，也是植物的生理过程。由于植物散发是在土壤—植物—大气之间发生的现象，因此植物蒸发受气象因素、土壤水分状况和植物生理条件的影响。不同的植物散发量不同；同一种植物在不同的生长阶段散发量也不同。由于植物的光合作用与太阳辐射有关，大约有 95% 的日散发量发生在白天。当气温降至4℃，植物生长基本停止，相应地散发量也变得极小。植物生于土壤，因而植物散发和土壤蒸发总是同时存在的，两者合称为陆面蒸发，它是流域蒸发的主要组成部分。

X1.5.3　流域蒸发

流域蒸发（流域总蒸发）又称为流域蒸散发。为水面蒸发、土壤蒸发和植物散发之综合。其值有两种确定途径，其一是分项观测，然后综合求出流域总蒸发，但此途径目前尚未广泛应用，因为除水面蒸发外，土壤蒸发和植物散发在大范围内缺乏观测资料；其二是应用流域水量平衡方程或经验公式法间接计算，这是目前常用的方法。

X1.5.4　我国蒸发量概况

我国年总蒸发量的地区分布特点与年降水量基本相似，有自东南向西北递减的趋势。全国多年平均年蒸发量约为 364mm。淮河以南、云贵高原以东广大地区年蒸发量大都为 700~800mm；海南岛东部和西藏东南可达 1000mm 以上，是全国年蒸发量最大的地区；黄河中下游和东北大部分地区为 400~600mm，大兴安岭以西地区、内蒙古高原、阿拉善高原以及西北广大地区，都小于 300mm，是全国蒸发量最小的地区，其中塔里木盆地、

柴达木盆地和新疆若羌以东地区，年总蒸发量不足 25mm。

另外，蒸发量还受地形、地质、土壤、植被、降水等因素的影响。多年平均降水量相近的地区，多年平均蒸发量不一定相同。蒸发量与流域的高程也有一定的关系。在山区，蒸发量随高程的升高而减少，到达某一高程后，递减的速率趋于稳定。

蒸发量的年内变化过程一般与气象要素和太阳辐射的年内变化趋势相一致。我国很多地方全年最小蒸发量通常出现在 12 月及 1 月，以后随太阳辐射量的增加而增加，夏季最强。但是各地的最大蒸发出现的时间不同，云贵高原东南部常在 4～5 月；华北地区和西南地区西北部常在 5～6 月；长江中下游及东南沿海地区常在 7～8 月。

X1.5.5 干旱指数及其分布

水面蒸发量与年降水量之比即干旱指数，以 γ 表示。$\gamma > 1$，蒸发超过降水；$\gamma < 1$，降水大于蒸发。依此标准分析某一地区的湿润和干旱分布规律更明显。因此干旱指数和气候的干湿分布带有密切关系。我国按干旱指数划分干旱与湿润的标准，见表 X1.1。

表 X1.1　　　　　　　　　　全国降水、径流分区

降水分区	年降水量（mm）	干旱指数 γ	年径流系数 α	年径流深（mm）	径流分区
多雨带	>1600	<0.5	>0.5	>800	丰水带
湿润带	800～1600	0.5～1	0.3～0.5	200～800	多水带
半湿润带	400～800	1～3	0.1～0.3	50～200	过渡带
半干旱带	200～400	3～7	<0.1	10～50	少水带
干旱带	<200	>7		<10	干涸带

X1.6　土壤水、下渗与地下水

地表水、土壤水、地下水及其相互转化构成了陆地的水资源系统，大气降水是本系统的总补给来源。在这一系统中，地表土层是地表水和地下水的转换器和连接器，对降雨进行再分配。降雨降落到地面后，一部分渗入土壤，另一部分形成地表水流入江河。渗入土壤的雨水，一部分将被土壤吸收为土壤水，滞留于土层中，而后通过土壤蒸发或植物散发返回到大气；另一部分渗入地下水水库补给地下水。

X1.6.1 包气带和饱和带

地表土层从上到下，以地下水面为界可分为包气带和饱水带。包气带是指地面以下、地下水位以上的土层。它由土壤颗粒、水分和气体物质组成，其中所含水分称为土壤水。饱水带则是地下水面以下被水所充满的土层，其中所含水量称为地下水。由于地下水位时常是变化的，因此包气带的厚度也随之变化。包气带土层为多孔介质，可以吸水、蓄水和向任何方向输送水分。

X1.6.2 土壤水

包气带中的水分即土壤水，常吸附于土壤颗粒表面和存在于土壤孔隙之中。由于包气带上面与大气相接，下面与地下水相连，因此土壤水是十分活跃的，其量的大小既影响陆面蒸发量的大小，也影响到降雨产生径流的多少。在水文学中研究土壤水的运动和变化规

律，对认识水文现象有着十分重要的意义。

X1.6.2.1 土壤水的存在状态

水分进入土壤后，将受到分子力、毛管力和重力的作用，故以不同的形式存在。

1. 吸湿水（吸着水）

土粒表面的分子对水分子的吸引力称为分子力。在分子力的作用下，吸附于土壤颗粒表面的水分称为吸湿水。土壤颗粒分子所吸附的水分，其厚度约几个分子的厚度。因为分子吸力很大，使水分子间的距离小于正常状态水分子之间的间距，所以呈现出固态水的性质。吸湿水没有溶解能力，不能自由移动，对水文现象的影响不大。

2. 薄膜水

在吸湿水外面，有土粒剩余分子力所吸持的水膜称薄膜水。薄膜水受分子吸力的作用，不受重力的影响，但可以由水膜厚的土粒向水膜薄的土粒缓慢移动。

3. 毛管水

土壤孔隙中由毛管力作用所保持的水分，叫毛管水。毛管水可分为毛管悬着水和支持毛管水两类。

（1）毛管悬着水。在土壤孔隙中，由于毛管的孔径不同，毛管力的大小就不同。如果向上的毛管力大于向下的毛管力，其合力（向上与向下的力差）能支持一部分水，悬吊于孔隙中，故称悬着水。它是植物生长和土壤蒸发的补给水源。

（2）支持毛管水。亦称上升毛管水。是地下水面以上由毛细管力所支持而存在于土壤孔隙中的水分。由于孔隙大小分布不均匀，毛管水上升的高度也不相同，孔隙越细，毛管水上升越高。在地下水面以上，形成一个不均匀的水分布带，随地下水位的升降而升降。

4. 重力水

重力水是指土壤中在重力作用下可以在孔隙中自由移动的水分。它能传递水压力，只要有静水压力差存在，就可产生水流运动。渗入土中的重力水，由上往下一直到达地下水面，补给地下水使其水位升高。

X1.6.2.2 土壤水分常数

土壤水分常数是反映土壤水分形态和性质的特征值。水文上常用以下几个土壤水分常数。

（1）最大分子持水量。由土粒分子力所结合的水分的最大量称为最大分子持水量。此时薄膜水的厚度达到最大值。

（2）凋萎含水量。亦称凋萎系数。植物无法从土壤中吸收水分，从而开始永久凋萎（枯死）时的土壤含水量。植物根系的吸力约为 15 个大气压，土壤对水分的吸力相当于15 个大气压时的土壤含水量，就是凋萎含水量。由此可见，大于凋萎含水量的水分才是参加水分交换的有效水量。

（3）毛管断裂含水量。毛管悬着水的连续状态开始断裂时的含水量，叫毛管断裂含水量。当土壤含水量大于此值，土壤水以液态的形式源源不断向土壤表面运行，供给土壤蒸发；如小于此值，这种连续供水遭到破坏，毛管悬着水呈液态的上升运动基本停止，这时的水分交换以薄膜水和水汽形式进行。

（4）田间持水量。过剩的重力水已经排除，土壤中所能保持的毛管悬着水的最大量，称为田间持水量。悬着水不作重力移动，当土壤含水量超过田间持水量时，过剩的水分将不能保持在土壤中，会以自由重力水的形式向下渗透。它是划分土壤持水量与向下渗透水分的重要标志，在水文学中有重要意义。

（5）饱和含水量。土壤中所有孔隙全部被水分充满时的含水量，称饱和含水量。它决定于土壤孔隙率的大小。从田间持水量到饱和含水量之间的水量，是受重力作用向下运行的自由重力水。

X1.6.3　下渗与下渗实验

下渗也称入渗，是指水分从土壤表面向土壤内部渗入的物理过程，以垂向运动为主要特征。天然情况下的下渗主要是雨水的下渗，它是降雨径流中的主要损失，不仅直接决定地面径流量的大小，同时也影响土壤水分和地下水的变化，是连接并转换地表和地下水的一个中间过程。

X1.6.3.1　下渗过程及其变化规律

当雨水降落在干旱的流域土壤表面后，一部分雨水将在分子力、毛管力和重力的综合作用下发生由上而下的入渗过程。首先受土粒分子力的作用而吸附于土粒表面形成薄膜（称为薄膜水），这为第一阶段，称为渗润阶段。当土粒表面的薄膜水达到最大（即最大分子持水量）时，渗润阶段逐渐消失；入渗的雨水在毛管力和重力的作用下，在土壤孔隙中向下作不稳定运动，并逐渐充填土粒孔隙，直到孔隙充满饱和，这为第二阶段，称为渗漏阶段。有时也把一、二两阶段合称为渗漏阶段，它们共有的特点是非饱和下渗。当土壤孔隙被水充满达到饱和时，水分主要受重力作用向下作稳定地渗透运动，这为第三阶段，称为渗透阶段，属于饱和下渗。在实际的下渗过程中，以上两个阶段（渗漏和渗透）并无明显的界限，有时是相互交错的。

水文上常用下渗率来反映下渗的快慢。它是单位面积、单位时间内的下渗量，以 mm/h 或 mm/min 表示。充分供水条件下的下渗率称为下渗能力（或下渗容量）。

在下渗初期，若土壤比较干燥，下渗的水分很快被表层土壤所吸收，下渗率很大；随着表层土壤含水量的增大，饱和层逐渐向下延伸，下渗率也随着递减，直至最后趋于稳定。下渗率随时间递减变化的规律可通过下渗实验来分析研究。

X1.6.3.2　下渗实验与下渗能力（容量）曲线

下渗实验是研究下渗规律的有效途径。常用实验方法有同心环法和人工降雨法两种。其中最简单的方法是在地面上打入两个同心圆环，外环直径为 60cm，内环直径为 30cm，环高 15cm。实验时，在内外环同时加水，使水深保持常值，内外环水面保持齐平，因此加水的速度就是下渗的速度，根据观测数据便可以绘出下渗能力随时间递减的过程线，即下渗能力曲线，如图 X1.17 所示。

由图 X1.17 可见，刚开始下渗时，由于土壤干燥，水分主要在分子力的作用下迅速被表层土壤所吸收，此时下渗率最大。随着下渗的继续和土壤含水量的增加，分子力和毛管力也逐渐减弱，下渗率随之递减。当土壤水分达到田间持水量以后，土壤含水量趋于饱和，水分主要在重力的作用下下渗，下渗率也逐渐趋于稳定，接近为常数，称为稳定下

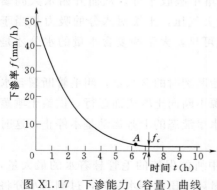

图 X1.17　下渗能力（容量）曲线

渗率或稳渗率，常用 f_c 表示。如图中的 A 点以后趋于稳定下渗率 f_c。

下渗能力（容量）曲线也可以用数学公式表示，如水文上常用的霍顿下渗公式为

$$f_t = (f_0 - f_c)\mathrm{e}^{-\beta t} + f_c \tag{X1.17}$$

式中　f_t——t 时刻的下渗能力（容量），mm/h；

$\quad\quad f_0$——初始时刻（$t=0$）的下渗能力，mm/h；

$\quad\quad f_c$——稳定（重力）下渗能力，mm/h；

$\quad\quad t$——下渗时间，h；

$\quad\quad \beta$——反映土壤特性的指数；

$\quad\quad \mathrm{e}$——自然对数的底（$\mathrm{e} \approx 2.7183$）。

霍顿下渗公式是霍顿（1931 年）在下渗试验资料的基础上，用曲线拟合方法得到的经验公式。公式表明土壤的下渗能力（容量）是随时间按指数规律递减的。

X1.6.4　地下水

X1.6.4.1　地下水的基本类型

从广义的角度理解，地下水是指埋藏于地表以下各种状态水的总称。地下水的分类方法很多，目前，我国现行比较通用的分类方法是以地下水的埋藏条件为主要特征，综合考虑地下水的成因和水力特征的综合分类方法，将地下水划分为包气带水、潜水、承压水三种基本类型。

（1）包气带水。包气带水指埋藏于地表面以下、地下水面以上包气带中的水分。包括吸湿水、薄膜水、毛管水、渗透的重力水等，实际上就是土壤水，这里不再重复。

（2）潜水。埋藏于饱和带中，处于地表面以下第一稳定隔水层以上，具有自由水面的地下水，称为潜水，通常所说的浅层地下水主要指潜水。

（3）承压水。埋藏于饱和带中，处于两个不透水层之间，具有压力水头的地下水，水文上常称为深层地下水。

X1.6.4.2　地下水的特征

1. 潜水

由于潜水具有自由水面，通过包气带与大气相通，所以不承受压力。潜水面与地面之间的距离为潜水埋藏深度，潜水面与第一个不透水层之间的距离称为潜水含水层厚度。潜水埋藏的深度及贮量取决于地质、地貌、土壤、气候等条件。一般山区潜水埋藏较深，平原区较浅，有的甚至仅几米深。

潜水的主要补给来源是降水和地表水等，其排泄方式有侧向和垂向两种。侧向排泄是指潜水在重力的作用下沿水力坡度方向补给河流或其他水体，或者露出地表成为泉水；垂向排泄主要是潜水蒸发。

潜水与地表水之间相互补给和排泄的关系称为水力联系。以潜水与河水之间的关系为例，潜水可以补给河水，河水也可以补给潜水，如图 X1.18 所示。

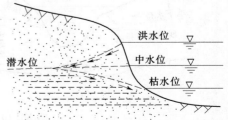

图 X1.18　潜水与河水水力联系示意图

2. 承压水

承压水的主要特性是处在两个不透水层之间，具有压力水头，一般不直接受气象、水文因素的

影响，循环更新比较缓慢。由于埋藏较深一般不易遭受污染，水量较稳定，是河川枯水期水量的主要补给来源。

承压水含水层按水文地质特征可分为三个组成部分：补给区、承压区和排泄区，补给区出露于地势较高的地表部位，直接承受大气降水和地表水补给，实际上该区地下水仍具有潜水的特性，并主要由下渗补给。与补给区相反，含水层位置较低，出露于地表，为排泄区。在补给区和排泄区之间的含水层为承压区。该区含水层被上覆盖隔水层所覆盖，水体承受静水压力，具有压力水头。承压含水层的储量，主要与承压区分布的范围、含水层的厚度和透水性、储水构造破坏的程度、补给区的大小和补给量的多少有关。

X1.7 径 流

径流指江河中的水流。分别来源于流域地面和地下，相应地称为地面径流和地下径流。它的补给来源有雨水、冰雪融水、地下水和人工补给等。我国的江河，按照补给水源的不同大致分为三个区域：秦岭以南，主要是雨水补给。径流的变化与降雨的季节变化关系密切，夏季经常发生洪水；东北、华北部分地区为雨水和季节性冰雪融水补给区，每年有春、夏两次汛期；西北阿尔泰山、天山、祁连山等高山地区，河水主要由高山冰雪融水补给，这类河流水情变化与气温变化有密切关系，夏季气温高，降水多，水量大，冬季则相反。地下水补给是我国河流水源补给的普遍形式，但在不同的地区差异很大。一般为 $20\%\sim30\%$，最高达 $60\%\sim70\%$，最少不足 10%。其中以黄土高原北部、青藏高原以及贵州、广西岩溶分布区，地下水补给比例较大。地下水补给较多的河流，其年内分配较均匀。人工补给主要是指跨流域调水。如我国实施的南水北调工程，就是将长江流域的水分别从东线、中线和西线调到黄河流域以及京、津地区，以缓解北方地区的缺水危机。

总体而言，我国大部分地区的河流是以雨水补给为主。由降雨形成的河川径流称为降雨径流，它是本课程研究的主要对象。

X1.7.1 降雨径流的形成过程

降雨径流是指雨水降落到流域表面上，经过流域的蓄渗等系列损失分别从地表面和地下汇集到河网，最终流出流域出口的水流。从降雨开始到径流流出流域出口断面的整个物理过程称为径流的形成过程，如图 X1.19 所示。

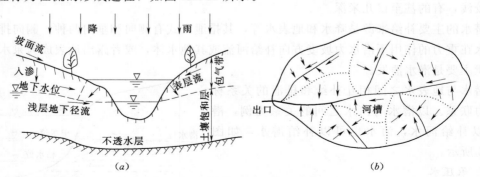

图 X1.19 径流形成过程示意图
(a) 坡面汇流；(b) 河网汇流

降雨径流的形成过程，是一个极其复杂的物理过程。但人们为了研究方便，通常将其概括为产流和汇流两个过程。

1. 产流过程

降雨开始时，除了很少一部分降落在河流水面直接形成径流外，其他大部分则降落到流域坡面上和各种植物枝叶表面，降在植物枝叶表面的雨水首先要被植物的枝叶吸附一部分，成为植物截留量，雨后被蒸发掉。直接降在流域坡面的雨水或满足植物截留量后落到地面上的雨水称为落地雨，开始下渗充填土壤孔隙，随着表层土壤含水量的增加，土壤的下渗能力也逐渐减小，当降雨强度超过土壤的下渗能力时，地面就开始积水，并在重力作用下沿坡面流动，在流动过程中有一部分水量要流到低洼的地方并滞留其中，称为填洼量。还有一部分将以坡面漫流的形式流入河槽形成径流，称为地面径流。下渗到土壤中的雨水，通常由于流域土壤上层比较疏松、下渗能力强，下层结构紧密、下渗能力弱，这样便在表层土壤孔隙中形成一定的水流沿孔隙流动，最后注入河槽，这部分径流称为壤中流（或表层流）。壤中流在流动过程中是极不稳定的，随着表层土壤的厚度变化往往和地面径流穿叉流动，难以划分开来，故在实际水文分析中常把它归入地面径流，有时也合称为地表径流。若降雨延续时间较长，继续下渗的雨水经过整个包气带土层，渗透到地下水中，经过地下水的调蓄缓缓渗入河槽，形成浅层地下径流。另外，在流出流域出口断面的径流当中，还有与本次降雨关系不大，来源于流域深层地下水的径流，它比浅层地下径流更小、更稳定，通常称为基流。

综上所述，由一次降雨形成的河川径流包括地面径流、壤中流和浅层地下径流三部分，总称为径流量，也称产流量。降雨量与径流量之差称为损失量。它主要包括储存于土壤孔隙中间的下渗量、植物截留量、填洼量和雨期蒸散发量等。可见，流域的产流过程就是降雨扣除损失，产生各种径流成分的过程。

流域特征不同，其产流机制也不同。干旱地区植被差，包气带厚，表层土壤渗水性弱，流域的降雨强度和下渗能力的相对变化支配着超渗雨的形成，一旦有超渗雨形成便产生地面径流，它是次雨洪的主要径流成分，而壤中流和浅层地下径流就比较少。这种产流方式称为超渗产流。对于气候湿润、植被良好、流域包气带透水性强、地下水位高的地区，由于地表下渗能力强，降雨强度常常小于下渗能力，其产流量大小主要取决于流域的前期包气带的蓄水量，与雨强关系不大。如果降雨入渗的水量超过流域包气带的缺水量，流域"蓄满"，开始产流，不仅形成地面径流、壤中流，而且也形成一定量的浅层地下径流，这种产流方式称为蓄满产流。超渗产流和蓄满产流是两种基本的产流方式，两者在一定的条件下可以相互转换。

2. 汇流过程

降雨产生的径流，由流域坡面汇入河网，又通过河网由支流到干流，从上游到下游，最后全部流出流域出口断面，称为流域的汇流阶段。因为流域面积是由坡面和河网构成的，所以流域汇流又可分为坡面汇流和河网汇流两个小过程。坡面汇流是指降雨产生的各种径流由坡地表面、饱和土壤孔隙及地下水当中分别注入河网，引起河槽中水量增大、水位上涨的过程。当然这几种径流由于所经的路径不同，各自的汇流速度也就不同。一般地面径流最快，壤中流次之，地下径流则最慢。所以地面径流的汇入是河流涨水的主要原因。汇入河网的水流，沿着河槽继续下泻，便是河网汇流过程。在这个过程中，涨水时河

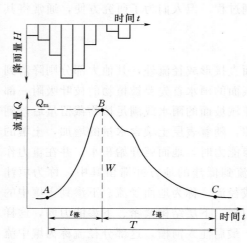

图 X1.20　降雨及洪水流量过程线示意图

槽可暂时滞蓄一部分水量而对水流起调节作用。当坡面汇流停止时，河网蓄水往往达到最大，此后则逐渐消退，直至恢复到降雨前河水的基流上。这样就形成了流域出口断面的一次洪水过程，如图 X1.20 所示。

洪水流量过程线反映了降雨特性和流域下垫面因素的综合作用。不同的降雨过程将形成不同的洪水，即使是同样的降雨，在不同的下垫面条件下也会形成不同的洪水。在水文上描述洪水流量过程线的特征一般用洪峰流量、洪水总量和洪水总历时三个基本要素。

洪峰流量 Q_m 是一次洪水流量过程线上的最高点（即最大的瞬时流量），如图 X1.21 中的 B 点。

洪水总量 W 是指洪水所形成的总径流量，即图 X1.20 中过程线 $A \to B \to C$ 与横轴所包围的面积。其中包括基流水量。

洪水总历时 T 是指洪水过程从起涨到落平所经历的时间，即图 X1.21 中过程线 $A \to C$ 的时间。$T = t_涨 + t_退$，$t_涨$ 为涨水历时，$t_退$ 为落水历时。

按照洪水过程线的形状不同，将其分为单峰洪水（图 X1.20）和复式峰洪水，后者也称为连续峰洪水。

产流和汇流两个过程，不是相互独立的，实际上几乎是同时进行的，不可能截然分开，整个过程非常复杂。出口断面的洪水过程是全流域综合影响和相互作用的结果。

X1.7.2　径流量的表示方法及度量单位

径流分析计算中，常用的径流量表示方法和度量单位有下列几种。

（1）流量 Q。指单位时间内通过河流某一过水断面的水体体积，单位为 $\mathrm{m^3/s}$。

（2）径流总量 W。指一定时段内通过河流某一过水断面的总水量，单位为 $\mathrm{m^3}$。径流总量与平均流量的关系为

$$W = \overline{Q}T \qquad\qquad (X1.18)$$

式中　$\overline{Q}$——时段平均流量，$\mathrm{m^3/s}$；

　　　　T——计算时段，s。

径流总量的单位有时也用时段平均流量与对应历时的乘积表示，如 $\mathrm{m^3/s \cdot 月}$、$\mathrm{m^3/s \cdot d}$ 等。

（3）径流深 R。指一定时段的径流总量平铺在流域面积上所得到的水层深度，以 mm 计。

$$R = \frac{W}{1000F} \qquad\qquad (X1.19)$$

式中　W——计算时段的径流量，$\mathrm{m^3}$；

　　　　F——河流某断面以上的流域集水面积，$\mathrm{km^2}$；

　　　　1000——单位换算系数。

（4）径流模数 M。指单位流域面积上所产生的流量，常用单位为 $\mathrm{m^3/(s \cdot km^2)}$ 或 $\mathrm{L/(s \cdot km^2)}$，其计算公式为

$$M = \frac{Q}{F} \tag{X1.20}$$

如洪峰流量、年平均流量，相应的径流模数称为洪峰流量模数、年平均流量模数（或年径流量模数）。

（5）径流系数 α。指流域某时段内径流深与形成这一径流深的流域平均降水量的比值，无因次。即

$$\alpha = \frac{R}{H_F} \tag{X1.21}$$

【例 X1.1】　已知某小流域集水面积 $F = 130 km^2$，多年平均年降水量 $\overline{H_F} = 915 mm$，多年平均径流深 $\overline{R} = 745 mm$。求该流域多年平均径流总量 $\overline{W}$、多年平均流量 $\overline{Q}$、多年平均径流模数 $\overline{M}$ 以及多年平均径流系数 $\overline{\alpha}$。

直接代公式计算：

$$\overline{W} = 1000\,\overline{R}\,F = 1000 \times 745 \times 130 = 9685\,(万\ m^3)$$

$$\overline{Q} = \frac{\overline{W}}{T} = \frac{9685 \times 10^4}{31.536 \times 10^6} = 3.07\,(m^3/s)$$

$$\overline{M} = \frac{\overline{Q}}{F} = \frac{3.07}{130} = 23.6 \times 10^{-3}\,[m^3/(s \cdot km^2)] = 23.6 L/(s \cdot km^2)$$

$$\overline{\alpha} = \frac{\overline{R}}{\overline{H_F}} = \frac{745}{915} = 0.81$$

X1.7.3　我国河川年径流量的分布概况

河川径流的时空分布受降水特性和各种下垫面条件的影响而有所不同，其中降水起主导作用。因此，我国径流的时空分布规律与降水的时空分布规律具有较好的相似性。关于年径流量在时间上的变化规律在 G1.1 中介绍。此处主要介绍空间分布情况。

我国多年平均年径流总量 27115 亿 m^3，平均径流深 284mm。在空间上分布的总趋势是由南向北和由东向西递减。按径流深的大小，全国可划分为丰水、多水、过渡、少水、干涸五个不同的地带。

（1）丰水带。年径流深大于 800mm，包括东南和华南沿海地区、台湾、海南、云南西南部及西藏东南部。年径流深最大值在台湾中央山地和藏东南雅鲁藏布江下游靠近中印边界一带，可达 4000～5000mm。东南沿海主要山地 1600～2000mm。年径流系数一般在 0.5 以上，部分山地超过 0.8。

（2）多水带。年径流深在 200～800mm，包括长江流域大部、淮河流域南部、西江上游、云南大部，以及黄河中上游一小部分地区。部分山区年径流深可达 1000～2000mm。年径流系数一般为 0.4～0.6。

（3）过渡带。年径流深在 50～200mm，包括大兴安岭、松嫩平原一部分、三江平原、辽河下游平原、华北平原大部、燕山和太行山、青藏高原中部、祁连山区及新疆西部山区。此带内平原地区年径流深大部分为 50～100mm，年径流系数为 0.1 左右。山区年径流深 100～200mm，年径流系数 0.2～0.4。

（4）少水带。年径流深在 10～50mm，包括松辽平原中部、辽河上游地区、内蒙古高原南部、黄土高原大部、青藏高原北部及西部丘陵低山区。本带内平原地区年径流深一般为 10～25mm，黄土高原 10～25mm，部分山区可达 50mm 以上。年径流系数一般为 0.1

左右，个别地区小于 0.05。

（5）干涸带。年径流深小于 10mm，包括内蒙古高原、河西走廊、柴达木盆地、准噶尔盆地、塔里木盆地、吐鲁番盆地。本带内不少地区基本不产流，年径流系数只有 0.01～0.03。

X1.8　流域的水量平衡

X1.8.1　流域水量平衡方程

在河流水资源的开发利用工程中主要研究流域的水量平衡问题。根据水量平衡原理，一定时段的流域水量平衡方程可表示为

$$H = E + R + \Delta V + \Delta W \tag{X1.22}$$

式中　　H——时段内流域平均降水量；

　　　　E——时段内流域总蒸散发量；

　　　　R——时段内流域径流量；

　　　　ΔV——时段内流域间的地下水交换水量，流入为负，流出为正；

　　　　ΔW——流域在研究时段内蓄水量变化量，其值可正可负，$\Delta W > 0$ 表示时段内流域蓄水量增加，相反，$\Delta W < 0$ 表示时段内流域蓄水量减少。

对于闭合流域，若又无跨流域引水，则在式（X1.22）中，有 $\Delta V = 0$，即没有流域间地下水量交换；同时流域上产生的地面、地下径流量都从流域出口断面流出，合称径流量（深），于是闭合流域的水量平衡方程式为

$$H - (E + R) = \Delta W \tag{X1.23}$$

在实际工作中常取研究时段为一年，则上式称为闭合流域年水量平衡方程式。

对于多年平均情况，因为 ΔW 有正有负，故 $\frac{1}{n} \sum_{i=1}^{n} \Delta W \to 0$，水量平衡方程为

$$\overline{H} = \overline{E} + \overline{R} \tag{X1.24}$$

式中　　$\overline{H}$——流域多年平均年降水量，mm；

　　　　$\overline{E}$——流域多年平均年蒸散发量，mm；

　　　　$\overline{R}$——流域多年平均年径流深，mm。

式（X1.24）就称为闭合流域多年平均水量平衡方程。

X1.8.2　人类活动对径流的影响

人类活动对径流的影响，主要表现在水质和水量两个方面。对水质的影响主要是因人类的生活和生产活动对河川径流造成的污染。经常有两种方式，一种是直接污染。是指生活污水或工业废水直接排入江河，使水质变坏，影响水的用途，甚至严重危害人体健康。另一种是间接污染。是指工矿企业排出的废气中含有某些污染物，悬浮于大气中，随大气降水或其自身重量降落而污染水体。例如我国西南、华东一些地区，由于燃煤的含硫量高，致使大气中二氧化硫含量过高，从而在这些地区经常出现酸雨，造成河流水质污染，影响人民生活和生态环境。对径流量的影响，主要是通过工程措施和农林措施对水循环过程的干扰，以改变水量平衡要素之间的关系，使得径流在时间上和空间上发生变化。

在水循环过程中，流域上形成降水的水汽主要来源于海洋。从目前来看，人类虽然可

以通过人工增雨技术来影响局部地区的降水量,缓解旱情。但是,就总体情况而言,人类还缺乏影响大气环流的能力,因此,可以认为人类活动对流域多年平均降水量的影响是十分微弱的。而通过对蒸发特性或蒸发过程的影响来改变径流过程的情况往往是比较显著的。例如,修建水库后,库区原来的陆面蒸发被改变为水面蒸发,增加了流域总蒸发量,从而使可由水库引用的径流量减少。农业措施方面如扩大灌溉面积,无论是引用地面水还是地下水,都将增加蒸散发量而使径流量减少。在改变径流的时空分布方面,水库工程和引水工程的作用是很明显的。植树造林、退耕还林、兴修梯田等农业措施,可增加入渗量,减缓地面径流,既可影响蒸发量,又可改变径流的时程分配。

另一方面,人类活动还会对自身赖以生存的环境产生不利的影响。像水利、公路、铁路、城建等工程措施除了给人类造福以外,也会对工程区域的生态环境造成不良影响,如在修建工程的过程中不可避免地会造成植被的破坏,从而引发水土流失,还有大量的石渣将随洪水带到下游,都将引起河道的淤积,这是 1998 年长江洪水泛滥的原因之一。另外在大流域修建了众多水库后,虽然有效地控制了径流情势,但对于下游河道而言,因过流量减少,甚至在枯水季节发生断流,不仅引起河道内的生态环境恶化,更严重的将危及下游两岸人民的生存。如黄河从 20 世纪 90 年代以后,断流的次数越来越频繁,断流的时间和河段越来越长,1997 年断流达 226 天,山东省全境断流,造成下游水荒。再有北方缺水地区过量开采地下水,引起地下水位下降,导致地面沉陷、建筑物裂缝等,诸如此类问题,不胜枚举。这些问题已经引起政府和有识之士的极大关注,因此在规划建设各种工程时,都必须作环境影响评价,且把环境保护和工程建设放在同等重要的位置。

X1. 9　水资源及其开发利用

X1. 9. 1　水资源的涵义

水是一种重要的自然资源,也是人类乃至于整个生态系统赖以存在和发展的基本物质条件。对于水资源,目前还没有非常明确的定义,但比较普遍的说法是有广义和狭义之分。广义的水资源是指地球水圈内的水以气态、固态和液态等形式存在和运动着。如海洋水、湖泊水、河流水、地下水、土壤水、生物水和大气水等。地球上水资源的总储量达 13.86 亿 km³,其中海水占 96.5%;天然淡水量约 0.35 亿 km³,占总储量的 2.53%,而其中的 99.86% 是深层地下水和两极、高山冰雪等难以为人们所利用的静态水。真正与人类活动密切相关的江、河等河槽淡水量只占淡水总储量的 0.006%;而地下淡水的储量却占淡水总量的 30%。

因此,从狭义角度讲,水资源是指在目前的经济技术条件下,可供人们开发利用的淡水量,是在一定时间内可以得到恢复和更新的动态量。一般包括水量和水质两个方面。由地表水、土壤水和地下水及其相互转化构成水资源系统,大气降水是其总补给来源。但是,随着科学技术和社会经济的不断发展,狭义水资源的内涵也是在不断发展变化的。现在人们常说的水资源,一般是指狭义水资源。

X1. 9. 2　水资源的开发利用

水资源是一种动态资源。其特点主要表现为可恢复性、有限性、时空分布不均匀性和利害双重性。人们在长期的生产生活过程中,为了自身和环境的需要在不断地认识和开发利用水资源，其内容包括兴水利、除水害和保护水环境。兴水利主要指：农田灌溉、水力发电、城乡给排水、水产养殖、航运等；除水害主要是防止洪水泛滥成灾；保护水环境主要是防治水污染，维护生态平衡，给子孙后代的可持续利用和发展留一片绿水青山。

水资源的开发利用主要是通过各种各样的工程措施来实现的。

按照开发利用水资源的目的分为以下几种：

（1）兴利工程。如农田灌溉工程、水力发电工程、城乡给排水工程、航道整治工程等。

（2）防洪工程。如水库工程、堤防工程、分洪工程、滞洪工程等。

（3）水环境保护工程。如治污工程、水土保持工程、天然林保护工程等。

按开发利用水资源的类型分为：

（1）地表水资源开发利用工程。如引水工程、蓄水工程、扬水工程、调水工程等。

（2）地下水资源开发利用工程。如管井、大口井、辐射井、渗渠等。

综上所述，无论哪种工程措施都与水密切相关。所以工程的规划设计、施工和管理运用都必须用到关于水的科学知识。

X1.9.3 我国水资源的特点

1. 水资源总量多，但人均、亩均占有量少

据统计，我国平均年降水量为 648mm，水资源总量约为 28124 亿 m^3，其中河川径流量 27115 亿 m^3。就总量而言在世界主要国家中仅次于巴西、俄罗斯、加拿大、美国和印度尼西亚，居第六位。但我国人口众多，人均占有水资源量仅为世界平均值的 1/4，约相当于日本人均占有量的 1/2，美国的 1/4，俄罗斯的 1/12，巴西的 1/20，加拿大的 1/44。在统计的 149 个国家中，列第 109 位，属于人均水资源贫乏的国家之一。耕地亩均占有河川径流量也只有 1900m^3，相当于世界亩均水量的 2/3 左右，远低于印度尼西亚、巴西、日本和加拿大。因此，我国水资源总量从绝对数来看还算丰富，但人均、亩均水量却很少。

2. 水资源地区分布不均匀，水土资源配置不均衡

我国水资源的地区分布很不均匀，南多北少，相差悬殊，与耕地和人口的分布极不相应，是我国水资源开发利用中的一个突出问题。总趋势是南方水多地少，北方水少地多。见表 X1.2 所示。

表 X1.2　　　　　我国水资源、耕地、人口分区统计表（1993 年）

流域片	占 全 国（%）			人均水资源量（m^3/人）	亩均水资源量（m^3/亩）
	水资源	人口	耕地面积		
全国	100	100	100	2342	1900
松辽河	6.9	9.7	20.2	1704	661
海河	5	10.0	11.2	358	259
淮河	3.4	16.2	15.2	505	437
黄河	2.6	8.5	12.9	749	400
长江	34.2	34.3	23.8	2388	2795
珠江	16.7	12.1	6.7	3327	4842
东南诸河	9.2	5.5	2.5	2962	5346
西南诸河	20.8	1.6	1.8	31914	23089
内陆河	4.6	2.1	5.7	5270	1590

根据 1993 年资料统计，北方五片（松辽河、海河、淮河、黄河、内陆河）人口占全国总人口的 46.5%，耕地占全国的 65.3%，但水资源只占全国的 19%；南方四片（长江、珠江、东南诸河、西南诸河）人口占全国的 53.5%，耕地占全国的 34.7%，而水资源量占全国的 81%。西南诸河水资源最为丰富，而海河流域片水资源最为匮乏。

3. 水资源年际、年内变化大，水旱灾害频繁

我国大部分地区受季风的影响，水资源的年际、年内变化较大。南方地区年降水量的最大值与最小值的比值达 2～4 倍，北方地区为 3～6 倍；最大年径流量与最小年径流量的比值，南方为 2～4 倍，北方为 3～8 倍。水量的年内分配也不均衡，主要集中在汛期。汛期的水量占年水量的比重，从长江以南地区的 60% 左右（4～7 月），到华北平原等部分地区河流的 80% 以上（6～9 月）。大部分水资源量集中在汛期以洪水的形式出现，资源利用困难，且易造成旱涝灾害。近一个世纪以来，受气候变化和人类活动的影响，我国水旱灾害更加频繁，平均每 2～3 年就有一次水旱灾害，如 1991 年长江大水、1998 年的长江和松花江大洪水，1999 年、2000 年北方及黄河流域、淮河流域的大旱，灾害损失愈来愈严重。水旱灾害仍然是中华民族的心腹之患。

4. 水土流失和泥沙淤积严重

随着人口的膨胀，过度砍伐树木、放牧、山坡垦田和不合理的耕作，使地面被覆遭到严重破坏，水土流失严重。据统计，到 1992 年全国水土流失面积已扩大到 367 万 km²，占全国陆地面积的 38.2%，每年流入江河泥沙 50 亿 t，流失的肥力相当于全国化肥年产量的 9 倍之多。水土流失不但造成土壤瘠薄、农业低产、生态环境恶化，同时造成河道、湖泊淤积严重，使其行洪、防洪能力减小，防洪难度加大。比如，1998 年长江大洪水的洪峰流量比 1954 年的小，而洪水位却超过 1954 年。泥沙淤积还使水库库容减少，效益降低。此外，从多沙河流引水灌溉、供水，泥沙处理也是个难题。

5. 天然水质好，但人为污染严重

我国河流的天然水质是相当好的，但由于人口的不断增长和工业的迅速发展，废污水的排放量增加很快，水体污染日趋严重。1999 年废污水日排放量达 606 亿 t，80% 以上的废污水未经任何处理直接排入水域，使河流、湖泊遭受了不同程度的污染。根据 1999 年水质监测结果，全国 11 万 km 长的河流中有 37.6% 被污染（Ⅳ类水质以上），被调查的 24 个湖泊中有 5 个湖泊部分水体受到污染，9 个湖泊受到严重污染。水资源污染后失去了使用价值，严重的甚至破坏生态平衡，造成水资源的污染性短缺，加剧了缺水的危机。

X1.9.4　我国水资源开发利用现状

新中国成立以来，水利事业取得了长足的发展，水资源开发利用成绩斐然。据统计，截至 1996 年底，全国已整修、新修江河堤防 24.8 万余 km，形成了一个初具规模的防洪体系。建成水库 8.5 万余座，总蓄水库容 4571 亿 m³，其中：大型水库 394 座、总库容 3260 亿 m³；中型水库 2618 座、总库容 724 亿 m³；小型水库 81893 座、总库容 587 亿 m³。同时灌溉事业也得到了蓬勃发展，建成万亩以上灌区 5606 处，配套机电井 333 万眼，机电排灌动力发展到 7020 万 kW，全国灌溉面积发展到 5116hm²（7.67 亿亩）。累计治理水土流失面积达 61.3 万 km²，累计解决饮水困难地区 1.59 亿人的吃水问题。目前，全国水电装机总量约 4770 万 kW，年发电量约达 1560 多亿 kW·h。

全国总用水量从 1949 年的 1000 多亿 m³ 增加到 2000 年的 5498 亿 m³，其中：工业用

水占 20.7%，农田灌溉用水占 63.0%，林牧渔用水占 5.8%，生活用水占 10.5%（其中城镇生活用水占 5.2%，农村生活用水占 5.3%）。但是，与世界上先进国家相比，工业和城镇生活用水所占的比例较低，农业用水占的比例过大，总用水水平较低。例如，我国 1997 年工业万元产值用水量 136m³，是发达国家的 5～10 倍。工业用水的重复利用率据统计为 30%～40%，实际可能更低，而发达国家为 75%～85%。全国城市输配水管网和用水器具的漏水损失高达 20% 以上，农业灌溉水的利用系数平均约为 0.45，而先进国家为 0.7 甚至 0.8，消耗每立方米水所能生产的粮食平均只有 1.1kg，也与发达国家相差较远。

根据 1999 年水资源公报，全国总供水量 5613 亿 m³，其中：地表水源供水量占 80.4%，地下水源供水量占 19.1%，其他水源供水量（污水处理回用和雨水利用）占 0.5%。另外，海水直接利用量为 127 亿 m³。流域间主要的水量调配情况是：海河流域引黄河水 53.6 亿 m³，淮河流域从长江、黄河分别引水 68.5 亿 m³ 和 19.4 亿 m³，山东半岛从黄河引水 14.4 亿 m³。而总的说来，我国北方地下水资源的开发利用程度要高于南方。在北方，地表水供水量占总供水量的 75.3%，地下水占 24.7%；南方地表水占总供水量的 96.5%，而地下水仅占 3.5%。

复习思考与技能训练题

X1.1 试举例分析水文现象的基本特点。

X1.2 水文现象的研究方法各自出发点有何不同？

X1.3 结合本地区的气候特点分析水文循环对本地区河流水情的影响。

X1.4 根据我国的水文循环路径及地形特点，试分析西北内陆地区沙漠形成的主要原因。

X1.5 举例分析人类活动（侧重于水利水电工程建设）对河川径流的影响。

X1.6 依据降雨径流的形成过程分析干旱地区和湿润地区的降雨洪水过程有哪些主要区别？原因何在？

X1.7 找某水库（1/50000 或 1/100000）的流域地形图，绘制坝址断面流域分水线，并量计主河道长度 L、主河道平均比降 J 和流域集水面积 F。

X1.8 已知某流域一次降雨的雨量等值线如图 X1.21 所示，量得相邻两条等雨量线之间的流域面积如图 X1.21 所示，试计算流域面平均降雨量。（答案：$H_F = 30.9$mm。）

X1.9 某水文站控制流域的集水面积 $F = 1210$km²，多年平均降水量为 $H_F = 765$mm，多年平均径流系数 $\bar{\alpha} = 0.35$，要求计算：多年平均年径流深 $\bar{R}$；多年平均年径流总量 $\bar{W}$；多年平均流量 $\bar{Q}$；多年平均年径流模数 $\bar{M}$；多年平均流域年蒸散发量 $\bar{E}$。

[答案：$\bar{R} = 267.8$mm，$\bar{W} = 3.24$ 亿 m³，$\bar{Q} = 10.3$m³/s，$\bar{M} = 8.49$L/（s·km²），$\bar{E} = 497.2$mm。]

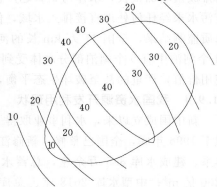

图 X1.21 某次降雨等值线图
（雨量单位：mm；面积单位：km²）

学习任务 2 （X2）　　水文测验与资料收集

学习任务 2 描述：在水利水电工程规划设计、施工以及管理运用过程中，必须掌握自然界的水情变化规律及趋势，用以进行工程的规划设计、施工方案制定、管理调度运用等，这些实际工作任务均需要用到水文资料（如水位、流量、泥沙、降水、蒸发等）。水文资料基本可以分为实测资料和地区综合资料两类。实测资料精度和可靠性较高，是工程建设与管理的主要依据之一；地区综合资料是由实测资料分析计算综合而来，主要用于缺乏实测资料地区或流域中小规模的工程建设，用途非常广泛。因此实测各种水文要素资料是工程建设与管理的前期工作之一，而如何进行水文资料的观测，实测的资料如何整理，整理的资料如何查阅，是从事水利水电工程的专业技术人员必须掌握的技能之一。另外，水位、流量、降水、蒸发观测也是基层水利工作人员日常工作任务之一。

水文测验与资料整编现行的主要规范有：《降水量观测规范》（SL 21—2006）；《水位观测标准》（GBJ 138—90）；《河流流量测验规范》（GB 50179—93）；《河流悬移质泥沙测验规范》（GB 50159—92）；《水文资料整编规范》（SL 247—1999）。

X2.1　水文测站与站网

X2.1.1　水文测站、站网

水文测站是水文信息收集与处理的基层单位。水文测站在地理上的分布网称为水文站网，它是按照有关部门的统一规划而合理布设的。

水文测站的主要任务是：按照统一的标准，对水文要素采用定点、定时观测，巡回观测，水文调查等方式获取水文信息并进行处理，为水利工程建设和其他国民经济建设提供水文数据。水文测站观测项目有水位、流量、泥沙、降水、蒸发、地下水位、冰情、水质、水温、墒情等。但各个站的观测项目按照上级要求可以有所侧重、有所不同。

根据设站目的和作用，水文测站可分为基本站、实验站、专用站。

（1）基本站。是国家水文主管部门为掌握全国各地的水文情况经统一规划而设立的，为国民经济各方面服务。要求以最经济的测站数目，满足内插任何地点水文特征值的需要。国家基本水文测站又分为重要测站和一般测站。

（2）实验站。是对某种水文现象变化规律或对某些水体作深入实验研究而设立的水文测站，如径流实验站、蒸发实验站、水库湖泊实验站等，一般由科研单位设立。

（3）专用站。是为了某种专门的目的或某项特定工程的需要由使用部门而设立的水文测站，其位置、观测项目、观测年限等均由设站部门自行规定。

另外，按观测项目水文测站又可分为流量站（水文站）、水位站、泥沙站、雨量站、水面蒸发站、水质监测站、地下水观测站和墒情监测站等。

X2.1.2　水文测站的设立

（1）测验河段的选择。水文测站要根据设站的目的要求和河流特性选择测验河段。测验河段应满足两个条件：①满足设站的目的要求；②在保证成果精度的前提下有利于简化观测和资料整理工作。前者强调测验河段应在站网规划规定的河段范围内选择；后者则强调测验河段应力求使水文资料的观测与整理工作比较简化，具体而言，对于平原河流，应尽量选择顺直、稳定、水流集中、便于布设测验设施的河段，顺直河段长度一般不应小于洪水主槽宽度的3～5倍；对于山区性河流，在保障测验工作安全的前提下，尽可能选在急滩、石梁、卡口等的上游处，且河道顺直匀整；至于闸坝站和水库站，一般选在建筑物下游，并且要避开水流紊动的影响。

（2）测验断面的布设。各种水文要素的观测都是在测验河段内的各个断面进行的，这种断面称为测验断面。一般测验断面可分为基本水尺断面、流速仪测流断面、浮标测流断面和比降断面。流速仪测流断面应尽可能与基本水尺断面重合。浮标测流断面包括上、中、下三个断面，中断面一般与流速仪测流断面重合。比降断面有上、中、下三个断面，中断面一般与流速仪测流断面或基本水尺断面重合。浮标测流上、下断面的距离，比降上、下断面的距离，应依据《河流流量测验规范》（GB 50179—93）确定。各种测验断面布设如图 X2.1 所示。

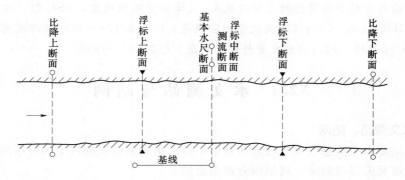

图 X2.1　水文站各种断面布设示意图

（3）基线与高程基点的布设。在测流断面进行水文测验和断面测量时，通常要在岸边布设基线，作为基本测量线段。基线常与测流断面垂直，且起点恰好在测流断面上（图X2.1）。为了满足测量的精度要求，一般基线长度不小于河面宽的 0.6 倍。

为了进行水位观测以及河道大断面测量，通常要在水文站测流断面附近比较安全稳固的地方布设高程水准点，作为水文站日常水准测量的基点，其高程应用四等水准测量从附近国家水准网引测。并要定期进行校测。

X2.2　水位与流量的测算

水位和流量是反映江河水情变化的最重要的水文要素。其资料广泛应用于水资源开发与管理、防洪抗旱以及其他国民经济建设部门。

X2.2.1　水位观测与资料整理

1. 水位观测

水位是指河流、湖泊、水库、海洋等水体在某一地点某一时刻的自由水面相对于某一基准面的高程，单位为 m。全国目前统一采用黄海基面。但由于历史原因，各流域各站在历史上曾采用过不同的基面，如大沽基面、吴淞基面、珠江基面等，也有测站采用假定基面。因此，在使用水位资料时一定要注意基面的订正。

观测水位的设备常用水尺和自记水位计两种类型。

水尺的型式有直立式、倾斜式、矮桩式和悬锤式等。最常用的水尺是直立式水尺，安置在岸边。若水位变化较大时，应设立一组水尺。水尺零点与基面的垂直距离，叫做水尺零点高程，预先可测量出来。水面在水尺上的读数加上水尺零点高程即为水位。水位观测的时间和次数，以能测得完整的水位变化过程为原则。当水位变化缓慢时，每日只需 8 时和 20 时观测两次，若水位变化急剧，则要按规范要求适时增加测次，以控制洪水洪峰水位及涨落变化过程。

自记水位计能将水位变化全部过程自动记录下来。自记水位计一般由感应、传感和记录三部分组成，按感应不同可划分为浮子式水位计、压力式水位计、超声波式水位计。

浮子式水位计使用最早，是目前国内外采用最多的一种水位计。浮子式水位计应设置在岸边自记台上，该仪器的工作原理是浮筒随水位升降而升降，水位轮带动记录滚筒转动，时钟控制记录笔并在记录纸上记录水位随时间的变化过程线，如图 X2.2 所示。

浮子式水位计水位记录主要是在记录纸上模拟划线的传统记录方式，所以记录数据不能用自动化方法处理。为实现水位长期自动记录采用固态存储记录方式或有线与无线远传、遥测，目前大量使用的是配有水位编码器（传感器）的浮子式编码水位计。固态存贮记录方式是将水位随时间变化存储在半导体存储器中，这种方式存储时间长，读、写灵活自由，易于与计算机相连进行读数，目前使用比较广泛。

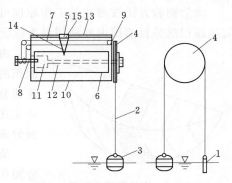

图 X2.2　浮子式自记水位计

1—平衡锤；2—悬索；3—浮筒；4—水位轮；5—自记笔架；6—记录纸及滚筒；7—牵引索；8—钟发条轴；9—小滑轮；10—外壳；11—自记钟室；12—滚筒轴；13—导杆；14—画线笔；15—小弹簧

2. 水位资料的整理

针对观测的原始水位记录，水位资料整理的内容之一是计算逐日平均水位，其计算方法主要有算术平均法和面积包围法。

当一日内水位变化缓慢，或变化较大但观测为等时距（如 8 时、20 时 2 次，2 时、8 时、14 时、20 时 4 次等），日平均水位可用算术平均法计算。若一日内水位变幅大，观测时距又不相等，则采用面积包围法计算。所谓面积包围法，就是将一日 0～24 时内水位过程线与横轴所包围的面积除以 24 小时求得，如图 X2.3 所示。其计算公式为

$$\overline{Z} = \frac{1}{48}[Z_0 a + Z_1(a+b) + Z_2(b+c) + \cdots + Z_{n-1}(m+n) + Z_n n] \qquad (X2.1)$$

式中　Z_0，Z_1，Z_2，$\cdots$，Z_n——各次观测的水位，m；

　　　a，b，c，$\cdots$，m，n——相邻两次水位的时距，h。

水位资料整理的另一内容是编制各种水位资料表，刊布于水文年鉴或存储于水文数据库中，供国民经济各个部门使用。

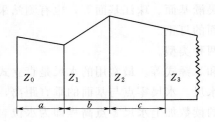
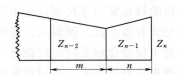

图 X2.3 面积包围法示意图

常用的水位资料表有：①逐日平均水位表，此表中除逐日平均水位外，还有年月平均水位、最高水位、最低水位等；②洪水水位摘录表，此表中摘录了一年内各次较大洪水不同时间、水位的对应值。

X2.2.2 流量测算

流量测验方法按测流的工作原理可分为流速面积法、水力学法、化学法、物理法等。流速面积法是目前国内外使用最为广泛的方法，以下重点介绍。

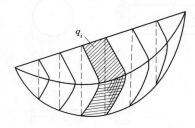

由水力学可知，流量等于断面平均流速与过水断面面积的乘积。天然河流因受边界条件的影响，断面内的流速分布很不均匀，流速随水平及垂直方向位置的不同而变化，采用由部分到整体的思路，可用垂线将水流断面分成若干部分，过水断面流量形状如图 X2.4 所示。

流速面积法测流原理为：通过测算部分流速 V_i 和部分面积 f_i，两者的乘积即为通过该部分面积上的流量 q_i，然后累计求得全断面的流量 $Q = \sum q_i$。

图 X2.4 流量模型示意图

由上述分析可知，流速面积法测量流量的工作包括断面测量、流速测量两部分。

X2.2.2.1 断面测量

断面测量是在测流断面上布置若干条测深垂线，施测各垂线的水深，以及各垂线相对于岸边某一固定点的水平距离，即起点距，如图 X2.5（a）所示。

断面测深垂线的数目和位置应根据河床转折变化情况而定，一般主槽较密，岸边较稀。测深工具视水深、流速大小分别采用测深杆、测深锤或测深铅鱼、回声测深仪等。

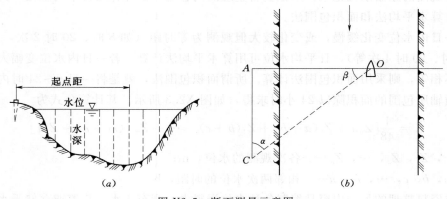

图 X2.5 断面测量示意图

（a）横断面；（b）平面

起点距测量的方法很多。在中小河流上以断面索法最简便，即架设一条过河的断面索，在断面索上读出起点距。大河上常用测角交会法，在岸上用经纬仪观测 α 角或在船上用六分仪观测 β 角，如图 X2.5（b）所示，由于基线长度 AC 已知，则可算出起点距 $OA = AC\tan\alpha = AC\cot\beta$。

各垂线水深及起点距测量后，可用梯形法计算垂线间面积，各垂线间面积相加得断面面积。根据观测水位减去垂线水深可得出各垂线的河底高程，有了各垂线起点距和水深或河底高程可绘制水道断面图。

另外，为了解断面冲淤变化，还应进行大断面测量，测量范围除过水断面外，还应测至历年最高洪水位以上 0.5～1.0m。对于河床稳定的测站，每年汛前或汛后施测一次；河床不稳定的测站，除每年汛前或汛后施测外，并在洪水期加测。

X2.2.2.2　流速测量

当前，国内外在天然河道流速测量中普遍采用流速仪法。

1. 流速仪及其测速原理

流速仪可划分为转子流速仪和非转子式流速仪两大类，我国常用的是转子流速仪，按旋转器不同分成旋杯式流速仪和旋桨式流速仪，如图 X2.6、图 X2.7 所示。现在还有一种直读式流速仪，它由一个涡轮位移传感器和一根可伸缩，顶端带有数字显示功能的直杆组成。仪器利用涡轮传感器实现精确的位移测定。水流带动涡轮沿摩擦很小的轴转动，旁边的磁性金属在涡轮转动时会产生电信号脉冲，通过转换装置可以将转速转换成水流速度在手柄屏幕上显示出来。数字显示装置将涡轮传感器传来的电信号放大并转换成水流速度显示出来。防水屏可以显示水流的瞬时速度和平均速度，并且有两个按钮来变换功能和屏幕清零。由于水流任意一点流速具有脉动现象，用流速仪测量的某点流速是指测点时均流速。

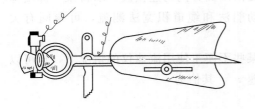

图 X2.6　旋杯式流速仪

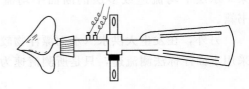

图 X2.7　旋桨式流速仪

转子流速仪由感应水流的旋转器（旋杯或旋桨）、记录信号的记数器和保持仪器头部正对水流的尾翼等三部分组成。旋杯或旋桨受水流冲击而旋转，流速愈大，转速愈快。平均每秒旋转数 n 与流速 v 的关系，可由式（X2.2）表示

$$v = kn + c$$

其中

$$n = N/T$$ 　　　　　　　　（X2.2）

式中　v——测点流速，m/s；

　　k、c——为仪器常数，可通过对仪器检定确定；

　　　n——仪器转速；

　　　N——转子的总转数；

　　　T——测速总历时，s，为了消除流速脉动影响，总历时 T 一般不少于 100s。

2. 测速垂线布设与测点选择

天然河流的流速变化复杂，横向上主槽最大，两岸边较小；水深方向上水面附近流速最大，然后向河底逐渐减小。为了控制测流断面流速变化，就要合理布置垂线数目及垂线上测点数。一般测速垂线布置宜均匀，并应能控制断面地形和流速沿河宽分布的主要转折点。主槽垂线应较河滩密。测速垂线的位置宜固定，并尽量与测深垂线一致。垂线上测点应依据水深的大小按表 X2.1 的规定布设。

表 X2.1　　　　　　　　　　　　　　　　垂线的流速测点分布位置

测点数	相 对 水 深 位 置	
	畅流期	冰期
一点	0.6 或 0.5，0.0，0.2	0.5
二点	0.2，0.8	0.2，0.8
三点	0.2，0.6，0.8	0.15，0.5，0.85
五点	0.0，0.2，0.6，0.8，1.0	
六点	0.0，0.2，0.4，0.6，0.8，1.0	
十一点	0.0，0.1，0.2，0.3，0.4，0.5，0.6，0.7，0.8，0.9，1.0	

注　1. 相对水深为仪器入水深与垂线水深之比。在冰期，相对水深应为有效相对水深。
　　2. 表中所列五点、六点、十一点法供特殊要求时选用。

一般测速垂线愈多，精度愈高，多垂线和测点（五点、六点、十一点）的测流资料一般只在分析研究时使用。在生产实际中，测验断面一般布置较少垂线和测点（三点、二点、一点）。上述流速仪测量各测点流速的方法可称为选点法，是流速仪测流的常用方法。此外，流速仪测验还有积深法、积宽法。积深法是将流速仪沿测速垂线匀速下放测定垂线平均流速的方法。积宽法是使流速仪在预定深度处沿断面方向匀速横渡，取得某一深度即某一水层平均流速或多层的断面平均流速，如动船法和缆道积宽法测流，可参阅有关书籍。

另外，在发生大洪水（水面漂浮物较多）或某些不便于使用流速仪的情况下，也可以采用水面浮标法测流速，只是所测流速为水面流速 v_f，其值为

$$v_f = L/T$$

式中　L——上下浮标断面间的距离，m；

　　　T——浮标流经上下浮标断面的历时，s。

X2.2.2.3　流量计算

断面流量的计算步骤如下：

（1）计算垂线平均流速。由测点流速仪转数、测速历时计算各点流速后，根据垂线上布置的测点数目，分别按以下公式计算垂线平均流速 v_m。

一点法：
$$v_m = v_{0.6} \tag{X2.3}$$

二点法：
$$v_m = \frac{1}{2}(v_{0.2} + v_{0.8}) \tag{X2.4}$$

三点法：
$$v_m = \frac{1}{3}(v_{0.2} + v_{0.6} + v_{0.8}) \tag{X2.5}$$

$$或 \qquad v_m = \frac{1}{4}(v_{0.2} + 2v_{0.6} + v_{0.8}) \tag{X2.6}$$

$$五点法：\qquad v_m = \frac{1}{10}(v_{0.0} + 3v_{0.2} + 3v_{0.6} + 2v_{0.8} + v_{1.0}) \tag{X2.7}$$

式中　　　　　　　　　v_m——垂线平均流速，m/s；

$v_{0.0}$，$v_{0.2}$，$v_{0.6}$，$v_{0.8}$，$v_{1.0}$——各相对水深处的测点流速，m/s。

（2）计算部分平均流速。两测速垂线中间部分的平均流速，按式（X2.8）计算

$$\overline{v_i} = \frac{v_{m(i-1)} + v_{mi}}{2} \tag{X2.8}$$

式中　$\overline{v_i}$——第 i 部分面积的平均流速，m/s；

v_{mi}——第 i 条垂线的平均流速，m/s，$i = 2,3,\cdots,n-1$。

靠岸边或死水边的部分面积的平均流速，按下式计算

$$\overline{v_1} = \alpha v_{m1} \tag{X2.9}$$

$$\overline{v_n} = \alpha v_{m(n-1)} \tag{X2.10}$$

式中　α——岸边流速系数，α 值应视岸边具体情况确定。斜坡岸边 $\alpha = 0.67 \sim 0.75$，陡岸边 $\alpha = 0.8 \sim 0.9$，死水边 $\alpha = 0.6$。

（3）计算部分面积。以测速垂线为分界线，将过水断面划分为若干部分，如图 X2.8 所示。部分面积按式（X2.11）计算

$$a_i = \frac{d_{i-1} + d_i}{2} b_i \tag{X2.11}$$

式中　a_i——第 i 部分的面积，m²；

i——测深垂线序号，$i = 1,2,\cdots,n$；

d_i——第 i 条垂线的水深，m；

b_i——第 i 部分断面宽，m。

（4）计算部分流量。部分流量为部分面积平均流速与部分面积的乘积。即

$$q_i = \overline{v_i} a_i \tag{X2.12}$$

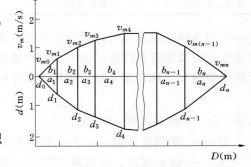

图 X2.8　部分面积计算划分示意图
D—起点距

式中　q_i——第 i 部分流量，m³/s。

（5）计算断面流量。为各部分流量之和，即

$$Q = \sum_{i=1}^{n} q_i \tag{X2.13}$$

式中　Q——断面流量，m³/s。

（6）计算断面平均流速与平均水深。断面平均流速为断面流量除以过水断面面积。平均水深为过水断面面积除以水面宽。水面宽为右水边起点距与左水边起点距之差值。

（7）计算相应水位。相应水位是指与本次实测流量值相对应的水位。当水位变化引起水道断面面积的变化较小时，可取测流开始和终了两次水位的平均值作为相应水位。否则，应以加权平均法或其他方法计算相应水位，这里不做详细介绍，可参考有关书籍。

【例 X2.1】 某一水文站施测流量，岸边系数 α 取为 0.7，按上述方法计算流量，成果见表 X2.2。

表 X2.2　　　　　　　　　　　　某站测深测速记载及流量计算表

施测时间 1988 年 5 月 10 日 3 时 44 分至 4 时 18 分　　　流速仪牌号及公式 LS251 型 $D=0.2557\dfrac{N}{T}+0.0068$

垂线号数		仪器位置				测速记录		流速（m/s）			测深垂线间		断面面积（m²）		部分流量（m³/s）
测深	测速	起点距（m）	水深（m）	相对	测点深（m）	总历时 T（s）	总转数 N	测点	垂线平均	部分平均	平均水深（m）	间距（m）	测深垂线间	部分	
左水边		10.0	0.00												
										0.69	0.50	15	7.50	7.50	5.18
1	1	25.0	1.00	0.6	0.60	125	480	0.99	0.99						
										1.04	1.40	20	28.00	28.00	29.12
2	2	45.0	1.80	0.2	0.36	116	560	1.24	1.10						
				0.8	1.44	128	480	0.97							
										1.17	2.00	20	40.00	40.00	46.80
3	3	65.0	2.21	0.2	0.44	104	560	1.38	1.24						
					1.33	118	570	1.24	1.24						
				0.8	1.77	111	480	1.11							
										1.14	1.90	15	28.50	35.25	40.18
4		80.0	1.60												
										1.35		5	6.75		
5	4	85.0	1.10	0.6	0.66	110	440	1.03	1.03						
										0.72	0.55	18	9.90	9.90	7.13
右水边		103.0	0.00												
断面流量 128.4m³/s		断面面积 120.6m²			平均流速 1.06m/s				水面宽 93.0m				平均水深 1.30m		

当用浮标法测流速时，计算流量的方法步骤基本与以上步骤相同。只是用水面流速代替垂线平均流速进行计算。由于水面流速通常大于垂线平均流速，所以由水面流速计算的断面流量偏大，称为虚流量，需要乘以浮标系数才是真实流量，计算公式为

$$Q=K_f Q_{虚} \tag{X2.14}$$

式中　Q——断面流量，m³/s；

　　　$Q_{虚}$——断面虚流量，m³/s，是由水面流速计算的流量；

　　　K_f——浮标系数，由试验求得，一般为 0.7～0.9。

详细内容可参阅其他专业书籍。

X2.2.2.4　流量测验新方法简介

目前新技术在测流方法上应用很多。例如，超声波测流有多普勒法、时差法。其中多普勒超声流速仪（ADCP）在国际上已获得普遍应用，我国 20 世纪 90 年代中期开始在河口及一些大江大河重要水文站使用。它利用声学多普勒测速原理，测出垂线各点流速。ADCP 安装在船上，驶过整个断面，就测得了整个断面上的流速分布。测得数据经过计算机自动处理，测流过程全部自动化。这种设备适合在含沙量不是很高的大中河流，测量快速，精度较高。超声波时差法测流是在河道两岸安装一对或几对超声换能器，利用超声波在水中传播特性来测量一个水层或几个水层的平均流速。该法能够瞬时测得流速、流量及其变化过程，便于遥测、遥控，是江河测流自动化最有前途的方法之一。国外水文站一般无人驻守，使用该法较多。这种方法适用于中小河流，我国目前使用不多。另外，电波流速仪（微波多普勒流速仪）不必接触水面，即可测得水面流速，很适合桥测、巡测等。此

外，测流方法还有溶液法、航空遥感测流、电场法、光学法等。

X2.2.3　水位流量关系曲线

目前，水位观测比较容易，水位随时间的变化过程易于获得，而流量的测算相对要复杂得多，人力物力消耗大且费时，因此单靠实测流量不可能获得流量随时间变化过程的系统资料。因此，现行的做法是根据每年一定次数的实测流量成果，建立实测流量与其相应水位之间的关系曲线，通过水位流量关系曲线把实测的水位过程转化为流量过程，从而获得系统的流量资料。因此，建立水位流量关系曲线是流量资料整编的关键环节，它直接影响到流量资料的精度。水位流量关系曲线按其影响因素分为稳定的和不稳定的两类。

1. 稳定的水位流量关系曲线

在河床稳定、控制良好的情况下，其水位流量关系是稳定的单一曲线。将实测流量和相应的水位关系数据点绘在方格纸上，如果点子密集呈带状分布，则通过点群中心可以定出单一的水位流量关系曲线，如图 X2.9 所示。为了提高定线精度，通常在水位流量关系图上同时绘出水位面积、水位流速关系曲线，由于同一水位条件下，流量应为断面面积与断面平均流速的乘积，因此借助它们可以使水位流量关系曲线定线合理。

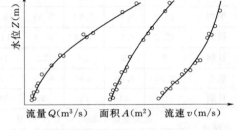

图 X2.9　稳定的水位流量关系图

2. 不稳定的水位流量关系曲线

天然河道中，洪水涨落、断面冲淤、回水以及结冰和生长水草等，都会影响水位流量关系的稳定性，通常表现为同一水位在不同的时候对应不同的流量，点绘成水位流量关系图后，点群分布散乱，无法定出单一曲线。例如，当受洪水涨落影响时，涨水时水面比降大，流速增大，同水位的流量比稳定时也增大，点子偏向稳定曲线的右方；落水时则相反。一次洪水按涨落过程分别定线，水位流量关系曲线表现为绳套形曲线。

当水位流量关系不稳定时，定线方法应视其影响因素的不同而异，具体方法可参阅其他书籍。

另外，值得说明的是，利用水位流量关系曲线，由水位查求流量时，经常会遇到高水和低水部分的延长问题。因为流量施测时，经常会因故未能测得最大洪峰流量或最枯流量，使得水位流量关系曲线在高水和低水部分缺乏定线依据，通常可以采用一些间接方法进行延长。如高水延长可根据流速、面积曲线延长或用水力学（曼宁公式）方法延长；低水延长可用断流水位法等。但高水延长部分一般不应超过当年实测流量所占水位变幅的 30%，低水延长部分一般不应超过 10%。

X2.2.4　流量资料整编

水位流量关系曲线确定后，由实测的水位过程记录资料在相应的水位流量关系曲线上查求流量，并绘制流量过程线。流量资料整编的主要内容有：

（1）计算日平均流量，编制逐日平均流量表。当一日中水位变化不大，可以由日平均水位查求日平均流量；当水位变化较大，可用面积包围法计算日平均流量，计算方法与日平均水位计算方法相同。然后编制逐日平均流量表，并进行月年统计，计算出年平均流量、年径流量、年径流深、年径流模数，统计出年最大流量、年最小流量等，见表 X2.3。

表 X2.3   西洋江站逐日平均流量表 （$F=2473\text{km}^2$）   流量：m^3/s

日　＼　月	1	2	3	4	5	6	7	8	9	10	11	12
1	11.8	9.23	7.88	7.61	12.5	60.5	141	51.3	171	46.1	20.7	16.3
2	11.8	9.23	7.61	8.15	11.4	40.7	189	48.7	137	42.3	19.4	15.3
3	11.7	9.50	7.88	8.42	10.6	83.4	241	53.1	133	40.7	188	15.3
4	…	…	…	…	…	…	…	…	…	…	…	…
⋮	⋮	⋮	⋮	⋮	⋮	⋮	⋮	⋮	⋮	⋮	⋮	⋮
30	…		7.81	13.8	35.5	84.5	59.6	54.8	49.6	23.1	16.8	11.6
31	9.23		7.61		106		53.9	106		21.3		11.2
平均	10.9	8.69	7.64	9.68	19.6	86.9	137	41.4	119	30.0	19.1	13.1
最大	12.2	9.50	8.42	26.4	142	318	261	171	284	46.1	25.6	18.8
日期	9	3	20	22	16	15	3	31	9	1	18	1
最小	8.96	6.80	6.60	6.40	7.34	16.3	53.1	23.8	48.7	18.8	15.3	10.3
日期	28	23	25	9	14	10	31	21	30	27	29	28
年统计	最大流量 318m³/s　6 月 15 日			最小流量 6.4m³/s　4 月 9 日			平均流量 42.0m³/s					
	年径流量 13.25 亿 m³			径流模数 17.0L/（s·km²）			径流深 535.8mm					

（2）编制洪水流量摘录表。根据前面摘录的洪水水位过程，完成流量过程的摘录，并与洪水水位摘录表汇总于同一表中，称为洪水水文要素摘录表，见表 X2.4。

表 X2.4   南宁（三）站洪水水文要素摘录表

时间			水位	流量	时间			水位	流量
月	日	时分	（m）	（m³/s）	月	日	时分	（m）	（m³/s）
7	27	8	62.07	967	8	3	14	65.59	3580
		20	03	950			20	47	3390
	28	8	07	973		4	5	11	2980
	29	8	11	997			17	64.73	2620
	30	8	25	1080		5	5	51	2420
	31	8	45	1210			14	19	2420
8	1	5	63.13	1710		6	8	13	2150
		23	62	2100			20	12	2100
	2	8	64.32	2670		7	20	00	2090
		16：30	87	3130		8	8	63.76	2000
		23	65.27	3450		9	2	38	1820
	3	56	3620		10	8	06	1360

（3）编制实测流量成果表。将全年实测的流量按时间次序编成表格，见表 X2.5。

表 X2.5 ××站实测流量成果表

施测号数	施测时间					断面位置	测验方法	基本水尺水位（m）	流量（m³/s）	断面面积（m²）	流速（m/s）		水面宽（m）	水深（m）	
	月	日	起		迄							平均	最大		平均	最大
			时	分	时	分										
⋮	⋮	⋮	⋮	⋮	⋮	⋮	⋮	⋮	⋮	⋮	⋮	⋮	⋮	⋮	⋮
25	4	12	15	02	15	45	基本	流速仪（25-1）	92.46	1660	1080	1.54	1.84	219	4.93	6.5
26		13	9	20	10	10	基本	流速仪（25-1）	94.17	2680	1420	1.89	2.29	229	6.2	8.0
⋮	⋮	⋮	⋮	⋮	⋮	⋮	⋮	⋮	⋮	⋮	⋮	⋮	⋮	⋮
⋮	⋮	⋮	⋮	⋮	⋮	⋮	⋮	⋮	⋮	⋮	⋮	⋮	⋮	⋮

X2.3　降水与蒸发的观测

X2.3.1　降水观测

X2.3.1.1　降水观测仪器与方法

观测降水量的常用仪器有 20cm 雨量器和自记雨量计。

1. 雨量器

目前人工观测降水所用的仪器为直径 20cm 的雨量器，如图 X2.10 所示。雨水由承雨器经漏斗进入储水瓶内。常用分段定时观测，例如常用的两段制（每日 8 时、20 时观测），汛期应根据需要选择四段制（14 时、20 时、2 时、8 时）、八段制，雨大时还需增加测次。观测时，用空的储水瓶换出；用专用的量杯量出降雨量，观测精度为 0.1mm。降

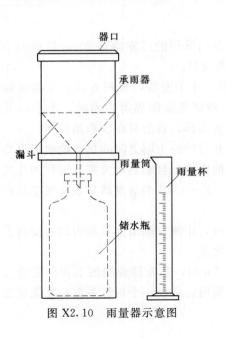

图 X2.10　雨量器示意图

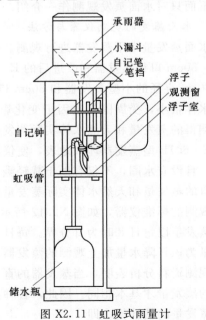

图 X2.11　虹吸式雨量计

雪时将雨量筒的漏斗和储水瓶取出，仅留外筒，作为承雪器具；定时将其换下来加盖带回室内，加温融化后计算降水深度。

2. 自记雨量计

自记雨量计能够自动连续地把降雨过程记录下来，常用仪器有虹吸式雨量计和固态存储自记雨量计。

（1）虹吸式雨量计。构造如图 X2.11 所示，采用浮子式传感器，机械传动，图形记录降水量。其工作原理是雨水进入承雨器后，通过小漏斗进入浮子室，将浮子升起并带动自记笔在自记钟外围的记录纸上作出记录。当浮子室内雨水储满时，水通过虹吸管排出到储水瓶，同时自记笔又下降到起点，继续随着雨量增加而上升。

（2）固态存储自记雨量计。主要由传感器与记录器两部分组成，传感器部分由承雨器、翻斗、转换开关等组成，其作用是把降雨量转换成电信号输出。记录器可以将传感器传递的雨量电信号记录并存储下来，可以通过专用软件直接调入计算机进行资料的整理。这种仪器工作可靠，便于雨量有线远传和无线遥测；固态存储时间长，读、写灵活自由，目前已广泛用于水文自动测报系统与雨量资料收集。

降水观测场地应选在四周空旷、地形平坦的地方，避开树木、建筑物等影响，以保证观测的质量。

X2.3.1.2 降水资料整理

降水资料整理主要包括编制逐日降水量表、汛期降水量摘录表和统计各种时段最大降水量等。日降水量是以每天早上 8 时作为日分界，即本日 8 时至次日 8 时的降水量作为本日降水量。

X2.3.2 蒸发观测

流域总蒸发包括水面蒸发、土壤蒸发和植物散发三部分。但由于土壤蒸发、植物散发施测比较困难、精度低，一般只在试验站进行。目前水文气象部门普遍观测的为水面蒸发。下面只对水面蒸发观测作一介绍。

1. 水面蒸发的观测仪器与方法

水面蒸发量常用蒸发器进行观测。水文气象部门常用的蒸发器有 20cm 口径的小型蒸发器、80cm 口径蒸发器和改进后的 E-601B 型蒸发器。

20cm 直径的小型蒸发器和 80cm 口径蒸发器，易于安装，观测方便；但因暴露在空间，水体很小，受周围气象因子变化影响很大，特别是太阳辐射强烈时，小水体升温很高，测得的蒸发量和天然水体实际蒸发量形成很大差异，目前只在少数站使用。

E-601B 型蒸发器埋入地表，使仪器内水体和仪器外土壤之间的热交换接近自然水体情况，且设有水圈，不仅有助于减轻溅水对蒸发的影响，且起到增大蒸发面积的作用，因而测得的蒸发量和天然水体实际蒸发量比较接近，E-601B 型蒸发器是水文气象站网水面蒸发观测的标准仪器，如图 X2.12 所示。

蒸发量以每日 8 时为日分界。每日 8 时观测时，用测针测出蒸发器内的水面高度，日蒸发量为该日降水量加上观测的蒸发器水面高度之差。

观测资料分析表明，当蒸发器的直径超过 3.5m 时，蒸发器观测的水面蒸发量与天然水体的蒸发量才基本相同。因此，各种蒸发器观测值应乘以一个折算系数，才能作为天然水面蒸发量的估计值。即

$$E = KE_器 \qquad \text{(X2.15)}$$

式中　E——天然水面蒸发量，mm；

　　　$E_器$——蒸发器实测水面蒸发量，mm；

　　　K——水面蒸发折算系数。

水面蒸发折算系数 K 一般可通过与大型蒸发池（如面积为 $100m^2$）的对比观测资料确定。在实际工作中，应根据当地资料分析采用，《水利水电工程水文计算规范》（SL 278—2002）附录 C 给出了我国各地 E - 601 型蒸发器水面蒸发折算系数，可供使用。

2. 水面蒸发资料整理

水面蒸发资料整理主要是针对器测蒸发资料编制逐日蒸发量表，其中还包括蒸发量的月、年统计值等。

前已述及，由于缺乏土壤蒸发、植物散发资料，实际工作中常用流域水量平衡方程，根据实测降水量、径流量资料推算流域总蒸发量。我国已绘制了全国及各地范围的多年平均蒸发量等值线图，可供查用。

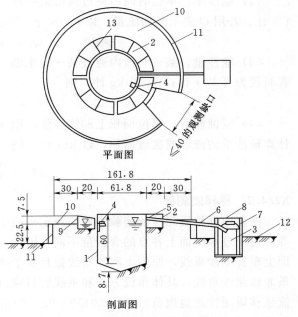

图 X2.12　改进后的 E - 601 型蒸发器
结构、安装图（单位：cm）

1—蒸发桶；2—水圈；3—溢流桶；4—测针座；5—溢流嘴；6—溢流胶管；7—放置溢流桶的箱；8—箱盖；9—水圈排水孔；10—土圈；11—土圈防坍墙；12—地面；13—水圈上缘的撑挡

X2.4　泥　沙　测　算

X2.4.1　概述

河流泥沙，也称固体径流，对于河流的水情及河流的变迁有重大的影响。泥沙资料是一项重要的水文资料。

河流泥沙主要来源是流域表面的水土流失。由于地面径流对流域表面土壤的侵蚀和冲刷，部分土壤随水流携入河中。来自流域表面的泥沙在河水中数量的多少，主要取决于水土流失程度，其影响因素有地面坡度、土壤、植被、降雨等自然条件和人类活动情况。其次来源于河床的侵蚀，即河岸侵蚀和河槽冲刷等。

河流中的泥沙，按其运动方式可分为悬移质、推移质和河床质三类。悬移质泥沙悬浮于水流中并随之运动；推移质泥沙受水流冲击沿河床移动或滚动；河床质泥沙是指受水流的作用而处于相对静止状态的泥沙。随着水流条件不同，如水流流速、水深、比降等水力因素的变化，它们之间是可以相互转化的。水流挟沙能力增大时，原为推移质甚至河床质的泥沙颗粒，可能从河底掀起而成为悬移质；反之，悬移质亦可能成为推移质甚至河床质。

通常河流泥沙计量方法如下：

（1）含沙量。单位体积浑水中所含干沙的质量，用 ρ 表示，以 kg/m^3 计。

（2）输沙率。单位时间内通过河流某一过水断面的干沙质量，用 Q_s 表示，以 kg/s 或 t/s 计。若用 Q 表示断面流量，以 m^3/s 计，则有

$$Q_s = \rho Q \qquad (X2.16)$$

（3）输沙量。某一时段内通过某一过水断面的干沙质量，用 W_s 表示，以 kg 或 t 计。若时段为 T 以 s 计；W_s 以 kg 计，则

$$W_s = Q_s T \qquad (X2.17)$$

（4）侵蚀模数。单位面积上的输沙量，用 M_s 表示，以 t/km^2 计。若 W_s 以 t 计，F 为计算输沙量的流域或区域面积，以 km^2 计，则

$$M_s = \frac{W_s}{F} \qquad (X2.18)$$

X2.4.2 悬移质测算

河流中悬移质泥沙的测验主要是测定水流中的含沙量，推求输沙率、断面平均含沙量等。由于过水断面上各点的含沙量不同，因此，输沙率测验与流量测验原理相似，要在断面上布置测沙垂线，原则上测沙垂线数目少于测速垂线数目，并且在测速垂线中挑选若干条兼作测沙垂线。具体布设方法和垂线数目应由试验分析确定。测沙垂线数目可依据《河流悬移质泥沙测验规范》（GB 50159—92）确定。各测沙垂线上布置测点，从测点含沙量测验入手，其测验和计算步骤如下。

1. 测点含沙量测验

测量悬移质含沙量的仪器种类较多，有横式、瓶式和抽气式采样器，以及目前较为先进的同位素测沙仪和光学测沙仪等。最常用的采样仪器可分两类：瞬时式采样器是采集过水断面预定测点极短时间间隔内泥沙水样的仪器，如横式采样器，如图 X2.13 所示；另一类积时式采样器是采集过水断面预定测点某一时段内泥沙水样的仪器，如瓶式采样器（图 X2.14）、调压式采样器、皮囊式采样器。测验时，采样工作一般和流量测验同时进行，然后经过测量水样的体积 V（m^3），再静置待泥沙沉淀后，将泥沙过滤烘干，称得干沙质量 W_s（kg 或 g），求出各测点含沙量 ρ

$$\rho = \frac{W_s}{V} \qquad (X2.19)$$

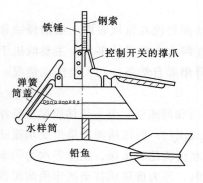

图 X2.13　横式采样器

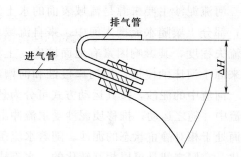

图 X2.14　瓶式采样器

2. 垂线平均含沙量计算

有了垂线各测点含沙量 ρ，用流速加权计算垂线平均含沙量，公式如下：

二点法：
$$\rho_m = \frac{\rho_{0.2} v_{0.2} + \rho_{0.8} v_{0.8}}{v_{0.2} + v_{0.8}}$$　　　　（X2.20）

三点法：
$$\rho_m = \frac{\rho_{0.2} v_{0.2} + \rho_{0.6} v_{0.6} + \rho_{0.8} v_{0.8}}{v_{0.2} + v_{0.6} + v_{0.8}}$$　　　　（X2.21）

五点法：　
$$\rho_m = \frac{\rho_{0.0} v_{0.0} + 3\rho_{0.2} v_{0.2} + 3\rho_{0.6} v_{0.6} + 2\rho_{0.8} v_{0.8} + \rho_{1.0} v_{1.0}}{10 v_m}$$　　　　（X2.22）

式中　　　　　　　ρ_m——垂线平均含沙量，kg/m^3；

$\rho_{0.0}$，$\rho_{0.2}$，$\rho_{0.6}$，$\rho_{0.8}$，$\rho_{1.0}$——各相对水深处的含沙量，kg/m^3；

v_m——垂线平均流速，m/s；

$v_{0.0}$，$v_{0.2}$，$v_{0.6}$，$v_{0.8}$，$v_{1.0}$——各相对水深处的测点流速，m/s。

3. 断面输沙率计算

断面输沙率的计算方法与流速仪测流时计算流量的方法类似，先根据垂线平均含沙量计算部分平均含沙量，再与部分面积的部分流量相乘，即得部分面积的输沙率，最后相加得断面输沙率。计算公式为

$$Q_s = \rho_{m1} q_0 + \frac{\rho_{m1} + \rho_{m2}}{2} q_1 + \cdots + \frac{\rho_{mn-1} + \rho_{mn}}{2} q_{n-1} + \rho_{mn} q_n$$　　　　（X2.23）

式中　　　　　　Q_s——断面输沙率，kg/s；

ρ_{mi}——第 i 条测沙垂线的垂线平均含沙量，kg/m^3；

q_0，q_1，$\cdots$，q_n——以测沙垂线分界的部分面积相应的部分流量，m^3/s。

4. 断面平均含沙量计算

断面平均含沙量为输沙率除以断面流量，即

$$\bar{\rho} = \frac{Q_s}{Q}$$　　　　（X2.24）

5. 单样含沙量及单断沙关系

由于泥沙测验工作量比较大，不宜采用此法逐时逐日施测以求得断面输沙率的变化过程。通常是根据多次实测资料研究断面平均含沙量（简称断沙）与单样含沙量（简称单沙）之间的相关关系，称为单断沙关系。所谓单样含沙量，是指与断面平均含沙量有较好相关关系的断面上的某一测点含沙量或某一垂线的平均含沙量。有了单断沙关系后，（图 X2.15），就可以根据测定的单沙，查得断面平均含沙量，并进一步推求断面输沙率。

根据实测输沙率资料，可计算逐日平均输沙率及各月、年平均输沙率等，并可进一步求得各时段的输沙量。

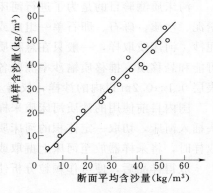

图 X2.15　某站单沙与断沙关系

水文年鉴中刊布成果有逐日平均悬移质输沙率表、逐日平均含沙量表、洪水水文要素摘录表中的含沙量过程摘录以及实测输沙率成果表等。

X2.4.3　推移质泥沙的测算

推移质泥沙粒径较粗，沿河底移动，总量一般比悬移质少。推移质泥沙测验主要观测推移质输沙率 Q_b，单位为 kg/s。目前，天然河流推移质的测验开展较少，测验仪器和方

法有待完善。现对采样器施测推移质方法作一简介。

采集推移质的仪器有压差式与网式采样器。压差式采样器适用于采集沙质、小砾石推移质，如黄河 59 型取样器；网式采样器通常用来采集卵石、砾石推移质，如图 X2.16 所示。

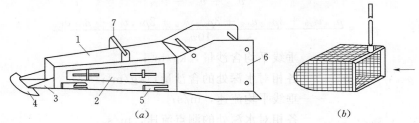

图 X2.16　推移质采样器

(a) 黄河 59 型采样器；(b) 网式采样器

1—外壳；2—铅板；3—跳板；4—橡皮板；5—底盘托板；6—尾翼；7—吊环

1. 基本输沙率

推移质测验时，将仪器放到各测沙垂线（与悬移质测沙垂线重合）的河底处，收集一定历时的沙样，计算各取样垂线的单位宽度推移质输沙率，即基本输沙率。

$$q_b = \frac{100W_b}{tb_k} \tag{X2.25}$$

式中　q_b——垂线基本输沙率，kg/ (s•m)；

　　　W_b——采样器取得的干沙质量，kg；

　　　t——取样历时，即在河底停放采样器的历时，s；

　　　b_k——采样器的进口宽度，cm。

2. 断面输沙率计算

用相邻垂线基本输沙率的均值，乘以两垂线间的距离求得部分输沙率，再将各部分输沙率累加得断面输沙率。

X2.4.4　河床质测验

河床质测验目的是为了进行河床泥沙的颗粒分析，取得泥沙颗粒级配资料。河床质由淤泥、沙质、砾石、卵石单一组成或混合组成，其测验基本工作是采取测验断面的河床质泥沙。河床质取样，一般只在悬移质、推移质测验作颗粒分析的各测次进行，取样垂线尽可能和悬移质、推移质输沙率测验各垂线位置相同。一般测验是用河床质采样器采集河床表层 0.1～0.2m 以内的沙样，仪器上提时器内沙样不流失。

国内目前使用的沙质河床质采样器有圆锥式、钻头式、悬锤式采样器。取样时，将器头插入河床，切取一定体积的河床质原状样品。卵石河床质采样器有锹式与蚌式采样器。取样时，将采样器放至河床上掘取或抓取河床质样品。

取得样品后，便可作颗粒分析使用。

X2.5　水　质　监　测

X2.5.1　水质监测的任务

1. 水体中主要污染物质

我国目前的水资源问题不仅表现为水量不足，水质问题也日益突出。水体一旦受到严重污染，便对工业、农业、渔业及人类健康和生态环境等方面产生很大危害。对水体质量有较大影响的污染物有：

（1）需氧污染物。主要来自生活污水和某些轻工业废水，以及一般腐殖质、人体排泄物、垃圾废弃物等。这是一种可生物降解的有机物，如动植物纤维、脂肪、糖类、蛋白质、有机原料、人工合成有机物等，在被微生物分解时要消耗水中的氧，故称需氧污染物。如果水中的溶解氧消耗殆尽，水体发臭发浑，危害鱼类和人体健康。

（2）植物营氧物。如从施肥农田中排出的氮、磷以及初级污水处理厂排出的污水。这些营养物对农作物生长是宝贵的物质，但过多的进入天然水体，将导致藻类大量繁殖，使水体严重缺氧，造成鱼类大量死亡。这种氮、磷在湖泊水体积蓄过多而造成富营养化，破坏水域生态平衡，加速湖泊衰亡过程。

（3）有机和无机有毒污染物。有机有毒物主要是酚类化合物和难以降解的蓄积性极强的有机农药和多氯联苯。这些物质来自农田排水和有关的工业废水。有些有机毒物还被认为是致癌物质，如稠环芬香胺等。无机有毒物质主要是重金属等有潜在长期影响的有毒物质。汞、镉、铅、铬及类金属砷等，毒性大，有人称为五毒。水体重金属污染，不能被微生物降解，能通过食物链富集积累，这些物质直接作用于人体而引起严重的疾病。如日本的水俣病是由汞污染所致，骨痛病是由镉污染造成的。其他还有氟化物、氰化物等。

（4）无机污染物质。主要是酸、碱和一些无机盐类。它们主要来自矿山排水和工业废水。酸碱污染水体，使 pH 值发生变化，妨碍水体自净，抑制或灭杀细菌和其他微生物，腐蚀建筑物等。无机盐含量增加，将提高水的硬度，降低水中的溶解氧，对淡水生物有不良影响等。

（5）病原微生物。水体中病原微生物主要来自生活污水、医院污水和制革、屠宰、洗毛等工业废水。它含有各种病菌、病毒和寄生虫，能引起传染病的高发病率和高死亡率。

此外，对水体造成污染的还有石油、放射性物质、热污染、悬浮物质等。

2. 水质监测的基本任务

水体污染加剧，水质下降，影响和制约了经济的发展，同时也直接危害了人民群众的生活。为防止水污染，国家已颁布了相应的法规、标准，并采取了许多措施，其中包括对水质的监测。水质监测是水资源保护的一项基础工作。其目的是为了及时掌握水质变化动态，防止水体污染，合理使用水资源。其基本任务是：

（1）定期或连续监测水体质量，及时提出监测数据，适时地提出评价报告。

（2）结合水资源保护要求，对污染源进行调查，提出防治水污染的要求，评价防治措施的效果。

（3）研究污染物在水体中迁移转化的规律，确定水体自净能力，为制定、修订水质指标标准及水质规划提供依据。

（4）积累资料，开展水质方面的服务工作。

X2.5.2　水质监测站网

1. 水质站

水质站是进行水环境监测采样和现场测定，定期收集和提供水质、水量等水环境资料的基本单元。按目的与作用水质站可分为基本站和专用站。基本站长期监测水系的水质变化动态，收集和积累水质基本资料，并与水文站、雨量站、地下水位观测井等统一规划设置。专用站是为某种专门用途而设立的。

按监测水体的不同水质站又可分为地表水水质站、地下水水质站与大气降水水质站等。

2. 水质站网

水质监测站网是按一定的目的与要求，由适量的各类水质站组成的水质监测网络。监测站网应与水文站网、地下水观测井站网、雨量站网相结合。监测站网应按水系（河道分布、水文特性、生态系统状态等）和污染源分布特征设立。对已有或拟建大中型工矿企业的河段、重点城市、大型灌区、主要风景游览区、河道水文特性和自然环境因素显著变化地区及有特殊要求的地区（严重水土流失、盐碱化、有地方病和地下水分区地区及防震预报地区等）均应设站。

X2.5.3　地面水采样

1. 采样断面的布设

采样断面布设要充分考虑河段取水口、排污口数量和分布及污染物排放情况、水文情况。力求以较少的监测断面和测点获取最具代表性的样品，能客观地反映该区域水环境质量及污染物的时空分布与特征。尽量与水文观测断面相结合等。

一般采样断面分为三类：

（1）对照断面。设在城市或工业排污区（口）河流上游，不受污染影响地段。

（2）控制断面。在排污区（口）下游，能反映本污染区污染状态的地段。按排污口分布及排污状况可设一至几个控制断面。

（3）消减断面。设在控制断面下游，水质已被稀释的河段。

对于河段内有较大支流汇入时，应在汇合点支流上游处及充分混合后的干流处布设断面。河流或水系背景断面可设置在上游接近河流源头处，或未受人类活动明显影响的河段。一些特殊地点或地区，如饮用水源或水资源丰富地区，可视其需要设采样断面。重要河流入海口应布设断面。水文地质或地球化学异常河段，应在上、下游布置断面等。

湖泊、水库主要出入口、中心区、饮用水源地、主要排污汇入处等应布设采样断面。

采样断面确定后，应布置采样垂线。一般水面宽小于 50m，只设一条中泓垂线；水面宽 50～100m，设左、中、右三条；大于 100m，设 3～5 条垂线等。垂线上采样点的布设要求是：水深小于 5m，水面下 0.5m，不足 1m，取 1/2 水深；水深 5～10m，水面下 0.5m，河底上 0.5m；水深大于 10m，水面下 0.5m，1/2 水深，河底以上 0.5m。

2. 水样的采集和监测项目

采样器可用无色硬质玻璃瓶、聚乙烯塑料瓶或其他采样器。按一定方法采集各采样点水样。采样频率和时间应按《水环境监测规范》（SL 219—98）要求进行。如长江、黄河干流和全国重点基本站每年不得少于 12 次，每月中旬采样。一般中小河流每年不得少于 6 次，丰、平、枯水期各 2 次。设有全国重点基本站或具有向城市供水功能的湖泊、水库，每月采样一次。一般湖泊、水库全年采样 3 次，丰、平、枯水期各一次等。水样的采集、处理、运算及存放，按规范规定执行。

水质监测项目要反映本地区水体中主要污染物的监测项目，监测项目可分必测与选测项目两类。如河流必测项目有：水温、pH 值、悬浮物、总硬度、电导率、溶解氧、高锰酸盐指数、五日生化需氧量、氨氮、硝酸盐氮、亚硝酸盐氮、挥发酚、氰化物、氟化物、硫酸盐、氯化物、六价铬、总汞、总砷、镉、铅、铜、大肠菌群等 23 项。选测项目有：硫化物、矿化度、非离子氨、凯氏氮、总磷、化学需氧量、溶解性铁、总锰、总锌、硒、石油类、阴离子表面活性剂、有机氯农药、苯并（α）芘、丙烯醛、苯类、总有机碳等 17 项。饮用水源地、湖泊水库监测项目可参见《水环境监测规范》（SL 219—98）。

水样采集后应及时送样分析化验，确定各水质（监测项目）含量，获取水质数据，为水资源质量评价、规划和管理与污染防治提供依据。

X2.5.4　水体污染源调查

水体污染源分人为污染源和自然污染源两类。人为污染又分工、矿等排污和城市生活污水对河流的点污染及雨水把大气中和地面的面污染物带入水体。查找主要污染源，为控制及消除污染，保护水资源提供科学依据。

污水直接排入河道等水域的工业污染源调查以下内容：

（1）企业名称、厂址、企业性质、生产规模、产品、产量、生产水平等。

（2）工艺流程、工艺原理、工艺水平、能源和原材料种类及成分、消耗量。

（3）供水类型、水源、供水量、水的重复利用率。

（4）生产布局、污水排放系统和排放规律、主要污染物种类、排放浓度和排放量、排污口位置和控制方式以及污水处理工艺及设施运行状况。

城镇生活污染源调查以下内容：

（1）城镇人口、居民区布局和用水量。

（2）医院分布和医疗用水量。

（3）城市污水处理厂设施、日处理能力及运行状况。

（4）城市下水道管网分布状况。

（5）生活垃圾处置状况。

农业污染源应调查以下内容：

（1）农药品种、品名、有效成分、含量、使用方法、使用量和使用年限及农作物品种等。

（2）化肥的使用品种、数量和方式。

（3）其他农业废弃物。

调查直接污染河道（湖、库）水域的以上点、面污染源时，调查者主要通过资料搜集、防问、现场查勘和实测等形式进行调查，并填写、整理相应调查表格。为掌握污染源的变化状况，污染源调查每 5 年进行一次。新增与扩建污染源应及时调查上报。

X2.6　水文资料的收集

水文资料是水文计算的基础。水文观测资料经过系统地分析计算和整编，由国家有关部门统一整理刊布并存储。水文资料的主要来源有水文年鉴、水文数据库、水文手册、水文图集和各种水文调查资料等，可供水文设计查用。

X2.6.1　水文年鉴和水文数据库

实测水文资料经整理后，其测验成果的传统存储方式是刊印水文年鉴。水文年鉴是以年为单位刊印水文资料的专用文献。全国的水文年鉴按流域划分共有 10 卷，计 74 册，见表 X2.6。水文年鉴内容包括测站分布图、水文站说明表及位置图，各测站的水位、流量、泥沙、水温、冰凌、水化学、地下水、降水量、蒸发量、水文调查等资料的整编成果，是水文主管部门提供水文资料的主要形式之一。

表 X2.6 全国各流域水文年鉴卷、册表

卷 号	流 域	分册数	卷 号	流 域	分册数
1	黑龙江	5	6	长江	20
2	辽河	4	7	浙闽台	6
3	海河	6	8	珠江	10
4	黄河	9	9	藏滇国际河流	2
5	淮河	6	10	内陆河湖	6

如果需要使用近期尚未刊布的水文资料或查阅原始观测记录，可向有关流域机构或水文部门搜集。《水文年鉴》中未刊布专用站的水文资料，需要时应向主管部门搜集。

水文数据库是用电子计算机储存、编目和检索水文资料的系统。我国水文数据库由基本水文数据库和若干专用水文数据库组成。基本水文数据库系统以计算机为基础，用关系数据库管理软件建库，系统的覆盖范围在当前以水文年鉴为主，基本的存储项目为水文、水质及地下水等资料的整编成果。系统提供服务的形式为数据、表格、图形（包括各类曲线）以至地理图形。用户可按需要查询和检索有关水文资料。专用水文数据库是存储某些专门应用的水文资料，如防汛抗旱专用数据库、水资源专用数据库和水质专用数据库等。

X2.6.2 水文手册和水文图集

水文年鉴或水文数据库仅刊布、存储了各水文测站每年观测整编的水文资料。而对于众多的中小河流，由于未设立水文测站，缺乏实测水文资料，便不能直接应用水文资料进行工程设计。为此，水文部门研究编制了不同形式的区域水文分析成果，如各地区水文手册和水文图集，利用这些资料，可以解决无实测水文资料地区的水文计算，为中小型水利水电工程的规划设计与运行管理中推求设计水文数据提供依据。

水文手册和水文图集是在分析综合各地区历年实测水文资料的基础上编制的地区综合资料。其主要内容包括：本地区自然地理和气候资料，降水、蒸发、径流、暴雨、洪水、泥沙、水化学、地下水、水情等水文要素的统计表、等值线图、分区图，计算各种径流特征值和设计值的经验公式、水文要素之间的关系曲线等，有关它们的应用，将在后续各内容中加以介绍。

复习思考与技能训练题

X2.1　试分析水文资料收集的目的和意义。

X2.2　理解掌握流量测验的原理和方法步骤。

X2.3　试分析水位流量关系的类型及其在实际中的应用。

X2.4　试分析转子式流速仪的工作原理及其优缺点。

X2.5　试述水文调查的目的及意义。

X2.6　流速仪测流计算。

某站一次流速仪测流成果如图 X2.17 所示。按照所给资料进行计算，并将计算成果

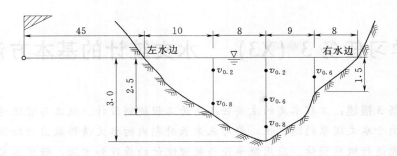

图 X2.17 测流断面示意图（单位：m）

填入表 X2.7 中。岸边系数 $\alpha = 0.70$，测流起讫水位为 28.31m，流速仪公式为 $v = 0.698N/T + 0.013$。

表 X2.7　　　　流速仪测流断面流量计算表（简化表）

垂线编号		起点距 (m)	垂线水深 (m)	仪器位置		测速记录		流速（m/s）			测深垂线间			部分面积 (m²)	部分流量 (m³/s)
测深	测速			相对	测点深 (m)	总历时 T (s)	总转数 N	测点	垂线平均	部分平均	平均水深 (m)	间距 (m)	面积 (m²)		
左水边		45	0												
1	1	55	2.5	0.2		150	210								
				0.8		132	150								
2	2	63	3.0	0.2		105	160								
				0.6		110	150								
				0.8		115	140								
3	3	72	1.5	0.6		120	150								
右水边		80	0												
断面流量			(m³/s)	断面面积			(m²)	断面平均流速					(m/s)		

学习任务 3（X3） 水文统计的基本方法

学习任务 3 描述：工程水文的主要任务是为工程规划设计、施工与管理运用提供设计水文数据。由于水文现象的随机性，要对未来长时期内的水文情势做出确切预报目前是困难的，而只能进行概率预估。应用概率论与数理统计的原理和方法，研究水文变量的统计规律及其应用的技术，称为水文统计。该部分内容主要学习水文统计的基本原理和方法，包括概率、频率、概率密度函数、分布函数、统计参数等概念；频率计算适线法；频率与重现期的互求；相关分析与计算等。其中频率计算是有资料情况下推求设计的水文特征值的必要途径，广泛应用于后续的工作任务中；而相关分析与计算则用于插补延长水文特征值系列，为频率计算奠定基础，此外还应用于经验公式的选配等。因此，学会频率计算、相关分析与计算技术，对完成后续工作任务至关重要。

X3.1 概 述

X3.1.1 水文现象的随机性与统计规律

必然现象和随机现象是自然界中普遍存在的两类现象。在一定条件下，必然出现某种结果的现象称为必然现象；在一定条件下，试验有多种可能结果，预先不能确知出现那种结果，这类现象称为随机现象。

水文现象受众多因素的综合影响，其变化规律相当复杂，具有必然性和随机性双重特性。例如，流域上发生大暴雨后，河流水位必然上涨，且径流量与降雨量和损失量之间存在着必然联系，这是必然性的体现。由于水文现象在其发生、发展和演变过程中，受气候、下垫面等方面的影响，使水文特征值和水文过程在时间上和空间上千差万别，在实测之前不能预知其确切的结果，这就是随机性的体现。例如，河流某一断面明年的年径流量多大？显然这具有随机性，无法确切回答。

对于随机现象，一次试验的结果是随机的，但随机现象并非无章可循。例如，河流某一断面年径流量的数值，由长期观测资料可知，其多年平均值是比较稳定的；并且特大或特小数值的年径流量出现的年份较少，而中等数值的年径流量出现的年份较多。这种在相同的条件下，大量重复试验中随机现象所遵循的内在规律称为统计规律。

X3.1.2 水文统计及其任务

概率论与数理统计是研究随机现象统计规律的学科。应用概率论与数理统计的原理和方法，研究水文变量随机规律及其应用的技术，则称为水文统计。

在水文计算中运用数理统计方法，这是由水文计算的任务所决定的。前已叙及，水文计算的主要任务是，在研究水文现象规律的基础上，预估未来长时期内可能出现的水文情势，为水资源开发利用以及工程的规划设计、施工、管理运用提供设计水文数据。工程一旦建成要运行多年，而要对未来长时期的水文情势做出确切预报是困难的，只能应用概率与统计方法进行概率预估，即预估水文变量，例如年径流量、年降水量、年最大洪峰流量等于或超过某一数值的可能性有多大，而不能回答发生的确切时间。

　　水文统计的主要任务就是研究和分析水文现象的统计特性，推求水文变量的统计规律，从而得出工程所需要的设计水文数据，以满足工程规划、设计、施工以及运用期间的需要。

　　水文统计的内容是广泛的，根据本课程的教学要求，着重学习频率计算和相关分析。其中频率计算的实质就是推求水文变量的统计规律。

X3.2　概率的基本概念与定理

X3.2.1　事件

　　对自然现象和社会现象所进行的观察或实践统称试验。对随机现象所进行的试验称为随机试验。

　　随机事件简称事件，是指随机试验的结果。常用大写英文字母 A，B，…表示。事件可以是数量性质的，例如，对河流某断面年最大洪峰流量的数值进行观察，发生的结果可以是其可能取值范围内的任一数值，比如可用事件 A 表示"年最大洪峰流量大于1000m^3/s"；事件也可以是属性性质的，例如，掷硬币观察正反面向上的情况，可用事件 A 表示"正面向上"。

　　一次试验中，必然发生的结果称为必然事件；不可能发生的结果称为不可能事件。必然事件和不可能事件不是随机事件，但为了研究方便，通常将他们看成特殊的随机事件。

X3.2.2　概率

　　在一定条件下，随机试验中各事件发生的可能性不同。描述事件发生的可能性大小的数量指标，称为事件的概率。

　　简单的随机试验，具有以下两个特征：①试验的每种可能结果都是等可能的；②试验的所有可能结果总数是有限的。对于这种随机试验称为古典概型。

　　古典概型中，事件的概率可由式（X3.1）计算

$$P(A) = \frac{K}{n} \tag{X3.1}$$

式中　$P(A)$——在一定的条件下，事件 A 发生的概率；

　　　　K——事件 A 所包含的可能结果数；

　　　　n——试验的所有可能结果总数。

　　显然，必然事件的概率等于 1，不可能事件的概率等于 0，因此必有 $0 \leqslant P(A) \leqslant 1$。

　　许多水文事件一般不能归结为古典概型的事件。例如，A 表示"某站年降水量大于等于 600mm"，显然，试验不符合古典概型，无法直接计算概率 $P(A)$。为此，引出频率这一重要概念。

X3.2.3　频率

　　设事件 A 在 n 次试验中出现了 m 次，则称为事件 A 在 n 次试验中出现的频率，表示为：

$$p(A) = \frac{m}{n} \tag{X3.2}$$

当试验次数不大时，事件的频率很不稳定。例如，把一枚硬币抛掷 10 次，正面向上 2 次，于是正面向上的频率为 0.2；而在另外 10 次抛掷中，正面向上 7 次，则频率为 0.7。但是当试验次数充分大时，频率将围绕常数 0.5 作稳定而微小的摆动，而 0.5 恰是正面向上的概率，以下试验数据则说明了这一点，见表 X3.1。

表 X3.1   **频率试验数据表**

试验者	掷币次数	出现正面次数	频率
浦丰（Buffon）	4040	2048	0.5080
皮尔逊（K. Pearson）	12000	6019	0.5016
皮尔逊（K. Pearson）	24000	12012	0.5005

当试验次数充分大时，某一事件 A 的频率趋于稳定值，该稳定值即为 A 发生的概率的结论，不但由大量的试验和人类实践活动所证明，而且在概率论理论中由贝努里大数定律给予了严格的证明。

综上所述，频率与概率既有区别，又有联系。概率是反映事件发生可能性大小的理论值，是客观存在的；频率是反映事件发生可能性大小的试验值，当试验次数不大时，具有不确定性。但当试验次数充分大时，频率趋于稳定值概率，正是这种必然的联系，为解决实际问题带来了很大的方便。当试验不符合古典概型时，可通过试验推求事件的频率作为概率的近似值，且要求试验次数充分大。

X3.2.4 概率的加法和乘法定理

以上介绍了直接确定事件概率的方法。计算复杂事件的概率常用概率的加法定理和乘法定理。

1. 加法定理

$$P(A+B) = P(A) + P(B) - P(AB) \qquad \text{(X3.3)}$$

式中　　$P(A+B)$——事件 A 与 B 的和事件发生的概率；

　　$P(A)$、$P(B)$——事件 A、B 发生的概率；

　　　　$P(AB)$——事件 A 与 B 同时发生的概率。

特别地，当 A、B 互斥时

$$P(A+B) = P(A) + P(B) \qquad \text{(X3.4)}$$

易知，A 的对立事件 $\overline{A}$ 的概率

$$P(\overline{A}) = 1 - P(A) \qquad \text{(X3.5)}$$

式（X3.4）可推广到任意多个互斥事件。

2. 乘法定理

$$P(AB) = P(A)P(B \mid A), P(A) \neq 0 \qquad \text{(X3.6)}$$

$$P(AB) = P(B)P(A \mid B), P(B) \neq 0 \qquad \text{(X3.7)}$$

式中　$P(B \mid A)$——在事件 A 发生的条件下，事件 B 发生的概率；

　　　$P(A \mid B)$——在事件 B 发生的条件下，事件 A 发生的概率。

当事件 A、B 相互独立时，则有

$$P(AB) = P(A)P(B) \qquad \text{(X3.8)}$$

式（X3.8）可以推广到任意多个相互独立的事件。

【例 X3.1】　设某河流某断面年最高洪水位为 Z_m，每年 $P(Z_m > 20.0\text{m}) = 0.01$。当 $Z_m > 20.0\text{m}$ 时，两岸被淹。假设每年发生 $Z_m > 20.0\text{m}$ 与否相互独立，试求今后两年内两岸至少被淹没一次的概率。

解法一　设 A 表示"今后两年内两岸至少被淹没一次"，A_i 表示"第 i 年出现 $Z_m > 20.0\text{m}$"，$i = 1，2$。由题设 $A = A_1 + A_2$，A_1，A_2 不互斥且相互独立。于是利用式（X3.3）和式（X3.8）

$$P(A) = P(A_1 + A_2) = P(A_1) + P(A_2) - P(A_1 A_2)$$
$$= P(A_1) + P(A_2) - P(A_1)P(A_2)$$
$$= 0.01 + 0.01 - 0.01 \times 0.01$$
$$= 0.0199$$

解法二　由事件 A，A_1，A_2 的含义可知，$\overline{A}$ 表示"今后两年内两岸不被淹"，则 $\overline{A} = \overline{A_1}\,\overline{A_2}$。可以证明 A_1 与 A_2 相互独立时，$\overline{A_1}$ 与 $\overline{A_2}$ 也相互独立。于是利用式（X3.8）和式（X3.5）

$$P(\overline{A}) = P(\overline{A_1}\,\overline{A_2}) = P(\overline{A_1})P(\overline{A_2})$$
$$= (1 - 0.01)^2 = 0.9801$$

则
$$P(A) = 1 - P(\overline{A}) = 1 - 0.9801 = 0.0199$$

显然，利用解法二的思路，容易计算今后 n 年内两岸至少被淹一次的概率，请读者自己完成。

X3.3　随机变量的概率分布及其统计参数

上一节讨论了随机现象的事件及其概率，为深入研究随机现象需进一步揭示事件与其概率两者的对应规律，即统计规律。为此，引入随机变量、分布函数、统计参数等概念及有关计算。

X3.3.1　随机变量

实际问题中，许多随机现象的试验结果是以数量表示的。例如，河流中的年最大洪峰流量、某地 6 月的降水天数等。有些试验结果虽然不是数量，但只要作一些约定，也可以用数量来表示。例如掷一枚硬币可用"1"表示正面向上，以"0"表示反面向上，其试验结果就转化为数量了。

若将随机试验的所有可能结果用一个变量的取值来表示，试验结果是随机的，该变量的取值也是随机的。我们将这种随试验结果的不同而取不同值的变量称随机变量，记 X、Y、Z 等。例如，某地 6 月的降水天数就是一个随机变量，它可能取值为 0，1，2，…，30。例如，$X = 5$ 是试验的一个可能结果，代表事件"某地 6 月降水天数为 5 天"。一般地，随机变量的取值常用小写字母 x 表示，x 是普通变量。$X = x$ 或 $X \geqslant x$ 均代表事件。

水文现象中的随机变量一般指某种水文特征值，如年径流量、年降水量、年最大洪峰流量等。

随机变量可以分为两大类型：离散型随机变量和连续型随机变量。

1. 离散型随机变量

若随机变量的取值是有限的或可列无穷多个，则称为离散型随机变量。例如，上述某地 6 月降水天数则是一离散型随机变量，只可能取 31 种可能结果。

2. 连续型随机变量

若随机变量可以取某一区间内的任何值，则称为连续型随机变量。

水文上连续型随机变量是常见的，如年径流量、年降水量、年最大洪峰流量等均是连续型随机变量。

3. 总体与样本

随机变量的所有可能取值的全体，称为总体。从总体中随机抽取的一部分观测值称为样本。样本中所包含的项数称为样本容量。水文现象的总体通常是无限的，它是指自古迄今以至未来长远岁月中的无限水文系列。显然，水文变量的总体是未知的。

X3.3.2 随机变量的概率分布

离散型随机变量的统计规律，可以用随机变量的一切可能取值与其概率之间的对应关系来描述：

$$P(X = x_i) = P_i (i = 1, 2, \cdots)$$

称为离散型随机变量的分布律。

或表示为

$$X \sim \begin{bmatrix} x_1 x_2 \cdots x_i \cdots \\ P_1 P_2 \cdots P_i \cdots \end{bmatrix}$$

它具有两个性质：① $P_i \geqslant 0$（$i = 1, 2, \cdots$）；② $\sum\limits_{i=1}^{\infty} P_i = 1$。

对于连续型随机变量，由于其可能取值无法一一列出，而且可以证明取个别值的概率等于零。因此连续型随机变量不存在分布律。而分布函数可以作为一个统一的工具，可以表示离散型在内的任意随机变量的概率分布情况，它研究随机变量在某个区间取值的概率，水文计算中常研究概率 $P(X \geqslant x)$。此外，连续型随机变量也可用密度函数表示其统计规律。下面结合例子介绍分布函数、密度函数的含义及两者的关系。

【例 X3.2】 华北地区保定站具有样本容量 $n = 87$ 年的年降水量系列。将年降水量作为随机变量 X，其实测值即为 X 的取值 x，进行如下统计计算。

（1）将年降水量分组，组距 $\Delta x = 200\text{mm}$，见表 X3.2 中第（1）、（2）栏。

表 X3.2   保定站年降水量分组频率计算表

序号	年降水量（组距 $\Delta x = 200\text{mm}$）	出现次数（年）		频率（%）		组内平均频率密度 $\dfrac{\Delta p}{\Delta x}$ (10^{-4}/mm)
		组内	累积	组内 Δp	累积频率 p	
(1)	(2)	(3)	(4)	(5)	(6)	(7)
1	1400～1200.1	1	1	1.1	1.1	0.55
2	1200～1000.1	0	1	0	1.1	0
3	1000～800.1	10	11	11.5	12.6	5.75
4	800～600.1	15	26	17.2	29.9	8.60
5	600～400.1	32	58	36.8	66.7	18.40
6	400～200.1	29	87	33.3	100.0	16.65
7	合计	87		100.0		

（2）统计 87 个年降水量数据在每组中出现的次数、累计次数即 $X \geqslant x$ 的次数，x 为

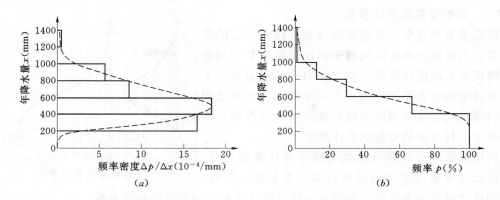

图 X3.1　保定站年降水量频率密度图和频率分布图

(a) 频率密度图；(b) 频率分布图

组下限值；计算组内频率和累计频率，见表 X3.2 第 (3)、(4)、(5)、(6) 栏。

(3) 计算 $\Delta p/\Delta x$，称为组内平均频率密度，见表 X3.2 第 (7) 栏。

(4) 绘图。将表 X3.2 第 (2) 栏与第 (7) 栏绘直方图，如图 X3.1 (a) 实线所示。图中各长方形面积表示组内频率，所有长方形面积之和等于 1。这种频率密度值随随机变量取值 x 变化的图形称为频率密度图。

将表 X3.2 第 (2) 栏与第 (6) 栏绘阶梯形实折线，如图 X3.1 (b) 所示。这种 $P(X \geqslant x)$ 与 x 对应规律的图形，称为频率分布图。

若资料年数无限增多，分组组距无限缩小，且频率趋于概率。图 X3.1 频率密度图和频率分布图都会成为虚线表示的光滑曲线。前者称随机变量的概率密度曲线，后者称为随机变量的概率分布曲线。

图 X3.1 (a) 中，概率密度曲线与纵轴包围的面积表示概率，若密度曲线相应的函数记为 $f(x)$，某点 x 相应的 $f(x)$ 值的大小，则反映了随机变量 X 在 x 附近取值的密集程度，称 $f(x)$ 为密度函数。

根据图 X3.1 (b) 纵、横坐标的含义，容易看出 $P(X \geqslant x)$ 随 x 不同而不同，是 x 的函数，此函数称为随机变量 X 的分布函数，记为 $F(x)$，即

$$F(x) = P(X \geqslant x) \tag{X3.9}$$

由图 X3.1 (b) 与图 X3.1 (a) 的关系，可得

$$F(x) = P(X \geqslant x) = \int_x^{+\infty} f(x)\mathrm{d}x \tag{X3.10}$$

式 (X3.10) 所示的 $f(x)$ 与 $F(x)$ 关系的图形表示如图 X3.2 所示。

另一方面，$f(x)$ 与 $F(x)$ 的关系还可表示为

$$f(x) = \lim_{\Delta x \to 0} \frac{\Delta p}{\Delta x} = \lim_{\Delta x \to 0} \frac{F(x) - F(x + \Delta x)}{\Delta x} = \lim_{\Delta x \to 0} -\frac{F(x + \Delta x) - F(x)}{\Delta x} = -F'(x)$$

$$\tag{X3.11}$$

需要指出，算例中概率分布规律的推求方法只是用来说明概念，便于初学者理解 $f(x)$、$F(x)$ 的含义，但计算复杂，实际工作中并不这样计算。水文计算中常常只推求概率分布曲线，由于利用样本资料推求，故称其为频率曲线，推求方法将在 X3.6 中介绍。

X3.3.3 随机变量的统计参数

随机变量的概率分布完整地刻划了随机变量的统计规律。然而在许多实际问题中，还需要从某些侧面反映随机变量的统计特性。例如，对于年径流量，人们常常希望知道多年平均值多大，年际变化的离散程度如何等。这种从侧面说明随机变量统计特性的某些特征数字，称为随机变量的统计参数。

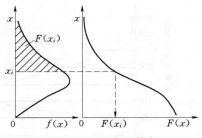

图 X3.2　分布函数与
密度函数关系示意图

统计参数有总体统计参数与样本统计参数之分。总体的统计参数与总体的分布有关，当总体未知时，总体的统计参数是未知的，只能通过样本统计参数来估计总体统计参数。

下面介绍水文计算中常用的样本统计参数。

1. 样本均值

设某一随机变量的样本系列为 x_1，x_2，$\cdots$，x_n，则样本的均值 $\overline{x}$ 为

$$\overline{x} = \frac{x_1 + x_2 + \cdots + x_n}{n} = \frac{1}{n}\sum_{i=1}^{n} x_i \qquad (X3.12)$$

样本均值反映随机变量取值的平均情况，反映系列总水平的高低。例如，甲、乙两地年降水量的均值，即多年平均年降水量分别为 1000mm 和 400mm，由此可反映两地年降水量的多寡。

由式（X3.12）计算的样本均值 $\overline{x}$ 估计总体均值是无偏估计。所谓无偏估计，是指使用式（X3.12）估计总体均值时，样本均值 $\overline{x}$ 总是在总体均值左右徘徊，误差可能是正的，也可能是负的，多次使用此法进行估计时，平均情况下等于总体均值。无偏估计在工程技术中称为无系统误差。

需要强调指出，无偏估计的概念，只是就平均意义而言的，在总体未知的情况下，由一个具体样本算得的样本均值 $\overline{x}$ 是大于还是小于总体均值，是不能确定的。

2. 均方差和变差系数

均值能反映随机变量取值的平均情况，但不能反映随机变量取值的离散特征。例如有两个系列：A 系列：5，10，15；B 系列：1，10，19。

两系列均值相等 $\overline{x}=10$，且容易看出系列 B 的离散程度比系列 A 大。采用一个定量指标来衡量，引入

$$s' = \sqrt{\frac{\sum_{i=1}^{n}(x_i - \overline{x})^2}{n}} \qquad (X3.13)$$

反映随机变量取值的离散特征，称 s' 为样本系列的均方差，也称为标准差。s' 与随机变量的取值 x 的单位相同。

对于均值相同的系列，可由 s' 的大小判断系列离散程度的大小。s' 越大，系列的离散程度越大。

容易算出，上述 A、B 系列的均方差分别为 $s_a'=4.08$，$s_b'=7.35$。

数理统计研究表明，用式（X3.13）计算样本均方差去估计总体的均方差是系统偏小的。为纠正系统偏差要对 s' 进行修正，数理统计中导出修正的样本均方差的计算式为

$$s = \sqrt{\dfrac{\sum_{i=1}^{n}(x_i - \overline{x})^2}{n-1}} \qquad (\text{X3.14})$$

式中，s 称为修正的样本均方差，亦简称样本均方差。该式就是生产实际中样本均方差的常用计算式，用其估计总体的均方差。应该指出，对有限容量的样本由 s 估计总体的均方差仍系统偏小，但比 s' 有所改善。

对于均值不同的系列，用 s 比较系列的离散程度就不合适了。引入无因次数

$$C_v = \dfrac{s}{\overline{x}} = \sqrt{\dfrac{\sum_{i=1}^{n}(k_i - 1)^2}{n-1}} \qquad (\text{X3.15})$$

称 C_v 为样本变差系数或离势系数、离差系数，其式中 $k_i = x_i / \overline{x}$，称为模比系数。C_v 值越大，系列的离散程度越大。C_v 对密度曲线的影响如图 X3.3 所示。C_v 越大，密度曲线形状越矮胖。对年降水量和年径流量系列来说，C_v 的大小则反映了年降水量或年径流量的年际变化特征。C_v 越大，年际变化越大，对水资源开发利用越不利。

3. 偏态系数

引入反映随机变量取值相对于均值对称程度的特征参数，无因次数

$$C_s = \dfrac{n\sum_{i=1}^{n}(x - \overline{x})^3}{(n-1)(n-2)\overline{x}^3 C_v^3} \approx \dfrac{\sum_{i=1}^{n}(x_i - \overline{x})^3}{(n-3)\overline{x}^3 C_v^3} = \dfrac{\sum_{i=1}^{n}(k_i - 1)^3}{(n-3)C_v^3} \qquad (\text{X3.16})$$

称 C_s 为样本偏态系数，无因次。当 $C_s = 0$，称为对称分布；当 $C_s > 0$ 时，正离差立方和占优势，称为正偏分布；$C_s < 0$ 时，负离差立方和占优势，称为负偏分布。

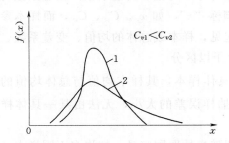

图 X3.3　C_v 对密度曲线的影响

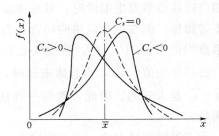

图 X3.4　C_s 对密度曲线的影响

例如，对于系列 A：3，4，5，6，7，可算得 $\overline{x}=5$，$\sum_{i=1}^{5}(x_i - \overline{x})^3 = 0$，$C_s = 0$，系列为对称分布。

对于系列 B：2，3，4，6，10，可算得 $\overline{x}=5$，$s=3.16$，$C_v = 0.632$，$\sum_{i=1}^{5}(x_i - \overline{x})^3 = 90$，$C_s = 1.43$，系列为正偏分布。

$|C_s|$ 越大，随机变量的分布越偏。C_s 对密度曲线的影响如图 X3.4 所示。例 X3.2 中年降水量的频率密度图呈现了明显的正偏规律。

数理统计中可以证明正偏分布的一个结论：$p(X \geqslant \overline{x}) < p(X \leqslant \overline{x})$。水文现象大多属于正偏分布，即 $C_s > 0$，这说明水文变量取值大于均值的机会比取值小于均值的机

会少。

用式（X3.12）～式（X3.16）计算样本参数来估计总体参数的方法称为矩法。这些公式常称为参数估计的矩法公式。除式（X3.12）估计总体均值为无偏估计外，其余各式作为总体相应参数的估值公式是系统偏小的，特别是式（X3.16）估计总体偏态系数系统偏小更为明显[2-4]。

需要指出，有些教科书中，认为式（X3.14）～式（X3.16）分别为总体均方差、变差系数、偏态系数的无偏估计公式是不正确的。

X3.4　频率计算中样本估计总体的基本问题

我们已经知道，概率分布规律完整地刻划了随机变量的统计规律，而统计参数可以从侧面揭示随机现象的统计特征。水文计算中，推求水文变量的统计参数及频率曲线的工作称为频率计算。当总体未知时，数理统计的核心就是由一部分试验数据研究随机现象全体的统计规律，即样本估计总体。采用矩法估计总体统计参数以及用样本经验分布估计总体分布，是数理统计中样本估计总体的常用方法。然而，在水文频率计算中使用这些方法时，会遇到哪些基本问题？这将是本节要讨论的内容。

X3.4.1　矩法估计总体参数的抽样误差

在 X3.3 中学习了参数估计的矩法公式，能否将其计算的样本统计参数作为总体统计参数的估计值，将取决于估计的抽样误差。

所谓抽样误差，是指由随机抽样引起的样本统计参数与总体统计参数的离差。

在讨论之前，先说明一下符号。下面在有可能对样本均值、变差系数、偏态系数与总体相应这些参数发生混淆时，对总体参数将加下脚标"z"，如 $\bar{x}_z$、C_{vz}、C_{sz}，而样本参数则不带脚标。但在不致混淆的场合，为简单方便起见，样本或总体的均值、变差系数、偏态系数均记为 $\bar{x}$、C_v、C_s，希望从上下文的含义上予以区分。

设总体均值为 $\bar{x}_z$，当总体未知时，对于某一具体样本，其样本均值与总体均值的离差 $\bar{x}-\bar{x}_z$ 是未知的。因此，考察一种估计方法的抽样误差的大小，无法由某一具体样本来衡量。

为了说明衡量方法，首先应建立一个概念，即随机抽取同容量 n 的许多不同样本，样本均值将随抽取的样本的不同而不同，故从一般样本出发，样本均值也是随机变量，记为 $\bar{X}$。$\bar{X}$ 的概率分布称为抽样分布。数理统计中可以证明，随机变量 $\bar{X}$ 的取值的平均值即为总体均值 $\bar{x}_z$。因此，$\bar{x}$ 的离散特征参数均方差 $\sigma_{\bar{x}}$ 反映了随机变量 $\bar{X}$ 取值相对于 $\bar{x}_z$ 的平均离差，故可以用样本均值的均方差 $\sigma_{\bar{x}}$ 从平均意义上来衡量样本均值估计总体均值的抽样误差。也可理解为许多同容量样本参数与总体参数离差的平均情况。由于度量的是误差，故称 $\sigma_{\bar{x}}$ 为样本均值的均方误。$\sigma_{\bar{x}}$ 越小，表明 $\bar{X}$ 的取值 $\bar{x}$ 在 $\bar{x}_z$ 两侧徘徊的幅度小，因而由 $\bar{x}$ 估计 $\bar{x}_z$ 越有效，从平均意义上抽样误差越小。

同理，可用 σ_{C_v}、σ_{C_s} 分别表示样本变差系数 C_v、偏态系数 C_s 的均方误。

样本参数的均方误与总体分布有关。当总体为皮尔逊Ⅲ型分布（在 X3.5 中介绍）时，根据数理统计方法可推导出采用矩法估计总体参数时样本参数的均方误公式为

$$\left.\begin{array}{l} \sigma_{\bar{x}} = \dfrac{s_z}{\sqrt{n}} \\[3mm] \sigma_{C_v} = \dfrac{C_{vz}}{\sqrt{2n}} \sqrt{1 + 2C_{vz}^2 + \dfrac{3}{4}C_{sz}^2 - 2C_{vz}C_{sz}} \\[3mm] \sigma_{C_s} = \sqrt{\dfrac{6}{n}\left(1 + \dfrac{3}{2}C_{sz}^2 + \dfrac{5}{16}C_{sz}^4\right)} \end{array}\right\} \qquad (X3.17)$$

式中　s_z、C_{vz}、C_{sz}——总体的均方差、变差系数和偏态系数；

　　　n——样本容量。

需要指出，一些教科书中，认为式（X3.17）中的参数为样本参数是错误的[2-3]。

进一步指出，式（X3.17）是从许多同容量样本的平均意义上来衡量矩法估计总体参数的抽样误差，对于一个具体样本的抽样误差则可能小于这些误差，也可能大于这些误差，不是公式所能计算的。但由式（X3.17）可以得到以下两点结论：

（1）样本参数的均方误随样本容量 n 的增大而减小，即一般情况下，样本系列越长，抽样误差越小，样本对总体的代表性越好。因此，在后续工作任务中将要介绍加大样本容量、提高样本系列代表性的有关途径。

（2）在给定总体参数、样本容量的情况下，利用式（X3.17）计算各个总体参数的抽样误差得知，矩法估计总体参数，一般均值和变差系数的抽样误差较小，偏态系数的抽样误差太大，例如，即使样本容量 $n=100$，当 $C_{vz}=0.1$，$C_{sz}=2C_{vz}=0.2$ 时，C_{sz} 的抽样误差 $\sigma_{C_s}=0.252$，用相对误差表示为 126%。

综上所述，有鉴于矩法估计总体参数的抽样误差的情况以及式（X3.15）、式（X3.16）存在系统偏差，故频率计算中，通常不直接使用矩法估计总体参数，特别是 C_s，一般不采用式（X3.16）计算，而需配合其他途径求得总体参数的估计值，当前我国广泛使用适线法，将在 X3.6 中介绍。

X3.4.2　经验频率曲线及其在应用中存在的问题

1. 经验频率曲线及其绘制

当总体未知时，人们自然想到由样本分布曲线估计总体分布曲线。

样本分布曲线也称为经验频率曲线，是指由实测样本资料绘制的频率曲线。

设某水文变量 X 的样本系列共 n 项，由大到小递减排列为 x_1，x_2，…，x_m，…，x_n。欲计算 n 次观测中出现大于或等于 x_m 的频率，根据频率的定义可得

$$p = \frac{m}{n} \times 100\% \qquad (X3.18)$$

式中　p——大于或等于数值 x_m 的经验频率；

　　　m——n 次观测中出现大于或等于 x_m 的次数，即样本系列递减排列的序号；

　　　n——样本容量。

如果 n 项实测资料本身就是总体，用式（X3.18）计算经验频率并无不合理之处。但对于样本资料，当 $m=n$ 时，最末项 x_n 的频率为 $p=100\%$，这就意味着，样本之外不会出现比 x_n 更小的值，这显然不符合实际情况。因此，为克服这一缺点，我国常用下面的修正公式计算经验频率

$$p = \frac{m}{n+1} \times 100\% \qquad (X3.19)$$

式（X3.19）称为数学期望公式。

对于实测样本系列，首先由大到小排列，并用式（X3.19）计算出各项 x 的经验频率；然后以水文变量的取值 x 为纵坐标，以经验频率 p 为横坐标，点绘经验频率点（p_i, x_i），$i＝1，2，\cdots，n$。并通过点群中心连成一条光滑曲线，即为水文变量的经验频率曲线。

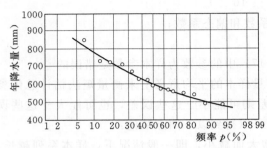

图 X3.5　某站年降水量经验频率曲线

为避免频率曲线绘在普通格纸上两端特别陡峭，应用起来极不方便，通常频率曲线是绘在频率格纸（也称为海森频率格纸）上的。频率格纸的横坐标两端分格较稀而中间较密，纵坐标仍为普通均匀分格。对于正态分布的随机变量，其频率曲线绘在频率格纸上为一条直线。

如图 X3.5 所示，是某站实测的年降水量系列所绘成的年降水量的经验频率曲线。

2. 经验频率曲线应用中存在的问题

数理统计理论研究表明，样本容量 n 很大时，经验分布趋于总体分布。因此，经验频率曲线可作为总体分布的估计曲线。根据设计要求，可查出工程设计所需的指定设计频率 p 的水文数据 x_p。但当需要推求如 $p＝0.01\%$ 的设计值时，由于实测水文样本系列不太长，经验频率曲线的范围往往不能满足设计需要，而且估外延缺乏准则，任意性太大，直接影响设计成果的正确性。另一方面，统计参数未知，不便于对不同水文变量的统计特征进行比较及成果的地区综合。

因此，为解决经验频率曲线的外延问题以及为了便于统一标准，进行综合对比和成果的地区综合，需借助统计数学中用数学方程式表示的频率曲线来拟合经验频率曲线，并将拟合得到的频率曲线作为总体分布的估计曲线。为与经验频率曲线区别起见，这种频率曲线称为理论频率曲线。要完成这项工作，需要拟定理论频率曲线的类型，也称为水文频率曲线线型，并进行有关计算。

X3.5　水文频率曲线线型

统计数学中，有很多种理论频率曲线的类型。针对我国各个地区不同水文变量的分布规律以及各种理论频率曲线的特点，经研究，我国水文频率计算的线型一般采用皮尔逊Ⅲ型分布。《水利水电工程设计洪水计算规范》（SL 44—2006）、《水利水电工程水文计算规范》（SL 278—2002）中均明确指出，频率曲线的线型应采用皮尔逊Ⅲ型，对特殊情况，经分析论证后也可采用其他线型。国外经常采用的线型有对数皮尔逊Ⅲ型、克冈型和耿贝尔曲线等。本节着重介绍皮尔逊Ⅲ型频率曲线，并扼要介绍水文计算中也常用到的正态分布。

X3.5.1　正态分布

自然界中许多随机变量，如水文测量误差、抽样误差等一般服从或近似服从正态分布。正态分布的概率密度函数为：

$$f(x) = \frac{1}{\sigma \sqrt{2\pi}} e^{-\frac{(x-\overline{x})^2}{2\sigma^2}} \quad (-\infty < x < +\infty)$$

$$(X3.20)$$

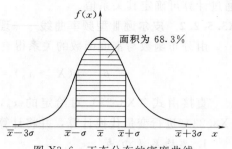

图 X3.6 正态分布的密度曲线

式中 $\overline{x}$——随机变量 X 的均值；

σ——均方差；

e——自然对数的底。

正态分布的密度曲线如图 X3.6 所示，有以下几个特点：①单峰；②对于均值 $\overline{x}$ 对称，即 $C_s = 0$；③曲线两端趋于无限，并与 x 轴为渐近线。

式（X3.20）只包含两个参数，即均值 $\overline{x}$ 和均方差 σ。因此，若某个随机变量服从正态分布，只要确定了 $\overline{x}$ 和 σ 的值，其分布密度便可唯一确定。

正态分布有三个重要数据，是实际工作中常用的。

$$p(\overline{x} - \sigma \leqslant X \leqslant \overline{x} + \sigma) = 0.6826$$
$$p(\overline{x} - 2\sigma \leqslant X \leqslant \overline{x} + 2\sigma) = 0.9544$$
$$p(\overline{x} - 3\sigma \leqslant X \leqslant \overline{x} + 3\sigma) = 0.9974$$

X3.5.2 皮尔逊Ⅲ型曲线

19 世纪末期，英国生物学家皮尔逊通过对大量的物理、生物、经济等方面试验资料的分析研究，提出了 13 种随机变量的分布曲线，其中第Ⅲ型曲线被引入水文计算中，成为当今水文计算中常用的频率曲线线型。

X3.5.2.1 皮尔逊Ⅲ型分布的密度函数

皮尔逊Ⅲ型分布的密度函数为

$$f(x) = \frac{\beta^\alpha}{\Gamma(\alpha)} (x - a_0)^{\alpha-1} e^{-\beta(x-a_0)} \quad (X3.21)$$

式中 $\Gamma(\alpha)$ ——α 的伽玛函数；

α、β、a_0 ——三个参数。

皮尔逊Ⅲ型分布密度曲线如图 X3.7 所示。

可以推证，这三个参数与总体的均值、变差系数、偏态系数具有下列关系

图 X3.7 皮尔逊Ⅲ型密度曲线

$$\left.\begin{array}{l} \alpha = \dfrac{4}{C_s^2} \\[2mm] \beta = \dfrac{2}{\overline{x} C_v C_s} \\[2mm] a_0 = \overline{x}\left(1 - \dfrac{2C_v}{C_s}\right) \end{array}\right\} \quad (X3.22)$$

a_0 是随机变量可能取得的最小值，故其密度曲线是一条一端有限一端无限的不对称单峰、正偏曲线。在水文资料中，如年降水量、洪峰流量等，都不可能出现负数，故 a_0 必须大于或等于零，由 $a_0 = \overline{x}\left(1 - \dfrac{2C_v}{C_s}\right)$ 得知，在水文频率计算中一般 $C_s \geqslant 2C_v$。

显然，当 $\overline{x}$、C_v、C_s 一定时，α、β、a_0 就唯一确定，因此，皮尔逊Ⅲ型分布的密度函数就完全确定了，则频率 $p = p(X \geqslant x_p)$ 与 x_p 的关系也就一一对应，如图 X3.7 所示，

通过计算可确定其关系值。

X3.5.2.2 皮尔逊 Ⅲ 型频率曲线——理论频率曲线的计算

由分布函数与密度函数的关系得

$$p = p(X \geqslant x_p) = \frac{\beta^a}{\Gamma(\alpha)} \int_{x_p}^{\infty} (x - a_0)^{\alpha-1} e^{-\beta(x-a_0)} dx \qquad (X3.23)$$

直接由式（X3.23）对给定的 x_p，进行积分计算 p 是非常麻烦的。因此，可将式（X3.23）进行变量代换计算，并将计算成果制成专用表，供实际工作查用。

1. 离均系数 Φ_p 表

令

$$\Phi = \frac{x - \overline{x}}{\overline{x}C_v} \qquad (X3.24)$$

通常称 Φ 为离均系数或标准化变量，其均值为 0，标准差为 1。

对式（X3.23）引入离均系数 Φ 进行变量代换，整理后可得

$$P(\Phi \geqslant \Phi_p) = \int_{\Phi_p}^{\infty} f(\Phi, C'_s) d\Phi \qquad (X3.25)$$

这样经变换后，式（X3.25）的被积函数中只含一个统计参数 C_s，其他两个参数 $\overline{x}$ 和 C_v 则包含在 Φ 中，因此只要给定一个 C_s 值，便可求得 Φ_p 与 p 的一一对应值。这一工作已先后由美国工程师福斯特和前苏联工程师雷布京完成，并制成了皮尔逊 Ⅲ 型曲线的离均系数 Φ_p 表，见附表 1。

在频率计算时，当 $\overline{x}$、C_v、C_s 三个参数一定时，由已知的 C_s 值，利用附表 1，可查得不同 p 所相应的 Φ_p 值，然后利用式（X3.24），由 Φ_p 即可求出不同 p 所相应的 x_p 值，即

$$x_p = (\Phi_p C_v + 1)\overline{x} \qquad (X3.26)$$

2. 模比系数 k_p 表

由模比系数的定义知，$k_p = x_p/\overline{x}$，则由式（X3.26）得 $k_p = \Phi_p C_v + 1$。为方便使用，利用离均系数 Φ_p 表，针对 C_s 等于 C_v 的一定倍数，已制成皮尔逊 Ⅲ 型曲线模比系数 k_p 表，见附表 2。使用时，只要根据给定的 C_v 及 C_s（C_s 以 C_v 的若干倍计），就可查得不同 p 相应的 k_p 值，进而求出不同 p 相应的 x_p 值，即 $x_p = k_p\overline{x}$。

有了一系列（p，x_p）关系值，也称为理论点，由其即可绘制皮尔逊 Ⅲ 型分布的理论频率曲线。

【例 X3.3】 已知某地多年平均年降水量 $\overline{x} = 1000\text{mm}$，$C_v = 0.5$，$C_s = 2C_v = 1.0$，若年降水量的分布符合皮尔逊 Ⅲ 型，试求 $p = 1\%$ 的年降水量。

由 $C_s = 1.0$，$p = 1\%$ 查附表 1 得 $\Phi_p = 3.02$，利用式（X3.26）得

$$x_{1\%} = (\Phi_p C_v + 1)\overline{x} = (3.02 \times 0.5 + 1) \times 1000 = 2510(\text{mm})$$

或由 $C_v = 0.5$，$C_s = 2C_v$，$p = 1\%$ 查附表 2，得 $k_p = 2.51$，则

$$x_p = k_p\overline{x} = 2.51 \times 1000 = 2510(\text{mm})$$

X3.5.2.3 统计参数对皮尔逊 Ⅲ 型频率曲线的影响

1. 均值 $\overline{x}$ 对频率曲线的影响

当皮尔逊 Ⅲ 型频率曲线的参数 C_v 和 C_s 值一定时，则相应的模比系数的频率曲线唯一确定。由 $x_p = k_p\overline{x}$ 可知，$\overline{x}$ 愈大，频率曲线的位置愈高，且均值大的频率曲线比均值小的

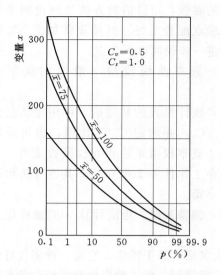

图 X3.8　均值变化对频率曲线的影响

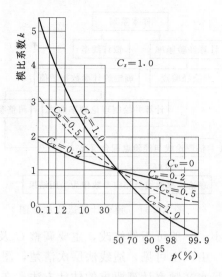

图 X3.9　C_v 变化对频率曲线的影响

频率曲线要陡，如图 X3.8 所示。

2. 变差系数 C_v 对频率曲线的影响

为了消除均值的影响，以模比系数 k 为变量绘制频率曲线，如图 X3.9 所示（图中 C_s = 1.0）。当 C_v = 0 时，说明随机变量的取值都等于均值，故频率曲线即为 k = 1 的一条水平线。C_v 越大，说明随机变量相对于均值越离散，因而频率曲线将越偏离 k = 1 的水平线。C_s 一定时，不同 C_v 值的模比系数的频率曲线交于纵坐标 k = 1 的一点，随着 C_v 的增大，频率曲线显得越来越陡。

3. 偏态系数 C_s 对频率曲线的影响

对于正态分布 C_s = 0，频率曲线绘在频率格纸上为一条直线。水文特征值的统计规律一般为正偏，在正偏情况下，曲线向上凹。当 C_v 一定时，以模比系数 k 为变量绘制的频率曲线，C_s 值

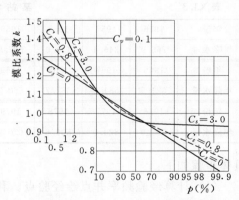

图 X3.10　C_s 变化对频率曲线的影响

越大，曲线凹势越显著，即频率曲线的上端变陡而下端变平，曲线越弯曲，如图 X3.10 所示；反之，C_s 值减少，则曲线凹势变小。

X3.6　水文频率计算适线法

适线法（或称配线法）是指用具有数学方程式的理论频率曲线来拟合水文变量的经验频率点据，以确定总体参数的估计值和总体分布的估计曲线的方法。

适线法主要有两大类，目估适线法和优化适线法。

X3.6.1　目估适线法

目估适线法的要点是：拟定理论频率曲线的线型，以样本经验点为依据，调试理论频

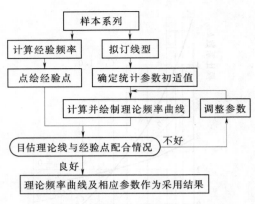

图 X3.11 频率计算适线法框图

率曲线的参数，用目估的方法使理论频率曲线与经验点配合良好。具体步骤如图 X3.11 所示。进一步说明以下几点。

（1）频率曲线线型一般选用皮尔逊Ⅲ型。

（2）统计参数的初适值，可用矩法公式计算 $\bar{x}$、C_v，并假定 C_s/C_v 比值，也可采用三点法、概率权重矩法和双权函数法等。三点法将在工作任务 2 中介绍，其他方法可参阅有关书籍。

（3）调整参数。矩法计算 $\bar{x}$ 的抽样误差较小，一般可不作修改，主要调整 C_v 及 C_s。

由以上可见，适线法层次清楚，图像明显，方法灵活，易于操作，它是一种能较好地满足水文频率计算要求的估计方法，在水文计算中广泛采用。此法的实质是以经验分布为基础，去估计总体的分布及统计参数。

【例 X3.4】 某站年降水量资料见表 X3.3。试用适线法推求该站年降水量的频率曲线，并确定相应于频率为 10%、50%、90% 的年降水量。

表 X3.3　　　　　　　　　　某 站 年 降 水 量 资 料　　　　　　　　　　单位：mm

年份	1956	1957	1958	1959	1960	1961	1962	1963	1964	1965
年降水量	766.9	346.4	459.0	627.9	646.5	516.5	345.1	581.3	936.5	289.6
年份	1966	1967	1968	1969	1970	1971	1972	1973	1974	1975
年降水量	621.5	581.8	387.7	660.3	502.9	497.1	450.1	682.3	497.5	365.1
年份	1976	1977	1978	1979	1980	1981	1982	1983	1984	
年降水量	582.0	822.0	500.6	670.2	466.1	429.8	406.8	374.7	413.2	

具体步骤如下：

（1）计算经验频率并点绘经验点。利用 Excel 软件进行计算，建立名为"经验频率与统计参数计算.xls"的工作簿，在其工作表"Sheet1"中建立计算表。

1）输入样本系列并降序排列。在 A4 单元格中输入"1956"，然后移动鼠标选取 A4 单元格右下角的填充柄，再按下"Ctrl"键及鼠标左键向下拖动至"1984"，即得 A 列数据，然后在 B 列输入逐年的年降水量。在 C4 单元格输入序号"1"，移动鼠标选取 C4 单元格右下角的填充柄，再按下"Ctrl"键及鼠标左键向下拖动至序号"29"，即得 C 列数据，然后复制 B 列的年降水量数据，并粘贴到 D 列，在 D 列数据被选中的基础上，单击工具栏中的"降序排序"按钮，并在"排序警告"对话框中选择"以当前选定区域排序"，则得到递减排列的样本序列，如图 X3.12 中所示的 D 列数据。

2）计算经验频率。利用"数学与三角函数"中的"ROUND"函数进行计算，并按指定的位数对数值进行四舍五入。例如，保留 1 位小数，具体方法是，在 E4 单元格输入"=ROUND（C4*100/（29+1），1）"，然后按"Enter"键，即得到以百分数表示的经验频率"3.3"，接着选中 E4 单元格，鼠标指针变成黑十字时，按住鼠标左键，向下拖动

图 X3.12　经验频率与统计参数计算

Microsoft Excel - 经验频率与统计参数计算.xls

文件(F)　编辑(E)　视图(V)　插入(I)　格式(O)　工具(T)　数据(D)　窗口(W)　帮助(H)

J6

某站年降水量经验频率与统计参数计算表

年份	年降水量 x (mm)	序号	递减排列 x_i (mm)	$P=\frac{m}{n+1}$ (%)	模比系数 k_i	k_i-1	$(k_i-1)^2$
1956	766.9	1	936.5	3.3	1.760	0.760	0.5776
1957	346.4	2	822.0	6.7	1.545	0.545	0.2970
1958	459.0	3	766.9	10.0	1.442	0.442	0.1954
1959	627.9	4	682.3	13.3	1.283	0.283	0.0801
1960	646.5	5	670.2	16.7	1.260	0.260	0.0676
1961	516.5	6	660.3	20.0	1.241	0.241	0.0581
1962	345.1	7	646.5	23.3	1.215	0.215	0.0462
1963	581.3	8	627.9	26.7	1.180	0.180	0.0324
1964	936.5	9	621.5	30.0	1.168	0.168	0.0282
1965	289.6	10	582.0	33.3	1.094	0.094	0.0088
1966	621.5	11	581.8	36.7	1.094	0.094	0.0088
1967	581.8	12	581.3	40.0	1.093	0.093	0.0086
1968	387.7	13	516.5	43.3	0.971	-0.029	0.0008
1969	660.3	14	502.9	46.7	0.945	-0.055	0.0030
1970	502.9	15	500.6	50.0	0.941	-0.059	0.0035
1971	497.1	16	497.5	53.3	0.935	-0.065	0.0042
1972	450.1	17	497.1	56.7	0.934	-0.066	0.0044
1973	682.3	18	466.1	60.0	0.876	-0.124	0.0154
1974	497.5	19	459.0	63.3	0.863	-0.137	0.0188
1975	365.1	20	450.1	66.7	0.846	-0.154	0.0237
1976	582.0	21	429.8	70.0	0.808	-0.192	0.0369
1977	822.0	22	413.2	73.3	0.777	-0.223	0.0497
1978	500.6	23	406.8	76.7	0.765	-0.235	0.0552
1979	670.2	24	387.7	80.0	0.729	-0.271	0.0734
1980	466.1	25	374.7	83.3	0.704	-0.296	0.0876
1981	429.8	26	365.1	86.7	0.686	-0.314	0.0986
1982	406.8	27	346.4	90.0	0.651	-0.349	0.1218
1983	374.7	28	345.1	93.3	0.649	-0.351	0.1232
1984	413.2	29	289.6	96.7	0.544	-0.456	0.2079
总计			15427.4		28.999	-0.001	2.3369
	均值	532.0					
	均方差	153.7	变差系数	0.29			

Sheet1　Sheet2　Sheet3

就绪

填充 E5～E32 单元格，即得到各序号对应的经验频率，即 E 列数据。

3）根据图 X3.12 中 D 列数据与 E 列数据的对应数值，在频率格纸上点绘经验频率点，如图 X3.13 所示。

（2）计算统计参数初适值。利用算术平均值函数"AVERAGE"计算样本均值 $\bar{x}$。选择要输入平均值函数的单元格 D34，然后输入"= AVERAGE（D4：D32）"，再按下"Enter"键，即得到样本均值 532.0mm。也可由第（4）列合计值 $\sum\limits_{i=1}^{n} x_i = 15427.1$，除以样本容量 29 得到。

类似地，计算 F 列的模比系数 $k_i=x_i/\bar{x}$ 以及 G 列 k_i-1 和 H 列 $(k_i-1)^2$ 数据，并对各列求和，其中 F 列的模比系数 $k_i=x_i/\bar{x}$ 的总和应等于 n，G 列的总和 $\sum\limits_{i=1}^{n}(k_i-1)$ 应等

67

图 X3.13　某站年降水量频率曲线

于 0，据此可进行校核。图 X3.12 中 F 列、G 列的总和，由于舍入影响，尾数略有误差是允许的。

由 H 列的数据和 $\sum_{i=1}^{n}(k_i-1)^2=2.3369$，计算年降水量的变差系数：

$$C_v=\sqrt{\dfrac{\sum_{i=1}^{n}(k_i-1)^2}{n-1}}=\sqrt{\dfrac{2.3369}{29-1}}=0.29$$

还可通过计算样本均方差，然后除以样本均值，求得变差系数。方法是选择要输入样本均方差函数的单元格 D35，然后输入"＝STDEV（D4：D32）"，再按下"Enter"键，即得到样本均方差 153.7mm。在样本均方差和样本均值的基础上，依据式（X3.15），在单元格 F35 中，输入"＝D35/D34"，再按下"Enter"键，即得到变差系数 0.29。

一般由式（X3.15）计算的 C_v 值偏小，取 $C_v=0.32$，并假定 $C_s=2C_v=0.64$ 作为初适值。

（3）选配皮尔逊Ⅲ型频率曲线。

1）由参数初适值，查模比系数 k_p 表，计算不同频率 p 相应的 x_p 值，列入表 X3.4 中第（2）、（3）栏。在图 X3.13 中，由表 X3.4 第（1）、（3）两栏的对应数值点绘理论频率曲线，发现理论频率曲线在上部和下部均偏于经验点的下方，而中间部分略偏于经验点的上方，说明 C_s 偏小。

2）调整参数，重新配线。增大 C_s，取 $C_s=3C_v=0.96$，再次计算不同频率 p 相应的 x_p 值列入表 X3.4 中第（5）栏。由（1）、（5）两栏的对应数值点绘理论频率曲线，如图 X3.13 所示，该线与经验点配合较好，将其作为该站采用的年降水量的频率曲线。

（4）推求频率 10％、50％、90％的年降水量。由表 X3.4 第（1）、（5）栏或由采用的年降水量频率曲线，可确定频率 10％、50％、90％对应的年降水量分别为 $x_{10\%}=760.8$mm、$x_{50\%}=505.4$mm 和 $x_{90\%}=340.5$mm。

表 X3.4　　　　　　　　　　　　　理论频率曲线选配计算表

频率	p（%）	(1)	1	2	5	10	20	50	75	90	95	99
第一次适线 $\overline{x}=532$mm，$C_v=0.32$，$C_s=2C_v$	k_p	(2)	1.89	1.76	1.58	1.43	1.26	0.97	0.77	0.62	0.54	0.41
	x_p	(3)	1005.5	936.3	840.6	760.8	670.3	516.0	409.6	329.8	287.3	218.1
最后一次适线 $\overline{x}=532$mm，$C_v=0.32$，$C_s=3C_v$（采用）	k_p	(4)	1.96	1.81	1.60	1.43	1.24	0.95	0.77	0.64	0.58	0.48
	x_p	(5)	1042.7	962.9	851.2	760.8	659.7	505.4	409.6	340.5	308.6	255.4

　　上述用矩法公式计算系列的均值和变差系数，亦可由袖珍计算器的统计功能键进行计算：进入统计计算"STAT"状态后，将样本数据依次输入"M+"键后，就可通过 $\overline{x}$、s 键得到样本均值和均方差的数值，然后由 $C_v=s/\overline{x}$ 即可算得变差系数 C_v 值，读者可按说明书或在教师指导下操作。

　　目前，适线法可通过开发的 Excel 水文频率计算软件来实现。图 X3.14 为利用河北省水文水资源勘测局工程技术人员[1]开发的 Excel 水文频率计算软件，对［例 X3.4］资料进行频率计算的适线结果。

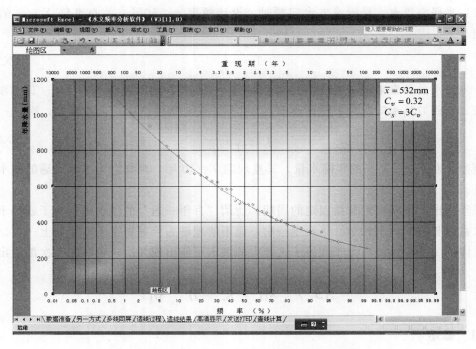

图 X3.14　利用 Excel 水文频率计算软件的适线结果

使用水文频率计算软件进行适线，具有方便、规范、减小计算工作量等显著优点。

---

　❶　该 Excel 水文频率计算软件为河北省水文水资源勘测局高级工程师王树峰研制。

X3.6.2 优化适线法简介

优化适线法是在一定的适线准则（即目标函数）下，求解与经验点据拟合最优的频率曲线及相应统计参数的方法。随着计算机的推广普及，采用一定准则的优化适线法已被许多设计单位所使用。按不同的适线准则分为三种：离差平方和准则（也称最小二乘估计法）、离差绝对值和准则、相对离差平方和准则。关于这方面的详细内容可参阅有关文献。

需强调指出的是，适线法得到的成果仍具有抽样误差。为减少抽样误差，必须结合水文现象的物理成因及地区分布规律进行综合分析，确定最终采用的频率曲线及相应的统计参数。

X3.6.3 重现期及其与频率的关系

反映事件发生的可能性大小除采用概率、频率外，还常采用重现期这一术语。

例如，掷一枚硬币，试验 10000 次，正面出现了 4990 次，频率 $p(A) \approx 1/2$。在多次重复试验中，正面向上这一事件出现一次的平均间隔次数为 2 次，此值即正面向上这一事件的重现期，可见频率与重现期互为倒数关系。

工程水文中，由于年最大洪峰流量、年径流量、年降水量等均每年统计一个值。因此，重现期是指在很长时间内，某一随机事件出现一次的平均间隔年数，即多少年一遇。记为 T，单位为年。

设水文变量 X，$p(X \geqslant x_p) = p$，根据频率确定重现期，分以下两种情况：

（1）当研究洪水、暴雨或丰水问题时，设计频率 $p < 50\%$，关心事件 $X \geqslant x_p$ 的重现期，则

$$T = \frac{1}{p} \tag{X3.27}$$

例如，当洪水的频率采用 $p = 1\%$ 时，重现期 $T = 100$ 年，则称此洪水为百年一遇的洪水。

（2）当研究枯水问题时，设计频率 $p \geqslant 50\%$，关心事件 $X < x_p$ 的重现期，则

$$T = \frac{1}{1-p} \tag{X3.28}$$

例如，对于 $p = 90\%$ 的年降水量，其重现期 $T = 10$ 年，则称它为十年一遇的枯水年年降水量。

必须指出，重现期绝非指固定的周期。所谓"百年一遇"的洪水是指大于或等于这样的洪水在很长时间内平均 100 年发生一次，而不能理解为恰好每个 100 年遇上一次。对于某个具体的 100 年来说，大于或等于这样大的洪水可能出现几次，也可能一次都不出现。

X3.7 相 关 分 析

X3.7.1 概述

1. 相关关系的概念

在生产实际和科学研究工作中，经常要研究两个或两个以上随机变量之间的关系。以两个变量为例进行讨论。

（1）完全相关，即函数关系，对变量 x 的每一数值，变量 y 有确定的值与之对应。x 与 y 的关系点完全落在函数的图像上。

（2）零相关，也称没有关系，是指两变量 x 与 y 之间毫无联系或相互独立。这种关系 x 与 y 的关系点杂乱无章，如图 X3.15 所示。

（3）相关关系，指两个变量 x 与 y 之间的关系介于完全相关和零相关之，这种关系 x 与 y 的关系点呈带状分布趋势，如图 X3.16 所示。

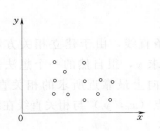

图 X3.15　零相关示意图

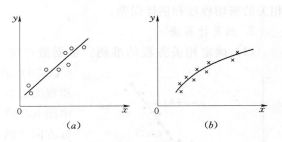

图 X3.16　相关关系示意图
（a）直线相关；（b）曲线相关

例如，流域年径流深与年降水量之间的关系，就是相关关系。其特征是年径流深受年降水量影响，但又不由年降水量唯一确定，因为年径流深还受年蒸发量及下垫面等因素的影响。

研究变量之间相关关系的工作称为相关分析，其实质是研究变量之间的近似关系。

2. 相关分析的主要内容与相关关系的分类

相关分析的应用范围较广，例如经验方程的选配、由一个变量预测或控制另一变量等。工程水文中则常用于插补延长水文变量的样本系列，以便扩大样本容量，提高频率计算成果的精度。

相关分析的主要内容有：判断变量之间的密切程度；密切程度较高时建立相关方程，由已知变量的值估计待求变量的值；估计误差。

在相关分析中，只研究两个变量之间的关系，称简单相关。研究三个或三个以上变量之间的关系称复相关。无论是简单相关还是复相关，都有直线相关和曲线相关之分。本节重点介绍简单直线相关，其他相关仅作简介。

X3.7.2　简单直线相关

设由变量 x，y 的同期样本系列构成 n 组观测值 （x_i，y_i），$i=1 \sim n$，并设待求变量为 y，称为倚变量，主要影响因素 x 为自变量。以倚变量 y 为纵坐标，自变量 x 为横坐标，点绘散点图，如图 X3.16（a）所示，点群呈现密集的带状分布，且为直线趋势，则可用相关图解法或相关计算法进行简单直线相关分析，选配直线方程

$$y = a + bx \tag{X3.29}$$

1. 相关图解法

根据散点图，通过点群中心，目估定出相关直线，如图 X3.16（a）的直线所示。由直线上的两点可确定式（X3.29）中 a、b 两个参数；也可由图上直接求得，即 a 为直线在纵轴上的截距，b 为直线的斜率。

用目估定线时应注意以下几点：应使相关线两侧点据的正离差之和与负离差之和大致相等；对离差较大的个别点不得轻率的删略，须查明原因，如果没有错误或不合理之处，定线时还要适当照顾，但不易过分迁就，要全盘考虑相关点的总趋势；相关线应通过同步

系列的均值点 $(\overline{x}, \overline{y})$，这可由下述的相关计算法得到证明。

相关直线方程反映了相关变量之间的近似关系。根据相关直线或相关方程就可由 x 插补延长系列 y。

相关图解法简便实用，一般精度尚可，但目估定线有一定的任意性，且不能定量描述相关的密切程度和估计误差。

2. 相关计算法

(1) 确定相关方程的准则。根据散点图可确定很多条直线，由于建立相关方程式 (X3.29) 的目的是由 x 求 y，很自然的一个想法是希望观测点在倚变量 y 方向上最靠近所求的相关直线。由图 X3.17 可见，观测点 (x_i, y_i) 与相关直线在纵坐标方向上的离差 Δy_i 为

$$\Delta y_i = y_i - \hat{y}_i$$

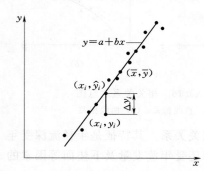

图 X3.17　相关分析示意图

式中　y_i——观测点的纵坐标，$i = 1, 2, \cdots, n$；

$\hat{y}_i$——由 x_i 根据相关直线求得的纵坐标值，$i = 1, 2, \cdots, n$。

我们希望整体拟合"最佳"，即

$$\sum_{i=1}^{n}(y_i - \hat{y}_i)^2 = \sum_{i=1}^{n}(y_i - a - bx_i)^2 \tag{X3.30}$$

为最小。按照这一准则确定的相关直线称最小二乘法准则，由此求得的相关方程称为 y 倚 x 的回归方程，相应相关直线也称为回归线。

(2) 回归方程的确定。确定回归方程，即推求参数 a、b。欲使式 (X3.30) 取得最小值，可分别对 a 及 b 求一阶偏导数并使其等于零。即令

$$\begin{cases} \dfrac{\partial \sum\limits_{i=1}^{n}(y_i - a - bx_i)^2}{\partial a} = 0 \\[4mm] \dfrac{\partial \sum\limits_{i=1}^{n}(y_i - a - bx_i)^2}{\partial b} = 0 \end{cases}$$

联解方程组得

$$b \dfrac{\sum\limits_{i=1}^{n}(x_i - \overline{x})(y_i - \overline{y})}{\sum\limits_{i=1}^{n}(x_i - \overline{x})^2} = r \dfrac{s_y}{s_x} \tag{X3.31}$$

$$a = \overline{y} - b\overline{x} = \overline{y} - r \dfrac{s_y}{s_x}\overline{x} \tag{X3.32}$$

其中　$$r = \dfrac{\sum\limits_{i=1}^{n}(x_i - \overline{x})(y_i - \overline{y})}{\sqrt{\sum\limits_{i=1}^{n}(x_i - \overline{x})^2 \sum\limits_{i=1}^{n}(y_i - \overline{y})^2}} = \dfrac{\sum\limits_{i=1}^{n}(k_{x_i} - 1)(k_{y_i} - 1)}{\sqrt{\sum\limits_{i=1}^{n}(k_{x_i} - 1)^2 \sum\limits_{i=1}^{n}(k_{y_i} - 1)^2}} \tag{X3.33}$$

式中　$\overline{x}$、$\overline{y}$——x、y 系列的均值；

s_x、s_y——x、y 系列的均方差；

k_{x_i}、k_{y_i}——x、y 系列的模比系数；

r——相关系数，表示 x、y 之间线性相关的密切程度。

将式（X3.31）、式（X3.32）代入式（X3.29）得 y 倚 x 的回归方程

$$y - \overline{y} = r\frac{s_y}{s_x}(x - \overline{x}) \tag{X3.34}$$

$r\frac{s_y}{s_x}$ 为回归线的斜率，称 y 倚 x 的回归系数，并记为 $R_{y/x}$，即

$$R_{y/x} = r\frac{s_y}{s_x} \tag{X3.35}$$

上述是 y 倚 x 的回归方程，即 x 为自变量，y 为倚变量，应用于由 x 求 y。若由 y 求 x，则要建立 x 倚 y 的回归方程。同理，可推得 x 倚 y 的回归方程

$$x - \overline{x} = r\frac{s_x}{s_y}(y - \overline{y}) \tag{X3.36}$$

必须指出，对于相关关系，y 倚 x 与 x 倚 y 的两条回归线是不重合的，但有一公共交点 $(\overline{x}, \overline{y})$。使用时，必须根据问题的需要正确确定倚变量和自变量系列。

（3）回归线的误差。由回归方程所确定的回归线是在最小二乘法准则情况下与观测点的最佳配合线，观测点不会完全落在此线上，而是分布于两侧。因此，回归方程只反映两变量之间的平均关系，由 x 利用回归方程求 y 不可避免存在误差。数理统计中经过研究，由式（X3.37）估计回归方程的误差

$$\delta_y = \sqrt{\frac{\sum_{i=1}^{n}(y_i - \hat{y}_i)^2}{n - 2}} \tag{X3.37}$$

称 δ_y 为 y 倚 x 回归线的均方误，式中各符号含义同前。

回归线的均方误 δ_y 与 y 系列的均方差 δ_y 从性质上是不同的。前者是由观测点 (x_i, y_i) 与相关直线在纵坐标方向上的离差求得，是回归线与所有观测点的平均误差，从平均意义上反映了相关直线与观测点配合的密切程度；后者是由 y 系列的各观测值 y_i 与系列的均值 $\overline{y}$ 之间的离差求得，反映的是 y 系列的离散程度。根据统计学原理，可以证明

$$\delta_y = s_y\sqrt{1 - r^2} \tag{X3.38}$$

如前所述，由于回归方程反映 x 与 y 的近似关系，因此，对于任意给定的 x_0，由回归方程求得 $y_0 = a + bx_0$，仅仅是许多可能值 y_{0i} 的平均数。按照误差原理，这些可能值 y_{0i} 落在回归线两侧一个均方误 δ_y 范围内的概率为 68.3%，落在回归线两侧 3 个均方误 δ_y 范围内的概率为 99.7%，如图 X3.18 所示。

同理，对于 x 倚 y 的回归方程，回归线的均方误为

$$\delta_x = \sqrt{\frac{\sum_{i=1}^{n}(x_i - \hat{x}_i)^2}{n - 2}} \tag{X3.39}$$

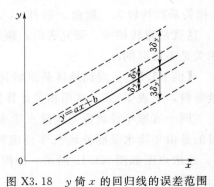

图 X3.18　y 倚 x 的回归线的误差范围

$$\delta_x = s_x \sqrt{1 - r^2} \qquad\qquad\qquad\qquad (X3.40)$$

必须指出，在讨论上述误差时，没有考虑样本的抽样误差。事实上，只要用样本资料来估计回归方程中的参数，抽样误差就必然存在。可以证明，这种抽样误差在回归线的中段误差较小，而在上下段较大，在使用回归线时，应给予注意。

（4）相关系数。由式（X3.38）或式（X3.40）容易得出，$r^2 \leqslant 1$。并且：

1）若 $r^2 = 1$，则均方误 $\delta_y = 0$，表明关系点 (x_i, y_i)，$i = 1, 2, \cdots, n$，均落在回归线上，两变量为线性函数关系。

2）若 $r^2 = 0$，则均方误 $\delta_y = s_y$，此时误差达最大值，说明变量之间无线性关系。

3）若 $r^2 < 1$，即 $0 < |r| < 1$，则变量之间存在线性相关关系。$r > 0$，称为正相关；$r < 0$，称为负相关。$|r|$ 越大，两变量线性相关越密切。

那么，$|r|$ 多大时，可以认为两变量线性相关显著？水文计算中一般要求 n 在 10 或 12 以上，且 $|r| \geqslant 0.8$ 时，成果方可应用。有关其数理统计的理论依据可参考文献 [5]。研究表明，相关系数一定时，倚变量的变差系数越大，回归方程的均方误就越大。因此，仅用相关系数作为判别密切与否的标准不够全面，实际应用时，通常要求回归线的均方误 δ_y 应小于 $\overline{y}$ 的 15%。

进一步指出，相关系数表示 x、y 之间线性相关的密切程度。若 $r = 0$，只表示两变量之间无线性关系，但可能存在曲线关系，需要根据散点图的趋势进行分析，当曲线关系较密切时，则进行曲线相关。

3. 相关分析中应注意的问题

相关分析中除了上述对样本容量、相关系数、回归线的均方误等方面的要求外，还应注意以下几点：

（1）使用相关分析方法，首先应分析论证变量之间在物理成因上确实存在着联系。要防止假相关。所谓假相关是指本来不相关或弱相关的两个变量，由于通过数学上的某种处理（例如两者都加入第三个变量），而使相关关系变得十分密切。为避免假相关，应直接研究变量之间的关系。

（2）在插补延长资料时，如果超出实测点控制的部分，应特别慎重。外延部分一般不宜超过实际幅度的 50%。

（3）避免辗转相关。例如，有 x、y、z 三个变量的实测系列，x 系列较长，而 y、z 系列较短。其中 z 是待求变量，由 x 插补 z 时，z 与 x 的相关系数较小。而 y 与 x、y 与 z 相关系数均较大。欲由 x 插补 z，就先通过 y 与 x 相关插补 y，再进行 z 与 y 相关插补 z，这就是辗转相关。研究表明，辗转相关的误差，一定不会小于直接相关的误差，辗转相关是不可取的。

【例 X3.5】 湿润地区某流域具有 1966～1978 年的年径流深和 1958～1978 的年降水量资料，见表 X3.5。试用相关计算法进行相关分析，并插补流域的年径流深资料。

同一流域年径流深与年降水量成因上有联系，因此可进行相关计算。本例相关分析的目的是由年降水量插补延长年径流深系列，故年降水量为自变量 x，年径流深为倚变量 y。绘散点图如图 X3.19 所示，由图可见，点群分布趋势呈直线，故可作 y 倚 x 的直线回归计算。

表 X3.5　　某流域年降水量与年径流深资料　　单位：mm

年份	1958	1959	1960	1961	1962	1963	1964
年降水量	1345.7	1396.2	1594.4	1559.9	1712.4	1854.2	1547.1
年径流深							
年份	1965	1966	1967	1968	1969	1970	1971
年降水量	1475.3	1464.1	1618.6	1643.2	1532.3	1562.6	1372.5
年径流深		820.0	789.2	826.8	700.4	676.5	587.6
年份	1972	1973	1974	1975	1976	1977	1978
年降水量	1383.9	1380.1	1538.2	1541.0	1195.3	1680.5	1587.0
年径流深	536.4	533.0	710.6	717.5	389.5	905.4	847.3

利用 Excel 完成直线回归计算是非常方便的，可采用两种途径进行计算。

第一种途径是利用 Excel 的计算功能，分步完成［例 X3.5］相关计算的各项内容。计算操作步骤如下：

（1）新建一个 Excel 工作表，用常规数据格式在 A 列输入相关计算同步资料相应的年份，B 列输入自变量年降水量 x 值，C 列输入倚变量年径流深 y 值，并在单元格 D2～J2 中建立相关计算有关项目的表头，如图 X3.20 所示。

图 X3.19　某流域年径流深与年降水量相关图

	A	B	C	D	E	F	G	H	I	J
1	某流域年径流深与年降水量相关计算表									
2	年份	年降水量 x(mm)	年径流深 y(mm)	k_{x_i}	k_{y_i}	$k_{x_i}-1$	$k_{y_i}-1$	$(k_{x_i}-1)^2$	$(k_{y_i}-1)^2$	$(k_{x_i}-1)(k_{y_i}-1)$
3	1966	1464.1	820.0	0.976	1.179	-0.024	0.179	0.0006	0.0320	-0.0043
4	1967	1618.6	789.2	1.079	1.135	0.079	0.135	0.0062	0.0182	0.0107
5	1968	1643.2	826.8	1.096	1.189	0.096	0.189	0.0092	0.0357	0.0181
6	1969	1532.3	700.4	1.022	1.007	0.022	0.007	0.0005	0.0000	0.0002
7	1970	1562.6	676.5	1.042	0.973	0.042	-0.027	0.0018	0.0007	-0.0011
8	1971	1372.5	587.6	0.915	0.845	-0.085	-0.155	0.0072	0.0240	0.0132
9	1972	1383.9	536.4	0.923	0.771	-0.077	-0.229	0.0059	0.0524	0.0176
10	1973	1380.1	533.0	0.920	0.766	-0.080	-0.234	0.0064	0.0548	0.0187
11	1974	1538.2	710.6	1.026	1.022	0.026	0.022	0.0007	0.0005	0.0006
12	1975	1541.0	717.5	1.027	1.032	0.027	0.032	0.0007	0.0010	0.0009
13	1976	1195.3	389.5	0.797	0.560	-0.203	-0.440	0.0412	0.1936	0.0893
14	1977	1680.5	905.4	1.120	1.302	0.120	0.302	0.0144	0.0912	0.0362
15	1978	1587.0	847.3	1.058	1.218	0.058	0.218	0.0034	0.0475	0.0126
16	合计	19499.3	9040.2	13.001	12.999	0.001	-0.001	0.0982	0.5516	0.2127
17	平均	1499.9	695.4							

均方差　$s_x=\bar{x}\sqrt{\dfrac{\sum_{i=1}^{n}(k_{x_i}-1)^2}{n-1}}=135.7$　　相关系数　$r=\dfrac{\sum_{i=1}^{n}(k_{x_i}-1)(k_{y_i}-1)}{\sqrt{\sum_{i=1}^{n}(k_{x_i}-1)^2\sum_{i=1}^{n}(k_{y_i}-1)^2}}=$ 0.914

$s_y=\bar{y}\sqrt{\dfrac{\sum_{i=1}^{n}(k_{y_i}-1)^2}{n-1}}=149.1$　　回归系数　$R_{y/x}=r\dfrac{s_y}{s_x}=$ 1.004

纵轴截距　$a=\bar{y}-R_{y/x}\bar{x}=-810.5$　　回归方程　$y=1.004x-810.5$

回归线的均方误　$\sigma_y=s_y\sqrt{1-r^2}=60.5$

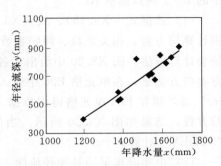

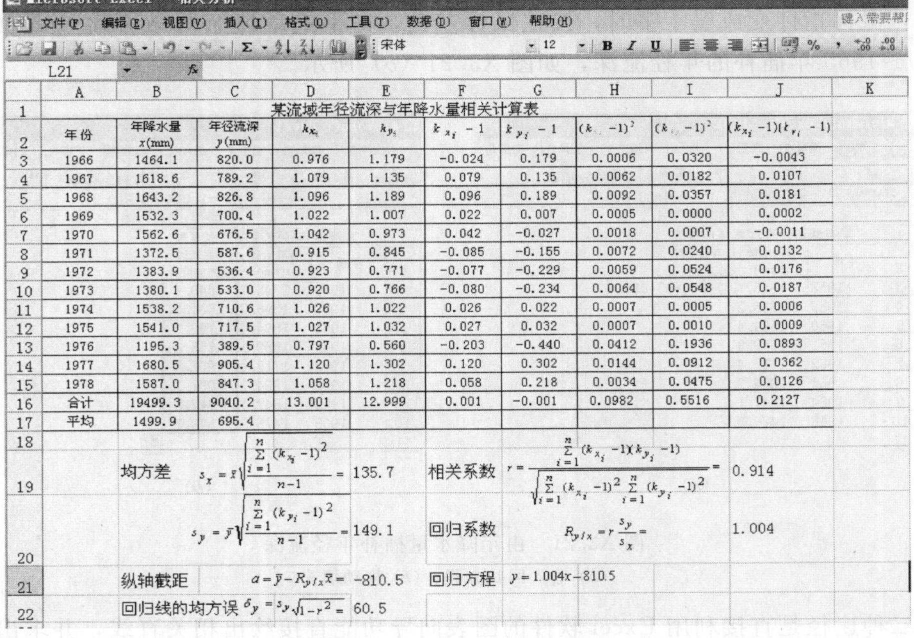

图 X3.20　相关分析计算

（2）分别利用前述介绍的平均值函数"AVERAGE"计算年降水量 x 值和年径流深 y 的均值，其结果如图 X3.20 的单元格 B17、C17 中的数据所示。

（3）利用"数学与三角函数"中的"ROUND"函数分别计算 D～J 列数据，并按指定的位数对数值进行四舍五入。例如，计算 D 列数据 k_{x_i}，并保留三位小数，具体方法是，在 D3 单元格输入"＝ROUND（B3/1499.9，3）"，然后按"Enter"键，即在 D3 单元格得到数据"0.976"；接着，选中 D3 单元格，鼠标指针变成黑十字时，按住鼠标左键，向下拖动填充 D4～D15 单元格，即得到 D 列数据 k_{x_i}；进一步利用工具栏"Σ"求和，即得到该列合计值"13.001"。上述各个环节的结果，如图 X3.20 中的 D 列数据所示。

采用与上述类似的方法，指定欲计算数据要保留的小数位数，可分别计算 $k_{x_i} k_{y_i}$、$(k_{x_i}-1)$、$(k_{y_i}-1)$、$(k_{x_i}-1)^2$、$(k_{y_i}-1)^2$、$(k_{x_i}-1) \times (k_{y_i}-1)$，计算结果如图 X3.20 中的 E～J 列数据所示。

（4）依据式（X3.15）、式（X3.33）、式（X3.35）、式（X3.32）、式（X3.38），分别计算均方差、相关系数、回归系数、纵轴截距、回归线的均方误。为便于读者结合公式领会计算方法，图 X3.20 中给出了各个量的计算公式。例如，计算年降水量 x 系列的均方差的方法是，在单元格 E20 中输入"＝B17 * SQRT（H16/（13－1））"，然后按"Enter"键，则在 E20 单元格得到数据"135.7"。与之类似，可计算其他各个量，并得到回归方程，结果如图 X3.20 所示。当然，样本均方差的计算，也可采用前面介绍的函数"STDEV"计算。

（5）由年降水量插补年径流深。由上述计算结果可见，本例 $n>12$，$r>0.8$，且 $\delta_y/\overline{y}$ ＝8.7%＜15%，故相关成果可用于插补年径流深。具体方法是，输入需插补年径流深的年份及相应的年降水量，如图 X3.21（a）所示，然后在 C3 单元格输入"＝1.004 * B3－810.5"，再按下"Enter"键，即得到插补的 1958 年的年径流深 540.6mm。接着选中 C3 单元格，鼠标指针变成黑十字时，按住鼠标左键，向下拖动填充 C4～C10 单元格，即得到 1959～1965 年插补的年径流深，如图 X3.21（b）所示。

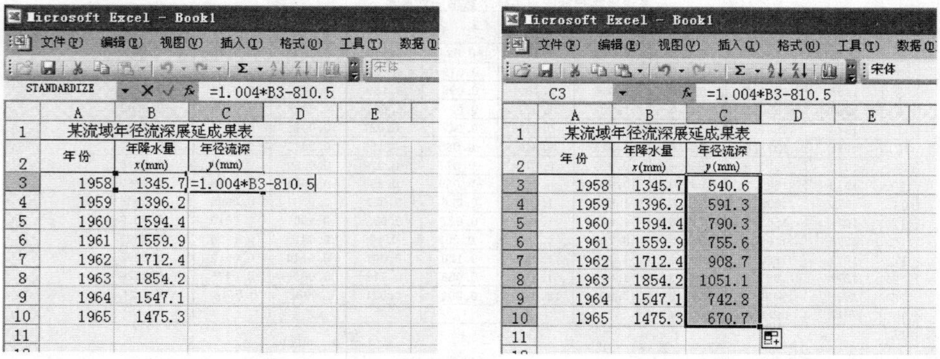

（a）

（b）

图 X3.21　由年降水量插补年径流深
(a) 输入回归方程；(b) 拖动填充

第二种途径是直接利用 Excel 软件的图表向导功能直接绘出相关直线，并求出相关直线方程及相关系数，其步骤如下：

（1）打开 Excel 新建一个工作簿，用常规数据格式在 A 列输入相关计算同步资料相应的年份，B 列输入自变量年降水量 x 值，C 列输入倚变量年径流深 y 值。

（2）点击菜单栏"插入"→"图表"，出现"图表向导—4 步骤之 1—图表类型"对话框后，选择 XY 散点图，单击"下一步"按钮。

（3）出现"图表向导—4 步骤之 2—图表源数据"对话框后，选择"数据区域＝Sheet1！＄B＄3：＄C＄15，系列 X＝Sheet1！＄B＄3：＄B＄15，系列 Y＝Sheet1！＄C＄3：＄C＄15"；或者用鼠标拖动选择图 X3.22 中的阴影数据区域；然后在"系列产生在"区选择"列"，再单击"下一步"按钮。

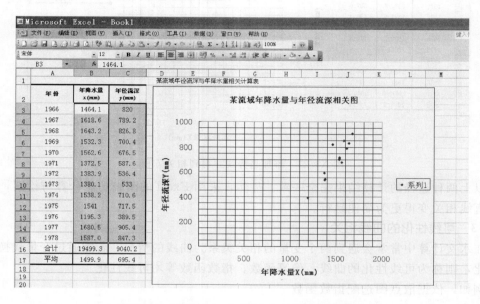

图 X3.22　利用 Excel "图表向导"建立散点图

（4）出现"图表向导—4 步骤之 3—图表选项"对话框后，选择"标题"标签，在"图表标题"栏中输入"某站年降雨量与年径流深相关图"、在"数值 X 轴（A）"栏输入"年降雨量 X（mm）"、"数值 Y 轴（V）"栏输入"年径流深 Y（mm）"；选择"坐标轴"标签，在"主坐标轴数值 X 轴（A）、数值 Y 轴（V）"前打"√"；选择"网格线"标签，在"数值 X 轴主要网格线、数值 Y 轴主要网格线"前打"√"；然后单击"下一步"按钮。

（5）出现"图表向导—4 步骤之 4—图表位置"对话框后，选择"作为其中的对象插入"，然后单击"完成"按钮，即得到如图 X3.22 所示的散点图。

（6）将光标放在绘图区内任一相关点上并单击鼠标右键，选"添加趋势线"，在"类型"标签中，选"线性"；在"选项"标签中的"显示公式"、"显示 R 平方值"前面打"√"，然后单击"确定"，即得到相关线及有关计算结果，如图 X3.23 所示。对于线性相关分析，"R 平方值"即为线性相关系数的平方值。

进一步可对绘图区、坐标轴等处单击鼠标右键，选择有关项目，进而分别对绘图区、坐标轴等处的格式进行设置与修改，读者可上机练习，在此不详细介绍。

根据需要，可将上述各计算表或图形复制到 Word 文档中。

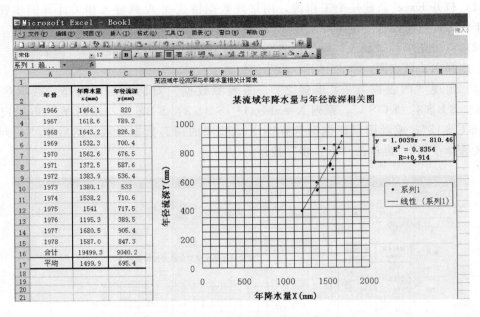

图 X3.23　添加趋势线并得到相关方程

以上两种途径的计算结果完全一致。显然，采用 Excel 的图表功能计算与绘图，使得简单直线相关变得更为简便易行。

X3.7.3　可线性化的曲线相关

在水文计算中常常会遇到两个变量的相关关系为曲线的情况。若能通过变量代换将其线性化，则称为可线性化的曲线。像幂函数、指数函数等均可线性化。

例如，依据散点图选配指数函数

$$y = a\mathrm{e}^{bx} \tag{X3.41}$$

对式（X3.41）两边取对数并令 $\ln y = Y$，$\ln a = A$，则有

$$Y = A + bx \tag{X3.42}$$

将 n 组观察值（x_i，y_i）转化为（x_i，Y_i），则可对式（X3.42）进行直线相关分析，得到 A、b，再由 $A = \ln a$，求得 $a = \mathrm{e}^A$。

应当指出，式（X3.42）的线性相关系数反映了变换后新变量之间的线性密切程度，不能确切反映式（X3.41）曲线相关的密切程度。曲线相关中，常用相关指数 R^2 作为衡量密切程度的指标。其计算式为

$$R^2 = 1 - \dfrac{\displaystyle\sum_{i=1}^{n}(y_i - \hat{y}_i)^2}{\displaystyle\sum_{i=1}^{n}(y_i - \overline{y})^2} \tag{X3.43}$$

式中各符号含义同前。

$R^2 \leqslant 1$，R^2 越大，曲线相关越密切。特别地，可以证明，当 x，y 为相关直线时，相关指数 R^2 即为线性相关系数 r 的平方。

对于不能线性化的曲线相关分析，可参阅有关文献。

X3.7.4　复相关简介

研究 3 个或 3 个以上变量的相关，称为复相关，又称多元相关。复相关计算在工程上多用图解法选配相关线，例如图 X3.24 中，倚变量 z 受自变量 x 和 y 两个变量的影响。可以根据实测资料点绘出 z 和 x 的对应值于方格纸上，并在点旁注明 y 值，然后在图上绘出一组以 y 为参数的直线，这样点绘出来的图，就是复直线相关关系图，它与简单相关图的区别在于多了一个自变量，即 z 值不单纯倚 x 而变，还倚 y 而变。因此，在使用图 X3.24 确定 z 值时，应先在 x 轴上找

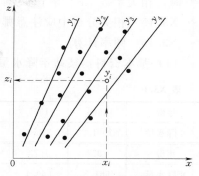

图 X3.24　复相关示意图

出 x_i 值，并向上引垂线得相应的 y_i 值，其交点的纵坐标便为相应的 z_i 值，如图 X3.24 中的虚线。

复相关关系可以是直线形式，也可以是曲线形式。复相关图在水文计算中是常用的。

复相关计算除采用图解法外，还可采用多元回归分析法，可参阅有关文献。

复习思考与技能训练题

X3.1　概率与频率有什么区别和联系？

X3.2　什么叫随机变量？水文上的随机变量指什么？

X3.3　什么是随机变量的概率分布函数？它反映的是哪两个变量之间的关系？什么是连续型随机变量的概率密度函数？它与分布函数有何关系？

X3.4　常用的统计参数有哪些？各反映随机变量的哪些统计特征？它们对密度曲线有何影响？如何计算样本的各个统计参数？

X3.5　什么叫抽样误差？它与样本容量有何关系？

X3.6　如何绘制经验频率曲线？为什么要将其绘在频率格纸上？

X3.7　为什么提出水文频率曲线的线型问题？目前我国水文上常用哪种频率曲线线型？当统计参数一定时，如何用专用计算表计算理论频率曲线？各统计参数对频率曲线有何影响？

X3.8　既然能用矩法公式求得样本统计参数，为什么还要用适线法确定最终采用的统计参数？

X3.9　简述适线法的方法步骤和实质。

X3.10　若适线过程中，理论线的上半部分偏于经验点的下方，而下半部分偏于经验点的上方，应如何调整参数？若理论线的上部和下部均在经验点的上方，而中间部分位于经验点的下方，应如何调整参数？

X3.11　重现期与频率有何关系？所谓百年一遇的洪水含义是什么？已知频率 $p=5\%$ 及 $p=99.5\%$，问重视期各等于多少？各表示什么意义？

X3.12　回归分析法推求回归方程的准则是什么？已知 y 倚 x 的回归方程为 $y=2x+1$，则 x 倚 y 的回归方程为 $x=0.5(y-1)$，对吗？

X3.13　何谓 y 倚 x 回归线的均方误？它与 y 系列的均方差有何区别？

X3.14　相关变量间线性相关密切程度可用什么衡量？当 y 倚 x 的回归线的均方误 δ_y

＝0 时，相关系数 |r| 等于多少？此时变量间是什么关系？

X3.15 相关分析中应注意哪些问题？

X3.16 频率计算。

（1）基本资料：某站年降水量样本资料见表 X3.6。

表 X3.6　　　　　　　　　　　某站年降水量资料　　　　　　　　　单位：mm

年份	1964	1965	1966	1967	1968	1969	1970	1971
年降水量	1001.5	353.1	763.1	612.3	393.8	694.0	635.0	700.2
年份	1972	1973	1974	1975	1976	1977	1978	1979
年降水量	561.2	650.4	471.2	327.6	475.6	897.5	529.7	407.9
年份	1980	1981	1982	1983	1984	1985	1986	
年降水量	457.1	588.9	398.0	383.7	599.5	764.2	369.2	

（2）要求：用适线法推求年降水量的频率曲线，并推求十年一遇的丰水年年降水量和十年一遇枯水年的年降水量。

X3.17 相关计算插补延长系列。

（1）基本资料：甲、乙两站位于同一河流的上、下游，且两站所控制的流域面积相差不大。两站实测的年平均流量资料见表 X3.7。

表 X3.7　　　　　　　　　　甲、乙两站年平均流量表　　　　　　　　单位：m³/s

年份	1973	1974	1975	1976	1977	1978	1979	1980	1981	1982	1983
$Q_甲$								101	114	114	61.8
$Q_乙$	270	307	265	219	213	210	188	158	183	205	99.2
年份	1984	1985	1986	1987	1988	1989	1990	1991	1992	1993	
$Q_甲$	43.1	104	143	144	83.5	181	149	103	113	121	
$Q_乙$	97.1	175	234	245	133	279	254	181	198	199	

（2）要求：根据甲站和乙站同期资料，采用回归分析法相关计算插补延长甲站的年平均流量。

模块 2 工程水文分析计算

学习目标与要求

1. 能阐述工程水文计算的内容和现阶段所执行的工程水文计算规范、规程；
2. 会进行具有长期实测资料条件下的年径流分析计算；
3. 会进行缺乏实测资料条件下的年径流分析计算；
4. 会进行水利水电工程的枯水径流分析计算；
5. 会进行水利水电工程的泥沙分析计算；
6. 会进行水利水电工程的等级划分和设计洪水标准的确定；
7. 会由流量资料推求设计洪水；
8. 会由暴雨资料推求设计洪水；
9. 会进行小流域设计洪水分析计算；
10. 养成工程分析计算所必需的一丝不苟和逻辑性强的素质。

工作任务 1（G1） 年径流与枯水径流分析计算

工作任务 1 描述：根据《水利水电工程水文计算规范》（SL 278—2002），径流分析计算应包括下列内容：①径流特性分析；②人类活动对径流的影响分析及径流还原；③径流资料插补延长；④径流系列代表性分析；⑤年、期径流及其时程分配的分析计算；⑥计算成果的合理性检查。

径流分析计算的基本要求一般包括以上条文所列 6 项内容，但并不是所有的工程都要完成全部内容，而是可以根据设计要求有所取舍。对径流特性要着重分析径流补给来源、补给方式及其年内、年际变化规律。径流系列代表性分析要在系列还原的基础上进行。

径流统计分析要求径流系列具有随机特性，而这种特性只有在未受人类活动影响、河流处于天然状态下的水文资料才能满足要求。因此，径流计算应采用天然径流系列。当径流受人类活动影响较小或影响因素较稳定，径流形成条件基本一致时，径流计算也可采用实测系列。

径流分析计算的内容是根据《水利水电工程可行性研究报告编制规程》（DL 5020—93）和《水利水电工程初步设计报告编制规程》（DL 5021—93）对水文计算的内容和深度要求制定的。可行性研究阶段，水文计算的主要参数和成果应确定；初步设计阶段，是可行性研究阶段的补充和深化，是对水文计算成果进行复核。项目建议书阶段水文计算的要求比可行性研究阶段稍低；小型水利水电工程基本资料往往比较欠缺，不易达到规范的全部要求，在分析计算时，可适当降低要求。江河流域规划与大中型水利水电工程设计要求的水文计算内容和深度不尽一致，根据规划要求，对规范和标准所规定的内容可适当取舍，深度可适当降低。根据各阶段的特点，其工作要求为：

1. 水利水电工程项目建议书径流分析计算要求

（1）对于因人类社会活动和自然环境变迁而发生较大变化的径流应进行年、月径流的还原计算和插补延长，并对成果的合理性进行论证。

（2）对还原后的年、月径流系列应进行系列代表性分析，并对选定的代表段系列的代表性进行合理性论证。对径流系列时段有特定要求时，可分析到旬或日。

（3）说明年、月径流的时空分布特性。

（4）对设计依据站或区间的实测和天然年、月径流系列应进行频率分析计算，基本选定统计参数，基本确定径流设计成果。

2. 水利水电工程可行性研究报告径流分析计算要求

（1）径流系列及其代表性论证进行年月径流的还原计算和插补延长，说明径流的时空分布特性，分析论证径流系列的代表性。

（2）径流计算。进行设计依据站和区间的径流计算提出工程场址年径流参数的计算成果和径流计算成果；说明径流调节代表段（年）的选择原则选择代表段（年），说明实测站枯水流量及持续时间历史枯水调查情况，分析枯水径流特性。

3. 水利水电工程初步设计报告径流分析计算要求

（1）复核径流系列及代表性分析成果。

（2）说明增加资料后的径流计算成果并与可行性研究阶段径流成果比较。

水利水电工程所在地点的自然地理、水文气象条件不同，每项工程设计要求也有差异，以上各条包括我国不同条件、不同类型水利水电工程设计的水文计算内容，并非每项工程都需求全，应根据具体工程的设计要求，酌情取舍。

枯水径流应根据设计要求，分析计算其最小流量、最小日平均流量、时段径流量及其过程线等。枯水径流分析计算，应调查历史枯水水位、流量及其出现与持续时间，河道变化、干涸断流情况及人类活动对枯水径流的影响等。

枯水径流系列的插补延长，可采用水位流量关系、上下游或邻近相似流域参证站与设计依据站的流量相关等方法。

人类活动使工程地址枯水径流发生明显变化时，应进行枯水径流的还原。可采用分项调查、退水曲线、长短时段或上下游枯水径流量相关等方法进行还原计算。

特枯径流的重现期应根据调查资料，结合历史文献、文物、设计流域和邻近流域长系列枯水径流、降水等资料综合分析确定。

枯水径流的分析计算应结合枯水径流特性，按本规范的规定执行枯水径流系列中出现零值时，可采用包含零值项的频率计算方法计算。

枯水径流的分析计算成果，应与上下游、干支流及邻近流域的计算成果比较，分析检查其合理性。

径流分析计算现行规范有：《水利水电工程水文计算规范》（SL 278—2002）；《小型水利发电站水文计算规范》（SL 77—94）；《水利水电工程可行性研究报告编制规程》（DL 5020—93）；《水利水电工程初步设计报告编制规程》（DL 5021—93）。

G1.1　准　备　知　识

G1.1.1　年径流及其特性

在一个年度内，通过河流某一断面的水量，称为该断面以上流域的年径流量。它可用年平均流量（m³/s）、年径流深（mm）、年径流总量（m³）或年径流模数［m³/(s·km²)］表示。描述河流某一断面的水资源量多少，年径流量是一个重要的指标，但仅用年径流量是不够的，因为径流在一年内各个时段是不同的，处在不断变化之中。因此实际工作中描述河流某一断面的年径流，常用年径流量及其年内分配过程表示。所谓年径流的年内分配是指年径流量在一年中各个月（或旬）的分配过程。

我国《水文年鉴》中，年径流量是按日历年度统计的，而在水文水利计算中，年径流量通常是按水文年度或水利年度统计的。水文年度以水文现象的循环规律来划分，即从每年汛期开始时起到下一年汛期开始前止。由于各地气候条件不同，水文年的起讫日期各地不一。我国规定，长江及其以南地区河流的水文年一般从4月1日或5月1日开始；淮河流域及其以北河流包括华北及东北地区的河流从6月1日开始；对于北方春汛河流，则以融雪情况来划分水文年度。水利年度是以水库蓄泄循环周期作为一年，即从水库蓄水开始到第二年水库供水结束为一年。水利年的划分应视来水与用水的具体情况而定。通过对年径流观测资料的分析，可以得出年径流的变化具有以下特性：

（1）年径流具有大致以年为周期的汛期与枯期交替变化的规律，但各年汛、枯期有长有短，发生时间有迟有早，水量也有大有小，基本上年年不同，具有偶然性。

（2）年径流量在年际间变化很大，有些河流年径流量的最大值可达到平均值的2～3倍，最小值仅为平均值的0.1～0.2。年径流量的最大值与最小值之比，长江、珠江为4～5；黄河、海河为14～16。年径流量的年际变化，也可以由年径流量的变差系数 C_v 来反映，C_v 越大，年径流量的年际变化越大。例如，淮河流域大部分地区在0.6～0.8，而华北平原一般超过1.0，部分地区可达1.4以上。

（3）年径流量在多年变化中有丰水年组和枯水年组交替出现的现象。例如，黄河1991～1997年连续7年出现断流；海河出现过两三年甚至四五年的连续干旱；松花江1960～1966年出现过连续7年丰水年组等。

G1.1.2　影响年径流的因素

分析研究影响年径流量的因素，对年径流量的分析与计算具有重要的意义。尤其是只有短期实测径流资料时，常常需要利用年径流量与其影响因素之间的相关关系来插补、展延年径流量资料。同时，通过研究年径流量的影响因素，也可对年径流量计算成果的合理性作出分析论证。

由流域年水量平衡方程式 $R = H - E - \Delta W - \Delta V$ 可知，年径流深 R 取决于年降水量 H、年蒸发量 E、时段始末的流域蓄水变量 ΔW 和流域之间的交换水量 ΔV 四项因素。前两项属于流域的气候因素，后两项属于下垫面因素以及人类活动情况。当流域完全闭合时，$\Delta V = 0$，影响因素只有 H、E 和 ΔW 三项。

1. 气候因素对年径流的影响

气候因素中，年降水量与年蒸发量对年径流的影响程度随地理位置不同而有差异。在湿润地区降水量较多，其中大部分形成了径流，年径流系数较大，年径流量与年降水量相关关系较密切，说明年降水量对年径流量起着决定性作用。在干旱地区，降水量较少，且极大部分消耗于蒸发，年径流系数很小，年径流量与年降水量的相关关系不很密切，说明年降水量和年蒸发量都对年径流量以及年内分配起着相当大的作用。

以冰雪补给为主的河流，其年径流量的大小以及年内分配主要取决于前一年的降雪量和当年的气温变化。

2. 下垫面因素对年径流的影响

流域的下垫面因素包括地形、植被、土壤、地质、湖泊、沼泽、流域大小等。这些因素主要从两方面影响年径流量，一方面通过流域蓄水变量 ΔW 影响年径流量的变化；另一方面，通过对气候因素的影响间接地对年径流量发生作用。

地形主要通过对降水、蒸发、气温等气候因素的影响间接地对年径流量发生作用。地形对降水的影响，主要表现在山地对气流的抬升和阻滞作用，使迎风坡降水量增大，增大的程度主要随水汽含量和抬升速度而定。同时，地形对蒸发也有影响，一般气温随地面高程的增加而降低，因而使蒸发量减少。所以，高程的增加对降水和蒸发的影响，一般情况下将使年径流量随高程的增加而增大。

湖泊对年径流的影响，一方面表现为湖泊增加了流域内的水面面积，由于水面蒸发往往大于陆面蒸发，因而增加了蒸发量，从而使年径流量减少；另一方面，湖泊的存在增加了流域的调蓄作用，巨大的湖泊不仅会调节径流的年内变化，还可以调节径流的年际变化。

流域大小对年径流的影响，主要表现为对流域内蓄水量的调节作用而影响径流量的年内分配及年际变化。大流域调蓄能力大，使得径流在时间上的分配过程趋于均匀，通常使枯水季（或枯水年）径流增大。此外，流域面积越大，流域内部各地径流的不同期性越显著，所起的调节作用就更加明显。因此，一般情况下，同一气候区大流域年径流量的年际变化较小流域的小。

3. 人类活动对年径流的影响

人类活动对年径流的影响，包括直接和间接两方面。直接影响如跨流域引水，将本流域的水量引到另一流域，直接减少本流域的年径流量。间接影响为通过增加流域蓄水量和流域蒸发量来减少流域的年径流量，如修水库、塘堰、旱地改水田、坡地改梯田、植树造林等，都将使流域蒸发量加大，而减少年径流量。这些人类活动在改变年径流量的同时也改变了径流的年内分配。

G1.1.3　设计年径流分析计算的目的和内容

年径流的变化特性往往与用水部门，如灌溉、发电、航运、城市和工业用水等要求存在着矛盾。为了解决供需之间的矛盾，合理地开发利用水资源，就需要在河流上兴建一些水资源工程，如水库、闸坝、水泵站等，对天然径流加以人工调节或控制，以满足用水部门的用水要求。

显然，这些工程的规模是由来水、用水间矛盾的大小，以及用来反映供水保证程度高低的设计标准（设计保证率）所决定的。通常将工程在多年期间，用水部门的正常用水得到保证的程度称作设计保证率，即在多年期间每年用水量能够得到充分满足的概率 $P(\%)$，并以此作为设计标准。在工程设计中，设计保证率是根据国家规范、用水要求、自然地理情况及经济条件由用水部门合理确定的（详见 G4.2）。当设计保证率确定后，各项工程的规模就依据来水与用水的情况，经分析计算来确定。

因此，在规划设计阶段，必须首先掌握工程所在地的来水情况，需要对工程建成后相当长时期内的年径流量的年际、年内变化规律作出概率预估。

工程建成后，为充分发挥工程的效益，需要研究工程的调度运用方案，也必须具备河流的来水资料。

此外，合理开发利用水资源，除采取一定的工程措施外，近年来对一些非工程措施也日益重视，如地方性水资源法规的制定，各地区水的长期供求计划的编制等，这些非工程措施的拟定，也必须是在对河川径流进行充分调查分析和正确预估的基础上作出的。

综上所述，设计年径流分析计算的目的就是为水利工程规划设计和运行管理以及水资源供需分析等提供主要依据——来水资料。关于用水量的计算将在工作任务 4 和有关课程中介绍。

径流分析计算应采用天然径流系列，也可采用径流形成条件基本一致的实测径流系列。径流分析计算应包括下列内容：①径流特性分析；②人类活动对径流的影响分析及径流还原；③径流资料插补延长；④径流系列代表性分析；⑤年、月径流及其时程分配的分析计算；⑥计算成果的合理性检查。

由于水利工程调节性能的差异和水利计算的方法不同，要求水文计算提供两种形式的来水：

（1）设计的长期年、月径流量系列。这种形式的来水，通过长系列资料反映未来长时期内年径流量的年际年内变化规律。

（2）代表年的年、月径流量。具体又分为设计代表年和实际代表年。这种形式的来水，通过丰、平、枯水年的来水过程，反映未来不同年型的来水情况。

推求上述两种形式的来水，统称为设计年径流计算。

在实际工作中，所遇到的水文资料情况有三种：具有长期实测径流资料；具有短期实测径流资料；缺乏实测径流资料。本工作任务将分别针对各种资料条件，完成设计年径流的分析计算，同时对枯水径流计算作简单介绍。

G1.2　具有长期实测径流资料时设计年径流的分析计算

在水利工程规划设计阶段，当具有长期实测径流资料时，通过水文分析计算提供的来水资料，按设计要求，可有三种类型：①设计长期年的年、月径流系列；②实际代表年的年、月径流量；③设计代表年的年、月径流量。所谓具有长期实测径流资料，一般指 $n > 30$ 年，而且这些资料必须具备可靠性、一致性和代表性的要求。

来水资料的分析计算一般有三个步骤：首先，应对实测径流资料进行审查；其次，运用数理统计方法推求设计年径流量；最后，用代表年法推求径流年内分配过程。

G1.2.1　径流资料的审查

水文资料是水文分析计算的依据，它直接影响着工程设计的精度和工程安全。因此，对于所使用的水文资料必须认真地审查，这里所谓审查就是鉴定实测年径流量系列的可靠性、一致性和代表性。

1. 资料的可靠性审查

资料的可靠性是指资料的可靠程度。水文资料虽然经过水文部门的多次审核，层层把关后刊印或录入数据库，应该说大多数是可靠的，但也不能排除个别错误存在的可能性。因此，使用时必须进行审查，并对水量特丰、特枯或新中国成立前以及其他有疑点的年份进行重点审查。审查时可以从资料的来源、资料的测验和整编方法，尤其是水位流量关系曲线的合理性等方面着手。如发现问题，应查明原因，纠正错误。审查的具体方法各站有所不同。对水位和流量成果要着重进行审查。

（1）水位资料。主要审查基准面和水准点，水尺零点高程的变化情况。

（2）流量资料。主要审查水位—流量关系曲线定得是否合理，是否符合测站特性。同时，还可根据水量平衡原理，进行上下游站、干支流站的年、月径流量对照，检查其可靠性。

（3）水量平衡的审查。根据水量平衡的原理，上、下游站的水量应该平衡，即下游站的径流量应等于上游站径流量加区间径流量。通过水量平衡的检查即可衡量径流资料的精度。

新中国成立前的水文资料质量较差，审查时应特别注意。

2. 资料的一致性审查

资料的一致性是指产生资料系列的条件是否一致。设计年径流计算时，需要的年径流系列必须在同一成因条件下形成，具有一致性。一致性是以流域气候条件和下垫面条件基本稳定为基础的。气候条件的变化是极其缓慢的，一般可认为在样本资料的几十年时间内是基本稳定的。但流域的下垫面条件在人类活动的影响下会发生较大变化，如修建水库、引水工程、分洪工程等，会造成产生径流的条件发生变化，从而使径流资料系列前后不一致。为此，需要对实测资料进行一致性修正。一般是将人类活动影响后的系列还原到流域大规模治理以前的天然状况下。还原的方法有多种，最常用的方法是分项调查法，该法以水量平衡为基础，即天然年径流量 $W_{天然}$ 应等于实测年径流量 $W_{实测}$ 与还原水量 $W_{还原}$ 之和。还原水量一般包括农业灌溉净耗水量 $W_{农业}$、工业净耗水量 $W_{工业}$、生活净耗水量 $W_{生活}$、蓄水工程的蓄水变量 $W_{调蓄}$（增加为正，减少为负）、水土保持措施对径流的影响水量 $W_{水保}$、水面蒸发增损量 $W_{蒸发}$ 和跨流域引水量 $W_{引水}$（引出为正，引入为负）、河道分洪水量 $W_{分洪}$（分出为正，分入为负）、水库渗漏水量 $W_{渗漏}$、其他水量 $W_{其他}$ 等，用公式表示如下

$$W_{天然} = W_{实测} + W_{还原}$$

$$W_{还原} = W_{农业} + W_{工业} + W_{生活} \pm W_{调蓄} \pm W_{水保} + W_{蒸发} \pm W_{引水} \pm W_{分洪} + W_{渗漏} \pm W_{其他}$$

上式中各部分水量，可根据实测和调查的资料分析确定。还应注意用上下游、干支流和地区间的综合平衡进行验证校核。

3. 资料的代表性审查

资料的代表性指样本的统计特性接近总体的统计特性的程度。样本系列代表性好，则抽样误差就小，水文计算成果精度也就高。

由于水文系列的总体分布是未知的，对于 n 年的样本系列，无法从样本自身来分析评价其代表性高低。但根据水文统计的原理，一般样本容量越大，其抽样误差越小。因此，样本资料的代表性审查，通常可通过其他更长系列的参证资料的多年变化特性来分析评价

实测年径流量系列的丰、枯状况与年际变化规律。常用方法是采用统计参数进行对比分析，具体方法如下。

选择与设计站年径流量成因上有联系，且具有长系列 N 年资料的参证变量，如邻近地区某站的年径流量或年降水量等。分别用矩法公式计算参证变量长系列 N 年的统计参数 $\overline{Q}_N$、C_{vN}，以及短系列 n 年（与设计站年径流量系列 n 年资料同期）的统计参数 $\overline{Q}_n$、C_{vn}。如两者统计参数接近，可推断参证变量的 n 年短系列在 N 年长系列中具有较好的代表性，从而推断设计站 n 年的年径流量系列也具有较好的代表性。如两者统计参数相差较大（一般相差值超过 $5\%\sim10\%$），则认为设计站 n 年径流量系列代表性较差，这时应设法插补延长系列，以提高系列的代表性。

显然，应用上述方法应具备下列两个条件：①参证变量的长系列本身具有较高的代表性；②设计站年径流量与参证变量在时序上具有相似的丰枯变化。

G1.2.2　设计的长期年、月径流量系列

实测径流系列经过审查和分析后，再按水利年度排列为一个新的年、月径流系列。然后，从这个长系列中选出代表段。代表段中应包括有丰、平、枯水年，并且有一个或几个完整的调节周期；代表段的年径流量均值、离势系数应与长系列的相近。我们用这个代表段的年、月径流量过程来代表未来工程运行期间的年、月径流量变化。这个代表段就是水利计算所要求的所谓"设计年、月径流系列"。并以列表形式给出，见表 G1.1。它是用过去历年实测的年、月径流量的年际、年内变化规律来概括未来工程运行期间的来水规律。

表 G1.1　　　　　　　　　某河某断面历年逐月平均流量　　　　　　　　单位：m^3/s

时 间	月 平 均 流 量												年平均流量
	6月	7月	8月	9月	10月	11月	12月	1月	2月	3月	4月	5月	
1958～1959 年	16.5	22.0	43.0	17.0	4.63	2.46	4.02	4.84	1.98	2.47	1.87	21.6	11.9
1959～1960 年	7.25	8.69	16.3	26.1	7.15	7.50	6.81	1.86	2.67	2.73	4.20	2.03	7.78
1960～1961 年	8.21	19.5	26.4	26.4	7.35	9.62	3.20	2.07	1.98	1.90	2.35	13.2	10.0
1961～1962 年	14.7	17.7	19.8	30.4	5.20	4.87	9.10	3.46	3.42	2.92	2.48	1.62	9.64
1962～1963 年	12.9	15.7	41.6	50.7	19.4	10.4	7.48	2.79	5.30	2.67	1.79	1.80	14.4
1963～1964 年	3.20	4.98	7.15	16.2	5.55	2.28	2.13	1.27	2.18	1.54	6.45	3.87	4.73
1964～1965 年	9.91	12.5	12.9	34.6	6.90	5.55	3.27	1.62	1.17	0.99	3.06		7.87
1965～1966 年	3.90	26.6	15.2	13.6	6.12	13.4	4.27	10.5	8.21	9.03	8.35	8.48	10.4
1966～1967 年	9.52	29.0	13.5	25.4	25.4	3.58	2.67	2.23	1.93	2.76	1.41	5.30	10.2
1967～1968 年	13.0	17.9	33.2	43.0	10.5	3.58	1.67	1.57	1.82	2.31	2.36		10.9
1968～1969 年	9.45	15.6	15.5	37.8	42.7	6.55	3.52	2.54	1.84	2.68	4.25	9.00	12.6
1969～1970 年	12.2	11.5	33.9	25.0	12.7	7.30	3.65	4.96	3.18	2.35	3.88	3.57	10.3
1970～1971 年	16.3	24.8	41	30.7	24.2	8.30	6.50	8.75	4.25	7.96	4.10	3.80	15.1
1971～1972 年	5.08	6.10	24.3	22.8	3.40	3.45	4.92	2.79	1.76	1.30	2.23	8.76	7.24
1972～1973 年	3.28	11.7	37.1	16.4	10.2	19.2	5.75	4.41	5.53	5.59	8.47	8.89	11.3
1973～1974 年	15.4	38.5	41.6	57.4	31.7	5.86	6.56	4.55	2.59	1.63	1.76	5.21	17.7
1974～1975 年	3.28	5.48	11.8	17.1	14.4	14.3	3.84	3.69	4.67	5.16	6.26	11.1	8.42
1975～1976 年	22.4	37.1	58.0	23.9	10.6	12.4	6.26	8.51	7.30	7.54	3.12	5.56	16.9

有了长系列的来水，就可与相应的历年用水过程配合，推求逐年的缺水量，进而推求设计的兴利库容。水利计算中称这种方法为长系列法，具体方法将在兴利调节计算中介绍。在实际工作中，当不具备上述条件或在规划设计阶段进行多方案比较时为节省工作量，中小型水利水电工程广泛采用代表年法，即设计代表年法或实际代表年法，这就相应地要求提供设计代表年或实际代表年的来水，将它作为未来工程运行期间径流情势的概率预估。

G1.2.3　设计代表年法设计年径流计算

根据工程要求或计算任务，设计代表年又可分为设计丰、平（中）、枯水年三种情况，并且通过不同频率来反映丰、平、枯水情况。一般丰水年的频率不大于 25%，平水年的频率取 50%，枯水年的频率不小于 75%。对于灌溉工程、城镇供水工程只需推求设计保证率 $p_设$ 相应的设计枯水年；对于水电工程一般应推求频率 $1-p_设$、50%、$p_设$ 分别相应的设计丰、平、枯三个代表年。水资源规划或供需分析中，一般需推求频率分别为 20%（丰水）、50%（平水）、75%（偏枯）、90% 或 95%（枯水）的代表年。这些设计频率（也称为指定频率）相应的年径流量，称为设计年径流量；设计年径流量在年内各月（或旬）的分配称为设计年内分配。

当设计频率确定后，设计代表年的年、月径流量的计算内容包括两个环节：①设计年径流量及设计时段径流量的计算；②设计年内分配的计算。

1. 设计年径流量及设计时段径流量的计算

（1）计算时段的确定。在确定设计代表年的径流时，一般要求年径流量及一些计算时段的径流量达到指定的设计频率。因此在对年径流量进行频率计算时，常需对其他计算时段的径流量也进行计算。计算时段，也称统计时段，它是按工程要求确定的。对灌溉工程，则取灌溉期或灌溉期各月作为计算时段；对水电工程，年水量和枯水期水量决定发电效益，采用年及枯水期作为计算时段。

（2）频率计算。如计算时段为年，则按水利年统计逐年年径流量，构成年径流量系列。如计算时段为枯水期 3 个月，则统计历年连续最枯的 3 个月总水量，组成时段枯水量系列。《水利水电工程水文计算规范》（SL 278—2002）规定，径流频率计算依据的系列应在 30 年以上。通过对年径流量系列或时段径流量系列频率计算，可推求指定频率的年径流量或时段径流量，即为设计年径流量或设计时段径流量。应注意，适线时在照顾大部分点据的基础上，应重点考虑中下部平水年和枯水年点群的趋势定线；C_s 值一般可采用（2～3）C_v。当调查到历史特枯水年（或枯水期）径流量时，必须慎重考证确定其重现期，然后合理确定其在样本中的经验频率，再进行绘点配线确定统计参数。

（3）成果的合理性检查。应用数理统计方法推求的成果必须符合水文现象的客观规律，因此，需要对所求频率曲线和统计参数进行下列合理性检查：

1）要求年及其他各时段径流量频率曲线在实用范围内不得相交。即要求同一频率的设计值，长时段的要大于短时段的，否则应修改频率曲线。

2）各时段的径流量统计参数在时间上能协调。即均值随时段的增长而加大，C_v 值一般随时段的增长而有递减的趋势。

3）要求统计参数与上下游、干支流、邻近河流的同时段统计参数在地区上应符合一般规律。即流量的均值随流域面积的增大而增大，C_v 值一般随流域面积的增大有减小的趋势。如不符，应结合资料情况和流域特点进行深入分析，找出原因。

4）可将年径流量统计参数与流域平均年降水量统计参数进行对比。即年径流量的均值应小于流域平均年降水量的均值；而一般以降雨补给为主的河流，年径流量的 C_v 值应大于年降水量的 C_v 值。

【例 G1.1】　拟兴建一水利水电工程，某河某断面有 18 年（1958～1976 年）的流量资料，见表 G1.1。试求 $p=10\%$ 的设计丰水年、$p=50\%$ 的设计平水年、$p=90\%$ 的设计枯水年的设计年径流量。

（1）进行年、月径流量资料的审查分析，认为 18 年实测系列具有较好的可靠性、一致性和代表性。

（2）将表 G1.1 中的年平均径流量组成统计系列，按照适线法进行频率分析，从而求出指定频率的设计年径流量，频率计算结果如下：

$$\overline{Q} = 11\text{m}^3/\text{s}, \ C_v = 0.32, \ C_s = 2C_v$$

$p=10\%$ 的设计丰水年　　$Q_{丰p} = K_丰\overline{Q} = 1.43 \times 11 = 15.7 (\text{m}^3/\text{s})$

$p=50\%$ 的设计平水年　　$Q_{平p} = K_平\overline{Q} = 0.97 \times 11 = 10.7 (\text{m}^3/\text{s})$

$p=90\%$ 的设计枯水年　　$Q_{枯p} = K_枯\overline{Q} = 0.62 \times 11 = 6.82 (\text{m}^3/\text{s})$

2. 设计年内分配的计算

当求得设计年径流量及设计时段径流量之后，根据工程要求，求得设计频率的设计年径流量后，还必须进一步确定月径流过程。目前常用的方法是：先从实测年、月径流量资料中，按一定的原则选择代表年。然后依据代表年的年内径流过程，将设计年径流量按一定比例进行缩放，求得所需的设计年径流年内分配过程。

（1）代表年的选择。代表年从实测径流资料中选取，应遵循下述三条原则：

1）水量相近的原则。即选取的代表年年径流量或时段径流量应与相应的设计值接近。

2）选取对工程不利的年份。在实测径流资料中水量接近的年份可能不止一年，为了安全起见，应选用水量在年内的分配对工程较为不利的年份作为代表年。如对灌溉工程而言，应选灌溉需水期径流量比较枯，而非灌溉期径流量又相对较丰的年份，这种年内分配经调节计算后，需要较大的库容才能保证供水，以这种代表年的年径流分配形式代表未来工程运行期间的径流过程，所确定的工程规模对供水来说具有一定的安全保证程度。对水电工程而言，则应选取枯水期较长、枯水期径流量又较少的年份。

3）水电工程一般选丰水、平水和枯水 3 个代表年，而灌溉工程只选枯水 1 个代表年。

（2）设计年径流年内分配计算。按上述原则选定代表年径流过程线后，求出设计年径流量与代表年年径流量之比值 $K_年$ 或求出设计供水期水量与代表年的供水期水量之比值 $K_供$，即

$$K_年 = \frac{Q_{年,p}}{Q_{年,代}} \quad \text{或} \quad K_供 = \frac{Q_{供,p}}{Q_{供,代}} \tag{G1.1}$$

然后，以 $K_年$ 或 $K_供$ 值乘代表年的逐月平均流量，即得设计年径流的年内分配过程。

【例 G1.2】　接前例，求设计枯水年 $p=90\%$ 的设计年径流的年内分配。

（1）代表年的选择。$p=90\%$ 的设计枯水年，$Q_{年,90\%}=6.82\text{m}^3/\text{s}$，与之相近的年份有 1971～1972 年（$Q=7.24\text{ m}^3/\text{s}$）、1964～1965 年（$Q=7.87\text{ m}^3/\text{s}$）、1959～1960 年（$Q=7.78\text{ m}^3/\text{s}$）、1963～1964 年（$Q=4.73\text{ m}^3/\text{s}$）。考虑分配不利，即枯水期水量较枯，选取

1964～1965 年作为枯水代表年，1971～1972 年作比较用。

（2）以年水量控制求缩放倍比 K，由式（G1.1）得

设计枯水年

$$K_年 = \frac{Q_{年,p}}{Q_{年,代}} = \frac{6.82}{7.87} = 0.866 \quad （1964 \sim 1965 \text{ 年为代表年}）$$

$$K_年 = \frac{Q_{年,p}}{Q_{年,代}} = \frac{6.82}{7.24} = 0.942 \quad （1971 \sim 1972 \text{ 年为代表年}）$$

（3）设计年径流年内分配计算。以缩放倍比 K 乘以各自代表年的逐月径流，即得设计年径流年内分配，结果见表 G1.2。

表 G1.2　　　　　设计年径流年内各月及全年径流量　　　　　单位：m^3/s

项　目	6	7	8	9	10	11	12	1	2	3	4	5	全年	
													总量	平均
1964～1965 年	9.91	12.5	12.9	34.6	6.90	5.55	2.00	3.27	1.62	1.17	0.99	3.06	94.5	7.87
缩放倍比 K	0.866	0.866	0.866	0.866	0.866	0.866	0.866	0.866	0.866	0.866	0.866	0.866		
设计年年内分配过程	8.59	10.80	11.20	29.90	5.97	4.82	1.73	2.83	1.40	1.02	0.86	2.67	81.80	6.82
1971～1972 年	5.08	6.10	24.3	22.8	3.40	3.45	4.92	2.79	1.76	1.30	2.23	8.76	86.90	7.24
缩放倍比 K	0.942	0.942	0.942	0.942	0.942	0.942	0.942	0.942	0.942	0.942	0.942	0.942		
设计年年内分配过程	4.80	5.76	22.80	21.48	3.20	3.25	4.63	2.63	1.66	1.22	2.10	8.25	81.80	6.82

这种推求设计年径流过程的方法，称为同倍比缩放法。该方法简单易行，计算出来的年径流过程仍保持原代表年的径流分配形式，但求出的设计年径流过程，只是计算时段（年或某一时段）的径流量符合设计频率的要求。有时需要几个时段和全年的径流量同时满足设计频率，则需用同频率缩放法。具体计算方法与由流量资料推求设计洪水中的"同频率放大法"相同。

G1.2.4　实际代表年法代表年的选取

实际代表年法就是从实测年、月径流量系列中，选取一个实际的干旱年作为代表年，用其年径流分配过程直接与该年的用水过程相配合而进行调节计算，求出调节库容，来确定工程规模。选出的年份称为实际代表年，其年、月径流量，就是实际代表年的年、月径流量。用这种方法求出的调节库容，不一定符合规定的设计保证率。但由于曾经发生的干旱年份给人以深刻的印象，认为只要这样年份的供水得到保证，就达到修建水库工程的目的。实际代表年法概念清楚，比较直观，在小型灌溉工程设计中应用较广。以此来水与该年的实际用水过程配合，进行调节计算，就可确定工程规模。

G1.3　具有短期实测径流资料时设计年径流的分析计算

当设计站实测年径流资料系列少于 30 年，或者资料系列虽长，但代表性不足时，若直接根据这些资料进行计算，求得的设计成果可能会有很大的误差。因此，为了提高计算精度，保证成果的可靠性，就必须设法将资料系列进行展延。至于展延前资料的可靠性和

一致性审查，以及展延后的代表性分析，设计年径流量及其年内分配计算方法与具有长系列资料时方法相同，这里不再重复。本节重点介绍径流资料的展延。

G1.3.1　参证变量的选择

在水文计算中，常利用相关分析法展延系列。其关键是选择合适的参证变量，建立相关关系。参证变量应符合以下条件：

（1）参证变量与设计站的径流资料必须有内在的成因联系，而且关系密切。如上、下游站的径流量相关、本站降雨径流相关等。

（2）参证变量与设计变量要有足够的同步资料系列，以满足建立相关关系的需要。通常要求同步资料在 10 年以上。

（3）参证变量必须要有足够长的实测资料系列，除用以建立相关关系外，还要能满足展延设计站径流资料的需要。

结合具体资料情况，只要选择了具备上述要求的参证变量，即可用已学过的方法，建立相关关系来展延设计站的年、月径流量资料系列。不同年份可以用不同的参证资料来展延，同一年份如可用两种以上的参证资料来展延时，应选用其中关系最好的参证资料的展延值。如图 G1.1 所示，设计站的年、月径流量系列 A；1958～1962 年可由参证变量 B 的资料来展延；1985～1988 年可由参证变量 C 的资料展延；1966～1968 年既可用参证变量 B 也可用参证变量 C 的资料来展延，应从中选择相关关系密切的。经展延后设计站的年、月径流资料系列则为 1958～1988 年，共计 31 年。

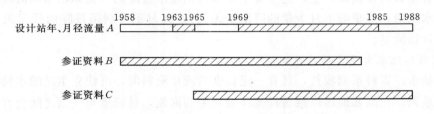

图 G1.1　选用不同参证资料展延系列示意图

G1.3.2　相关法展延年、月径流量系列

径流系列的插补延长，根据资料条件，可采用下列方法。

1. 利用邻站径流量资料展延设计站径流量系列

当设计站上游或下游站有充分实测年径流量时，往往可以利用上、下游站的年径流量资料来展延设计站的年径流量系列。如果设计站与参证站所控制的流域面积相差不多，一般可获得良好的结果。当自然地理条件和气候条件在地区上的变化很大时，两站年径流量间的相关关系可能不好。这时，可以在相关图中引入反映区间径流量（或区间年降水量）的参变量，来改善相关关系。

当设计站上、下游无长期测站时，经过分析，可利用自然地理条件相似的邻近流域的年径流量作为参证变量。

当设计站实测年径流量系列过短，难以建立年径流量相关关系时，可以利用设计站与参证站月径流量（或季径流量）之间的关系来展延系列。由于影响月（季）径流量的因素远比影响年径流量的因素多，月（季）径流量的相关关系也就不如年径流量相关关系那样密切。用月（季）径流量关系来展延系列，一般误差较大。

选好参证变量并建立关系图后，即可根据实测的参证变量，从相关图上查出设计站年径流量的对应值，从而把设计站系列展延到一定长度。

2. 利用降雨量资料展延径流量系列

当不能利用径流量资料来展延系列时，可以利用流域内或邻近地区的降水量资料来展延。对于湿润地区，如我国长江流域及南方各省，年径流量与年降水量之间存在较密切的关系，如用流域平均年降水量作参证变量来展延年径流量系列，一般可得到良好的效果。

对于干旱地区，年径流量与年降水量之间的关系不太密切，难以利用这个关系来展延年径流量系列。

当设计站的实测年径流量系列过短，不足以建立年降水量与年径流量的相关关系时，也可用月降水量与月径流量之间的关系来展延月、年径流量系列。

需要注意，按日历时间统计月降雨量和月径流量，有时月末的降雨量所产生的径流量在下月初流出，造成月降雨量与月径流量不相对应的情况。因此，两者之间的关系一般较差，有时点据散乱而无法定相关关系线；解决的办法是，将月末降雨量的部分或全部计入下个月的降雨量中；或者将下月初流出的径流量计入上个月的径流量中，使月降雨量和月径流量相对应。可以使月降雨量和月径流量之间的关系得到改善。

当受流域蓄水量影响较大时，也会使月降雨量和月径流量不相对应，由于不同月份的流域蓄水量不同，即使是月降雨量相同，相应的月径流量也会相差较大，甚至是不降雨的月份，会有较大的径流量产生，这主要是流域前期蓄水造成的（比如枯水期的月径流量一般由地下水供给，几乎与本月少量的降雨量无关），此时不可利用月降雨径流关系来展延枯水期的月径流量。

3. 利用其他水文要素展延系列

若本站水位资料系列较长，且有一定长度的流量资料时，可建立本站的水位流量关系插补径流系列。在高寒地区以融雪径流补给为主的河流，径流量与气温之间会有比较密切的关系，可以用月平均气温来展延月平均流量系列。

总之，应根据实际情况，确定用来插补展延径流系列的参证变量。并且除遵循相关分析的有关要求外，还应注意插补的项数以不超过实测值的项数为宜，最好不超过后者的一半。这是因为展延所用相关线是平均情况，展延后的资料系列变差系数一般会偏小，最终会影响成果的精度。有了经插补延长的年径流量系列，就可进行频率计算和年内分配计算，计算方法与有长期实测资料的完全相同。

G1.4　缺乏实测径流资料时设计年径流的分析计算

许多中小型流域设计年径流的分析计算，往往缺乏实测径流资料。此种情况下，通常利用区域水文分析成果推求设计年径流量及其年内分配。常用资料为水文手册和水文图集，计算内容为设计年径流量和年内分配过程。

G1.4.1　等值线图法估算设计年径流量

缺乏实测径流资料时，可用水文手册或水文图集上的多年平均径流深、年径流量变差系数的等值线图来推求设计年径流流量。

1. 多年平均年径流深的估算

水文特征值（如年径流深、年降水量等）的等值线图是表示这些水文特征值的地理分布规律的。当影响这些水文特征值的因素是分区性因素（如气候因素）时，则该特征值随地理坐标不同而发生连续变化，利用这种特性就可以在地图上绘出它的等值线图。反之，有些水文特征值（如洪峰流量、特征水位等）的影响因素主要是非分区性因素（如下垫面因素——流域面积、河床下切深度等），则该特征值不随地理坐标而连续变化，也就无法绘出等值线图。对于同时受分区性因素和非分区性因素两种因素影响的特征值，应当消除非分区性因素的影响，才能得出该特征值的地理分布规律。

影响闭合流域多年平均年径流量的因素主要是气候因素——降水与蒸发。由于降水量和蒸发量具有地理分布规律，所以多年平均年径流量也具有这一规律。为了消除流域面积这一非分区性因素的影响，多年平均年径流量等值线图是以径流深（mm）或径流模数 $[m^3/(s \cdot km^2)]$ 来表示的。

绘制降水量、蒸发量等水文特征值的等值线图时，是把各观测点的观测数值点注在地图上各对应的观测位置上，然后勾绘该特征值的等值线图。但在绘制多年平均年径流深（或模数）等值线图时，由于任一测流断面的径流量是由断面以上流域面上的各点的径流汇集而成的，是流域的平均值，所以应该将数值点注在最接近于流域平均值的位置上。当多年平均年径流深在地区上缓慢变化时，则流域形心处的数值与流域平均值十分接近。但在山区流域，径流量有随高程增加而增加的趋势，则应把多年平均年径流深点注在流域的平均高程处更为恰当。将一些有实测资料流域的多年平均年径流深数值点注在各流域的形心处（或平均高程）处，再考虑降水及地形特性勾绘等值线，最后用大、中流域的资料加以校核调整，并与多年平均年降水量、蒸发量等值线图对照，消除不合理现象，则构成适当比例尺的多年平均年径流深等值线图。

用等值线图推求设计流域的多年平均年径流深时，先在图上绘出设计流域的分水线，然后定出流域的形心。当流域面积较小，且等值线分布均匀时，用地理插值法求出通过流域形心处的等值线数值即可作为设计流域的多年平均年径流深。如流域面积较大或等值线分布不均匀时，则采用各等值线间部分面积为权重的加权法，求出全流域多年平均年径流深。具体方法与等雨量线法计算流域平均雨量相同，这里不再赘述。

对于中等流域，多年平均年径流深等值线图有很大的实用意义，其精度一般也较高。对于小流域，等值线图的误差可能较大。这是由于绘制等值线图时主要依据的是大、中等流域的资料，用来推求小流域的多年平均年径流深一般得到的数值偏大，其原因是小流域河槽下切深度较浅，一般为非闭合流域，不能汇集全部地下径流。故实际应用时，要进行调查，必要时加以修正。

2. 年径流量变差系数 C_v 及偏态系数 C_s 的估算

影响年径流量年际变化的因素主要是气候因素，因此也可以用等值线图来表示年径流量变差系数 C_v 在地区的变化规律，并用它来估算缺乏资料的流域年径流量的变差系数 C_v 值。年径流量变差系数 C_v 等值线图的绘制和使用方法与多年平均年径流深等值线图相似。但 C_v 等值线图的精度一般较低，特别是用于小流域时，读数一般偏小，其主要原因是大、中等流域与小流域调蓄能力的差异而导致径流的年际变化不同。因此，必要时应进行修正。

至于年径流量偏态系数 C_s 值，可用水文手册上给出的各分区 C_s 与 C_v 的比值，一般

常取 $C_s = 2C_v$。

3. 设计年径流量的估算

求得上述三个统计参数后，根据指定的设计频率，查皮尔逊Ⅲ型曲线模比系数，查表确定是 K_p，然后由式 $Q_p = K_p \overline{Q}$ 求得设计年径流量 Q_p。

G1.4.2　水文比拟法估算设计年径流量

水文比拟法是将参证流域的水文资料（指水文特征值、统计参数、典型时空分布）移用到设计流域上来的一种方法。这种移用是以设计流域影响径流的各项因素与参证流域影响径流的各项因素相似为前提。因此使用水文比拟法时，关键在于选择恰当的参证流域，具体选择条件为：①参证流域与设计流域必须在同一气候区，且下垫面条件相似；②参证流域应具有长期实测径流资料系列，而且代表性好；③参证流域与设计流域面积不能相差太大。常见的参证流域为与设计站处于同一河流的上下游、干支流站或邻近流域。

1. 多年平均年径流量的估算

当选择了符合要求的参证流域后，确定设计流域的多年平均年径流深，常用以下两种方法：

（1）直接移用径流深。若设计站与参证站位于同一条河流的上下游，两站的控制面积相差不超过 3% 时，一般可直接移用参证站的成果。

$$\overline{R}_设 = \overline{R}_参 \tag{G1.2}$$

（2）用流域面积修正。若设计流域与参证流域流域面积相差在 3%～15%，但区间降雨和下垫面条件与参证流域相差不大时，则应按面积比修正的方法来推求设计站多年平均流量，即

$$\overline{Q}_设 = (F_设 / F_参) \overline{Q}_参 \tag{G1.3}$$

式中　$\overline{Q}_设$、$\overline{Q}_参$——设计流域、参证流域的多年平均流量，m^3/s；

$F_设$、$F_参$——设计流域、参证流域的面积，km^2。

移用参证流域的多年平均流量时，式（G1.2）考虑面积比进行修正，易知它与式（G1.3）是等价的。

（3）用降水量修正。如果设计流域与参证流域的多年平均年降水量不同，就不能直接移用径流深。可假设径流系数接近，即 $R_设/H_设 = R_参/H_参$，考虑年降水量差异进行修正，即

$$\overline{R}_设 = (\overline{H}_设 / \overline{H}_参) \overline{R}_参 \tag{G1.4}$$

式中　$H_设$、$H_参$——设计流域、参证流域的多年平均年降水量，mm。

2. 年径流量变差系数 C_v 和偏态系数 C_s 的估算

年径流量变差系数 C_v 一般可直接移用，无须进行修正，并常采用 $C_s = (2～3) C_v$。

3. 设计年径流量的估算

有了上述三个统计参数后，推求设计年径流量 Q_p 的方法同前。

4. 设计年内分配的计算

为配合参数等值线图的应用，各省（区）水文手册、水文图集或水资源分析成果中，都按气候及地理条件划分了水文分区，并给出各分区的丰、平、枯各种年型的代表年分配过程，可供无资料流域推求设计年内分配查用。

当采用水文比拟法进行计算时，可同样将参证流域代表年的年内分配直接或间接移用到设计流域来。

【例 G1.3】　拟在某河流 A 断面处修建一座水库，流域面积 $F=176\text{km}^2$。试用参数等值线法推求坝址断面 A 处 $p=90\%$ 的设计年径流量及其年内分配。

（1）设计年径流量的推求。如图 G1.2 所示，在流域所在地区的多年平均年径流深 $\overline{R}$ 等值线及年径流量变差系数 C_v 等值线图上，分别勾绘出流域分水线，并定出流域形心位置。用直线内插法求出流域形心处数值为：$\overline{R}=780\text{mm}$，$C_v=0.39$。采用 $C_s=2C_v$。

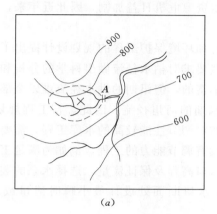
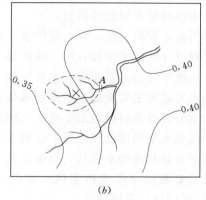

图 G1.2　某地区多年平均年径流深 $\overline{R}$ 及年径流量 C_v 等值线图

(a) $\overline{R}$ 等值线图；(b) C_v 等值线图

×—流域形心位置

将多年平均年径流深 $\overline{R}$ 换算成多年平均流量 $\overline{Q}$ 得

$$\overline{Q}=\frac{1000F\overline{R}}{T}=\frac{1000\times176\times780}{31.54\times10^6}=4.4(\text{m}^3/\text{s})$$

由 $p=90\%$、$C_v=0.39$、$C_s=2C_v$，查皮尔逊Ⅲ型曲线模比系数 k_p 值表，得 $k_p=0.54$。故坝址断面 $p=90\%$ 的设计年径流量为

$$Q_p=k_p\overline{Q}=0.54\times4.4=2.4(\text{m}^3/\text{s})$$

（2）设计年内分配的推求。由水文图集查得，流域所在分区的枯水代表年的年内分配比见表 G1.3。只要用表中的各月分配比乘以设计年径流量，就可得到设计年内分配过程，结果见表 G1.3。全年各月流量之和为 28.79 m^3/s，除以 12 得 2.4 m^3/s，等于设计值，计算正确。

表 G1.3　　　　　　　　　$p=90\%$设计年径流量年内分配计算表

月份	3	4	5	6	7	8	9	10	11	12	1	2	合计
$Q_月/Q_年$	2.24	1.88	3.44	3.7l	0.46	0.03	0.00	0.00	0.01	0.04	0.03	0.16	12
$Q_{设月}$（m^3/s）	5.38	4.51	8.26	8.90	1.10	0.07	0.00	0.00	0.02	0.10	0.07	0.38	28.79

G1.5　设计枯水径流的分析计算

G1.5.1　概述

对于一个水文年度，河流的枯水径流是指当地面径流减少，河流的水源主要靠地下水补给的河川径流。一旦当流域地下蓄水耗尽或地下水位降低到不能再补给河道时，河道内会出现断流现象，这就会引起严重的干旱缺水。因此，枯水径流与工农业供水和城市生活供水等关系甚为密切，必须予以足够的重视。

枯水的研究困难较大，主要表现在枯水期流量测验资料和整编资料的精度较低，受流域水文地质条件等下垫面因素影响和人类活动影响十分明显。长期以来人们对枯水径流的研究，不论是深度还是广度都远不如对洪水的研究。但是，随着人口的增长，工农业生产的发展，生活水平的提高和环境的恶化，水资源危机日益加剧，因此近年来，世界各国已普遍开始重视对枯水径流的研究。

水资源供需矛盾的尖锐，对大量供水工程和环境保护工程的规划设计提出了更高的要求。为使规划设计的成果更加合理，这就必然要求对枯水径流做出科学的分析和计算。在许多情况下，就年径流总量而言，水资源是丰富的，但汛期的洪水径流难以全部利用，工程规模、供水方式等主要受制于供水期或枯水期的河川径流。因此，在工程规划设计时，一般需要着重研究各种时段的最小流量。例如对调节性能较高的水库工程，需要重点研究水库供水期或枯水期的设计径流量；而对于没有调节能力的工程，例如为满足工农业用水需要在天然河道修建的抽水机站，要确定取水口高程及保证流量，选择水泵的装机容量和型号等，都需要确定全年或指定供水期内取水口断面处设计最小瞬时流量或最小时段（旬、连续几日或日）平均流量。

对于枯水径流的分析计算，通常采用下面几种方法：①年或供水期的最小流量频率计算；②用等值线图法或水文比拟法估算；③绘制日平均流量历时曲线。

G1.5.2　有实测资料时设计枯水径流的计算

枯水径流可以用枯水流量或枯水水位进行分析。枯水径流的频率计算与年径流相似，但有一些比较特殊的问题必须加以说明。

1. 枯水流量频率计算

（1）资料的选取和审查。枯水流量的时段，应根据工程设计要求和设计流域的径流特性确定。一般因年最小瞬时流量容易受人为的影响，所以常取全年（或几个月）最小连续几天平均流量作为分析对象，如年最小 1d、5d、7d、旬平均流量等。当计算时段确定后，可按年最小选样的原则，得到枯水流量系列（一般要求有 20 年以上连续实测资料），然后对枯水流量系列进行频率分析计算，推求出各种设计频率的枯水流量。枯水流量实测精度一般比较低，且受人类活动影响较大，因此，在分析计算时更应注重对原始资料的可靠性和一致性审查。

（2）$C_s < 2C_v$ 情况的处理。进行枯水流量频率计算时，经配线 C_s 常有可能出现小于 $2C_v$ 的情况，使得在设计频率较大时（如 $p = 97\%$，$p = 98\%$ 等），所推求的设计枯水流量有可能会出现小于零的数值。这是不符合水文现象客观规律的，目前常用的处理方法是用零来代替。

（3）$C_s < 0$ 情况的处理。水文特征值的频率曲线在一般情况下都是呈上凹的形状，但枯水流量（或枯水位）的经验分布曲线，有时会出现上凸的趋势，如图 G1.3 所示。如用矩法公式计算 C_s，则 $C_s < 0$，因此必须用负偏频率曲线对经验点据进行配线。而现有的皮尔逊Ⅲ型曲线离均系数 Φ_p 值或 k_p 值由查表所得均属于正偏情况，故不能直接应用于负偏分布的配线，需作一定的处理。经数学计算可得：

$$\Phi(-C_s, \ p) = -\Phi(C_s, 1-p) \tag{G1.5}$$

就是说，C_s 为负时，频率 p 对应的值与 C_s 为正时频率 $1-p$ 对应的 Φ 值，其绝对值相等，符号相反。

必须指出，在枯水径流进行频率计算中，当遇到 $C_s < 2C_v$ 或 $C_s < 0$ 的情况时，应特别慎重。此时，必须对样本作进一步的审查，注意曲线下部流量偏小的一些点据，可能是由于受人为的抽水影响而造成的；并且必须对特枯年的流量（特小值）的重现期作认真的考证，合理地确定其经验频率，然后再进行配线。总之，要避免因特枯年流量人为地偏

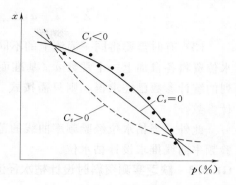

图 G1.3　负偏频率曲线

小，或其经验频率确定得不当，而错误地将频率曲线定为 $C_s < 2C_v$ 或 $C_s < 0$ 的情况。但如果资料经一再审查或对特小值进行处理后，频率分布确属 $C_s < 2C_v$ 或 $C_s < 0$，即可按上述方法确定。

此外，当枯水流量经验频率曲线的范围能够满足推求设计值的需要时，也可以采用经验频率曲线推求设计枯水流量。

【例 G1.4】　某站年最小流量系列的均值 $\overline{Q}$ 为 $4.96\mathrm{m^3/s}$；C_v 为 0.10；C_s 为 -1.50。求 $p=95\%$ 的枯水流量。

先求出 $1-p$ 值，即 $1-p=1-95\%=5\%$；查 $C_s=-1.50$、$p=5\%$ 时的 Φ 值为 1.95

$$\Phi(-1.5, 95\%) = -\Phi(1.5, 5\%) = -1.95$$

由此求得 $p=95\%$ 的枯水流量为

$$Q_p = (1 + \Phi_p C_v)\overline{Q} = (1 - 1.95 \times 0.10) \times 4.96 = 3.99 (\mathrm{m^3/s})$$

2. 设计枯水位频率计算

有时生产实际需要推求设计枯水位。当设计断面附近有较长的水位观测资料时，可直接对历年枯水位进行频率计算。但只有河道变化不大，且未受水工建筑物影响的天然河道，水位资料才具有一致性，才可以直接用来进行频率计算并推求设计枯水位；而在河道变化较大的地方，应先用流量资料推求设计枯水流量，再通过水位流量关系曲线转换成设计枯水位。

用枯水位进行频率计算时，必须注意以下基准面情况：

（1）同一观测断面的水位资料系列，在以往不同时期所取的基面可能不一致，如原先用测站基面，后来是用绝对基面，则必须统一转换到同一个基面上后再进行统计分析。

（2）水位频率计算中，采用的基面不同，所求统计参数的均值、变差系数也就不同，而偏态系数不变。在地势高的地区，往往水位数值很大，因此均值太大，则变差系数值变小，相对误差增大，不宜直接作频率计算。在实际工作中常取最低水位（或断流水位）作为统计计算时的基准面，即将实际水位都减去一个常数 a 后再作频率计算。但经配线法频率计算最后确定采用的统计参数，都应还原到实际基准面情况下，然后才能用以推求设计枯水位。若以 z 表示进行频率计算的水位系列，以 $Z=z+a$ 表示实际的水位系列，则两系列的统计参数可以按式（G1.6）转换：

$$\overline{Z} = \overline{z} + a, \quad C_{v,z+a} = \frac{\overline{z}}{\overline{z} + a} C_{v,z}, \quad C_{s,z+a} = C_{s,z} \tag{G1.6}$$

（3）有时需要将同一河流上的不同测站统一到同一基准面上，这时可将各个测站原有水位资料各自加上一个常数 a（基准面降低则 a 为正，基准面升高则 a 为负）。如各站系列的统计参数已经求得，则只需按式（G1.6）转换，就能得到统一基面后水位系列的统计参数。

此外，当枯水位经验频率曲线的范围能够满足推求设计值的需要时，也可直接采用经验频率曲线推求设计枯水位。

G1.5.3 缺乏实测资料时设计枯水径流的估算

1. 设计枯水流量推求

当工程拟建处断面缺乏实测径流资料时，通常采用等值线图法或水文比拟法估算枯水径流量。

（1）等值线图法。由枯水径流量的影响因素分析可知非分区性因素对枯水径流的影响是比较大的，但随着流域面积的增大，分区性因素对枯水径流的影响会逐渐显著，所以就可以绘制出大、中流域的年枯水流量（如年最小流量、年最小日平均流量、连续最小几日的平均流量）模数的均值、C_v 等值线图及 C_s 分区图。由此就可求得设计流域年枯水流量的统计参数，从而近似估算出设计枯水流量。由于非分区性因素对枯水径流的影响较大，所以年枯水流量模数统计参数的等值线图的精度远较年径流量统计参数等值线图为低。特别是对较小河流，可能有很大的误差，使用时应认真分析。

（2）水文比拟法。在枯水径流的分析中，要正确使用水文比拟法，必须具备水文地质的分区资料，以便选择水文地质条件相近的流域作为参证流域。选定参证流域后，即可将参证流域的枯水径流特征值移用于设计流域。同时，还需通过野外查勘，观测设计站的枯水流量，并与参证站同时实测的枯水流量进行对比，以便合理确定设计站的设计枯水流量。当参证站与设计站在同一条河流的上下游时，可以采用与年径流量一样的面积比方法修正枯水流量。

2. 设计枯水位推求

当设计断面处缺乏历年实测水位系列时，设计断面枯水位常移用上下游参证站的设计枯水位，但必须按一定方法加以修正。

（1）比降法。当参证站距设计断面较近，且河段顺直、断面形状变化不大、区间水面比降变化不大时，可用式（G1.7）推算设计断面的设计枯水位：

$$Z_{设} = Z_{参} \pm LI \tag{G1.7}$$

式中　$Z_{设}$、$Z_{参}$——设计断面与参证站的设计枯水位，m；

　　　　L——设计断面至参证站的距离，m；

　　　　I——设计断面至参证站的平均枯水水面比降。

（2）水位相关法。当参证站距离设计断面较远时，可在设计断面设置临时水尺与参证站进行对比观测，最好连续观测一个水文年度以上。然后建立两站水位相关关系，用参证站设计水位推求设计断面的设计水位。

（3）瞬时水位法。当设计断面的水位资料不多，难以与参证站建立相关关系时，可采用瞬时水位法。即选择枯水期水位稳定时，设计站与参证站若干次同时观测的瞬时水位资料（要求大致接近设计水位，并且涨落变化不超过 0.05m），然后计算设计站与参证站各次瞬时水位差，并求出其平均值 $\Delta\overline{Z}$。则根据参证断面的设计枯水位 $Z_参$ 及瞬时平均差 $\Delta\overline{Z}$，按式（G1.8）便可求得设计断面的设计枯水位 $Z_设$：

$$Z_设 = Z_参 + \Delta\overline{Z} \tag{G1.8}$$

G1.5.4　日平均流量（或水位）历时曲线

用以上方法，可为无调节水利水电工程的规划设计提供设计枯水流量或设计枯水位，但是不能得到超过或低于设计值可能出现的持续时间。在实际工作中，对于径流式电站、引水工程或水库下游有航运要求时，需要知道流量（或水位）超过或低于某一数值持续的天数有多少。例如，设计引水渠道，需要知道河流中来水量一年内出现大于设计值的流量有多少天，即有多少天取水能得到保证；航行需要知道一年中低于最低通航水位的断航历时等。解决这类问题就需要绘制日平均流量（或水位）历时曲线。

日平均流量历时曲线是反映流量年内分配的一种统计特性曲线，只表示年内大于或小于某一流量出现的持续历时，它不反映各流量出现的具体时间。在规划设计无调蓄能力的水利水电工程时，常要求提供这种形式的来水资料。绘制的方法如下：将研究年份的全部日平均流量资料划分为若干组，组距不一定要求相等，对于枯水分析，小流量处组距可小些；大流量处组距可大些。然后按递减次序排列，统计每组流量出现的天数及累积天数（即历时），再将累积天数换算成相对历时 $p_i(\%)$，见表 G1.4。用各组流量下限值 Q_i 与相应的 p_i 点绘关系线，即得日平均流量历时曲线，如图 G1.4 所示。

表 G1.4　　日平均流量历时曲线统计表

流量分组 （m³/s）	历时（d）		相对历时 p_i （%）
	分组	累积	
300（最大值）	2	2	0.55
250～299.9	11	13	3.56
200～249.9	13	26	7.12
150～199.9	15	41	11.2
⋮	⋮	⋮	⋮
10～14.9	3	364	99.7
4～9.9（最小值）	1	365	100

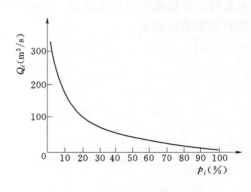

图 G1.4　日平均流量历时曲线

有了日平均流量历时曲线，就可求出超过某一流量的持续天数。例如，某取水工程设计枯水流量为 20m³/s，在图 G1.4 上查得相对历时 $p_i = 80\%$，也就是一年中流量大于或等于 20m³/s 的历时为 $365 \times 80\% = 292$（d），即全年中有 292d 能保证取水，而其余 73d 流量低于设计值，不能保证取水。

日平均流量历时曲线也可以不取年为时段，而取某一时期如枯水期、灌溉期等绘制，此时总历时为所指定时期的总天数。如有需要，也可直接用水位资料绘制日平均水位历时曲线，方法与上述相同。

复习思考与技能训练题

G1.1　何谓年径流量？何谓设计年径流量？

G1.2 日历年、水文年、水利年各有何含义？

G1.3 试分析年径流的基本特性及其影响因素。

G1.4 推求设计年径流量之前，需要对水文资料进行哪几方面的审查？

G1.5 怎样分析判别水文系列代表性的高低？怎样提高水文系列的代表性？

G1.6 分析具有实测资料时设计年径流的计算思路。

G1.7 分析缺乏实测资料时设计年径流的计算方法。

G1.8 利用参证变量展延年径流系列，应如何选择参证变量？

G1.9 设计枯水流量与设计年径流量在频率计算上有什么区别？

G1.10 某水利工程，根据实测资料已求得设计断面处年径流的统计参数为 $\bar{Q} = 51.1 \text{m}^3/\text{s}$，$C_v = 0.35$，采用 $C_s = 2C_v$，试求设计枯水年 $p = 90\%$ 的设计年径流量；并根据表 G1.5 所列资料选择代表年，推求设计年径流的年内分配。

表 G1.5 设计站枯水年逐月平均流量表 单位：m^3/s

时 间	月 平 均 流 量											
	5 月	6 月	7 月	8 月	9 月	10 月	11 月	12 月	1 月	2 月	3 月	4 月
1955～1956 年	29.6	13.1	60.9	62.9	39.5	59.5	44.1	21.8	10.0	7.9	22.5	17.4
1972～1973 年	62.6	15.7	8.0	54.4	92.6	6.7	14.9	12.7	13.0	2.0	1.4	52.6

G1.11 某设计站，流域面积为 186km^2，无实测径流资料。下游参证站有 30 年实测径流资料，算得多年平均流量 $\bar{Q} = 7.0 \text{m}^3/\text{s}$，流域面积为 210km^2，试用水文比拟法推求设计站的多年平均流量。

工作任务 2 （G2） 设计洪水分析计算

工作任务 2 描述：水利水电工程设计一般分为可行性研究、初步设计、技术设计等阶段。设计洪水是水利水电工程规划设计的重要依据。在可行性研究或初步设计阶段，设计洪水的主要参数应当确定。在工程初步设计以后的阶段，设计洪水不宜有较大的变动。设计洪水计算主要根据《水利水电工程设计洪水计算规范》（SL 44—2006）。本规范主要适用于可行性研究及初步设计阶段。至于河流规划工程的改建及扩建工程复核等仍可参照本规范执行。

水利水电工程设计所依据的各种标准的设计洪水，包括洪峰流量、时段洪量、洪水过程线、洪（潮）水位、洪（潮）水位过程线、最大排涝流量及其过程线等，可根据工程需要设计其相应的内容。

水利水电工程应以设计断面的设计洪水作为设计依据。一般设计断面是指坝址断面。对水库工程，当建库后产、汇流条件有明显改变，采用坝址设计洪水对调洪结果影响较大时，应以入库设计洪水作为设计依据。

计算设计洪水必须重视基本资料，当实测水文资料缺乏时，应根据设计需要设立水文站或水位站。计算设计洪水应充分利用已有的实测资料并重视运用历史洪水暴雨资料。

根据工程所在地或流域的资料条件，设计洪水可采用以下一种或几种方法进行计算：

（1）工程地址或其上、下游邻近地点具有30年以上实测和插补延长洪水流量资料，采用频率分析法计算设计洪水。

（2）工程所在地区具有30年以上实测和插补延长的暴雨资料，并有暴雨洪水对应关系时，可采用频率分析法计算设计暴雨，并由设计暴雨计算设计洪水。

（3）工程所在流域内洪水和暴雨资料均短缺时，可利用邻近地区实测或调查洪水和暴雨资料，进行地区综合分析，计算设计洪水。

（4）当工程设计需要时，可用水文气象法计算可能最大洪水。

对设计洪水计算过程中所依据的基本资料、计算方法及其主要环节采用的各种参数和计算成果，应进行多方面分析检查，论证其合理性。

计算短缺资料地区设计洪水和可能最大洪水时，应尽可能采用几种方法。对各种方法计算的成果应进行综合分析，合理选定。

对大型工程或重要的中型工程，用频率分析法计算的校核标准设计洪水，应计算抽样误差。经综合分析检查后，如成果有偏小的可能，应加安全修正值，一般不超过计算值的20%。

设计洪水现用规范有：《水利水电工程设计洪水计算规范》（SL 44—2006）；《水利水电工程等级划分及洪水标准》（SL 252—2000）；《中华人民共和国防洪标准》（GB 50201—94）。

G2.1　准　备　知　识

G2.1.1　工程安全与设计洪水

水利水电工程在规划设计过程中，涉及到工程建设规模和工程安全两方面的问题，它们实际是一对矛盾。为了追求工程安全，就必须增大工程规模，加大工程投资，这样可以减轻工程运行期间遭遇洪水的风险，从而减轻洪水灾害的损失；另一方面，如果减小工程规模，就会减少工程投资，但是会造成工程运行期间遭受洪水的风险增大，洪水灾害造成的损失也会增大。因此，在工程规划设计时，必须寻找工程规模与运行安全的平衡点，在一定的安全条件下，尽可能节省投资。现行设计是在国家统一制定的设计标准下进行的，这个标准就是《水利水电工程等级划分及洪水标准》（SL 252—2000）和《中华人民共和国防洪标准》（GB 50201—94）。

设计洪水，是指符合设计标准的洪水，是堤防等水工建筑物设计的依据。设计洪水特性可以由三个控制性的要素来描述，即设计洪峰流量 Q_m、设计洪水总量 W 和设计洪水过程线。

设计洪峰流量，是指设计洪水的最大流量。对于堤防、桥梁、涵洞及调节性能小的水库等，一般可只推求设计洪峰。例如，堤防的设计标准为百年一遇，只要求堤防能防御百年一遇的洪峰流量即可，至于洪水总量多大，洪水过程线形状如何，均不重要，故也称之为"以峰控制"法。

设计洪水总量，是指自洪水起涨至洪水落平时的总径流量，相当于设计洪水过程线与时间坐标轴所包围的面积。设计洪水总量随计算时段的不同而不同。1d、3d、7d 等固定时段的连续最大洪量，是指计算时段内水量的最大值，简称最大 1d 洪量、最大 3d 洪量、最大 7d 洪量等。对于大型水库，其调节性能高，洪峰流量的作用就不显著，而洪水总量则起着决定防洪库容大小的重要作用。当设计洪水主要由某一历时的洪量决定时，此称为"以量控制"。在水利工程的规划设计时，一般应同时考虑洪峰和洪量的影响，要以峰和量同时控制。

设计洪水过程线，包含了设计洪水的所有信息，是水库防洪规划设计计算时的重要入库洪水资料。

G2.1.2　防洪设计标准与确定

洪水泛滥造成的洪灾是最重要的一种自然灾害，它给城市、乡村、工矿企业、交通运输、水利水电工程设施等带来巨大的损失。如 1998 年的"三江"洪水造成 3000 多人死亡，直接经济损失达 3000 多亿元。为了保护上述对象和人民生命财产不受洪水的侵害，减少洪灾损失，必须采取防洪措施，通常包括工程措施和非工程措施两大类。工程措施是指各种防洪的硬件设施，如水库、河堤、分洪滞洪区工程等。非工程措施是指防洪的软件工程，如防洪预警系统、防洪指挥系统、社会保险保障系统等。对于各种防洪工程在规划设计时，必须选择一定大小的洪水作为设计依据，以便按此来对水工建筑物或防洪区进行防洪安全设计。如果洪水定得过大，工程虽然偏于安全，但会使工程造价增大而不经济；若洪水定得过小，虽然经济但工程遭受破坏的风险增大。因此，如何选择较为合适的洪水作为防洪工程的设计依据，就涉及一个标准，这个标准就是防洪设计标准。它表示担任防洪任务的水工建筑物应具备的防御洪水的量级大小，一般可用洪水相应的重现期或出现的频率来表示，如 50 年一遇、100 年一遇等。

防洪设计标准分两类：水工建筑物本身的防洪标准和防护对象的防洪标准。防洪标准的确定是一个非常复杂的问题，一般顺序为：根据工程规模、重要性确定等别；根据工程等别确定水工建筑物的级别；根据水工建筑物的级别确定建筑物的洪水标准。为此我国 1978 年颁发了《水利水电枢纽工程等级划分及设计标准（山区、丘陵区）（试行）》（SDJ 12—78），1987 年颁发了《水利水电枢纽工程等级划分及设计标准（平原、滨海部分）（试行）》（SDJ 217—87），1994 年水利部又会同有关部门共同制订了《中华人民共和国防洪标准》（GB 50201—94）作为强制性国家标准，自 1995 年 1 月 1 日起施行。又于 2000 年颁发了《水利水电工程等级划分及洪水标准》（SL 252—2000）取代了 SDJ 12—78 和 SDJ 217—87 两个旧标准，自 2000 年 8 月 1 日起实施。在 GB 50201—94 中有关城市的防洪标准见表 G2.1。水利水电枢纽工程根据工程规模、效益和在国民经济中的重要性分为五等，其等别见表 G2.2。水利水电枢纽工程的水工建筑物根据其所属枢纽工程的等别、作用和重要性分为五级，其级别见表 G2.3。水库工程水工建筑物的防洪表准见表 G2.4。

表 G2.1 城市的等级和防洪标准

等级	重要性	非农业人口 （万人）	防洪标准 〔重现期（年）〕
Ⅰ	特别重要的城市	＞150	＞200
Ⅱ	重要的城市	150～50	200～100
Ⅲ	中等城市	50～20	100～50
Ⅳ	一般城市	＜20	50～20

表 G2.2 水利水电枢纽工程等别

工程 等别	水 库		防洪		治涝	灌溉	供水	水电站
	工程规模	总库容 （10^8 m³）	城镇及 工矿企 业的重 要性	保护 农田 （万亩）	治涝 面积 （万亩）	灌溉 面积 （万亩）	城镇及 工矿企 业的重 要性	装机容量 （10^4 kW）
Ⅰ	大（1）型	＞10	特别重要	≥500	≥200	≥150	特别重要	≥120
Ⅱ	大（2）型	10～1.0	重要	500～100	200～60	150～50	重要	120～30
Ⅲ	中型	1.0～0.1	中等	100～30	60～15	50～5	中等	30～50
Ⅳ	小（1）型	0.1～0.01	一般	30～5	15～3	5～0.5	一般	5～1
Ⅴ	小（2）型	0.01～0.001		≤5	≤3	≤0.5		≤1

注 1. 水库总库容指水库最高水位以下的静库容。
 2. 治涝面积和灌溉面积均指设计面积。

防洪标准的确定，首先是确定工程的等级及建筑物的级别，然后再查相应的防洪标准。设计永久性水工建筑物所采用的防洪标准，分为正常运用和非常运用两种情况。正常运用的洪水标准较低，称设计标准，与其相应的洪水称为设计洪水；非常运用的洪水标准较高，称为校核标准，相应的洪水称为校核洪水。当遇到水工建筑物本身的设计标准洪水

表 G2.3　　　　　　　　　　　　　　　　水工建筑物的级别

工程等别	永久性水工建筑物级别		临时性水工建筑物级别
	主要建筑物	次要建筑物	
Ⅰ	1	3	4
Ⅱ	2	3	4
Ⅲ	3	4	5
Ⅳ	4	5	5
Ⅴ	5	5	

注　1. 永久性建筑物系指工程运行期间使用的建筑物，按其性质分为主要建筑物和次要建筑物。主要建筑物系指失事后将造成下游灾害或严重影响工程效益的建筑物。如大坝、泄洪建筑物、输水建筑物及电站厂房等。次要建筑物系指失事后不致造成下游灾害或对工程效益影响不大并易于修复的建筑物。如失事后不影响主要建筑物和设备运行的挡土墙、导流墙、工作桥及护岸等。

　　2. 临时性建筑物系指枢纽施工期间所使用的建筑物，如导流建筑物等。

表 G2.4　　　　　　　　　　　　　水库工程水工建筑物的防洪标准

水工建筑物级别	防洪标准［重现期（年）］				
	山区、丘陵区			平原区、滨海区	
	设计	校核		设计	校核
		混凝土坝、浆砌石坝及其他水工建筑物	土坝、堆石坝		
1	1000～500	5000～2000	(PMF)或10000～5000	300～100	2000～1000
2	500～100	2000～1000	5000～2000	100～50	100～300
3	100～50	1000～500	2000～1000	50～20	300～100
4	50～30	500～200	1000～300	20～10	100～50
5	30～20	200～100	300～200	10	50～20

时，工程应处在正常工作状态；当遇到水工建筑物本身校核标准的洪水时，允许工程的一些次要建筑物遭受破坏。设计洪水和校核洪水实质上属于同一类问题，计算的方法完全一样，只是洪水的大小和对工程的影响不一样。

因此，所谓设计洪水，实际上指的是一类洪水，是水利水电工程防洪安全所依据的各种标准洪水的总称。既包括设计永久性水工建筑物正常运用情况的洪水和非常运用情况的洪水，也包括施工期间设计临时建筑物所采用的洪水。实际上它是工程水文设计人员人为构造的一场具有特定功能的天然情况下的洪水，是水利水电工程规模及建筑物尺寸确定的必要依据。

另外，需要说明的是，以频率作为设计标准，即使标准很高，仍有可能会发生超过设计标准的洪水，使得水库由于超标准洪水而出现溃坝事件，这种教训国内外发生不少。为此 SL 252—2000 中规定，为了使重要的水库能够确保防洪安全，特别是采用土石坝的水库，除以频率作为设计标准外，还规定以可能最大洪水作为保证水库大坝安全的校核标准。

G2.1.3　风险率

在设计规范中防洪标准常用重现期表示，在设计洪水计算中一般要将重现期转换为频率。例如，某工程的防洪设计标准为百年一遇，即设计频率 $p=1\%$，它表示该工程遭遇洪水破坏的可能性在长期过程中平均每年为 1%，也就是说工程在运行期间每年都要承担一定的失事风险。为了说明工程的风险率，可作如下简单分析：

若某工程的设计频率为 $p(\%)$，可有效工作 L 年（L 称为工作寿命），由概率论知识可知，工程建成后第一年遭受破坏的可能性为 $p(\%)$，不遭破坏的可能性则为 $(1-p)$；第二年不遭破坏的可能性由概率乘法定理推出为 $(1-p)\cdot(1-p)=(1-p)^2$。依此类推，在 L 年内不遭破坏的可能性为 $(1-p)^L$。那么，在 L 年内遭受破坏的可能性，即该工程应承担的失事风险率为

$$R=1-(1-p)^L \qquad\qquad (G2.1)$$

如一座设计标准为 $p=1\%$ 的工程使用 100 年和 200 年时，使用期内出现超标准洪水遭受破坏的风险率分别为 63.4% 和 86.6%。

G2.1.4　设计洪水的推求途径

目前，根据我国设计洪水规范的规定，计算设计洪水，可按照资料条件和设计要求的不同，分为以下几种途径。

1. 由流量资料推求设计洪水

当工程地址或其上、下游邻近地点具有 30 年以上实测和插补延长的流量资料，并且有历史洪水调查考证资料时，可采用此法。这种方法与由径流资料推求设计年径流及其年内分配的方法类似，即采用频率分析法，先求出设计洪峰流量和各种时段的设计洪量，然后按典型洪水过程放大的方法求得设计洪水过程线。因此采用此方法设计洪水的内容包括设计洪峰流量、设计时段洪量和设计洪水过程线三项，通常称之为设计洪水三要素。但对于具体工程，因其特点和设计要求不同，计算的内容和重点有区别。如无调蓄能力的堤防、泄洪水道等，因对工程起控制作用的是洪峰流量，所以只要计算设计洪峰流量；如蓄洪区，则主要计算设计洪水总量；如水库工程，洪水的峰、量、过程对它都有影响，因此不仅需要计算设计洪峰及不同时段的设计洪量，而且还需计算出设计洪水过程线。施工设计还要求计算分期（季或月）的设计洪水。对大型水库，有时还需推求入库洪水等。

2. 由暴雨资料推求设计洪水

当工程所在流域及邻近地区具有 30 年以上实测和插补延长的暴雨资料，并具有一定的实测暴雨洪水的对应资料，可供分析建立流域的产流、汇流方案时，则先由暴雨资料通过频率计算求得设计暴雨，再经过流域产流和汇流计算推求出设计洪水过程线。

此外，还可根据水文气象资料，利用成因分析的方法推求出可能最大暴雨，然后再经过产流、汇流计算求出可能最大洪水。

3. 由地理插值法或简化公式法估算设计洪水

若工程所在流域缺乏实测暴雨洪水资料时，通常只能利用暴雨等值线图和一些简化公式等间接方法估算设计洪水。这类方法主要适用于中小流域，有关的等值线图、公式或一些经验数据等，在各省（区）编制的分区《雨洪图集》及《水文手册》中均有刊载，可供无资料的中小流域估算设计洪水使用。

最后必须指出，无论采用哪种方法计算设计洪水，都要借鉴工程所在地及其附近的历史洪水调查资料，其可以用来参加设计计算或者作为分析论证的依据；另外，上述几种方法并不是彼此孤立的，而是相辅相成的，应遵循"多种方法、综合分析、合理选用"的基本原则。

G2.2　由流量资料推求设计洪水

G2.2.1　洪水资料的选样与审查

G2.2.1.1　洪水资料的选样

洪水频率计算是把河流每年发生的洪水过程作为一次随机事件，实际上它包含若干次不同的洪水过程，到目前为止还无法直接对洪水过程线进行频率计算。因此常用的做法是按照一定的原则对洪水特征值进行选样，构成样本系列进行频率计算。所谓选样，是指从每年的全部洪水过程中，选取洪水特征值组成样本系列。

《水利水电工程设计洪水计算规范》（SL 44—2006）中指出，对于洪峰流量，采用年最大值法选样。即每年挑选一个最大的瞬时洪峰流量，若有 n 年资料，则可得到 n 个最大洪峰流量构成样本系列：Q_{m1}，Q_{m2}，$\cdots$，Q_{mn}。

对于洪量，采用固定时段年最大值法独立选样。首先根据当地洪水特性和工程设计的要求确定洪量相应的时段，称为统计时段或计算时段（包括洪水总历时和控制时段），然后在每年的洪水过程中，分别独立地选取不同时段的年最大洪量，组成不同时段的洪量样本系列。

固定时段的确定，应根据汛期洪水过程变化特性、水库调洪能力和调洪方式以及下游河段有无防洪要求等因素综合确定。首先是根据流域洪水特性和工程要求确定设计洪水的总历时，然后在其中确定几个控制时段（即洪水过程对调洪后果起控制作用的时段）。一般常用的时段为：1h、3h、6h、12h、24h（或 1d）、3d（或 72h）、5d、7d、10d、15d、30d 等。对具体工程而言，根据流域洪水特性和工程设计要求，一般以 2～3 个计算时段为宜。

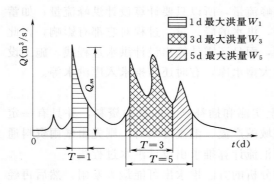

图 G2.1　洪量独立选样示意图

所谓独立选样，是指同一年中最大洪峰流量及各时段年最大洪量的选取互不干扰，各自都取全年最大值。例如，洪量计算时段为 1d、3d、5d，每年选取的这 3 个洪量特征值有可能在同一场洪水中，也有可能不在同一场洪水中，如图 G2.1 所示，如果有 n 年资料即可得到 3 组不同时段的年最大洪量系列：

$$W_{11}, W_{12}, \cdots, W_{1n}$$
$$W_{31}, W_{32}, \cdots, W_{3n}$$
$$W_{51}, W_{52}, \cdots, W_{5n}$$

年最大瞬时洪峰流量值和各种时段的年最大洪量值，可由水文年鉴上逐日平均流量表或洪水水文要素摘录表统计求得，或者直接从水文特征值统计资料上查得。

需要指出，许多地区的洪水常由不同成因（如融雪、暴雨）、不同类型（如台风、锋面）的降水形成，选样时要注意区分，不宜把它们混在一起作为一个洪水系列。

G2.2.1.2　洪水资料的审查与展延

1. 洪水资料的审查

（1）可靠性审查。一般情况洪水资料包括实测洪水和调查洪水。对于实测洪水资料，其审查的重点应放在观测质量比较差的年份，如新中国成立前和"文革"期间等。审查的内容包括：了解测站的变迁、水尺零点的变化、测站基面的沿革、河道的冲淤、改道等情况。一般可通过历年水位流量关系曲线（高水部分）的对照，上下游、干支流的水量平衡及洪水过程线的对照，暴雨径流关系分析等途径来进行检查。对于调查历史洪水，应重点分析洪峰流量的数值及其重现期的可靠性。

（2）一致性审查与还原计算。洪水资料的一致性主要指两层意思：①洪水的类型必须相同，即选样时不能将不同成因、不同类型（例如暴雨洪水、融雪洪水或溃坝洪水）的洪水特征值选在同一系列中；②不同时期的洪水必须是在同一条件下产生，即流域的产汇流条件不能有大的变化。对于第一层含义可以在选样时加以区分，以满足频率计算的要求；而对于流域的产汇流条件，由于人类活动或自然因素的影响，如水利水电工程建设、水土保持措施的实施，河道发生溃堤、改道等，都会导致洪水资料的前后不一致，因此是审查的重点。一般需要将资料还原到同一基础之上，使现有的资料来自同一总体。

对于一致性不好的资料系列，通常是根据水量平衡原理和洪水运动规律进行还原计算，具体方法可参考有关书籍。至于还原到什么基础，要视资料情况和计算要求而定。一般原则是把人类影响以后的资料还原到原来的天然状况。

（3）代表性审查。洪水资料的代表性审查和年径流资料的代表性审查相类似。一般可用设计流域所在地区参证站的长短洪水资料系列的统计参数对比来审查。另外，暴雨资料系列往往比洪水资料系列长，当暴雨洪水关系较为密切时，也可以用暴雨资料作为参证变量来审查。当洪水资料系列的代表性不高时，可通过系列的插补延长和加入特大洪水来提高系列的代表性。

2. 洪水资料的插补延长

根据《水利水电工程设计洪水计算规范》（SL 44—2006），洪峰流量、洪量频率计算要求具有 30 年以上实测和插补延长的洪水特征值资料。插补延长是提高洪水系列代表性的重要手段之一。洪水资料的插补延长可采用以下方法：

（1）利用上、下游站或邻近站的流量资料进行插补延长。当设计站的上游、下游或邻近相似河流具有较长流量观测资料，且又符合插补延长要求时，可以此作为参证站，建立同期资料的洪峰或洪量的相关图进行插补延长。如若两站之间的区间面积较大，有较大支流汇入，使得相关点分布较乱时，可加入其他因子（如区间支流的洪峰或洪量、区间雨量等）作参数，建立三变量的相关图。

（2）利用本站的峰量关系进行插补延长。若本站的洪峰与洪量间的关系比较密切，可每年选择几次较大的洪水资料，点绘同次洪水的洪峰与洪量的相关图。利用峰量关系，可由洪峰插补洪量，也可由洪量插补洪峰。当同次峰量关系不够密切时，常用峰型（单峰或复峰）、暴雨中心位置或暴雨历时等作参数，来改善峰量关系，达到插补延长的目的。

（3）利用本流域的暴雨资料插补延长。当设计流域具有较充分的暴雨资料，且暴雨和洪水径流的关系密切，可利用 G2.3 所介绍的方法，利用暴雨资料通过产汇流计算分析推求洪水流量过程线，然后再摘录洪峰和各时段的洪量。

G2.2.2　设计洪峰流量和洪量系列的频率计算

G2.2.2.1　特大洪水及其作用

所谓特大洪水，目前还没有一个非常明确的定量标准，通常是指比实测系列中的一般洪水大得多的稀遇洪水，例如模比系数 $K \geq 2 \sim 3$。特大洪水包括调查历史特大洪水（简称历史洪水）和实测洪水中的特大值。

目前，我国各条河流的实测流量资料多数都不长，一般都不超过 100 年，即使经过插补延后几十年的资料来推算百年一遇、千年一遇等稀遇洪水，难免会存在较大的抽样误差。而且，每当出现一次大洪水后，设计洪水的数据及结果就会产生很大的波动，若以此计算成果作为水工建筑物防洪设计的依据，显然是不可靠的。如果能调查和考证到若干次历史特大洪水加入频率计算，就相当于将原来几十年的实测系列加以延长，这将大大提高资料系列的代表性，增加设计成果的可靠度。例如：我国某河某水库，在 1955 年规划设计时，仅以 20 年实测洪峰流量系列计算设计洪水，求得千年一遇洪峰流量 $Q_m = 7500 \text{m}^3/\text{s}$。其后于 1956 年发生了特大洪水，洪峰流量 $Q_m = 13100 \text{m}^3/\text{s}$，超过了原千年一遇洪峰流量。加入该年洪水后按 $n = 21$ 年重新计算，求得 1000 年一遇洪峰流量 $Q_m = 25900 \text{m}^3/\text{s}$，为原设计值的 3 倍多，可见计算成果很不稳定。若加入 1794 年、1853 年、1917 年和 1939 年等历史洪水，并将 1956 年的实测洪水与历史洪水放在一起，进行特大值处理，则求得千年一遇洪峰流量 $Q_m = 22600 \text{m}^3/\text{s}$。紧接着 1963 年又发生了 $Q_m = 12000 \text{m}^3/\text{s}$ 的特大洪水，将它加入系列计算，得到千年一遇的洪峰流量 $Q_m = 23300 \text{m}^3/\text{s}$，与 22600 m^3/s 比较只相差 4%。这充分说明考虑历史洪水，并对调查和实测的特大洪水作特大值处理，设计成果也基本趋于稳定。上述计算成果见表 G2.5。

表 G2.5　　　　　　　　　　某水库不同资料系列设计洪水计算成果表

计算方案	系列项数	历史洪水个数	设计洪峰流量（m³/s）
			$p = 0.1\%$
Ⅰ	20	0	7500
Ⅱ	21	1	25900
Ⅲ	24	4	22600
Ⅳ	25	4	23300

上述实例充分说明了调查、考证历史上发生的大洪水是提高洪水系列代表性的又一重要、有效的手段。加入洪水特大值，补充了实测资料的不足，起到了延长系列和增加系列代表性的作用，从而减少了抽样误差，使设计值趋于稳定，有效地提高了设计成果的可靠性。

G2.2.2.2　不连序系列

由于特大洪水的出现机会总是比较少的，因而其相应的考证期（调查期）N 必然大于实测系列的年数 n，而在 $N - n$ 时期内的各年洪水信息尚不确知。把特大洪水和实测一般洪水加在一起组成的样本系列，在由大到小排队时其序号不连序，中间有空缺的序位，这种样本系列称为不连序系列。不连序系列有三种可能情况，如图 G2.2 所示。

图 G2.2 (a) 中为实测系列 n 年以外有调查的历史大洪水 Q_{M1}，其调查期为 N 年。

图 G2.2 (b) 中没有调查的历史大洪水，而实测系列中的 Q_M 远比一般洪水大，经论证其考证期可延长为 N 年，将 Q_M 放在 N 年内排位。

图 G2.2 (c) 中既有调查历史大洪水，又有实测的特大值，这种情况比较复杂，关键是要将各特大值的调查考证期考证准确，并弄清排位的次序和范围。

对于不连序的样本系列，其经验频率的计算及统计参数的初估，与连序样本系列有所

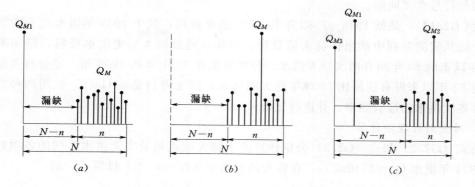

图 G2.2　特大洪水组成的不连序洪水系列

（a）实测期外有特大洪水；（b）实测期内有特大洪水；（c）实测期内、外均有特大洪水

不同，解决这两个问题通常也称为特大洪水的处理。

G2.2.2.3　经验频率的计算

设在调查考证期 N 年中有特大洪水 a 个，其中 l 个发生在 n 项连序实测系列内。这类不连序系列，目前我国采用的计算方法有以下两种：

（1）分别处理法。即将实测一般洪水样本与特大洪水样本，分别看作是来自同一总体的两个或几个连序随机样本，则各项洪水分别在各自的样本系列内排位计算经验频率。a 个特大洪水按式（G2.2）计算经验频率

$$p_M = \frac{M}{N+1}$$ （G2.2）

式中　M——特大洪水排位的序号，$M=1$，2，…，a；

　　　N——特大洪水的调查或考证期，即为调查或考证的最远的年份至样本资料最末一年的年数；

　　　p_M——特大洪水第 M 项的经验频率。

同理，实测一般洪水的经验频率按式（G2.3）计算

$$p_m = \frac{m}{n+1}$$ （G2.3）

式中　m——实测洪水排位的序号，$m=l+1$，$l+2$，…，n；

　　　n——实测洪水的项数；

　　　p_m——实测洪水第 m 项的经验频率；

　　　l——实测洪水中提出作特大值处理的洪水个数。

（2）统一处理法。即将实测系列和特大值系列都看作是从同一总体中抽取的一个容量为 N 的不连序样本，各项洪水均在 N 年内统一计算其经验频率。

对于 a 个特大洪水，其经验频率仍按式（G2.2）计算，而实测系列中剩余的（$n-l$）项的经验频率按式（G2.4）计算

$$p_M = p_{Ma} + (1-p_{Ma})\frac{m-l}{n-l+1}$$ （G2.4）

式中　p_{Ma}——是 N 年中末位特大值的经验频率，$p_{Ma} = \frac{A}{N+1}$；

其他符号含义同前。

【例 G2.1】 某站 1938~1982 年共 45 年洪水资料，其中 1949 年洪水比一般洪水大得多，应从实测系列中抽出作特大值处理。另外，通过调查历史洪水资料，得知本站自 1903 年以来的 80 年间有两次特大洪水，分别发生在 1921 年和 1903 年。经分析考证，可以确定 80 年以来没有遗漏比 1903 年更大的洪水，洪水资料见表 G2.6，试用两种方法分析计算各次洪水的经验频率，并进行比较。

1. 用分别处理法计算

按式（G2.2）和式（G2.3）分别计算洪水特大值系列及实测洪水系列的各项经验频率。1921 年洪水 $Q_m=8540\text{m}^3/\text{s}$，在特大值系列中（$N=80$ 年）排第一，则

$$p_{1921}=\frac{1}{80+1}\times100\%=1.23\%$$

$$p_{1949}=\frac{2}{80+1}\times100\%=2.47\%$$

$$p_{1903}=\frac{3}{80+1}\times100\%=3.70\%$$

实测系列中由于将 1949 年抽出作特大值处理（$l=1$），所以排位实际上应从 $m=l+1=2$ 开始，即 1940 年洪水经验频率为

$$p_{1940}=\frac{2}{45+1}\times100\%=4.35\%$$

2. 用统一处理法计算

a 个特大值洪水的经验频率仍用式（G2.2）计算，结果与独立样本法相同。（$n-l$）项实测洪水的经验频率按式（G2.4）计算，1940 年洪峰流量的经验频率为

$$p_{1940}=\left[\frac{3}{80+1}+\left(1-\frac{3}{80+1}\right)\times\frac{2-1}{45-1+1}\right]\times100\%=5.84\%$$

其余各项实测洪水的经验频率可仿此计算，成果列入表 G2.6 中。

表 G2.6 某站洪峰流量系列经验频率分析计算表

洪水资料	洪水性质	特大洪水			一般 洪 水				
	年份	1921	1949	1903	1949	1940	1979	…	1981
	洪峰流量	8540	7620	7150	5020	4740	…		2580
排位情况	排位时期	1903~1982 年（$N=80$ 年）			1938~1982 年（$n=45$）				
	序号	1	2	3	—	2	3	…	45
独立取样分别 排位（方法1）	计算公式	式（G2.1）			式（G2.2）				
	经验频率（%）	1.23	2.47	3.70	—	4.35	6.52	…	97.8
统一取样统一 排位（方法2）	计算公式	式（G2.1）			式（G2.3）				
	经验频率（%）	1.23	2.47	3.70	—	5.84	7.98	…	97.8

由表 G2.6 中计算结果可以看出，特大洪水的经验频率两种方法计算一致；而实测一般洪水的经验频率两种方法计算结果不同，如 1940 年洪水（$m=2$），分别处理法计算频率为 4.35%，统一处理法计算为 5.84%，可见第二种方法计算的经验频率比第一种方法计算值大。

110

研究表明，统一处理法公式更具有理论依据；分别处理法可能出现特大洪水的经验频率与实测洪水的经验频率有"重叠"的不合理现象，即末位几项特大洪水的经验频率大于首几位实测一般洪水的经验频率，但由于其比较简单，因此目前两种方法都在使用。一般来说，分别处理法适用于实测系列代表性较好，而历史洪水排位可能有遗漏的情况；统一处理法适用于在调查考证期 N 年内为首的各项历史洪水确系连序而无错漏的情况。

G2.2.2.4　洪峰流量与洪量系列频率适线

洪峰流量和不同时段洪量的样本系列的各项经验频率确定后，就可以在频率格纸上点绘经验点，并以此为基础采用适线法推求理论频率曲线，其方法已在 X3.6 介绍，此处着重对不连序系列统计参数的初估方法、适线的原则等问题进行介绍。

1. 统计参数的初估

对于不连序系列统计参数初值的估算方法，常用矩法和三点法。

（1）矩法。对于不连序系列，矩法公式与连序系列的计算公式有所不同。设调查考证期 N 年内共有 a 个特大洪水，其中 l 个发生在实测系列中，$(n-l)$ 项为一般洪水。假定除去特大洪水后的 $(N-a)$ 年系列的均值和均方差与 $(n-l)$ 年系列的均值和均方差相等，即 $\overline{x}_{N-a}=\overline{x}_{n-l}$，$s_{N-a}=s_{n-l}$，可推导出不连序系列的均值 $\overline{x}$ 和变差系数 C_v 的计算公式如下

$$\overline{x} = \frac{1}{N}\left(\sum_{j=1}^{a} x_j + \frac{N-a}{n-l}\sum_{i=l+1}^{n} x_i\right) \tag{G2.5}$$

$$C_v = \frac{1}{\overline{x}}\sqrt{\frac{1}{N-1}\left[\sum_{j=1}^{a}(x_j-\overline{x})^2 + \frac{N-a}{n-l}\sum_{i=l+1}^{n}(x_i-\overline{x})^2\right]} \tag{G2.6}$$

式中　x_j——特大洪水的洪峰流量或洪量，$j=1$，2，…，a；

x_i——实测一般洪水的洪峰流量或洪量，$i=l+1$，$l+2$，$l+3$，…，n；

其他符号含义同前。

偏差系数 C_s 由于抽样误差较大，一般不直接计算，而是参考相似流域分析成果，选用一定的 C_s/C_v 值作为初始值。

（2）三点法。所谓三点法，就是根据实测资料系列（连序、不连序系列）计算并点绘经验点，目估过点群中心定出经验频率曲线后，在曲线上按照点子的频率范围选取三个点，并查出各点坐标值 (p_1,x_{p1})、(p_2,x_{p2}) (p_3,x_{p3})，利用水文统计中离均系数 $\Phi = (x-\overline{x})/s$，则可建立如下联立方程

$$\left.\begin{array}{l} x_{p1} = \overline{x} + s\Phi_{p1} \\ x_{p2} = \overline{x} + s\Phi_{p2} \\ x_{p3} = \overline{x} + s\Phi_{p3} \end{array}\right\} \tag{G2.7}$$

联解以上方程组，得出下列公式

$$S = \frac{x_{p1}+x_{p3}-2x_{p2}}{x_{p1}-x_{p3}} \tag{G2.8}$$

$$C_s = \Phi(s)$$

$$s = \frac{x_{p1}-x_{p3}}{\Phi_{p1}-\Phi_{p3}} \tag{G2.9}$$

$$\overline{x} = x_{p2} - s\Phi_{p2} \tag{G2.10}$$

式中　S——偏度系数，是 p 和 C_s 的函数，当 p 一定，S 仅为 C_s 的函数，S 和 C_s 的关系由附表 3 查算；

其他符号含义同前。

三点的取法应结合经验点最前一点和最后一点的频率大小分别选 $1\% - 50\% - 99\%$，$3\% - 50\% - 97\%$，$5\% - 50\% - 95\%$ 或 $10\% - 50\% - 90\%$ 等。

当然，统计参数初值的估算还有其他方法，如概率权重法、权函数法等，这里不作详细介绍，可参考有关专业书籍。但不管用何种方法初估统计参数，最后都要经过频率适线来确定参数。

2. 洪水频率曲线线型与适线原则

《水利水电工程设计洪水计算规范》（SL 44—2006）中指出，洪水频率曲线的线型应采用皮尔逊 Ⅲ 型。对特殊情况，经过论证后也可采用其他线型。

在洪水频率计算中，推求洪水特征值的理论频率曲线，目前我国普遍采用适线法。适线法有两种：一种是经验适线法（或称目估适线法）；另一种是优化适线法。

经验适线法是在经验频率点据和频率曲线线型确定之后，通过调整参数选配一条与经验点据配合最佳的理论频率曲线。适线的原则如下：

（1）适线时尽量照顾点群趋势，使曲线上、下两侧点子数目大致相等，并交错均匀分布。若全部点据配合有困难，可侧重考虑上部和中部点子。

（2）应分析经验点据的精度，使曲线尽量地接近或通过比较可靠的点据。

（3）历史洪水，特别是为首的几个历史特大洪水，一般精度较差，适线时，不宜机械地通过这些点据，而使频率曲线脱离点群；但也不能为照顾点群趋势使曲线离开特大值太远，应考虑特大历史洪水的可能误差范围，以便调整频率曲线。

（4）要考虑不同历时洪水特征值参数的变化规律，以及同一历时的参数在地区上变化规律的合理性。

优化适线法，通常是在计算机上进行，适线的准则可根据各项洪水的误差情况，采用离差平方和准则或相对离差平方和准则。

【例 G2.2】　某流域拟建中型水库一座。经分析确定水库枢纽本身永久水工建筑物正常运用洪水标准（设计标准）$p = 1\%$，非常运用洪水标准（校核标准）$p = 0.1\%$。该工程坝址位置有 31 年实测洪水资料（1952～1982 年），经选样审查后洪峰流量资料列入表 G2.7 第②栏，为了提高资料的代表性，曾多次进行洪水调查，得知 1788 年发生特大洪水，洪峰流量为 9200m³/s，经考证是 1788 年以来最大值；1909 年洪峰流量为 6710m³/s，是 1909 年以来的第二位；实测系列中 1954 年洪峰流量 7400m³/s，为 1909 年以来的第一位。试推求 $p = 1\%$、$p = 0.1\%$ 的设计洪峰流量。

（1）计算经验频率。用分别处理法计算各年最大洪峰流量的经验频率，见表 G2.7。

（2）用三点法初估洪峰流量系列统计参数的初值。根据表 G2.7 在频率格纸上点绘经验频率点据，通过点群中心目估绘出一条光滑的经验频率曲线，如图 G2.3 中的虚线。根据频率范围在该线上读取 $p = 5\%$、$p = 50\%$、$p = 95\%$ 三点的洪峰流量分别为：

$$Q_{5\%} = 5600 \text{m}^3/\text{s}; \quad Q_{50\%} = 2500 \text{m}^3/\text{s}; \quad Q_{95\%} = 1230 \text{m}^3/\text{s}$$

由式（G2.8）计算偏度系数 S

$$S = \frac{Q_{5\%} + Q_{95\%} - 2Q_{50\%}}{Q_{5\%} - Q_{95\%}} = \frac{5600 + 1230 - 2 \times 2500}{5600 - 1230} = 0.42$$

由 S 查用表（附表 3）得 $C_s = 1.49$。

由 C_s 查附表 4，得到 $\Phi_{50\%} = -0.237$，$\Phi_{5\%} - \Phi_{95\%} = 3.093$，代入式（G2.9）、式（G2.10）

得

$$s = \frac{Q_{5\%} - Q_{95\%}}{\Phi_{5\%} - \Phi_{95\%}} = \frac{5600 - 1230}{3.093} = 1143 (\text{m}^3/\text{s})$$

$$\overline{Q}_m = Q_{50\%} - s\Phi_{50\%} = 2500 - 1413 \times (-0.237) = 2835 (\text{m}^3/\text{s})$$

所以

$$C_v = \frac{s}{\overline{Q}_m} = \frac{1413}{2835} = 0.498$$

表 G2.7 经验频率曲线计算成果表

按时间次序排列		按大小次序排列		$N_2 = 195$		$N_1 = 74$		$n = 31$	
年份	$Q_m(\text{m}^3/\text{s})$	年份	$Q_m(\text{m}^3/\text{s})$	序号	$p(\%)$	序号	$p(\%)$	序号	$p(\%)$
①	②	④	⑤						
1788	9200	1788	9200	1	0.51				
1909	6710	1954	7400			1.3			
1954	7400	1909	6710			2.7			
1952	3860	1954	7400						（已抽出）
1953	4030	1955	4230					2	6.3
1954	7400	1953	4030					3	9.4
1955	4230	1952	3860					4	12.5
1956	3270	1962	3750					5	15.6
…	…	…	…					…	…
1978	2000	1965	1660					27	84.4
1979	2720	1981	1540					28	87.5
1980	2350	1972	1490					29	90.6
1981	1540	1982	1360					30	93.8
1982	1360	1966	1240					31	96.9

（3）适线并推求设计值。现按 $\overline{Q}_m = 2835\text{m}^3/\text{s}$，$C_v = 0.50$，选取 $C_s = 3.0C_v$ 进行适线，曲线与点子配合欠佳，需要调整参数；故又令 $\overline{Q}_m = 2840\text{m}^3/\text{s}$，$C_v = 0.50$，选取 $C_s = 3.5C_v$，再次适线，配合较好，如图 G2.3 中的实线，故最后采用该参数作为设计依据。

根据采用的参数推求坝址断面处千年一遇的设计洪峰流量 $Q_m = 10735\text{m}^3/\text{s}$。

G2.2.2.5 频率计算成果的合理性检查

为了避免单一洪水特征值系列频率计算的任意性以及减小频率计算的抽样误差，应对频率计算成果（指适线后得到的统计参数或设计值）根据本站洪峰、不同时段洪量统计参数和设计值的变化规律，以及上下游、干支流和邻近流域各站的成果进行合理性检查。检查时，一方面要分析一般规律，检查成果是否合理，必要时可作适当调整；另一方面，也要注意是否具有特殊性，发现问题，找出原因。

合理性检查常用的方法可以归纳为以下几个方面：

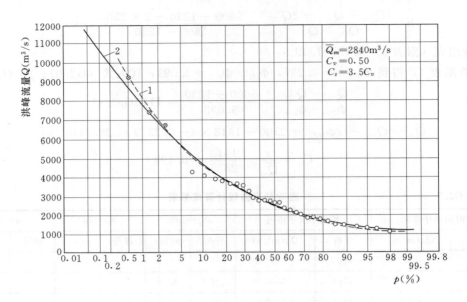

图 G2.3　某站洪峰流量频率曲线图
1—经验频率曲线；2—理论频率曲线

（1）本站洪峰流量及不同时段洪量频率计算成果比较。

1）一般情况下，各种时段的洪量均值和设计值，随时段的增长而加大；变差系数 C_v 值随时段的增长而减小。但对于调蓄作用大且连续暴雨次数多的河流，各时段洪量 C_v 值随时段增长反而增大，至某时段达到最大值后再逐渐减小。

2）各种时段洪量频率曲线绘于同一张频率格纸上，各条曲线在使用范围内不得相互交叉。

（2）与上下游及邻近站的频率计算成果比较。

1）同一条河流的上下游站，当气候及地形等条件相似时，洪峰流量、洪量的均值及设计值由上游向下游呈递增的变化规律，其模数则递减。而变差系数 C_v 值往往由上游向下游呈递减趋势。当上下游站气候及下垫面条件不一致时，各项参数及设计值的变化规律比较复杂，需要结合自然地理及暴雨分布特性等因素进一步分析论证，判断是否符合应有的规律。

2）与邻近河流的计算成果比较，通常用洪峰流量模数的变化规律加以分析，一般情况下，洪峰流量的模数随流域面积的增大而减小。

（3）与暴雨频率分析计算成果比较。暴雨与洪水有着密切的因果关系。因此，不同时段暴雨量的统计参数与相应时段洪量的统计参数应有一定的关系。

洪水径流深（均值或设计值）应小于相应时段的暴雨深（均值或设计值）；一般情况下，洪量的变差系数 C_v 应大于相应时段暴雨的 C_v。

由于洪水特征值影响因素的复杂性，上述分析方法所依据的规律并不十分严密，所以分析时必须作多方面论证，不可生搬硬套。如发现不合理现象，应认真查明原因，并应重新审查原始资料的可靠性、一致性和代表性以及复核整个计算过程。

G2.2.2.6　设计洪峰及洪量的确定与安全修正值

由适线法求得洪峰、洪量的理论频率曲线后，根据指定频率，则可确定设计洪峰和不同时段的设计洪量。

在洪水频率计算中，虽然考虑了特大洪水延长了系列，在一定程度上提高了代表性，但洪水资料系列仍然是无限总体中的一个样本，由此样本求得统计参数和设计值，必然存在抽样误差。对于大型水利水电工程或重点中型工程，如果经过综合分析发现设计值确有可能偏小时，为了安全起见，可在校核洪水的基础上加一安全修正值。

安全修正值的大小，可根据综合分析成果偏小的可能幅度来计算，但规范规定安全修正值一般以不超过计算值的 20％ 为宜。

G2.2.3　设计洪水过程线的推求

所谓设计洪水过程线，是指符合工程设计洪水要求的流量过程线。目前水文计算中常用的方法是典型洪水放大法，即从实测洪水中选出符合要求的洪水过程线作为典型，然后按设计洪峰和各时段设计洪量将典型洪水过程线的洪峰及各时段洪量进行放大得到设计洪水过程线。此法的关键是如何恰当地选择典型洪水和怎样进行放大。

G2.2.3.1　典型洪水过程线的选择

典型洪水的选取应考虑以下几条原则：

（1）从实测资料中选择过程完整、精度较高、峰高量大的洪水过程。

（2）选择具有代表性的洪水过程。即在发生季节、地区组成、峰型、主峰位置、洪水历时及洪量集中程度等方面能够代表设计流域一般大洪水的特性。

（3）选择对工程安全较为不利的典型。一般说来，调洪库容较小时，"尖瘦型"洪水对防洪不利；调洪库容较大时，"矮胖型"洪水对防洪不利。对多峰洪水来说，一般峰型集中、主峰靠后的洪水过程线对调洪更为不利。

G2.2.3.2　典型洪水过程线的放大

1. 同倍比放大法

该法是按同一放大系数 K 将典型洪水过程线各时刻的流量进行放大，求得设计洪水过程线。分为"以峰控制"和"以量控制"两种情况，使放大后的洪峰流量等于设计洪峰 $Q_{m,p}$，或使放大后的 T 时段洪量等于设计洪量 W_{Tp}。

若洪峰对工程的安全起决定作用，采用"以峰控制"，放大倍比为

$$k_Q = \frac{Q_{m,p}}{Q_{m,d}} \qquad (G2.11)$$

若某一时段 T 的洪量对工程的安全起决定作用，采用"以量控制"，放大倍比为

$$K_w = \frac{W_{T,p}}{W_{T,d}} \qquad (G2.12)$$

式中　$Q_{m,d}$、$W_{T,d}$——典型洪水的洪峰流量和典型洪水 T 时段的洪量。

同倍比法，方法简单，计算工作量小，但在一般情况下，K_Q 和 K_w 不会完全相等，所以按峰放大后的洪量不一定等于设计洪量，按量放大后的洪峰不一定等于设计洪峰。

2. 同频率放大法

在放大典型洪水过程时，洪峰和不同时段的洪量，按照几个不同的放大倍比进行放大，使放大后的过程线的洪峰及各种历时的洪量分别等于设计洪峰和设计洪量。也就是说，放大后的过程线，其洪峰流量和各种历时的洪量都符合同一设计频率，称为"峰、量同频率放大"，简称"同频率放大"。目前大、中型水库规划设计，主要采用此法。

如图 G2.4 所示，若取洪量的时段为 1d、3d、7d，典型洪水洪峰流量 $Q_{m,d}$、计算各历时洪量 $W_{1,d}$、$W_{3,d}$、$W_{7,d}$。计算典型洪水的峰和量时采用"长包短"，即把短历时洪量包在长历时洪量之中，以保证放大后的设计洪水过程线峰高量大，峰型集中。洪量的选样不要求长包短，是为了所取得的样本是真正的年最大值，符合独立随机选样要求，两者都是从安全角度出发的。

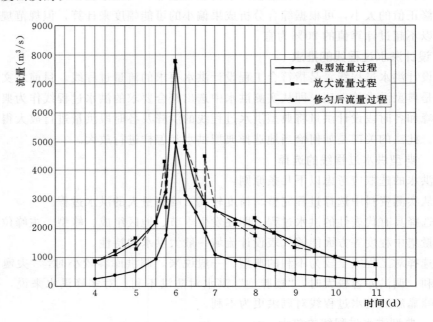

图 G2.4　某水库 $p=0.1\%$ 设计洪水与典型洪水过程线

典型洪水各段的放大倍比可计算如下：

洪峰流量的放大倍比

$$K_Q = \frac{Q_{m,p}}{Q_{m,d}} \tag{G2.13}$$

1d 洪量的放大倍比

$$K_1 = \frac{W_{1,p}}{W_{1,d}} \tag{G2.14}$$

由于 3d 之中包括了 1d，即 $W_{3,p}$ 中包括了 $W_{1,p}$，$W_{3,d}$ 包括了 $W_{1,d}$，而典型 1d 的过程线已经按 K_1 放大了。因此，就只需要放大 1d 以外，3d 以内的其余 2d 的，所以 3d 其余 2d 的放大倍比为

$$K_{1-3} = \frac{W_{3,p} - W_{1,p}}{W_{3,d} - W_{1,d}} \tag{G2.15}$$

同理，7d 其余 4d 的放大倍比为

$$K_{7-3} = \frac{W_{7,p} - W_{3,p}}{W_{7,d} - W_{3,d}} \tag{G2.16}$$

在典型放大过程中，由于两个时段交界处可用两个倍比放大，因而放大后的流量往往产生突变现象，使过程线呈锯齿形，如图 G2.4 所示。此时可以徒手修匀，使其符合实际径流的变化规律，但要保持设计洪峰和各历时设计洪量不变。

同频率放大法推求的设计洪水过程线，较少受到所选典型的影响，比较符合设计标准。其缺点是可能与原来的典型相差较远，甚至形状有时也可能不符合自然界中河流洪水的形成规律。为改善这种情况，应尽量减少放大的层次，以2～3个时段为宜。例如，除洪峰和最长历时的洪量外，只取一种对调洪计算起直接控制作用的历时，称为控制历时，并依次按洪峰、控制历时和最长历时的洪量进行放大。

　　【例 G2.3】　某水库千年一遇设计洪峰和各历时设计洪量计算成果见表 G2.8，用同频率法推求设计洪水过程线。

　　经分析选定 1991 年 8 月的一次洪水为典型洪水，典型洪水的洪峰流量和计算求得各历时洪量、洪峰及各历时洪量的放大倍比，结果列于表 G2.8。以此进行逐时段放大，并修匀，最后所得设计洪水过程线见表 G2.9 及图 G2.4。

表 G2.8　　　　　　　　　　　设计洪水和典型洪水特征值统计成果表

项　目	洪峰 (m^3/s)	洪量（$m^3/s \cdot h$）		
		24h (1d)	3d	7d
$p=0.1\%$ 的设计洪峰及各历时洪量	10245	114000	226800	348720
典型洪水的洪峰及各历时洪量	4900	74718	121545	159255
起讫日期	6 日 0 时	5 日 18 时～6 日 18 时	5 日 0 时～8 日 0 时	4 日 0 时～11 日 0 时
设计洪水洪量差 ΔW_p		114000	112800	121920
典型洪水洪量差 ΔW_d		74718	46827	37710
放大倍比	2.09	1.53	2.41	3.23

表 G2.9　　　　　　　　　　同频率放大法设计洪水过程线计算表

典型洪水过程线			$Q(m^3/s)$	放大倍比 K	放大计算过程 (m^3/s)	修匀后设计洪水流量过程 (m^3/s)
月	日	时				
8	4	0	268	3.23	866	866
		12	375	3.23	1211	1100
	5	0	510	3.23/2.41	1647/1229	1480
		12	915	2.41	2205	2200
	5	18	1780	2.41/1.53	4290/2723	3300
	6	0	4900	2.09	10245	10245
		6	3150	1.53	4820	4750
		12	2583	1.53	3952	3950
	6	18	1860	1.53/2.41	2846/4483	3200
	7	0	1070	2.41	2579	2550
		12	885	2.41	2133	2133
	8	0	727	2.41/3.23	1752/2348	1750
		12	576	3.23	1860	1860
	9	0	411	3.23	1328	1330
		12	365	3.23	1179	1180
	10	0	312	3.23	1008	1010
		12	236	3.23	762	762
	11	0	230	3.23	743	743

现在用 Excel 列表计算：

（1）新建 Excel 工作表，在 A 列输入表头及时间，在 B 列输入典型洪水各时刻流量，在 C 列根据个时段洪量及洪峰流量的放大系数 K。注意在两个时段交界时刻需将时间和流量重复填写两行，与两个时段的放大系数相对应；

（2）在 D 列输入公式进行放大过程计算，如在 D3 单元格输入"＝round（B3＊C3，0）Enter"即可得到第一时刻的流量为 $866m^3/s$；其他时刻直接将鼠标指向单元格右下角，按住左键向下拖动即可完成计算，求出放大后的流量过程；如图 G2.5 中工作表阴影区。

（3）根据数据绘制典型洪水过程和放大后的洪水过程。插入→图表→XY 散点图→折线散点图→下一步→数据区域→系列产生于"列"→添加"系列 1"，名称＝"典型洪水过程"；X 值＝"Sheet1！A3：A24"；Y 值＝"Sheet1！B3：B24"；添加"系列 2"，名称＝"放大计算过程"，X 值＝"Sheet1！A3：A24"；Y 值＝"Sheet1！D3：D24"；添加"系列 3"，名称＝"设计洪水过程"；X 值＝"Sheet1！A3：A24"；Y 值＝"Sheet1！E3：E24"；→下一步→图表标题栏输入"某站设计洪水流量过程线"、数值 X 轴（A）栏输入文字"时间（小时）"、数值 Y 轴（V）栏输入文字"流量（m^3/s）"→坐标轴选中"主坐标轴数值 X 轴（A）、数值 Y 轴（V）"→网格线选中"数值 X 轴、数值 Y 轴"→确定，即可绘出典型洪水和放大洪水的流量过程线如图 G2.5、图 G2.6 所示。

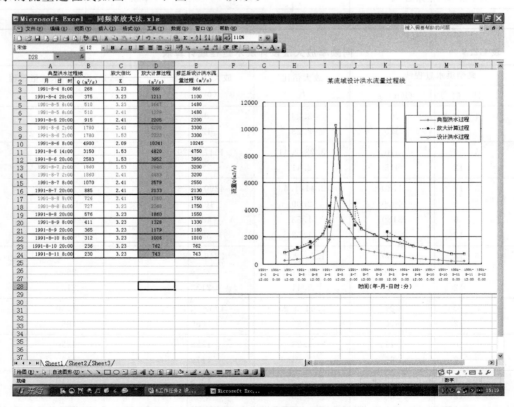

图 G2.5　推求设计洪水过程线

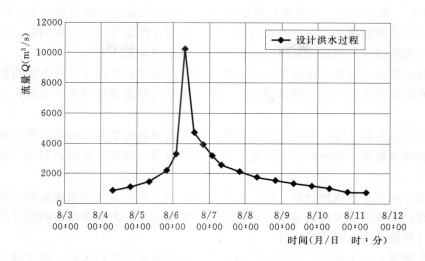

图 G2.6 某站设计洪水过程线（$p=0.1\%$）

（4）根据放大计算过程，结合典型洪水的形状和修匀原则对放大过程进行修正。具体操作在表中进行调整，并进行验证，使得各时段设计洪量不能有较大的误差。

G2.3 由暴雨资料推求设计洪水

G2.3.1 设计思路

G2.2 节介绍了由流量资料推求设计洪水的方法，但在实际工作中许多工程所在地点缺乏实测流量资料，或者流量资料系列太短，无法采用上述方法推求设计洪水。有时即使工程所在地点有流量资料，但由于流域内人类活动的影响，下垫面条件改变显著，使得实测洪水资料的一致性遭到破坏，而且还原工作量较大，精度无法保证，也不宜采用上述方法推求设计洪水。有时，即使具有长期实测流量资料的流域，也需要由暴雨资料来推求设计洪水，以便与流量资料推求设计洪水的计算成果相互论证、比较，从而提高设计洪水成果的可靠度。另外，我国绝大部分地区洪水都是由暴雨形成的，暴雨与洪水的必然联系为利用暴雨资料来推求设计洪水奠定了基础。就暴雨资料而言，一般雨量站的密度较水文站大得多，设站时间也早，故暴雨资料比流量资料充足得多，受人类活动影响小，统计参数的地区综合比较容易。因此由暴雨资料推求设计洪水是设计洪水计算的重要途径之一，尤其在中小型水利水电工程设计中更为突出。

由暴雨资料推求设计洪水，通常假设设计暴雨与相应的设计洪水同频率，而由设计暴雨计算设计洪水。这一假设对中小流域较为符合，对于较大流域有时不完全符合实际。

由暴雨资料推求设计洪水计算程序如图 G2.7 所示。

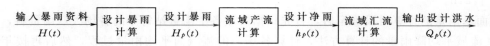

图 G2.7 由暴雨资料推求设计洪水流程框图

由图 G2.7 可以看出，由暴雨资料推求设计洪水实际是把流域当作一个系统，把流域降雨过程视为系统的输入，出口断面的洪水流量过程看作是流域系统接纳输入后，经过产流和汇流之后的输出。因此由暴雨资料推求设计洪水的主要内容有：

（1）设计暴雨的计算。设计暴雨的计算方法与流量资料的频率计算方法相似，即由频率计算的方法求得不同历时的设计面雨量，然后根据典型暴雨过程进行放大，求得设计暴雨过程。

（2）设计净雨的计算。设计净雨的计算，首先是根据流域实测的雨洪资料建立产流方案或搜集设计流域所在地区综合的产流方案，然后由求得的设计暴雨，利用产流方案计算设计净雨。

（3）设计洪水过程线的计算。设计洪水过程线的计算，首先是根据流域实测的雨洪资料建立汇流方案或搜集设计流域所在地区综合的汇流方案，然后由求得的设计净雨，利用汇流方案计算设计洪水过程线。

对于小流域，由于缺乏实测雨洪资料，通常采用地区综合的方法，如推理公式法、经验公式法等推求设计洪水。

G2.3.2　设计暴雨计算

设计暴雨是指符合各种设计标准的流域不同历时的面暴雨量、时程分配和面分布等。计算的内容包括设计不同历时的面雨量计算、暴雨时程分配计算和暴雨面分布计算三部分。设计面雨量是指符合设计频率的某一时段的流域面平均雨量，根据实测雨量资料条件的不同，其计算方法可分直接计算法和间接计算法两种。

G2.3.2.1　由面雨量资料直接推求设计面雨量

当设计流域具有 30 年以上实测和插补延长的暴雨资料时，采用此法。此方法以流域面雨量资料为基础，直接针对不同时段的面雨量系列，进行频率计算推求设计面雨量，故称为直接法。此方法首先根据流域各雨量站每年的各场大暴雨资料计算各场雨的流域面平均雨量，然后从面雨量资料中选样构成不同时段的面雨量资料系列，分别进行频率计算，从而求得不同时段的设计面雨量。

1. 面暴雨量的选样、插补延长与审查

面暴雨资料的选样，一般采用固定时段年最大值法。固定时段，也称为计算时段，主要根据降雨径流形成规律、每年最大洪水过程的暴雨历时长短、集水面积大小及工程的重要性等因素来确定，基本思路与设计洪量的计算时段确定相类似。由于对形成洪峰流量最有影响的暴雨往往是汇流历时（流域最远一点的净雨流到流域出口断面所需要的时间）内的最大暴雨，一般大流域汇流历时较长，相应暴雨历时取长些，常取 1d、3d、7d、15d 等时段；小流域汇流历时较短，常取 10min、60min、3h、6h、12h、24h 等时段。习惯称前者为长历时，后者为短历时。需要说明的是某一确定时段的雨量，对时间来说是连续的，但实际降雨历时可能小于这个时段。例如年最大 24h 雨量，其实际降雨历时可能小于或等于 24h。

面暴雨量的计算时段确定后，首先根据流域各个雨量站每年的各场大暴雨资料，采用 X1.4 流域平均降雨量的计算方法，计算各场雨的流域面平均雨量过程，然后再按年最大值法独立选样，选取历年各时段的年最大面雨量组成面暴雨量系列。

为了保证频率计算成果的精度，应尽量插补展延面暴雨资料系列，并对系列进行可靠性、一致性与代表性审查与修正，使其符合频率计算的要求。面雨量系列的插补展延通常是利用近期的多站平均雨量和同期少站的平均雨量建立相关关系，若相关关系较好，可利用相关线展延多站平均雨量作为流域面雨量。在建立相关关系时，可利用一年多次法选样，以增添相关点的数量，更好地确定相关线。频率计算时若有特大暴雨也要进行特大值的处理，其方法思路与 G2.2 特大洪水的处理相似。

2. 面暴雨量的频率计算

面暴雨量的频率计算所选用的经验频率公式、线型、统计参数初估方法等与洪水频率分析计算相同，其主要计算内容有经验频率计算（包括暴雨特大值的处理）、适线法推求理论频率曲线、成果合理性分析、设计值的推求等。具体方法与洪水特征值频率计算相似，此处不再赘述。

需要指出，根据我国暴雨特性及实践经验，我国暴雨的 C_s 与 C_v 的比值，一般地区在 3.5 左右；在 $C_v > 0.6$ 的地区，约为 3.0；$C_v < 0.45$ 的地区，约为 4.0。可供适线时参考。

G2.3.2.2　由点雨量资料间接推求设计面雨量

当流域内的雨量站数量较少，或者雨量站虽多但各雨量站资料系列长短不一，即设站时间早晚不一致，难以求出满足设计要求的面暴雨量系列时，则先推求设计点雨量，然后利用暴雨点面关系，由设计点雨量间接推求设计面雨量。称此方法为间接法。

点雨量通常是指在一定时段内某一地点的降雨量。而根据本工作任务研究的问题与方法，点雨量则是指流域中心或其附近测站的雨量。设计点雨量则指流域中心或其附近测站的符合设计频率的某一时段的雨量。

1. 设计点雨量计算

设计点雨量的计算，根据资料情况主要有两种途径。

（1）利用点雨量资料频率计算推求设计点雨量。当流域中心或其附近测站具有 30 年以上实测和插补延长的雨量资料时，利用点雨量资料推求设计点雨量其方法步骤与直接法推求设计面雨量方法基本相同。需要指出的是对于设计点雨量的计算，除考虑本站发生的特大暴雨外，《水利水电工程设计洪水计算规范》（SL 44—2006）中指出，当邻近地区有特大暴雨时，只要地形、气候条件类似，应考虑移用。在平原或高原平坦地区，暴雨统计参数地域变化较小，在直线距离不大时直接移用特大值可不作修正；如地形条件复杂，暴雨统计参数地域变化较大，则应进行适当修正。如沿山脉走向移用特大暴雨，基本上可不作改正；如在垂直于山脉的方向移动，则移动范围要作严格控制，而且要根据雨量随高程变化的规律作数量调整。

（2）暴雨统计参数等值线图法推求设计点雨量。2004 年我国各省（自治区、直辖市）在过去成果的基础上，经延长系列分析完成了标准历时 10min、60min、6h、24h、3d 等历时新的暴雨参数等值线图集，流域面积在 $1000km^2$ 以下的中小流域，水利水电工程设计中所需要的各历时设计点雨量都可以从几种标准历时暴雨参数等值线图中查读。具体做法是在等值线图上查读流域形心点的参数值，再由参数值查皮尔逊Ⅲ型曲线 k_p 值表推求设计点雨量。

此外，对于小流域，还可以利用短历时暴雨强度经验公式推求设计点雨量，方法详见 G2.4 节。

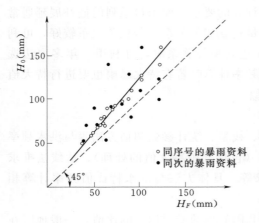

图 G2.8 暴雨定点定面关系图

2. 暴雨点面关系

暴雨点面关系通常分为以下两种。

（1）定点定面关系。即以流域中心或中心附近某一雨量站作为定点，以设计流域面积作为定面，计算某历时多次暴雨的点雨量及相应的流域面平均雨量，建立点雨量与面雨量的相关关系，称为定点定面关系。需要注意，建立暴雨点面关系所选的雨量站尽量与设计点雨量的代表站相一致。如果用各次暴雨的点、面雨量建立的相关图点群分布较分散时，也可以将同场次的点面暴雨相关改为同序次的点面暴雨相关，即把由大到小排列的点雨量序列和面雨量序列，以同序号对应点图，往往会得到较好的相关关系，其斜率就是点面系数值，如图 G2.8 所示。

（2）动点动面关系。也称暴雨等值线图点面关系，是根据一场暴雨指定时段的雨量等值线图，以暴雨中心为点，各条等雨量线包围的面积为面，由中心顺次向外计算各等雨量线包围面积上的平均雨量与暴雨中心点雨量的比值（即点面系数），再由点面系数和其相应的面积点绘关系线即得一条点面系数曲线，为了求出平均的关系曲线，可在同一张图上点绘多场暴雨的点面系数关系曲线，然后取平均得流域的点面关系曲线。由于各场暴雨的中心位置和每次等雨量线形状都是变动的，所以将这种点面关系称为动点动面关系，如图 G2.9 所示。

以上两种点面关系，按目前国内外分析综合的成果来看，定点定面关系的地区分布比较一致，能在较大范围内进行地区综合，成果移用限制较小，符合设计要求，有利于无资料地区的应用。但由于定点定面关系的分析综合要求有较充分的资料，且工作量又大，在有些地区使用尚有困难。动点动面关系物理概念明确，制作

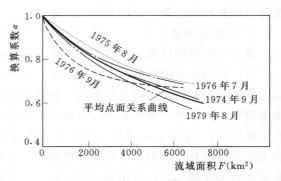

图 G2.9 某地区 3d 暴雨点面
（动点动面）关系图

简单，综合方便，能反映暴雨分布的自然规律，是传统的点面关系，但在使用上带有一定的假定性，如假定设计暴雨中心与流域中心重合，假定流域边界与某条等雨量线重合、设计暴雨的点面关系符合平均的点面关系等与实际有较大出入，当一个省区内各个分区的点面系数相差较大时，从设计的观点看，不宜使用动点动面关系。两者在使用上，虽然性质完全不同，但考虑到我国的实际情况，一定条件下，在分析定点定面关系资料条件尚不具备条件的地区，仍可考虑借用动点动面关系。但应分析若干与设计流域面积相近的流域或地区及其相应历时定点定面关系，并验证动点动面关系。如差异较大，应作一定的修正。

（3）点面转换。由频率计算求出不同历时的设计点雨量后，用下式将设计点雨量转换为设计面雨量

$$H_F = \alpha_t H_0$$

一般点面转换系数 α_t 应采用流域所在地区雨量资料分析的综合定点定面关系，由设计流域面积 F 在点面关系图上查出。使用时应考虑不同历时、频率（或雨量大小）的差异。与定点定面关系相配套的设计点雨量，应尽量采用流域内某固定点的设计值。在点雨量统计参数比较一致的流域，可采用流域中心测站的设计点雨量；如流域内各测站的点雨量参数变幅较大，设计点雨量可采用流域内接近平均情况的单站值。

　　如分析设计流域所在地区综合定点定面关系的资料不具备时，也可以借用动点动面关系，但应在设计流域附近选择若干个与设计流域面积相近的流域或地区，以检查该地区动点动面关系的代表性。如动点动面关系与定点定面关系出入较大，则应作适当修正。

　　另外，当流域面积很小时制作有限面积和历时范围的定点定面关系，可直接用设计点雨量代替设计面暴雨量，以供小流域设计洪水用。

G2.3.2.3　设计暴雨的时程分配计算

　　面雨量相同，时程分配不同的暴雨，形成的洪水过程线形状也不相同，对水库防洪安全将产生不同的影响。因此，求得设计面雨量后，还需拟定设计暴雨时程分配过程，简称"雨型设计"。其计算方法通常用典型暴雨过程同频率放大法。

　　1. 典型暴雨过程的选择

　　典型暴雨的选择原则，首先要考虑所选典型暴雨的分配过程应是设计条件下易于发生的，并且对设计流域具有一定的代表性；即应选择雨量大、强度大、雨峰的数目、主雨峰的位置、实际降雨历时等都是大暴雨中常见的雨型作为典型。其次，还要考虑对工程的不利影响。所谓对工程不利，是指暴雨比较集中、主雨峰靠后，其形成的洪水过程对水库安全不利。

　　选择典型时，原则上应从各年的面雨量过程中选取。为了减少工作量或因资料条件限制，有时也可选择单站雨量（即点雨量）过程作典型。一般来说，单站典型比面雨量典型更为不利。例如，淮河上游"75.8暴雨"就常被选作该地区的暴雨典型。如图 G2.10 所

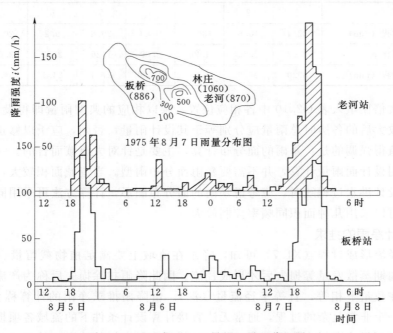

图 G2.10　河南"75.8暴雨"时程分配图

示，这场暴雨从 8 月 4 日起至 8 日止，历时 5 天。但暴雨量主要集中在 8 月 5～7 日 3d 内。林庄站最大 3d 雨量 1605.3mm，最大 5d 雨量 1631.1mm；板桥站最大 3d 雨量 1422.4mm，最大 5d 雨量 1451.0mm。而各代表站在 3d 中的最后一天（8 月 7 日）的雨量占 3d 的 50％～70％。这一天的雨量又集中在最后 6h 内。这是一次多峰暴雨，主雨峰靠后，对水库防洪极为不利。

缺乏实测暴雨资料时，可借用邻近暴雨特性相似流域的典型暴雨过程，或引用各省（区）暴雨洪水图集中按地区综合的概化雨型（一般以百分比表示）来推求设计暴雨时程分配。

2. 典型暴雨过程的放大计算

典型暴雨过程的放大方法与设计洪水的典型过程放大计算方法基本相同，一般均采用同频率放大法。具体计算见 [例 G2.4]。

【例 G2.4】　已求得某流域千年一遇 1d、3d、7d 设计面暴雨量分别为 320mm、521mm、712.4mm，并已选定了典型暴雨过程（表 G2.10）。通过同频率放大推求设计暴雨的时程分配。

典型暴雨 1d（第 4 天）、3d（第 3～5 天）、7d（第 1～7 天）最大暴雨量分别为 160mm、320mm 和 393mm，结合各历时设计暴雨量计算各段放大倍比为

最大 1d $\qquad K_1 = \dfrac{320}{160} = 2.0$

最大 3d 中其余 2d $\qquad K_{1-3} = \dfrac{521-320}{320-160} = 1.26$

最大 7d 中其余 4d $\qquad K_{3-7} = \dfrac{712.4-521}{393-320} = 2.62$

表 G2.10　　　　　　　　　　　某流域设计暴雨过程设计表

时　间（d）	1	2	3	4	5	6	7	合计
典型暴雨过程（mm）	32.4	10.6	130.2	160.0	29.8	9.2	20.8	393.0
放大倍比 K	2.62	2.62	1.26	2.00	1.26	2.62	2.62	
设计暴雨过程（mm）	85.0	27.8	163.6	320.0	37.4	24.1	54.5	712.4

将各放大倍比填入表 G2.10 中各相应位置，乘以相应的典型雨量即得设计暴雨过程。必须注意，放大后的各历时总雨量应分别等于其设计雨量，否则，应予以修正。

最后，值得强调的是：暴雨的面分布计算，主要是针对大流域而言的。一般中、小流域可直接采用设计面雨量计算，并不需要暴雨面分布雨型。当流域面积较大，需采用分单元面积计算设计洪水过程线时，应考虑暴雨的面分布图形，计算方法可采用同倍比放大典型雨图，也可以采用几种面积同频率控制放大。

G2.3.3　设计净雨的推求

由降雨径流形成过程（X1.7）可知，降雨在流域上要满足植物截留量、填洼量、下渗损失量、雨期蒸散发量等损失后才形成径流。因此降雨扣除损失后称为产流量，也称净雨量，两者在数量上相等，且等于径流量（深）。由降雨推求净雨的计算称为产流计算。产流过程是一个非常复杂的过程，通常无法直接计算设计条件下的流域各项损失量，一般是以实测的降雨径流资料为依据，建立降雨量与径流量之间的关系，并通过此关系进行扣

损，求出设计净雨量及其时程分配。为此必须建立产流计算方案（即扣损方案），然后才能由设计暴雨推求设计净雨。

在工程水文中，蓄满产流为主的流域，产流计算方法常用降雨径流相关法；以超渗产流为主的流域产流计算方法常用初损后损法。

G2.3.3.1　降雨径流相关图法

1. 降雨径流要素计算

（1）流域平均雨量计算。流域平均雨量常用的计算方法有算术平均法、泰森多边形法、等雨量线法。详细内容已在 X1.4 中介绍，这里不再重复。实际工作中由于泰森多边形法计算相对简便，适用编程计算，且有一定的精度，故应用较多。另外，为了配合产流过程计算，通常对各雨量站的降雨过程逐时段进行面积加权，求得流域面平均的降雨过程作为产流计算的依据。

（2）次洪径流量计算。由 X1.7 可知，一次降雨形成的洪水流量过程除了包括本次降雨形成的地面径流、表层流（壤中流）和浅层地下径流之外，还包括与本次降雨关系不大的深层地下径流（常称为基流）和前次洪水未退完的水量。因此，在由实测流量过程计算本次洪水径流量时，首先要把这两部分从洪水过程线分割出去。其次是根据需要将本次洪水径流量分成地表径流和地下径流，以便汇流计算。

（3）前期影响雨量。在降雨形成径流的过程中，降雨开始时的流域内包气带土壤含水量大小是影响径流形成的一个重要因素。但实际中流域包气带的厚度以及含水量的分布变化是千差万别的，加之实测土壤含水量资料很少，因此要准确直接计算流域雨前的土壤含水量是比较困难的，但可以肯定本次降雨开始时的流域包气带土壤含水量是由本次降雨以前若干日的降水形成的，离本次降雨时间越近影响越大，距本次降雨时间越远影响越小，所以可用前期若干日降水量来间接计算雨前的土壤含水量指标，即前期影响雨量。

根据土壤水分的蒸散发规律得出前期影响雨量的计算公式为

$$P_{at} = KH_{t-1} + K^2 H_{t-2} + K^3 H_{t-3} + \cdots + K^n H_{t-n} \qquad (G2.17)$$

式中　　P_{at}——t 日的前期影响雨量，mm；

　H_{t-1}，H_{t-2}，$\cdots$，H_{t-n}——t 日前 1d，2d，$\cdots$，nd 的日降水量，mm；

　　　　　　　K——与土壤蒸发能力有关的日折减系数；

　　　　　　　n——影响天数，一般取 15～30d，视 K 值的大小而定。K 值大，土壤含水量消退慢，n 值应取长些；反之，n 值应取短些。以 $t-n$ 日前的降水量对 P_a 基本没有影响为宜。

若已知 K 值，并选定计算天数 n，可按式（G2.17）用日雨量计算前期雨量影响雨量 P_a，见表 G2.11。

表 G2.11　　　　　　　　　　　某站 5 月 23 日 P_a 计算表

日　期	22	21	20	19	18	17	16	15	14	13	12	11	10	9	8
日雨量 H（mm）	3.8			8.8	5.5			39.5	17.2		4.8	9.2	28.4		4.4
间隔日数（d）	1	2	3	4	5	6	7	8	9	10	11	12	13	14	15
K^n	0.85	0.72	0.61	0.52	0.44	0.38	0.32	0.27	0.23	0.20	0.17	0.14	0.12	0.10	0.09
$K^n H_{t-n}$	3.2	0	0	4.6	2.4	0	0	10.7	4.0	0	0.8	1.3	3.4	0	0.4

5 月 23 日　$P_a = 3.2 + 4.6 + 2.4 + 10.7 + 4.0 + 0.8 + 1.3 + 3.4 + 0.4 = 30.8$（mm）

实际工作中也可采用逐日连续计算的方法，其计算公式为

$$P_{a,t+1} = K(P_{a,t} + H_t) \quad (P_{a,t} \leqslant I_m) \tag{G2.18}$$

式中　$P_{a,t+1}$、$P_{a,t}$——第 $t+1$ 天和第 t 天开始时的前期影响雨量，mm；

I_m——流域最大损失水量，mm。可用流域实测雨洪资料进行分析，流域久旱之后（$P_a \approx 0$）普降大雨，使流域全面产流时的总损失量即为 I_m，此时流域的土壤含水量为田间持水量，并认为流域蓄满。

连续计算可选择久旱无雨期的某一日开始，起始日令 $P_a \approx 0$，然后按式（G2.18）逐日计算，若算得某一日 $P_{a,t} > I_m$，则取 $P_{a,t} = I_m$。

折减系数 K 是反映流域包气带土壤含水量的日蒸发消退快慢的指标，其值大小与土壤蒸发能力 E_m 有关，E_m 愈大 K 愈小。

$$K = 1 - \frac{E_m}{I_m} \tag{G2.19}$$

式中，E_m 为流域日蒸散发能力，无法进行实测。根据实验可知，可用 E-601 型蒸发器观测的水面蒸发值作为近似值。随地区、季节、晴雨等条件而变，所以可按晴天、雨天或月份分别选用相应的月平均值计算 K 值。K 值一般在 0.85～0.95 变化。

2. 降雨径流相关图的建立与应用

在历年的雨洪资料中，选择几十场洪水，分别按上述方法计算求出每场洪水的流域平均雨量 H_F，次洪径流深 R 和流域平均前期影响雨量 P_a。然后以降雨量 H_F 为纵坐标，径流深 R 为横坐标，前期影响雨量 P_a 为参数，点绘出 H_F—P_a—R 三变量的降雨径流相关图，如图 G2.11（a）所示。由于影响降雨径流的因素很多，该图只反映了流域初始土壤含水量的影响，其他因素如降雨历时、降雨强度、暴雨中心位置、雨期蒸散发等未能反映，因此相关图上必然会有一些点据显著偏离，对这些突出点要进行认真地分析检查，加以校正，定出一组以 P_a 为参数的相关等值线。

另外，如果实测资料比较少，绘制 H_F—P_a—R 相关图的点据不足，也可以将（$H_F + P_a$）作为纵坐标，建立 $H_F + P_a$—R 的相关图，如图 G2.11（b）所示。而且图 G2.11（b）在工程水文分析计算中应用较多。实际图 G2.11（b）是图 G2.11（a）的简化形式，精度比图 G2.11（a）要差一些。有了降雨径流相关图，就可由降雨过程和降雨开始时的 P_a 推求产流过程。

相关图建立好后，还要用一定的实测雨洪资料去检验，检验合格后才可以作为产流计算的依据。

需要说明的是，相关图是根据次雨洪资料建立的，因此在由次流域平均降雨量和前期影响雨量推求次产流量（净雨量）时，可直接查图。但由降雨过程推求产流（净雨）过程时，需要先将降雨过程进行逐时段累计，转换为累计雨量过程，再由流域前期影响雨量逐时段查图求出逐时段累计的产流（净雨）过程，然后由相邻时段的累计产流（净雨）量后一时段减前一时段即求得逐时段产流（净雨）过程。

3. 设计净雨的推求

（1）设计情况下前期影响雨量的确定。对于实际降雨，可用实际资料计算前期影响雨量 P_a；对于设计暴雨，从理论上讲，有可能在各种情况下发生（$0 \leqslant P_a \leqslant I_m$），因此，如

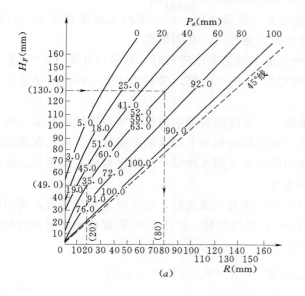
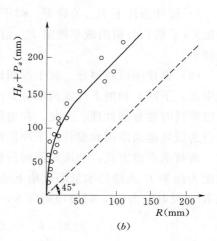

图 G2.11　降雨径流相关图

(a) H_F—P_a—R；(b) (H_F+P_a)—R

何选定设计情况下的前期雨量才能保证求得的洪水符合设计标准？这一问题目前还缺乏统一的计算方法，生产上常用以下三种方法确定设计条件下的前期影响雨量。

1）扩展暴雨过程法。即在推求设计暴雨过程时，将历时加长，增加统计时段，把核心暴雨前面一段包括在内。例如原设计历时为 1d、3d、7d 三个统计时段，现扩展到 30d，即增加 15d、30d 两个统计时段。按照前期雨量的计算方法计算设计情况下的 P_a。

2）同频率法。即在计算设计面雨量选样的同时，计算设计历时暴雨的前期影响雨量 P_a，并求得 H_F+P_a，对 H_F 和 H_F+P_a 两个系列进行频率计算，求得设计暴雨量 $H_{F,p}$ 和同频率的 $(H_F+P_a)_p$，则

$$P_{a,p}=(H_F+P_a)_p H_{F,p} \tag{G2.20}$$

当求得 $P_{a,p}\geqslant I_m$ 时，则取 $P_{a,p}=I_m$。

3）经验法。以上两种方法从概念上讲比较符合设计要求，但所需资料多，且计算工作量大。因此，一般在中小型工程的设计中，为了方便，经常采用经验法来确定 $P_{a,p}$。实际确定时常以本地区的气候、暴雨和洪水特性等为依据进行分析，取大暴雨前最常遇的下垫面干湿程度作为设计条件。例如在湿润地区由于气候湿润，流域包气带土壤含水量多数情况都比较大，故可取 $P_{a,p}=I_m$。在干旱地区，特大暴雨洪水基本都发生在长期干旱无雨之后，$P_{a,p}$ 可取小些，如陕北地区取 $P_{a,p}\approx 0.3I_m$。有些地区取各次大洪水 P_a 的平均值作为设计值。这些情况可详见各地区的《雨洪图集》。

（2）设计净雨过程的推求。在水文分析计算中，对于湿润地区最常用的降雨径流相关图式为 $R=f(H_F+P_a)$。利用降雨径流相关图由设计暴雨过程及 $P_{a,p}$ 即可查出设计净雨及过程。

需要强调的是，由实测降雨径流资料建立起来的降雨径流相关图，应用于设计条件时，必须处理如下两方面的问题：

1）降雨径流相关图的外延。设计暴雨常常超出实测点据范围，使用降雨径流相关图

时，需对相关曲线作外延。以蓄满产流为主的湿润地区，其上部相关线接近于 45°直线，外延比较方便。干旱地区的产流方案外延时任意性大，必须慎重。

2）设计条件下 $P_{a,p}$ 的确定。对于中小流域缺乏实测资料时，可采用各省（区）《水文图集》（手册）分析的成果确定 $P_{a,p}$ 值大约为 I_m 的 2/3 倍，湿润地区大一些，干旱地区一般较小。

（3）设计净雨的划分。对于湿润地区，一次降雨所产生的径流量包括地面径流（包含壤中流，下同）和地下径流两部分。由于地面径流和地下径流的汇流特性不同，在推求洪水过程线时要分别处理。为此，在由降雨径流相关图求得设计净雨过程后，需将设计净雨划分为设计地面净雨和设计地下净雨两部分。

按蓄满产流方式，当流域降雨使包气带缺水得到满足后，全部降雨形成径流，其中以稳定入渗率 f_c 入渗的水量形成地下径流 R_g，降雨强度 i 超过 f_c 的那部分水量形成地面径流 R_s，设时段为 Δt，时段净雨为 R，则

$$
\left.
\begin{array}{l}
i > f_c \text{ 时，} R_g = f_c \Delta t, R_s = R - R_g = (i - f_c)\Delta t \\
i \leqslant f_c \text{ 时，} R_g = R = i\Delta t, R_s = 0
\end{array}
\right\} \tag{G2.21}
$$

可见，f_c 是个关键数值，只要知道 f_c 就可以将设计净雨划分为 R_s 和 R_g 两部分。f_c 是流域土壤、地质、植被等因素的综合反映。如流域自然条件无显著变化，一般认为 f_c 是不变的，因此 f_c 可通过实测雨洪资料分析求得，可参考《水文预报》有关内容。各省（区）的《水文手册》（图集）中刊有 f_c 分析成果，可供无资料的中小流域查用。

【例 G2.5】 已知湿润地区某小流域设计百年一遇 3d 的面暴雨过程见表 G2.12，经分析求得该流域最大损失量 $I_m = 100\text{mm}$，设计条件下的前期影响雨量 $P_{a,p}$ 取 $\left(\dfrac{2}{3}\right)I_m$，流域植被条件良好，地下水埋藏较浅，流域稳定下渗率 $f_c = 1.5\text{mm/h}$，试分析计算该流域设计总净雨过程、地面净雨过程和地下净雨过程。

表 G2.12　　　　　　　　某流域设计暴雨过程 （$\Delta t = 6\text{h}$）

时　段	1	2	3	4	5	6	7	8	9	10	11	12	合计
雨量（mm）	2.5	14.8	1.2	0	0	3.6	17.8	55.6	46.8	20.1	5.6	2.2	170.2

1. 查本流域降雨径流相关图 $R = f(H_F + P_a)$ 推求设计总净雨过程

首先将设计暴雨过程进行逐时段累计，求出累计降雨过程见表 G2.2。

由设计条件下的 $P_{a,p} = \dfrac{2}{3}I_m = 66.7\text{mm}$ 和累计降雨过程查降雨径流相关图 $R = f(H_F + P_a)$ 得累计净雨过程。各时段的净雨量为相邻时段的累计净雨量后一时段减前一时段，如第 8 时段的净雨量 $= 107.9 - 61.6 = 46.3$（mm），其他时段算法相同。可见在降雨未满足流域最大损失量 I_m 之前不产流，所有降雨全部补充为土壤蓄水量。满足 I_m 之后开始产流，但由于相关图上部为大致接近 45°的直线，故并不是降雨全部形成净雨，而是有一定的雨期蒸散发损失。

2. 计算地面净雨和地下净雨过程。

根据蓄满产流的概念，当流域降雨满足 I_m 之后开始产流，超过稳渗率 f_c 形成地面径

流，以 f_c 下渗的形成地下净雨。根据式（G2.21）计算见表 G2.13。如第 7 时段地下净雨为 $R_g = f_c t_c = 1.5 \times (6.5/17.8) \times 6 = 3.3 (\mathrm{mm})$，故 $R_s = R - R_g = 6.5 - 3.3 = 3.2 (\mathrm{mm})$；第 8 时段地下净雨为 $R_g = f_c \Delta t = 1.5 \times 6 = 9 (\mathrm{mm})$，地面净雨 $R_s = R - R_g = 55.1 - 9.0 = 46.1$（mm）；其他时段算法相同；第 11、第 12 时段，都属于 $i < f_c$，故没有地面净雨形成。计算结果列于表 G2.13 中。

表 G2.13　　　　　某流域设计净雨过程计算表　（$\Delta t = 6\mathrm{h}$）　　　　单位：mm

时　段	1	2	3	4	5	6	7	8	9	10	11	12	合计
雨量	2.5	14.8	1.2	0	0	3.6	17.8	55.6	46.8	20.1	5.6	2.2	170.2
累计雨量	2.2	17.3	18.5	18.5	18.5	22.1	39.9	95.5	142.3	162.4	168.0	170.2	
累计净雨量	0	0	0	0	0	0	6.5	61.6	107.9	127.8	133.4	135.5	
时段净雨量	0	0	0	0	0	0	6.5	55.1	46.3	19.9	5.5	2.1	135.4
地下净雨 R_g							3.3	9.0	9.0	9.0	5.5	2.1	37.9
地面净雨 R_s							3.2	46.1	37.3	10.9	0	0	97.5

G2.3.3.2　初损后损法

1. 初损后损法基本原理

对于以超渗产流为主的干旱地区，产流发生的条件是 $i > f$，因此产流计算一般采用下渗曲线进行扣损，即将降雨过程线和下渗曲线绘到同一张图上，超过下渗强度的就形成地面净雨，如图 G2.12 所示。当时段内的平均雨强 $\bar{i} > \bar{f}$ 时，按 $\bar{f}$ 入渗，净雨量为 $(\bar{i} - \bar{f})\Delta t$；反之，$\bar{i} \leqslant \bar{f}$ 时，按 $\bar{i}$ 入渗，此时的降雨量全部损失，净雨量为零。由于受雨量观测资料的限制，以及存在着在各种降雨情况下下渗曲线不变的假定，使得下渗曲线法应用受到一定限制，工程水文上常使用初损后损法扣损。它是下渗曲线的一种简化，即将下渗损失按产流开始时刻分为初损和后损两个阶段。如图 G2.12 所示，从降雨开始到出现超渗产流的阶段称为初损阶段，其历时记为 t_0，这一阶段的损失量称为初损量，记为 I_0，I_0 为该阶段的全部降雨量。产流以后的损失称为后损，记为 I_R，该阶段的损失常简化用产流历时内的平均下渗率 $\bar{f}$ 来计算，即 $I_R = \bar{f} t_R$，t_R 为后损历时。按水量平衡原理，对于一场降雨所形成的地面净雨深可用下式计算

$$R = R_s = H - I_0 - I_R - H_n \tag{G2.22}$$

$$T = t_0 + t_R + t_n \tag{G2.23}$$

其中

$$I_R = \bar{f} t_R$$

式中　H——降雨量，mm；

　　　I_0——初损量，mm；

　　　I_R——后损量，mm；

　　　$\bar{f}$——后损历时内的平均下渗率，mm/h；

　　　H_n——后损阶段非产流历时 t_n 内的雨量，也称无效雨量，mm；

　　　T——降雨总历时，h。

可见由式（G2.22）计算净雨时，关键是要求出初损量 I_0 和后损平均下渗率 $\bar{f}$。

2. 初损 I_0 的确定

初损 I_0 与前期影响雨量 P_a、降雨初期 t_0 内的平均雨强 i_0、月份 M 及土地利用等有

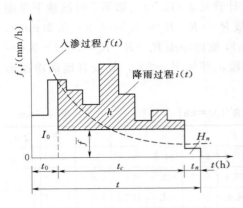

图 G2.12 初损后损法原理示意图

关。因此,常根据流域的具体情况,从实测资料分析出 I_0 及 P_a、i_0、M,从 P_a、i_0、M 中选择适当的因素,建立它们与 I_0 的关系,如图 G2.13 所示为 I_0 与 P_a 的相关关系,由此图可查出某条件下的 I_0。

对于一次实测雨洪资料,只要确定出产流开始时刻,此刻以前的累积降雨量就是初损。因此确定产流开始时刻是确定初损值的关键。比如在流域较小时,降雨分布基本均匀,出口断面洪水过程线的起涨点反映了产流开始的时刻。因此,起涨点以前雨量的累积值可作为初损 I_0 的近似值,如图 G2.14 所示。

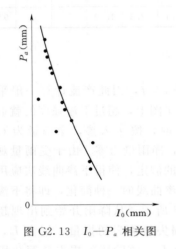

图 G2.13 I_0-P_a 相关图

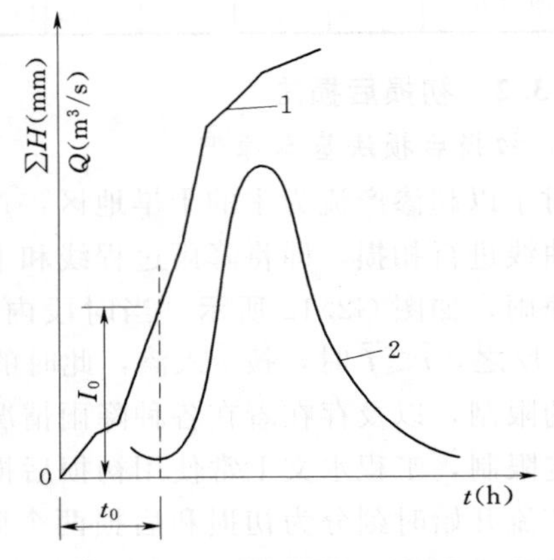

图 G2.14 次雨洪初损 I_0 的确定

1—流域平均雨量累积曲线;2—出口站流量过程线

3. 平均下渗率 $\overline{f}$ 的确定

影响 $\overline{f}$ 的主要因素有前期影响雨量 P_a、产流历时 t_c 与超渗期的降雨量 H_{t_c} 等。实际工作中常根据实测雨洪资料分析出每场洪水的后损平均下渗率 $\overline{f}$ 及其主要影响因素,并建立它们之间的相关关系,供设计情况下使用。

实测雨洪资料的平均下渗率 $\overline{f}$ 的计算式为

$$\overline{f} = \frac{H - I_0 - R_s - H_n}{t_c} \tag{G2.24}$$

式(G2.24)中 t_c 与 $\overline{f}$ 有关。所以 $\overline{f}$ 的确定必须结合实测雨洪资料,进行试算求出。

初损后损法用于设计条件时,也同样存在外延问题,外延时必须考虑设计暴雨雨强因素的影响。为了减少外延幅度,应尽可能多地搜集大暴雨洪水资料,包括调查的特大暴雨洪水在内。即使本流域未发生特大暴雨洪水,只要下垫面条件相差不大的邻近流域有这种资料,也可以用来做参证,以控制相关线的外延方向。

另外,在本流域实测资料不足时,也可以移用地形、土壤、植被、气候等条件相似流域的方案,使用时要作必要的检验与修正。

对于干旱地区的超渗产流方式，除了有少量的深层地下水外，几乎没有浅层地下径流，因此求得的设计净雨基本上全部是地面净雨，一般不存在设计净雨划分的问题。

G2.3.4 设计洪水过程线的推求

由设计净雨过程经流域汇流计算就可求得设计洪水流量过程线。

流域汇流是指降雨产生的净雨从坡面汇向河网，再由河网向流域出口汇集的物理过程。一般可分为坡面汇流和河网汇流两个阶段。一般在汇流计算中，是将坡面汇流和河网汇流合在一体进行计算。

一次降雨产生的净雨根据其特性可分为地面净雨和地下净雨，两者在汇流规律方面有着明显的差异。一般而言，地面净雨汇流速度较快，且流程短，汇流时间较短；地下净雨要通过整个包气带土层的下渗和地下水库的调蓄，再经各种孔隙流入河槽，流程长，汇流时间较长；因此在汇流计算中，必须重视它们汇流规律的差异，用不同的计算方法。

目前地面净雨用单位线法进行汇流计算。地下净雨由于汇流规律差异明显，需单独考虑，一般采用简化方法计算。

G2.3.4.1 经验单位线法

1. 单位线的基本概念

一个流域上，单位时段 Δt 内均匀分布单位深度的地面净雨在流域出口断面形成的地表径流过程线，称为单位线，如图 G2.15 所示。

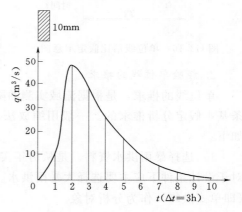

图 G2.15 某流域单位线示意图

单位时段取多长，将依流域洪水特性而定。流域大，洪水涨落比较缓慢，Δt 取得长一些；反之，Δt 要取得短一些。Δt 一般取洪水过程涨洪历时 t_r 的 $1/2 \sim 1/4$，即 $\Delta t = (1/2 \sim 1/4)t_r$，以保证涨洪段有 $3 \sim 4$ 个点子控制过程线的形状。在满足以上要求的情况下，并常按 1h、3h、6h、12h 等选取；单位净雨深通常取为 10mm。

由于实际净雨历时不是一个时段，净雨量也不是规定的 10mm，所以分析推求和应用单位线时有下面两条假定。

（1）倍比假定。如果在一个流域上，单位时段有两个不同的净雨 R_a、R_b，则假定它们各自在流域出口形成的地表径流过程线 $Q_a—t$，$Q_b—t$（图 G2.16）历时相等，形状相似，并且相应流量之比皆等于净雨深之比 R_a/R_b。即流量与净雨呈线性关系

$$\frac{Q_{a1}}{Q_{b1}} = \frac{Q_{a2}}{Q_{b2}} = \frac{Q_{a3}}{Q_{b3}} = \cdots = \frac{R_a}{R_b} \tag{G2.25}$$

（2）叠加假定。如果有 m 个单位时段的净雨，则假定各时段净雨所形成的地表流量过程线互不干扰，且出口断面的流量过程线等于 m 个时段净雨的地表流量过程之和（错时段叠加）。如图 G2.17 所示，由于 R_a 较 R_b 推后一个 Δt，总地表流量过程 $Q—t$ 应由两个时段净雨形成的地表流量过程错后一个 Δt 叠加而得。各时刻流量为

$$Q_t = \sum_{i=1}^{m} h_i q_{t-i+1} \tag{G2.26}$$

式中 t——计算时刻；

i——净雨时段数。

若令净雨时段数为 m、单位线时段数为 n，则出流量 Q_t 时段数为 $m+n-1$。

根据以上两条基本假定，就能解决多时段净雨推求单位线和由净雨推求洪水过程的问题。

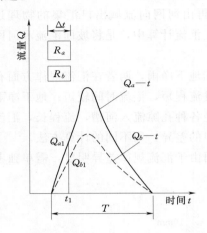

图 G2.16 单位线倍比假定示意图

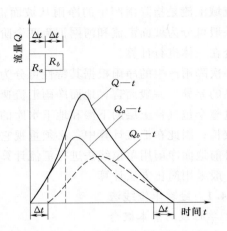

图 G2.17 单位线叠加假定示意图

2．经验单位线的推求

单位线的推求，是根据流域实测的降雨过程和相应的出口断面流量过程资料，运用两条基本假定分析推求的。一般用缩放法、分解法和试错优选法等。分析推求的步骤大致如下：

1) 选择暴雨洪水资料。是从历年实测雨洪资料中选择具有代表性的各种大中小洪水。对于设计条件下应主要选择大暴雨洪水。另外，为了计算方便，尽量选择孤立的暴雨洪水（即单式洪峰）作为分析对象。

2) 水源划分。即将实测径流总量分成地面径流量和地下径流量两部分。需要注意的是，这种划分主要适用于南方湿润地区，地下径流在次洪径流中占有较大比例的情况。干旱和半干旱地区，地下径流在次洪径流量中所占比例一般很小，可以忽略不计，通常近似地将次洪径流量全部当成地表径流量进行计算。

3) 推求净雨过程。由流域平均降雨过程用流域产流计算方案（如降雨径流相关法、初损后损法等）推求。必须注意，所求的净雨量和第二步所求的径流量一定要符合水量平衡原理，否则，应对净雨进行合理修正。

4) 用单位线的假定分析推求单位线。

5) 对单位线进行检验和修正，得到最终可以采用的单位线。

(1) 缩放法。如果流域上恰有一个单位时段且分布均匀的净雨所形成的一个孤立洪水过程，那么，只要从这次洪水的流量过程线上割去地下径流，即可得到这一时段降雨所对应的地面径流过程线 $Q_s(t)$ 和地面净雨 R_s（等于地面径流深）。利用单位线的倍比假定，对 $Q_s(t)$ 按倍比 $10/R_s$ 进行缩放，便可得到所推求的单位线 $q(\Delta t, t)$。即

$$q(\Delta t, t) = \frac{10}{R_s} Q(t) \tag{G2.27}$$

（2）分解法。如流域上某次洪水系由两个时段的净雨所形成，则需用分解法求单位线。此法是利用前述的两项基本假定，先把实测的总的地面径流过程分解为各时段净雨的地面径流过程，再如缩放法那样求得单位线。下面结合实例说明具体计算方法。

【**例 G2.6**】 某水文站以上流域面积 $F=963\text{km}^2$，1997 年 6 月发生一次降雨过程，实测雨量列于表 G2.14 第⑥栏，所形成的流量过程列于第③栏。现由这次实测的雨洪资料分析时段为 $\Delta t=6\text{h}$ 的 10mm 净雨单位线。

表 G2.14　　　　　　　　　某河某站 1997 年 6 月一次洪水的单位线计算表

| 时间 | | | | 实测流量（m³/s） | 地下径流（m³/s） | 地面径流（m³/s） | 流域降雨（mm） | 地面净雨（mm） | 各时段净雨的地面径流（m³/s）63.0 | 5.0 | 计算的单位线 q（m³/s） | 修正后的单位线 q（m³/s） | 用单位线还原的地面径流（m³/s） |
月	日	时	时段										
①			②	③	④	⑤	⑥	⑦	⑧	⑨	⑩	⑪	⑫
6	17	14	0	15	15	0							0
		20	1	15	15	0	15.0	0	0	0	0	0	0
	18	02	2	118	15	103	87.8	63.0	103	0	16	16	101
		08	3	1349	15	1334	11.0	5.0	1326	8	210	210	1331
		14	4	585	15	570	3.6		465	105	74	75	578
		20	5	338	15	323	1.3		286	37	45	47	334
	19	02	6	253	15	238			215	23	34	35	245
		08	7	189	15	174			157	17	25	25	175
		14	8	137	15	122			109	13	17	17	120
		20	9	103	15	88			79	9	13	13	91
	20	02	10	67	15	52			46	7	7	7	51
		08	11	39	15	24			0（20）	4	0	0	4
		14	12	15	15	0				0（2）			0
合　计				3028（折合68.0mm）			118.7	68.0			441（折合9.9mm）	44（折合10.0mm）	3030（折合68.0mm）

（1）分割地下径流，求地面径流过程及地面径流深。因该次洪水地下径流量不大，按水平分割法求得地下径流过程，列于表中第④栏。第③栏减去第④栏，得第⑤栏的地面径流过程，于是可求得总的地面径流深 R_s 为

$$R_s=\frac{\Delta t\sum Q_i}{F}=\frac{6\times3600\times3028}{963\times1000^2}=68.0(\text{mm})$$

（2）求地面净雨过程。本次暴雨总量为 118.7mm，则损失量为 $118.7-68.0=50.7$（mm）。根据该流域实测资料分析，后损期平均入渗率 $\bar f=1\text{mm/h}$，则每时段损失量为 6mm。由雨期末逆时序逐时段扣除损失得各时段净雨，逆时序累加各时段净雨，当总净雨等于地面径流量 68.0mm 时，剩余降雨即为初损。计算的各时段净雨列于第⑦栏。

133

（3）分解地面径流过程。首先，联合使用两条假定，将总的地面径流过程分解为 63.0mm（$R_{s,1}$）产生的和 5.0mm（$R_{s,2}$）产生的地面径流。总的地面径流过程从 17 日 20 时开始，依次记为 Q_0，Q_1，Q_2，…$R_{s,1}$ 记为 Q_{1-0}，Q_{1-1}，Q_{1-2}，…$R_{s,2}$ 的则是从 18 日 2 时开始（错后一个时段），依次记为 Q_{2-0}，Q_{2-1}，Q_{2-2}，…由假定（2），$Q_{1-0}=0$ 再根据假定（1）判知 $Q_{2-0}=(R_{s,2}/R_{s,1})=0$；重复使用假定（2），$Q_1=103=Q_{1-1}+Q_{12-1}=Q_{1-1}+0$，即得 $Q_{1-1}=103\text{m}^3/\text{s}$；再由假定（1），$Q_{2-1}=(R_{s,2}/R_{s,1})\times Q_{1-1}=(5.0/63.0)\times103=8$（$\text{m}^3/\text{s}$）。如此反复使用单位线的两项基本假定，便可求得第⑧、⑨栏所列的 63.0mm 及 5.0mm 净雨分别产生的地面径流过程。然后，运用假定（1），对第⑧栏乘以（10/63.0），便可计算出单位线，列于第⑩栏。该栏数值也可由第⑨栏乘（10/5.0）而得。一般应用净雨量较大者来推求。

（4）对上步计算的单位线检查和修正。由于单位线的两项假定并不完全符合实际等原因，使上步计算的单位线有时出现不合理的现象，例如计算的单位线径流深不正好等于 10mm，或单位线的纵标出现上下跳动，或单位线历时 T_q 不能满足式（G2.28）的要求：

$$T_q = T - T_s + 1 \tag{G2.28}$$

式中　　T_q——单位线历时（时段数）；

　　　　T——洪水的地面径流历时（时段数）；

　　　　T_s——地面净雨历时（时段数）。

若出现上述不合理情况，则需修正，使最后确定的单位线径流深正好等于 10mm，底宽等于（$T-T_s+1$），形状为光滑的铃形曲线，并且使用这样的单位线作还原计算，即用该单位线由地面净雨推算地面径流过程［如表 G2.14 中第⑫栏］与实测的地面径流过程相比，误差最小。根据这些要求对第⑩栏计算的单位线进行检验和修正，得第⑪栏最后确定的单位线 q—t，它的地面径流深正好等于 10mm，底宽等于 10 个时段。

（3）试错优选法。当一场洪水过程中，净雨历时较长，如大于 3 个净雨时段，用分析法推求单位线常因计算过程中误差累积太快，使解算工作难以进行到底，这种情况下比较有效的办法是改用试错优选法。试错优选法就是先假定一条单位线作为本次洪水除最大的一个时段净雨外的其他时段净雨的试用单位线，并计算这些净雨产生的流量过程，然后错开时段叠加，得到一条除最大一个时段净雨外其余各时段净雨所产生的综合流量过程线。很明显，原来的洪水过程减去计算的上述综合出流过程，即得到一条最大时段净雨所产生的流量过程线，将其纵坐标分别乘以 $10/R_s$，即得到该时段净雨所产生的 10mm 净雨单位线。将此单位线与原采用的单位线进行比较，并采用其平均值。再重复上述步骤，直到满意为止。

3. 单位线的应用

一个流域根据多次实测雨洪资料分析多条单位线后，经过平均或分类综合，就得到了该流域实用单位线，即汇流计算方案。单位线的综合通常是按照不同雨洪资料求得的单位线的具体差异，分析其主要影响因素，如净雨强度、暴雨中心位置等分类综合，具体内容可参考有关水文专业书籍。

当流域内发生一场降雨过程，即可以应用产流计算方案和单位线按列表计算法推求洪水过程。现结合表 G2.15 的示例说明其计算步骤。

表 G2.15 某流域单位线法推求地面径流过程

时段 $\Delta t=12\text{h}$ ①	净雨 R_s（mm） ②	单位线 q（m³/s） ③	各时段净雨产生的地面径流过程（m³/s）					总的地面径流过程（m³/s） ⑨
			6.1mm ④	32.5mm ⑤	45.3mm ⑥	12.7mm ⑦	4.6mm ⑧	
1	6.1	0	0					0
2	32.5	28	17	0				17
3	45.3	250	153	91	0			244
4	12.7	130	79	813	127	0		1019
5	4.6	81	49	423	1133	36	0	1641
6		54	33	263	589	318	13	1216
7		35	21	176	367	165	115	844
8		21	13	114	245	103	60	535
9		12	7	68	159	69	37	340
10		5	3	39	95	44	25	206
11		0	0	16	54	27	16	113
12				0	23	15	10	48
13					0	6	6	12
14						0	2	2
15							0	0
合计								

（1）将单位线方案和由产流计算方案求得的净雨分别列于第②栏和第③栏。

（2）按照倍比定理，用单位线求各时段净雨产生的地面径流过程，即用 6.1/10 乘单位线各流量值得净雨为 6.1mm 的地面径流过程，列于第④栏，依此类推，求得各时段净雨产生的地面径流过程，分别列于第④～⑧栏。

（3）按叠加假定将第④～⑧栏的同时刻流量叠加，得总的地面径流过程，列于第⑨。

G2.3.4.2 瞬时单位线法

1. 瞬时单位线的概念

瞬时单位线是由纳希（J.E. Nash）于 1957 年提出的。它是指流域上瞬时时刻（即 $\Delta t \rightarrow 0$）均匀分布的单位净雨在出口断面处形成的地面径流过程线。其纵坐标常以 $u(0,t)$ 或 $u(t)$ 表示，无因次。瞬时单位线可用数学方程式表示，概括性强，便于分析。

纳希设想流域对地面净雨的调蓄作用，可用 n 个调蓄作用相同的串联水库的调节作用来模拟，且假定每一个水库的蓄泄关系为线性，则可导出瞬时单位线的数学方程为

$$u(t) = \frac{1}{K\Gamma(n)}\left(\frac{t}{K}\right)^{n-1} e^{-t/K} \tag{G2.29}$$

式中 $u(t)$——t 时刻的瞬时单位线的纵高；

         n——线性水库的个数；

         $\Gamma(n)$——n 的伽玛函数；

e——自然对数的底，$e \approx 2.71828$；

　　K——线性水库的调节系数，具有时间单位。

　　单位线两个基本假定同样适用于瞬时单位线，瞬时单位线与时间轴所包围的面积为 1.0，即

$$\int_0^\infty u(t)\mathrm{d}t = 1.0 \qquad (G2.30)$$

　　显然，决定瞬时单位线的参数只有 n、K 两个。n 越大，流域调节作用越强；K 值相当于每个线性水库输入与输出的时间差，即滞时。整个流域的调蓄作用所造成的流域滞时为 nK。不同的 n、K，瞬时单位线的形状也就不同，n、K 对瞬时单位线的影响如图 G2.18 所示。只要求出流域的 n、K 值，就可推求该流域的瞬时单位线。关于参数 n、K 的求法本书不作介绍，可参考有关专业书籍。

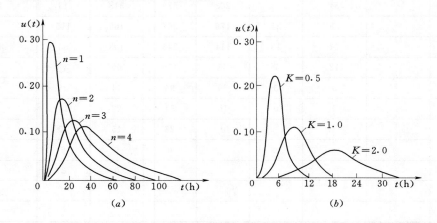

图 G2.18　不同 n 和 K 的瞬时单位线

(a) $K=10$；(b) $n=10$

2. 瞬对单位线的综合

　　瞬时单位线的综合实质上就是参数 n、K 的综合。目前我国许多省（自治区、直辖市）已对参数 n、K 做了大量的分析和综合工作，得到了地区综合成果，可供使用。但是，在实际工作中一般并不直接对 n、K 进行综合，而是根据中间参数 m_1、m_2 等来间接综合，$m_1 = nK$，$m_2 = \dfrac{1}{n}$。实践证明，n 值相对稳定，综合的方法比较简单，如湖北省 Ⅱ 片的 $n = 0.529F^{0.25}J^{0.2}$，江苏省山丘区的 $n = 3$。因此一般先对 m_1 进行地区综合，根据已确定的 n 值，就很容易确定出 K 值。

　　对 m_1 进行地区综合一般是首先通过建立单站的 m_1 与雨强 i 之间的关系，其关系式为 $m_1 = ai^{-b}$，求出相应于雨强为 10mm/h（或其他指定值）的 $m_{1,(10)}$。然后根据各站的 $m_{1,(10)}$ 与流域地理因子（如 F、J、L 等）建立关系，$m_{1,(10)} = f(F,L,J,\cdots)$，则 $m_1 = m_{1,(10)}(10/i)^b$，从而求得任一雨强 i 相应的 m_1。如湖北省 Ⅱ 片的 $m_{1,(10)} = 1.64F^{0.231}L^{0.131} \times J^{-0.08}$。其次是对指数 b 进行地区综合，一般 b 随流域面积的增大而减小。有时也可直接对单站的 m_1—i 关系式中的 a、b 进行综合，而不经 $m_{1,(10)}$ 的转换，如黑龙江省的 $m_1 = CF^{0.27}i^{-0.31}$，C 可查图得。

3. 综合瞬时单位线的应用

由于瞬时单位线是由瞬时净雨产生的，而实际应用时无法提供瞬时净雨，所以用综合瞬时单位线推求地面洪水过程线时，需将瞬时单位线转换成时段为 Δt（与净雨时段相同），净雨深为 10mm 的时段单位线后，再进行汇流计算，具体步骤如下：

（1）求瞬时单位线的 S 曲线。S 曲线是瞬时单位线的积分曲线，其公式为

$$S(t) = \int_0^t u(0,t)\mathrm{d}t = \frac{1}{\Gamma(n)}\int_0^{t/K}\left(\frac{t}{K}\right)^{n-1}\mathrm{e}^{-\frac{t}{K}}\mathrm{d}\left(\frac{t}{K}\right) \tag{G2.31}$$

公式表明 $S(t)$ 曲线也是参数 n、K 的函数。生产中为了应用方便，已制成 $S(t)$ 关系表供查用，见附表 5。

（2）求无因次时段单位线。将求出的 $S(t)$ 曲线向后错开一个时段 Δt，即得 $S(t-\Delta t)$，如图 G2.19 所示。两条 S 曲线的纵坐标差为时段为 Δt 的无因次时段单位线 $u(\Delta t,t)$，如图 G2.20 所示，其计算公式为

$$u(\Delta t,t) = S(t) - S(t-\Delta t) \tag{G2.32}$$

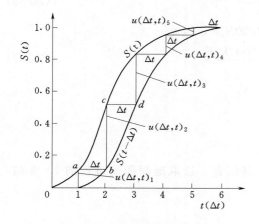

图 G2.19　瞬时单位线的 S 曲线　　　　　图 G2.20　无因次时段单位线

（3）求有因次时段单位线。根据单位线的特性可知，有因次时段单位线的纵坐标之和为 $\sum q_i = \dfrac{10F}{3.6\Delta t}$；而无因次时段单位线的纵坐标之和为 $\sum u(\Delta t,t) = 1.0$。

有因次时段单位线的纵高 q_i 与无因次时段单位线的纵高 $u(\Delta t,t)$ 之比等于其总和之比，即

$$\frac{q_i}{u(\Delta t,t)} = \frac{\sum q_i}{\sum u(\Delta t,t)} = \frac{10F}{3.6\Delta t} \tag{G2.33}$$

由此可知，时段为 Δt、10mm 净雨深时段单位线的纵坐标为

$$q_i = \frac{10K}{3.6\Delta t}u(\Delta t,t) \tag{G2.34}$$

（4）汇流计算。根据单位线的定义及倍比性和叠加性假定，用各时段设计地面净雨（换算成 10 的倍数）分别去乘单位线的纵高得到对应的部分地面径流过程，然后把它们分别错开一个时段后叠加即得到设计地面洪水过程。计算公式如下

$$Q_i = \sum_{i=1}^m \frac{R_{s_i}}{10}q_{t-i+1} \tag{G2.35}$$

137

式中　　m——地面净雨 R_{s_i} 的时段数，$i=1,2,3,\cdots,m$。

　　根据单位线的定义可知，单位线只能用来推求流域地面洪水过程线。湿润地区的洪水过程线还包括地下洪水过程线。如果流域的基流量较大，不可忽视时，则还需平加上基流。所以，湿润地区的洪水过程线是地面洪水过程线、地下洪水过程线和基流三部分叠加而成的。干旱地区的地面过程线一般即为所求的洪水过程线，在基流较多的流域也可加上基流流量。

G2.3.4.3　地下径流汇流计算

　　在湿润地区一般地下径流占总径流量的比例可达 20%～30%，有些地区甚至更多。但地下径流汇流远比地面径流要慢，因此汇流计算必须单独考虑。实际计算中地下洪水过程线常采用下述简化三角形方法推求。该法认为地面、地下径流的起涨点相同，由于地下径流汇流缓慢，所以将地下径流过程线概化为三角形过程，且将峰值放在地面径流过程的终止点。三角形面积为地下径流总量 W_g，计算式为

$$W_g = \frac{Q_{m,g} T_g}{2} \qquad (G2.36)$$

而地下径流总量等于地下净雨总水量，即 $W_g = 1000 R_g F$，因此

$$Q_{m,g} = \frac{2W_g}{T_g} = \frac{2000 R_g F}{T_g} \qquad (G2.37)$$

式中　　$Q_{m,g}$——地下径流过程线的洪峰流量，$\mathrm{m^3/s}$；

　　　　T_g——地下径流过程总历时，s；

　　　　R_g——地下净雨深，mm；

　　　　F——流域面积，$\mathrm{km^2}$。

　　按式（G2.37）可计算出地下径流的峰值，其底宽一般取地面径流过程的 2～3 倍，由此可推求出地下径流过程。

G2.3.4.4　设计洪水过程线的推求

　　由设计净雨过程推求设计洪水过程线，一般分为两种情况。在湿润地区由于地下径流在洪水过程总径流中占的比例较大，通常要分别对地面净雨和地下净雨进行汇流计算；而在干旱地区地下径流占洪水径流的比例较小，一般不用单独考虑。

　　在水文分析计算中，地面净雨的汇流计算普遍采用单位线法。地下净雨的汇流计算采用简化的方法处理。

　　1. 设计地面净雨的汇流计算——单位线法

　　目前由设计地面净雨推求相应的洪水流量过程线主要用单位线法。按推求单位线的方法不同又分为经验单位线法和瞬时单位线法，两者在实际应用上方法是一样的。值得说明的是，在设计情况下应用单位线要注意单位线的非线性问题。要求应尽量用实测大洪水资料分析得出的经验单位线或瞬时单位线，以求与设计条件相接近，避免外延过远而扩大误差。如果当地缺乏大洪水资料，可参考邻近流域汇流方案的非线性修正方法作适当处理，并应进行多方论证。

　　【例 G2.7】　干旱地区某流域 $\Delta t = 12\mathrm{h}$、$R_s = 10\mathrm{mm}$ 的单位线见表 G2.16 中①、③栏，设计净雨过程如表 G2.16 中②栏，本流域基流比较稳定，$Q_{基} = 3.0\mathrm{m^3/s}$，试推求设计洪水流量过程线。

表 G2.16　　　　　　　　　　　　　某流域单位线法推求设计洪水过程

时段 $\Delta t = 12h$	设计净雨 R_s （mm）	单位线 q （m³/s）	各时段净雨产生的地面径流过程（m³/s）					总的地面径流过程 （m³/s）	基流 （m³/s）	设计洪水流量过程 （m³/s）
			6.1 (mm)	32.5 (mm)	45.3 (mm)	12.7 (mm)	4.6 (mm)			
①	②	③	④	⑤	⑥	⑦	⑧	⑨	⑩	⑪
1	6.1	0	0					0	3.0	3.0
2		28	17	0				17	3.0	20.0
3	32.5	250	153	91	0			244	3.0	247
4	45.3	130	79	813	127	0		1019	3.0	1022
5	12.7	81	49	423	1133	36		1641	3.0	1644
6	4.6	54	33	263	589	318	13	1216	3.0	1219
7		35	21	176	367	165	115	844	3.0	847
8		21	13	114	245	103	60	535	3.0	538
9		12	7	68	159	69	37	340	3.0	343
10		5	3	39	95	44	25	206	3.0	209
11		0	0	16	54	27	16	113	3.0	116
12				0	23	15	10	48	3.0	51.0
13					0	6	6	12	3.0	15.0
14						0	2	2	3.0	5.0
15							0	0	3.0	3.0

（1）按照倍比定理，用单位线求各时段净雨产生的地面径流过程，即用 6.1/10 乘单位线各流量值得净雨为 6.1mm 的地面径流过程，列于第④栏，依此类推，求得各时段净雨产生的地面径流过程，分别列于第④～⑧栏。

（2）按叠加假定将第④～⑧栏的同时刻流量叠加，得总的地面径流过程，列于第⑨栏。

（3）基流根据设计条件取为 3.0m³/s，列于第⑩栏。

（4）地面径流过程和基流按时程叠加，得第⑪栏的设计洪水流量过程。

2. 设计地下径流过程的推求

在湿润地区的设计洪水过程线还包括设计地下径流过程线。如果流域的基流量较大，不可忽视时，则还需平加上基流。所以，湿润地区的设计洪水过程线是设计地面洪水过程线、设计地下洪水过程线和基流三部分叠加而成的。干旱地区的设计地面径流过程线就为所求的设计洪水过程线，有时也可加上基流。

设计地下洪水过程线经常采用简化三角形方法推求。该法认为地面、地下径流的起涨点相同，由于地下径流汇流缓慢，所以将地下径流过程线概化为三角形过程，且将峰值放在地面径流过程的终止点。三角形面积为地下径流总量 $W_{g,p}$，计算式为

$$W_{g,p} = \frac{Q_{m,g,p} T_g}{2} \tag{G2.38}$$

而地下径流总量等于地下净雨总量，及 $W_{g,p} = 1000 R_{g,p} F$

因此
$$Q_{m,g,p} = \frac{2W_{g,p}}{T_g} = \frac{2000R_{g,p}F}{T_g} \tag{G2.39}$$

式中　$Q_{m,g,p}$——地下径流过程线的洪峰流量，m^3/s；

$\quad\quad T_g$——地下径流过程总历时，s；

$\quad\quad R_{g,p}$——地下净雨深，mm；

$\quad\quad F$——流域面积，km^2；

$\quad\quad W_{g,p}$——地下径流总量，m^3。

按式（G2.39）可计算出设计地下径流的峰值，其底宽一般取地面径流过程的 2～3 倍，由此可推求出设计地下径流过程。

【例 G2.8】　江苏省某流域属于山丘区，流域面积 $F=118km^2$，干流平均坡度 $J=0.05$，$p=1\%$ 的设计地面净雨过程（$\Delta t=6h$）$R_{s1}=15mm$、$R_{s2}=25mm$，设计地下总净雨深 $R_g=9.5mm$，基流 $Q_{基}=5m^3/s$，地下径流历时为地面径流的 2 倍。求该流域 $p=1\%$ 的设计洪水过程线。

（1）推求瞬时单位线的 $S(t)$ 曲线和无因次时段单位线。

1）根据该流域所在的区域，查《江苏省暴雨洪水手册》得 $n=3$，$m_1=2.4(F/J)^{0.28}=21.1$，则 $K=m_1/n=21.1/3=7.0$（h）。

2）因 $\Delta t=6h$，用 $t=N\Delta t$，$N=0$，1，2，…算出 t，填入表 G2.17 中的第①栏。

3）由参数 $n=3$、$K=7.0$，计算 t/K，见第②栏，查附表 5 得瞬时单位线的 $S(t)$ 曲线，见第③栏。

4）将 $S(t)$ 曲线顺时序向后移一个时段（$\Delta t=6h$），得 $S(t-\Delta t)$ 曲线，见第④栏，按式 $u(\Delta t,t)=S(t)-S(t-\Delta t)$ 计算无因次时段单位线，见第⑤栏。

（2）将无因次时段单位转换为 $\Delta t=6h$、10mm 的时段单位线。

用式（G2.26）将第⑤栏中的无因次时段单位线转换为有因次的时段单位线，填入第⑥栏。

$$q_i = \frac{10F}{3.6\Delta t}u(\Delta t,t) = 54.63u(\Delta t,t)$$

检验时段单位线 $R = \frac{3.6\Delta t\sum q_i}{F} = 10mm$，计算正确。

（3）修匀单位线。根据本流域洪水特性以及地面径流退水规律在单位线图上对求得的时段单位线进行修匀，并保持总净雨为 10mm。列于表中第⑦栏。

（4）设计洪水过程线的推求。

1）计算设计地面径流过程。根据单位线的特性，各时段设计地面净雨换算成 10 的倍数后，分别去乘单位线的纵坐标得到相应的部分地面径流过程，然后把它们分别错开一个时段后叠加便得到设计地面洪水过程，即用式（G2.26）计算，见第⑩栏。

2）计算设计地下径流过程。

地下径流总历时　　　$T_g = 2T_s = 2\times12\times6 = 144$（h）

地下径流总量　　　$W_g = 1000R_gF = 1000\times9.5\times118 = 112.1$（万 m^3）

地下径流洪峰流量　　　$Q_{m,g} = \frac{2W_g}{T_g} = \frac{2\times112.1\times10^4}{144\times3600} = 4.3$（$m^3/s$）

按直线比例内插得每一时段地下径流的涨落均为 $0.36m^3/s$。经计算即可得出第⑪栏的设计地下径流过程。

3）将设计地面径流、地下径流及基流相加，得设计洪水过程线，见第⑬栏。

表 G2.17　　　　　　　　　　　　　某流域设计洪水过程线计算表

时段 （$\Delta t = 6h$）	t/K	$S(t)$	$S(t-\Delta t)$	$u(\Delta t, t)$	单位线 $q(t)$ （m^3/s）	修匀后 单位线 $q(t)$ （m^3/s）	设计 净雨 （mm）	部分地面 径流 （m^3/s）		地面 径流 $Q_s(t)$ （m^3/s）	地下 径流 $Q_g(t)$ （m^3/s）	基流 $Q_{基}$ （m^3/s）	设计 洪水 $Q_p(t)$ （m^3/s）
								15	25				
①	②	③	④	⑤	⑥	⑦	⑧	⑨		⑩	⑪	⑫	⑬
0	0	0		0	0	0	15	0		0	0	5.0	5.0
1	0.9	0.063	0	0.063	3.4	3.4	25	5.1	0	5.1	0.4	5.0	10.5
2	1.7	0.243	0.063	0.180	9.8	9.8		14.7	8.5	23.2	0.7	5.0	28.9
3	2.6	0.482	0.243	0.239	13.0	13.0		19.5	24.5	44.0	1.1	5.0	50.1
4	3.4	0.660	0.482	0.178	9.7	9.7		14.6	32.5	47.1	1.4	5.0	53.5
5	4.3	0.803	0.660	0.143	7.8	7.8		11.7	24.3	36.0	1.8	5.0	42.8
6	5.1	0.883	0.803	0.080	4.4	4.5		6.8	19.5	26.3	2.2	5.0	33.5
7	6.0	0.938	0.883	0.055	3.0	3.2		4.8	11.3	16.1	2.5	5.0	23.6
8	6.9	0.967	0.938	0.029	1.6	1.8		2.7	8.0	10.7	2.9	5.0	18.6
9	7.7	0.983	0.967	0.016	0.9	1.0		1.5	4.5	6.0	3.2	5.0	14.2
10	8.6	0.991	0.983	0.008	0.4	0.5		0.6	2.5	3.1	3.6	5.0	11.7
11	9.4	0.995	0.991	0.004	0.2	0		0	1.0	1.0	4.0	5.0	10.0
12	10.3	0.998	0.995	0.003	0.2				0	0	4.3	5.0	9.3
13	11.1	0.999	0.998	0.001	0.1						3.9	5.0	8.9
14	12	1.000	0.999	0.001	0.1						3.6	5.0	8.6
15		1.000	1.000	0	0						…	…	…
合计					1.0	54.6							

G2.4　小流域设计洪水计算

G2.4.1　小流域设计洪水的特点

小流域与大中流域的特性有所不同，但多大面积的流域才算小流域，目前全国没有统一的规定。一般情况下可认为集水面积在 $300 \sim 500 km^2$ 以下是小流域。

从水文学角度看小流域应具有以下特点：在汇流条件上，小流域汇流以坡面汇流为主；在资料条件上，小流域多缺乏实测水文资料；在点面雨量转换上，由于集水面积小，一般可以点雨量代替面雨量，但这与地理条件有关，因此，各省区对于小流域的规定是不统一的。

从计算任务上来看，小流域上兴建的水利工程一般规模较小，没有多大的调洪能力，所以计算时常以推求设计洪峰流量为主，对洪水总量及洪水过程线的要求相对较低。

从计算方法上来看，为满足众多的小型水利水电、交通、铁路等工程短时期提交设计成果的要求；小流域设计洪水的方法必须简便且易于掌握。

小流域设计洪水计算方法较多，归纳起来主要有：推理公式法、经验公式法、综合单位线法、调查洪水法等。本节重点介绍推理公式法，其他方法只作简要介绍或不作介绍。

G2.4.2 小流域设计暴雨计算

1. 小流域设计暴雨的特点

小流域设计暴雨的显著特点是缺乏实测暴雨资料，其次是由于流域面积小，暴雨时空分布的不均匀性可以忽略，常常以流域中心的设计点雨量代替全流域的设计面雨量。另外，由于小流域汇流历时短，在一次暴雨过程中仅有较短历时的核心部分暴雨量参与形成洪峰流量，常称为"造峰暴雨"，因此，小流域设计暴雨主要是推求符合设计标准的造峰暴雨。其设计历时一般较短（$t \leqslant 24h$），属于短历时暴雨。通常采用短历时暴雨公式及暴雨统计参数（雨量均值、变差系数）等值线图间接计算设计暴雨。有以下计算途径：

（1）按省（自治区、直辖市）《水文手册》或《雨洪图集》的资料计算特定历时的设计暴雨量。2004 年各省（自治区、直辖市）在过去成果的基础上，经延长系列分析完成了历时为 10min、60min、6h、24h、3d 等不同历时的暴雨参数等值线图集。

（2）用短历时暴雨公式将特定历时的设计暴雨量转换为所需的其他历时的设计暴雨量。也可以先计算 n 种标准历时的设计雨量，然后在双对数纸上绘制雨量历时曲线，从中内插所需历时的设计雨量。

（3）必要时可以进行点面雨量转换和用地区概化雨型进行暴雨时程分配计算。

2. 短历时暴雨公式

24h 内不同历时的最大平均暴雨强度与历时关系的数学表达式，称为短历时暴雨公式。当在设计情况下，就有

$$\bar{i}_p = \frac{S_p}{t^n} \quad \text{或} \quad H_{t,p} = S_p t^{1-n} \tag{G2.40}$$

式中　$H_{t,p}$——历时为 t 的设计雨量，mm；

S_p——与设计频率 p 相应的雨力，mm；

n——暴雨衰减指数。

暴雨参数 n、S_p 可通过图解分析法来确定。对式（G2.40）两边取对数，在双对数格纸上 $\lg H_{t,p}$ 与 $\lg t$ 为直线关系，即 $\lg H_{t,p} = \lg S_p + (1-n) \lg t$，参数 S_p 为纵轴的截距，$(1-n)$ 为直线的斜率。实际资料表明，$H_{t,p}$ 与 t 在双对数格纸上往往是一条折线，折点的历时若用 t_0 表示。根据我国各省（自治区、直辖市）的分析，t_0 多数情况位于 1h 处，有些省（自治区、直辖市）t_0 在 6h 处。如图 G2.21 所示，在 $t=1h$ 处出现明显的转折点。即 $t=1h$ 的纵坐标读数即 S_p，$t \leqslant 1h$ 时，取 $n=n_1$，$t>1h$ 时，取 $n=n_2$。

n 值反映地区暴雨特性，在一定的气候区内具有一定的数值，因而可对 n 值进行地区综合，给出 n 值的分区图，供无资料流域查用。

S_p 值的大小随频率 p 变化，频率愈大，S_p 愈小。有的部门对 S_p 也进行地区综合，绘制成 S_p 等值线图供查用。但水利部门更多采用由年最大 24h

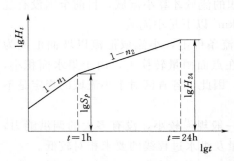

图 G2.21　暴雨参数分析示意图

设计雨量 $H_{24,p}$ 反推 S_p 的方法。即由式（G2.40）得

$$S_p = H_{24,p} t^{n-1} \tag{G2.41}$$

当 $t = 24\text{h}$，代入上式可得

$$S_p = H_{24,p} 24^{n-1} \tag{G2.42}$$

若分界点在 $t = 1\text{h}$ 处，则式中 $n = n_2$。

目前各省（自治区）暴雨洪水图集或水文手册中除年最大 24h 暴雨参数等值线图以外，还有年最大 10min、60min、1h、6h 等时段暴雨参数等值线图。因此，当成峰暴雨历时较短时，可先求出其他时段年最大设计暴雨量，然后用式（G2.41）反推 S_p，以避免由于历时相差过大而造成的较大误差。

3. 设计暴雨量的计算

根据水文手册或《雨洪图集》上的标准历时暴雨统计参数等值线图，按地理插值法求出流域中心各标准历时点暴雨统计参数（均值、C_v），一般暴雨偏差系数 C_s 只有分区图（表）而且多取 $3.5C_v$。然后用频率计算办法求出各标准历时的设计点雨量。然后用短历时暴雨公式求出其他历时的设计雨量，也有地方用经验公式计算。《设计洪水规范》（SL 44—2006）中介绍了用标准历时设计雨量与历时的双对数图进行其他历时设计雨量的推求。

为了计算任意历时的设计雨量，可先计算 n 种标准历时的设计雨量，然后在双对数纸上绘制雨量历时曲线，从中内插所需历时的设计雨量。当分段雨量历时关系接近直线时，也可采用暴雨递减指数公式，根据相邻两个标准历时 t_a 和 t_b 的设计雨量 H_a 和 H_b，以及该区间的暴雨递减指数 n_{ab}，内插所需历时 t_i 相应的雨量 H_i

$$H_i = H_a (t_i / t_a)^{1-n_{ab}} \tag{G2.43}$$

或

$$H_i = H_b (t_i / t_b)^{1-n_{ab}} \tag{G2.44}$$

其中

$$n_{ab} = 1 - \lg(H_a / H_b) / \lg(t_a / t_b) \tag{G2.45}$$

式中　H_i——历时 t_i 的设计雨量，mm；

H_a、H_b——历时 t_a、t_b 内的设计雨量，mm；

$\quad t_i$——某一设计历时；

$\quad t_a$、t_b——两个相邻的标准历时；

$\quad n_{ab}$——暴雨递减指数。

暴雨递减指数的移用适用于地形变化不大的地区。该指数一般随频率而变化，设计条件下不宜直接采用常遇暴雨分析的指数。面暴雨指数也不宜直接移用点暴雨指数。

G2.4.3　推理公式法计算设计洪峰流量

推理公式法是由暴雨资料推求小流域设计洪水的一种简化方法。所谓推理公式，也叫合理化公式，它是把流域的产流、汇流过程经过概化，利用等流时线原理推理得出小流域的设计洪峰流量的计算公式。

G2.4.3.1　推理公式的基本形式

在一个小流域中，若流域的最大汇流长度为 L，流域的汇流时间为 τ。根据等流时线原理，当净雨历时 t_c 大于等于汇流历时 τ 时称全面汇流，即全流域面积 F 上的净雨汇流形成洪峰流量；当 t_c 小于 τ 时称部分汇流，即部分流域面积上 F_{t_c} 的净雨汇流形成洪峰流量，形成最大流量的部分流域面积 F_{t_c}，是汇流历时相差 t_c 的两条等流时线在流域中所包

围的最大面积，又称最大等流时面积。

当 $t_c \geqslant \tau$ 时，根据小流域的特点，假定 τ 历时内净雨强度均匀，流域出口断面的洪峰流量为

$$Q_m = 0.278 \frac{h_\tau}{\tau} F \tag{G2.46}$$

式中　h_τ——τ 历时内的净雨深，mm；

　　0.278——即 $\frac{1}{3.6}$，是 Q_m 用 m^3/s、F 用 km^2、τ 用 h 的单位换算系数。

当 $t_c < \tau$ 时，只有部分面积 F_{t_c} 上的净雨形成出口断面最大流量，计算公式为

$$Q_m = 0.278 \frac{h_R}{t_c} F_{t_c} \tag{G2.47}$$

式中　h_R——次降雨产生的全部净雨深，mm。

F_{t_c} 与流域形状、汇流速度和 t_c 大小等有关，因此详细计算是比较复杂的，生产实际中一般采用中国水利水电科研究院水文研究所提出的方法，该法近似假定 F_{t_c} 随汇流时间的变化可概化为线性关系，即

$$F_{t_c} = \frac{F}{\tau} t_c \tag{G2.48}$$

将式 (G2.48) 代入式 (G2.47)，则部分汇流时计算洪峰流量的简化公式为

$$Q_m = 0.278 \frac{h_R}{\tau} F \tag{G2.49}$$

综合上述全面汇流（$t_c \geqslant \tau$）与部分汇流情况（$t_c < \tau$），计算洪峰流量公式为

$$\left. \begin{aligned} Q_m &= 0.278 \frac{h_\tau}{\tau} F \quad (t_c \geqslant \tau) \\ Q_m &= 0.278 \frac{h_R}{\tau} F \quad (t_c < \tau) \end{aligned} \right\} \tag{G2.50}$$

式（G2.50）即为推理公式的基本形式，式中 τ 可用下式计算

$$\tau = \frac{0.278 L}{m J^{1/3} Q_m^{1/4}} \tag{G2.51}$$

式中　J——流域平均坡度，包括坡面和河网，实用上以主河道平均比降来代表，以小数计；

　　　L——流域汇流的最大长度，常用主河道长度代替，km；

　　　m——汇流参数，与流域及河道情况等条件有关。

式（G2.50）及式（G2.51）中的地面净雨计算可分为两种情况，如图 G2.22 所示。

当 $t_c \geqslant \tau$ 时，历时 τ 的地面净雨深 h_τ 可用下式计算

$$h_\tau = (\bar{i}_\tau - \mu)\tau = S_p \tau^{1-n} - \mu\tau \tag{G2.52}$$

当 $t_c < \tau$ 时，产流历时内的净雨深 h_R 也可用 h_R 表示，可用下式计算

$$h_R = (\bar{i}_{t_c} - \mu)t_c = S_p t_c^{1-n} - \mu t_c = n S_p t_c^{1-n} \tag{G2.53}$$

式中　$\bar{i}_\tau$、$\bar{i}_{t_c}$——汇流历时与产流历时内的平均雨强，mm/h；

　　　μ——产流参数，mm/h。

经推导，净雨历时 t_c 可用下式计算

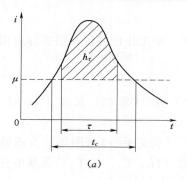 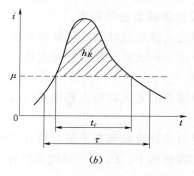

图 G2.22　两种汇流情况示意图

(a) $t_c \geqslant \tau$；(b) $t_c < \tau$

$$t_c = \left[(1-n) \frac{S_p}{\mu} \right]^{\frac{1}{n}} \qquad (G2.54)$$

可见，由推理公式计算小流域设计洪峰流量的参数有三类：流域特征参数 F、J、L；暴雨特性参数 n、S_p；产、汇流参数 m、μ。Q_m 可以看成是上述参数的函数，即

$$Q_m = f(F, L, J; n, S_p; m, \mu)$$

流域特性参数与暴雨特性参数可根据 X1.3 及 G2.3 的计算方法确定，因此关键是确定流域的产、汇流参数。

G2.4.3.2　产、汇流参数的确定

产流参数 μ 代表产流历时 t_c 内地面平均入渗率，又称损失参数。推理公式法假定流域各点的损失相同，把 μ 视为常数。μ 值的大小与所在地区的土壤透水性能、植被情况、降雨量的大小及分配、前期影响雨量等因素有关，不同地区其数值不同，且变化较大。为了便于小流域设计洪水的计算，各省（自治区、直辖市）水利水文部门在分析大量暴雨洪水资料的基础上，均提出了确定 μ 值的简便方法。有的部门建立单站 μ 与前期影响雨量 P_a 的关系，有的选用降雨强度 $\bar{i}$ 与一次降雨平均损失率 $\bar{f}$ 建立关系，以及 μ 与 $\bar{f}$ 建立关系等，从而运用这些 μ 作地区综合，可以得出各地区在设计时应取的 μ 值。具体数值可参阅各地区的水文手册等。

汇流参数 m 是流域中反映水力因素的一个指标，用以说明洪水汇集运动的特性。它与流域地形、植被、坡度、河道糙率和河道断面形状等因素有关。一般可根据雨洪资料反算，然后进行地区综合，建立它与流域特征因素 θ［一般 $\theta = L/J^{1/3}$ 或 $\theta = L/(J^{1/3}F^{1/4})$］间的关系，以解决无资料地区确定 m 的问题。例如：

浙江省，定义 $\theta = L/J^{1/3}$（J 以千分率计）。按植被较好、一般、较差三种情况进行分区综合，其中植被一般的 m 与 θ 的关系为

$$m = 0.6\theta^{0.1} \qquad (\theta < 90) \qquad (G2.55)$$

$$m = 0.114\theta^{0.464} \qquad (\theta \geqslant 90) \qquad (G2.56)$$

山西省，定义 $\theta = L/(J^{1/3}F^{1/4})$（$J$ 以千分率计）。全省分五个分区建立 m 与 θ 的关系，其中一般山区为

$$m = 0.38h^{-0.27}\theta^{0.27} \qquad (h \text{ 为净雨深}) \qquad (G2.57)$$

各省在分析大暴雨洪水资料后都提供了 μ 和 m 值的简便计算方法，可在当地的《水文手册》（图集）中查到。

G2.4.3.3 设计洪峰流量的推求

应用推理公式推求设计洪峰流量的方法很多，本工作任务仅介绍实际应用较广且比较简单的两种方法——试算法和图解交点法。

1. 试算法

该法是以试算的方式联解方程组式（G2.46）或（G2.49）及式（G2.51），具体计算步骤如下：

（1）通过对设计流域调查了解，结合当地的《水文手册》（图集）及流域地形图。确定流域的几何特征值 F、L、J，暴雨的统计参数（$\overline{H}_t$、C_v、C_s/C_v）及暴雨公式中的参数 n，产流参数 μ 及汇流参数 m。

（2）计算设计暴雨的雨力 S_p 与雨量 H_{tp}，并由产流参数 μ 计算设计净雨历时 t_c。

（3）将 F、L、J、t_c、m 代入式（G2.46）或式（G2.49），其中 $Q_{m,p}$、τ、h_τ（或 h_R）未知，且 h_τ 与 τ 有关，故需用试算法求解。试算的步骤为：先假设一个 $Q_{m,p}$，代入式（G2.51）计算出一个相应的 τ，将它与 t_c 比较判断属于何种汇流情况，用式（G2.52）或式（G2.53）计算出 h_τ（或 h_R），再将该 τ 值与 h_τ（或 h_R）代入式（G2.46）或式（G2.49），求出一个 $Q_{m,p}$，若 $Q_{m,p}$ 与假设的 $Q_{m,p}$ 一致（误差在 1% 以内），则该 $Q_{m,p}$ 及 τ 即为所求；否则，另设 $Q_{m,p}$ 重复上述试算步骤，直至满足要求为止。

2. 图解分析法（图解试算法）

该法和试算法基本相同，只是将试算过程变成图解。首先假设一组 τ 代入式（G2.46）和式（G2.52）计算出相应的 $Q_{m,p}$。再假设一组 $Q_{m,p}$，分别代入式（G2.51）计算相应的 τ'，然后在同一张图上分别点绘曲线 τ—$Q_{m,p}$ 及 $Q_{m,p}$—τ'，如图 G2.23 所示。两条线交点的纵横坐标显然同时满足上述两个方程，因此交点读数 $Q_{m,p}$、τ 即为所求的解。

计算完成后由式（G2.54）计算 t_c，并与所求得的 τ 值进行比较，若 $t_c \geqslant \tau$，原假定为全面汇流条件成立；否则，若 $t_c < \tau$，则改由式（G2.49）、式（G2.53）与式（G2.51）联解，重复上述计算，并重新绘图求交点。

图解分析法的思路也可用逐步试算的办法求解，即迭代试算法。该法首先假设一个初始 τ_1，代入洪峰流量的计算式（G2.46）求出洪峰流量，再将其代入 τ 的计算式（G2.51）计算一个 τ_2，比较两者是否相等，若相等则 τ 和 $Q_{m,p}$ 即为所求。若不等则将 τ_2 又代入洪峰流量的计算公式重复以上计算步骤，直至相等为止，该法较图解分析法精度高。

需要说明以上三种方法，在计算前 τ 未知，因此在选用洪峰流量的计算公式时一般都是先假设 $t_c \geqslant \tau$，属于全面汇流的情况（实际小流域多数属于此种情况），待求解出 $Q_{m,p}$、τ 后，再进行检验。即由式（G2.54）计算 t_c，与 τ 比较，若 $t_c \geqslant \tau$，则计算正确；若 $t_c < \tau$，则按式（G2.49）重新计算。

【例 G2.9】 在某小流域拟建一小型水库，已知该水库所在流域为山区，且土质为黏土。其流域面积 $F=84\text{km}^2$，流域的长度 $L=20\text{km}$，平均坡度 $J=0.01$。试用推理公式法计算坝址处 $p=1\%$ 的设计洪峰流量。

1. 计算设计暴雨

（1）查该省水文手册，得流域中心处暴雨参数如下：

$$\overline{H}_{24} = 100\text{mm}, \ C_v = 0.50, \ C_s = 3.5C_v, \ t_0 = 1\text{h}, \ n_2 = 0.65$$

（2）计算最大 24h 设计暴雨量，由暴雨统计参数及 $p=1\%$ 查附表 2，得 $k_p=$

2.74，故

$$H_{24p} = 2.74 \times 100 = 274(\text{mm})$$

（3）计算设计雨力 S_p。

$$S_p = H_{24p} 24^{n_2-1} = 274 \times 24^{-0.35} = 90(\text{mm/h})$$

则其他历时设计雨量为

$$H_{tp} = S_p t^{1-n_2} = 90 t^{0.35}$$

2. 设计净雨计算

根据该流域的自然地理特性，查当地水文手册得设计条件下的产流参数 $\mu = 3.0\text{mm/h}$，按式（G2.54）计算净雨历时 t_c 为

$$t_c = \left[(1-0.65)\frac{90}{3.0}\right]^{1/0.65} = 37.24(\text{h})$$

3. 计算设计洪峰流量

（1）试算法。根据该流域的汇流条件，由 $\theta = L/J^{1/3} = 90.9$，由该省《水文手册》确定本流域的汇流系数为 $m = 0.28\theta^{0.275} = 0.97$。

假设 $Q_{m,p} = 500\text{m}^3/\text{s}$，代入式（G2.51），计算汇流历时 τ 为

$$\tau = \frac{0.278L}{mJ^{1/3}Q_m^{1/4}} = 5.5\text{h}$$

因 $t_c > \tau$，属于全面汇流，由式（G2.52）计算得

$$h_\tau = S_p \tau^{1-n} - \mu\tau = 90 \times 5.5^{1-0.65} - 3.0 \times 5.5 = 147(\text{mm})$$

将所有参数代入式（G2.46）得

$$Q_{m,p} = 0.278 \frac{h_\tau}{\tau} F = 0.278 \times \frac{147}{5.5} \times 84 = 624(\text{m}^3/\text{s})$$

所求结果与原假设不符，应重新假设 $Q_{m,p}$ 值继续试算，直至计算值与假设值的差值符合精度要求。本例经试算求得 $Q_{m,p} = 640\text{m}^3/\text{s}$，$\tau = 5.29\text{h}$，属于 $t_c > \tau$ 的情况，计算正确。

（2）图解交点法。首先假定为全面汇流，假设一组 τ，用式（G2.46）及式（G2.52）计算 $Q_{m,p}$；再假设一组 $Q_{m,p}$ 用式（G2.51）计算 τ'，具体计算见表 G2.18。

表 G2.18　　　　　　　　　交 点 法 计 算 表

假设 τ(h)	计算 $Q'_{m,p}$(m³/s)	假设 $Q_{m,p}$(m³/s)	计算 τ'(h)
①	②	③	④
5.60	615	550	5.49
5.40	632	600	5.37
5.20	649	650	5.27
5.00	668	700	5.17

根据表 G2.18 在同一张图上分别绘制曲线 $\tau - Q_{m,p}$ 及 $Q_{m,p} - \tau'$，如图 G2.23 所示，交点读数 $Q_m = 640\text{m}^3/\text{s}$、$\tau = 5.29\text{h}$ 即为两式的解。

验算：$t_c = 37.2\text{h}$，$\tau = 5.29\text{h}$，$t_c > \tau$，原假设为全面汇流是合理的，不必重新计算。

G2.4.4　地区经验公式法推求设计洪峰流量

地区经验公式是根据本地区实测洪水资料或调查的相关洪水资料进行综合归纳，直接建立洪峰流量与影响因素之间的关系方程式。这些公式都是根据某一地区实测经验数据分

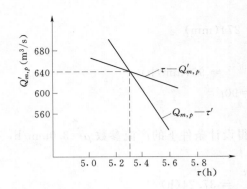

图 G2.23　图解交点法推求设计洪峰流量

析制定的，只适用于该地区。经验公式方法简单，应用方便，如果公式能考虑到影响洪峰流量的主要因素，且建立公式时所依据的资料有较好的可靠性与代表性时，则计算成果比较可靠。按建立公式时考虑的因素多少，将经验公式可分为单因素公式与多因素公式。

1. 单因素经验公式

目前，以流域面积作参数的经验公式是最为简单的一种形式，称为单因素公式。把其他因素可用一个综合系数表示，公式的形式为

$$Q_{m,p} = C_p F^n \tag{G2.58}$$

式中　$Q_{m,p}$——设计洪峰流量，m^3/s；

C_p——随地区和频率而变化的综合系数；

n——经验指数；

F——流域面积，km^2。

在各省（自治区、直辖市）的《水文手册》或《雨洪图集》中，有的给出了分区的 n、C_p，有的给出了 C_p 等值线图。实用时可以查出。

2. 多因素公式

多因素经验公式是以流域特征与设计暴雨等主要影响因素为参数建立的经验公式。它认为洪峰流量主要受流域面积、流域形状与设计暴雨等因素的影响，而其他因素可用一些综合参数表达，公式的形式为

$$Q_{m,p} = C H_{24p} F^n \tag{G2.59}$$

$$Q_{m,p} = C h_{24p}^a K^\gamma F^n \tag{G2.60}$$

$$Q_{m,p} = C h_{24p}^a J^\beta K^\gamma F^n \tag{G2.61}$$

式中　H_{24p}、h_{24p}——最大 24h 设计暴雨量与设计净雨量，mm；

α，β，γ，m，n——经验指数；

C——经验系数；

J——主河道平均比降；

K——流域形状系数。

经验公式不着眼于流域的产汇流原理，只进行该地区资料的统计归纳，故地区性很强，两个流域洪峰流量公式的基本形式相同，它们的参数和系数会相差很大。所以，外延时一定要谨慎。很多省（自治区、直辖市）的《水文手册》（图集）上都刊有经验公式，使用时一定要注意公式的适用范围。

G2.4.5　小流域设计洪水过程线的推求

对于一些有一定调节能力的中小型水库，为分析这些工程的调洪能力和防洪效果，除推求设计洪峰流量外，还需计算相应的设计洪水过程线。配合推理公式法、经验公式法计算设计洪水线经常用概化三角形、五边形、多峰型过程线和无因次过程线等。

1. 概化三角形过程线

一般小流域洪水过程多为陡涨陡落，洪峰持续时间较短，过程近似为三角形。因此通

常假定洪水涨水和退水均按直线变化，洪水过程线是最简单的三角形，如图 G2.24 所示。

三角形洪水过程线的设计洪峰流量，已由前述推理公式法或经验公式法求得。设计洪量可用下式计算：

$$W_p = 10^3 h_p F \tag{G2.62}$$

式中　W_p——设计洪水总量，m^3；

　　　　F——流域面积，km^2；

　　　　h_p——设计净雨总量，mm，可由最大 24h 设计暴雨量扣损求得。

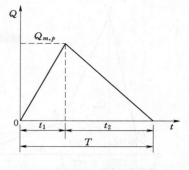

图 G2.24　概化三角形洪水过程线

由三角形特性知

$$W_p = \frac{1}{2} Q_{m,p} T \tag{G2.63}$$

所以设计洪水总历时为

$$T = \frac{2W_p}{Q_{m,p}} \tag{G2.64}$$

式中　T——设计洪水总历时，h；

　　　　W_p——设计洪水总量，m^3；

　　　　$Q_{m,p}$——设计洪峰流量，m^3/s。

由图 G2.24 可见，$T = t_1 + t_2$。t_1 为涨水历时，t_2 为退水历时。一般情况下 $t_2 > t_1$，根据有些地区的分析 $t_2 : t_1 = 1.5 \sim 3.0$。令 $t_2/t_1 = r$，称为洪水过程线因素，则有

$$T = t_1 + t_2 = t_1(1 + r) \quad 或 \quad t_1 = \frac{T}{1 + r} \tag{G2.65}$$

当 $Q_{m,p}$、T、t_1 确定后，便可以绘出三角形过程线。

【例 G2.10】　资料同［例 G2.9］，已经计算得出 $Q_m = 640 m^3/s$、$\tau = 5.29 h$、$t_c = 37.2 h$，选取洪水过程线因素 $r = 2$，试推求概化三角形洪水过程线。

首先计算设计洪水总量 W_p。

由式（G2.53）计算设计净雨量

$$h_p = n S_p t_c^{1-n} = 0.65 \times 90 \times 37.24^{1-0.65} = 207.5 \text{(mm)}$$

由式（G2.62）计算设计洪水总量

$$W_p = 10^3 h_p F = 10^3 \times 207.5 \times 84 = 1743 \times 10^4 \text{(m}^3\text{)}$$

由式（G2.64）计算设计洪水总历时

$$T = \frac{2W_p}{Q_{m,p}} = \frac{2 \times 1743 \times 10^4}{640} = 544689 s = 15.13 \text{(h)}$$

由式（G2.65）及 $r = 2$ 计算设计洪水涨水历时

$$t_1 = \frac{T}{1 + r} = \frac{15.13}{1 + 2} = 5.04 \text{(h)}$$

退水历时　　　　$t_2 = T - t_1 = 15.13 - 5.04 = 10.09 \text{(h)}$

由 T、$Q_{m,p}$、t_1、t_2 即可绘出设计洪水概化三角形过程线。

2. 概化五边形过程线

概化五边形过程线是在三角形过程的基础之上，略加改进，将涨水段和退水段各增加

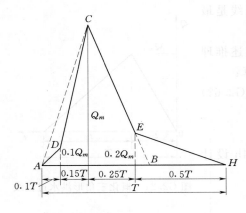

图 G2.25　概化五边形洪水过程线

一个转折点，控制 $\triangle ACD$ 和 $\triangle EHB$ 面积相等，使其变成五边形的过程，如图 G2.25 所示。过程线上各点的坐标，可根据本地区小流域的实测单峰大洪水过程线综合分析概化定出。

例如，江西省根据全省集水面积在 650km² 以下的 81 个水文站、1048 次洪水资料分析的五边形概化过程线，其各转折点坐标如图 G2.25 所示。图中 T 为洪水总历时，可按式（G2.66）计算

$$T = 9.662 \frac{W_p}{Q_{m,p}} \qquad (G2.66)$$

式中，$Q_{m,p}$、W_p、T 的单位分别为 m³/s、10^4 m³、h，9.66 为转换系数。算出 T 后，洪水各转折点坐标即可算出。

3. 无因次过程线法

无因次过程线是根据实测典型洪水资料，经综合分析和概化后求得的。

选作典型的洪水资料，应具有峰高、量大，并能代表当地洪水的一般特征，如峰型（单峰型、多峰型）应当符合当地洪水线型。

分析出无因次概化过程线时，先将典型过程线进行概化修匀后，换算为无因次相对坐标表示的概化过程线，其纵坐标以 y_i 表示，横坐标以 x_i 表示。

$$\left.\begin{array}{l} y_i = \dfrac{Q_i}{Q_m} \\[2mm] x_i = \dfrac{t_i}{T} \end{array}\right\} \qquad (G2.67)$$

式中　t_i——时间坐标；

Q_i——典型洪水过程线的流量；

x_i——无因次过程线的时间坐标；

y_i——无因次过程线的流量坐标。

使用时，只需要用设计洪峰流量 $Q_{m,p}$ 乘以 y_i，以洪水总历时 T 乘以 x_i，即可求得设计洪水过程线。

G2. 5　设计洪水的其他问题

G2. 5. 1　可能最大暴雨与可能最大洪水简介

可能最大暴雨（简称 PMP）是指在现代气候条件下，某一流域一定历时内理论上可能发生的最大暴雨，含有降雨上限的意义；根据可能最大暴雨的时空分布，合理考虑流域的下垫面情况，进行产汇流分析计算求得的洪水称为可能最大洪水（简称 PMF）。

可能最大暴雨是 20 世纪 30 年代提出的由物理成因方法分析设计洪水的一种新途径。我国是从 1958 年开始分析个别地区的可能最大洪水。1975 年河南特大洪水发生后，因水库失事造成巨大损失，引起了人们对水库安全保坝洪水的普遍重视。现行规范《防洪标

准》（GB 50201—94）和《水利水电工程等级划分及洪水标准》（SL 252—2000）中规定，土坝、堆石坝及泄水建筑物一旦失事将对下游造成特别重大的灾害时，1 级建筑物的校核防洪标准应采用可能最大洪水（PMF）或重现期为 10000 年的洪水。全国相继开展了可能最大暴雨和可能最大洪水的分析研究工作，并于 1977 年出版了我国《全国可能最大 24h 点雨量等值线图》。各省区也相继完成了《雨洪图册》的编印工作，系统地分析研究了推求 PMP 的各种方法，编制了计算 PMP 和 PMF 的图表资料，为防洪安全检查和新建水库的保坝设计提供了依据。

但在目前所具有的水文气象资料及水文气象科学发展水平的条件下，还远远不能解决对暴雨的物理上限值精确计算的问题，只能逐步地接近它。因此，可以说对 PMP 的计算问题，是一个对自然的不断认识过程。随着资料增多，水文气象科学的发展必将逐步认识 PMP 的物理机制。现阶段各地计算 PMP 的方法很多，归纳起来有水文气象法和数理统计法两大类。但各种方法均处在一种半经验半理论的阶段。这里不作介绍，可参考有关专业书籍。

G2.5.2　分期设计洪水

洪水的大小和过程线的形状在年内不同时期有明显差别，从工程的防洪运用目标出发以及解决工程施工阶段的防洪问题，需要推求年内不同季节或指定时段的设计洪水，即分期设计洪水。例如，推求春汛期、凌汛期、主汛期和前汛期、后汛期等分期的设计洪水，为合理进行水利工程的调度运用提供依据。又如，为了研究水利水电工程施工期间各种临时性建筑物和施工场地的防洪安全，以及合理安排施工进度等要求，通常需要推求能满足各种防洪标准要求的施工设计洪水，包括分期施工设计洪水。

分期设计洪水计算要根据河流洪水特性；将一年分成若干分期，认为逐年发生在同一分期内的最大洪水是独立的，可以分别进行统计，然后绘制各个分期内洪峰及各种历时的洪量最大值频率曲线，也可用与年最大设计洪水计算的同样方法绘制分期设计洪水过程线。因此分期设计洪水计算主要解决如何划定分期以及分期洪水频率计算中的一些具体问题。

分期的划定须考虑河流洪水的天气成因以及工程设计、运行中不同季节对防洪安全和分期蓄水的要求。首先应尽可能地根据不同成因的洪水出现时间进行分期。例如，浙江 7 月上旬以前为梅雨形成洪水，7 月中、下旬以后为台风雨形成的洪水。据此分期，水库可以采用不同的汛期防洪限制水位。施工设计洪水时段的划分还要根据工程设计的要求。例如为选择合理的施工时间，安排施工进度等，常需要分出枯水期、平水期、洪水期的设计洪水或分月设计洪水。应当注意，为使分期的划分符合成因上的变化规律和特点，分期不宜短于一个月。

分期洪水频率计算，一般按分期年最大值法选样，若一次洪水跨越两个分期时，视其洪峰流量或定时段洪量的主要部位位于何期，即作为该期的样本，而不应重复选样，跨期时间规范 SL 44—2006 规定一般不超过 5～10 日。历史洪水按其发生的日期，分别加入各分期洪水的系列进行频率计算。

对分期设计洪水的成果也要进行合理性分析。主要分析分期设计洪水的均值，各种频率的设计是否符合季节性的变化规律，以及各分期洪水的峰量频率曲线与全年最大洪水的峰量频率曲线是否协调。一般是将分期洪水的峰量频率曲线与全年最大洪水的峰量频率曲线绘到同一张频率格纸上，若它们在实用频率范围内发生交叉现象，应根据资料情况和洪水的季节性规律予以调整。调整的原则，一般以分期历时较长的频率曲线为准，如以年控制季，以季控制月等。

分期设计洪水的过程线仍用典型洪水过程放大的方法来推求，但典型洪水一定要从相应的分期内选取。中小型工程的施工设计洪水，一般只需推求分期设计洪峰。

G2.5.3 入库设计洪水

水库的设计洪水一般是指坝址断面处的洪水。由于水库建成后形成了库区，进入水库的洪水与建库前坝址断面处的洪水是有区别的。建库后从水库周边进入库的洪水称为入库洪水，它由三部分组成，如图 G2.26 所示。

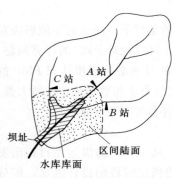

图 G2.26　入库洪水组成
示意图

（1）水库回水末端干支流河道的洪水。如图 G2.26 中由 A、B、C 断面汇入的上游干支流洪水（可能有实测资料，也可能没有）。

（2）除水库末端干支流断面外沿水库周边的区间陆地面积所产生的洪水。即图中 A、B、C 断面以下至水库周边的区间陆面上所产生的洪水（无实测资料）。

（3）水库水面的降雨量。即直接降落到水库水面的雨水转化为径流洪水（无实测资料）。

入库洪水与坝址洪水的差别主要表现在以下两个方面：

（1）由于库区范围内由原陆面变成水面，使得产汇流条件发生了变化，洪水直接进入水库，与坝址洪水相比，传播时间缩短，洪峰出现时间提前，过程变得尖瘦，涨水段洪量较大。

（2）由于库区范围内由原陆面变成水面，雨水直接进入水库，减少了下渗损失量，故同样降雨量下，洪量有所增加。

这些差别对于不同的水库表现是不一样的，越是大型水库差别越大，差异的程度与水库特性及典型洪水的时空分布有关。对于峡谷型水库，两者差异较小，两种洪水的洪峰流量仅相差 3% 左右；对于湖泊型水库，两者差异较大，有时入库洪水要比坝址洪水的洪峰大 30% 左右。故而对于一些大中湖泊型水库，应以入库洪水作为防洪设计的依据。

入库洪水计算的常用方法有：合成流量法、马斯京根流量演算法、水量平衡法等。都涉及洪水演算和水库调洪演算问题，可参见水文预报和水利计算的有关内容。如果按以上方法求出较长期的入库洪水资料，可对入库洪水峰、量系列作频率计算，进而推求入库设计洪水。在建库前坝址处有较长期的洪水资料时，也可先计算坝址设计洪水，再用流量演算法作反演算，推求入库设计洪水。

G2.6　知　识　拓　展

G2.6.1　蓄满产流与超渗产流的概念

1. 蓄满产流

蓄满产流又称饱和产流，多发生在南方湿润地区。这些地区雨量丰沛，地下水埋藏较浅，包气带较薄，通常不过几米，而且植被良好，表土相对疏松，地面下渗能力一般较强，常大于降雨强度，因此，降雨后包气带缺水量很容易得到满足而达到饱和，饱和后下渗率趋于稳定达到稳定入渗率 f_c。在包气带未达到饱和之前，不产生径流，所有降雨全部转换为包气带的蓄水量；当包气带达到饱和之后，后续降雨则全部转换为径流。超过稳渗率 f_c 的形成地面径流 R_s，以稳渗率 f_c 下渗的形成地下径流 R_g，总径流量（或产流量）为两者之和。即

$$R = R_s + R_g \tag{G2.68}$$

若假设流域包气带最大蓄水容量用流域最大缺水量 I_m 反映，降雨开始时的包气带土壤含水量用前期影响雨量 P_a（也称为包气带土壤含水量指标）反映，则降雨开始时包气带土层的缺水量为 $I_m - P_a$，当降雨量 H 大于包气带土层的缺水量（$I_m - P_a$）时，开始产流，产流量为

$$R = H - (I_m - P_a) \tag{G2.69}$$

流域包气带最大缺水量 I_m 受气候、土壤、植被条件等影响，是一个相对稳定的数值。包气带前期影响雨量 P_a 是一个相对变化值，它随雨前一定时段的降雨量多少和蒸发情况而变化。因此可见，在蓄满产流区，影响产流的主要因素为降雨量 H 和前期影响雨量 P_a。

2. 超渗产流

超渗产流又称非饱和产流，多发生在干旱地区。这些地区气候干旱，雨量稀少，地下水埋藏较深，包气带可达几十米甚至上百米，而且植被条件较差，土壤结构紧密，下渗能力小，因此降雨一般不容易满足整个包气带的缺水量。产流发生的条件是雨强超过下渗强度，即 $i > f$。在整个降雨过程中，雨水不断下渗，下渗锋面不断下移，表层下渗率随时间逐渐减小，最后达到稳定下渗率 f_c，但整个包气带在降雨过程中都达不到饱和状态，下渗水量暂时蓄存于包气带土壤中，成为土壤含水量的一部分，雨后消耗于蒸发，一般不会形成地下径流，而成为降雨径流过程的主要损失量，其大小主要决定于土壤前期含水量和每次降雨的下渗过程。产流过程描述为：

当 $i > f$，则（$i - f_p$）形成地面径流，实际下渗率为 f；

当 $i \leqslant f$，则无地面径流形成，全部雨水都渗入土壤；所以包气带将雨水分成地面径流和下渗水量。

对于一次总降雨而言，雨强时大时小，土壤下渗能力也在随时间变化，则次下渗总水量 I 为

$$I = \int_{i > f} f \, dt + \int_{i \leqslant f} i \, dt \tag{G2.70}$$

形成的地面径流量 R_s 为

$$R_s = \int_{i > f} (i - f) \, dt \tag{G2.71}$$

根据水量平衡原理有

$$H = I + R_s \tag{G2.72}$$

以上两种产流方式是我国产流分析的两种主要观点，分别适用于湿润和干旱半干旱地区，一般而言，湿润地区以蓄满产流为主，干旱地区以超渗产流为主，但也不是绝对的，湿润地区的干旱季节有可能发生超渗产流；干旱地区的多雨季节或一些植被较好的山区，

153

土层较薄，下渗能力较强，也会发生蓄满产流。我国淮河流域及其以南大部分地区和东北东部，是以蓄满产流为主的；黄河流域和西北地区，是以超渗产流为主的。华北和东北的部分地方，情况比较复杂，表现出蓄满产流向超渗产流过渡的特点；而华南的许多地区，特别是岩溶地区，已证明产流方式与以上两种有所不同，是另一种方式，这里不作介绍。

另外，不管南方北方，由于一个实际流域地形、土壤、植被、包气带厚度、前期降雨多少与分布状况等都有所不同，因此无论哪一种产流方式，在产流初期并不是在全流域面积上发生，只是在部分面积上发生，称为局部产流。随降雨量或雨强的增大，发生产流的面积也会不断扩大，最终达到全流域产流。

G2.6.2　次雨洪径流量计算与水源划分

1. 基流分割

基流是河流中的基本流量，由深层地下水形成，通常比较稳定，因此分割的方法是采用历年最枯流量的平均值或本年汛前最枯流量用水平线分割，如图 G2.27 中 ED 线。

2. 前期径流量分割

在实际洪水过程分析中经常会遇到连续洪水，即前一场洪水还没有退完，后一场洪水已经到来，两次洪水的水量叠加在一起，分析时需要分开。水文上常用的分割方法有相邻时段流量相关法和标准退水曲线法。其中第一种方法主要用于前一场洪水地表径流的退水过程，后一种方法则主要用于纯地下径流的退水过程。

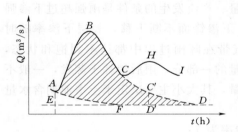

图 G2.27　流量过程线的分割

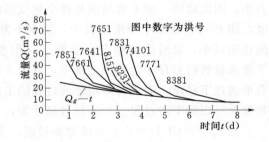

图 G2.28　某流域退水曲线

标准退水曲线法，也称综合退水曲线法。是在实测洪水资料中选择退水期基本无雨的退水过程线，用透明方格纸描绘并平移使曲线尾部重合，如图 G2.28 所示。取其下包线作为本站的标准退水曲线。如果各次退水曲线差异较大，可区别不同退水过程的成因分类综合。有了标准退水曲线就可绘出图 G2.27 中 AF 线。

3. 次径流量计算

实测流量过程线割去非本次降雨形成的径流成分后，其余部分即为本次降雨形成的径流量，如图 G2.27 中的阴影面积所示。其面积的计算有多种方法：①用非等时段小梯形面积累计法；②用等时段小梯形面积累计法；③用求积仪量计；④用计算机专业软件计算。求出阴影部分面积后，次径流深为

$$R = \frac{W}{10^3 F} \tag{G2.73}$$

式中　R——次洪径流深，mm；

W——次洪径流量，m³，即图 G2.27 中的阴影面积；

F——流域面积，km²。

4. 水源划分

所谓水源划分就是将次雨洪径流量划分为地面径流量 R_s 和地下径流量 R_g，以配合汇流计算。这种做法主要是针对地下径流在次洪径流中占有较大比重的湿润地区。常用的简便分割方法是直线斜割法，如图 G2.29 所示。从起涨点 A 到地表径流的终止点 B 之间连一条直线，AB 线以上部分为地面径流 R_s，以下和基流以上部分即地下径流 R_g。B 点的确定可用流域标准退水曲线使其与退水曲线 CBD 的尾部重合，分离点即为 B 点。也可用经验公式确定出洪峰流量出

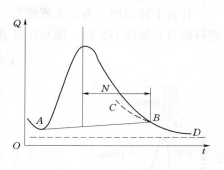

图 G2.29　地下径流分割示意图

现时刻至地面径流终止点的时距 N（日），即可确定 B 点。经验公式为

$$N = 0.84F^{0.2} \tag{G2.74}$$

式中　F——流域面积，km²。

G2.6.3　产流计算的其他方法

产流计算的方法除了以上介绍的两种方法外，还有径流系数法、初损法等。

1. 径流系数法

降雨损失过程是一个非常复杂的过程，影响因素很多，我们把各种损失综合反映在一个系数中，称为径流系数。对于某次暴雨洪水，求得流域平均雨量 H_F，由洪水过程线求得径流深 R，则一次暴雨的径流系数为 $\alpha = R/H_F$。根据若干次暴雨的 α 值，取其平均值 $\bar{\alpha}$，或为了安全选取其较大值或最大值作为设计采用值。各地水文手册均载有暴雨径流系数值，可供参考使用。还应指出，径流系数往往随暴雨强度的增大而增大，因此，根据暴雨资料求得的径流系数，可根据其变化趋势进行修正用于设计条件。这种方法是一种粗估的方法，精度较低。

2. 初损法

认为总损失量全部发生在降雨初期，满足总损失量后的降雨全部变成径流。即当降雨满足流域包气带缺水量（$I_m - P_a$）后，后续降雨全部形成净雨。

$$R = H - (I_m - P_a) \tag{G2.75}$$

另外各省水文图集中还有许多产流计算的方法，这里就不一一介绍了。

G2.6.4　单位线的非线性问题简介

单位线是根据实测雨洪资料分析出来的，因此应该反映一次洪水过程中影响汇流的一切因素，如汇流速度及其变化，河网调蓄作用等，对于同一流域应该是稳定的。但由于单位线的基本假定在一定程度上与实际情况不符，因此由各次洪水分析求得的单位线不会完全相同，甚至存在较大差异，这就是单位线的非线性变化问题。例如：

（1）由于河槽水流随水深、比降等水力要素不同，汇流速度的变化呈非线性。一般雨强大，洪水大，汇流速度快，由此类洪水分析的单位线洪峰较高，出现时间较早；反之，单位线的洪峰低，出现时间滞后。

（2）净雨在流域上分布不均匀。若暴雨中心在下游，由于汇流路程短，调蓄作用小，

分析的单位线峰值大，出现时间早；若暴雨中心在上游，则相反；若暴雨中心的移动速度和方向与河槽汇流一致，则单位线峰值高，出现时间最早。

针对上述问题，为了方便使用，通常是将分析的多条单位线根据影响因素的不同分类进行综合，如图 G2.30、图 G2.31 所示。

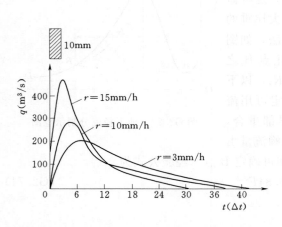

图 G2.30　某流域不同净雨强度的单位线综合　　图 G2.31　某流域不同暴雨中心位置的单位线

复习思考与技能训练题

G2.1　为什么要计算设计洪水？推求设计洪水的途径有哪些？各途径的基本思路如何？

G2.2　设计洪水中为什么要考虑历史特大洪水？加入历史特大洪水对设计值有何影响？

G2.3　特大洪水的处理包括哪两个方面？

G2.4　为什么洪峰流量和洪量的选样要用年最大值法独立选样？

G2.5　试述由流量资料推求设计洪水与由流量资料推求设计年径流的异同点。

G2.6　如何对设计洪水成果进行合理性分析？

G2.7　由暴雨资料推求设计洪水的前提假定是什么？是在哪一步引入频率的概念的？

G2.8　由暴雨资料推求设计洪水和由某场实际暴雨资料推求相应的实际洪水有何不同？

G2.9　由暴雨资料推求设计洪水在湿润地区和干旱地区有何不同？

G2.10　为什么要划分设计净雨？地面净雨深和地面径流深在数值上相同，含义上有什么不同？

G2.11　单位线的定义和假定是什么？小流域为什么很少用时段单位线推求设计地面洪水过程线？如何综合和使用瞬时单位线？

G2.12　推理公式法的假定及公式的基本形式是什么？公式中共有几个基本参数？各参数的意义如何？

G2.13　某河某站收集到实测 1945～1974 年（$n=30$ 年）的年最大洪峰流量资料见表 G2.19；调查 1902 年历史洪水 $Q_m=6100\text{m}^3/\text{s}$，经反复论证 1902～1945 年间没有发生 Q_m

≥4500m³/s 的洪水，现考虑特大洪水用频率适线法推求 $p=1\%$ 的设计洪峰流量。

表 G2.19　　某河某站 1945～1974 年实测年最大洪峰流量资料

年份	$Q_m(\text{m}^3/\text{s})$	年份	$Q_m(\text{m}^3/\text{s})$	年份	$Q_m(\text{m}^3/\text{s})$
1945	860	1955	400	1965	2200
1946	553	1956	2880	1966	380
1947	670	1957	91	1967	3400
1948	1400	1958	600	1968	1930
1949	4900	1959	105	1969	1210
1950	2100	1960	1230	1970	255
1951	920	1961	1340	1971	500
1952	1560	1962	360	1972	280
1953	1650	1963	322	1973	850
1954	512	1964	900	1974	480

G2.14　已知某站 1979 年 7 月的洪水为所选的典型洪水，见表 G2.20，并已求得该站百年一遇的洪峰流量、1d 最大洪量、3d 最大洪量及 7d 最大洪量分别为：$Q_m=2790\text{m}^3/\text{s}$、$W_{1p}=1.20$ 亿 m³、$W_{3p}=1.97$ 亿 m³、$W_{7p}=2.55$ 亿 m³。要求计算典型洪水的 W_{1d}、W_{3d}、W_{7d}，求出各放大倍比，并用同频率放大法计算该站百年一遇的设计洪水过程线。

表 G2.20

月.日.时	$Q(\text{m}^3/\text{s})$	月.日.时	$Q(\text{m}^3/\text{s})$	月.日.时	$Q(\text{m}^3/\text{s})$	月.日.时	$Q(\text{m}^3/\text{s})$
7　4　0	80	7　6　0	700	7　7　20	163	7　11　0	62.0
12	70	4	470	8　0	270		
5　0	120	8	334	4	330		
4	260	11	278	11	249		
12	1790	20	214	9　0	140		
14:30	2150	7　0	230	5	110		
15:30	2180	5	250	10　0	83.0		
16:30	2080	16	163	10	88.1		
21	1050	19	159				

G2.15　湿润地区某流域集水面积 $F=341\text{km}^2$，根据所给资料推求 $p=1\%$ 的设计洪水过程线。

资料：1）暴雨参数：暴雨设计历时为 24h，流域中心最大 24h 点雨量统计参数 $\overline{H}_{24}=110\text{mm}$，$C_v=0.58$，$C_s=3.5C_v$，暴雨点面折算系数为 $\alpha=0.92$。暴雨时程分配百分比见表 G2.21。

表 G2.21　　设计暴雨时程分配百分比

时段（$\Delta t=6\text{h}$）	1	2	3	4	合计
分配百分比（%）	11	63	17	9	100

2）产流参数：本流域位于湿润地区，$I_m = 100$mm，用同频率法求得设计 $P_{ap} = 78$mm，流域稳定下渗率 $f_c = 1.5$mm/h。

3）汇流参数：设计地表洪水过程由综合瞬时单位线法推求，流域综合瞬时单位线参数 $n = 3.5$，$k = 4.0$，$\Delta t = 6$h。设计地下洪水过程采用简化三角形法计算，假定地下径流的峰值出现在地面径流的终止时刻，地下径流的历时是地面径流历时的 2 倍。基流取常数 20m³/s。

G2.16　用推理公式法计算某小流域 $p = 1\%$ 的设计洪水过程。

资料：1）流域特征参数：$F = 194$km²，主河长 $L = 32.1$km，河道比降 $J = 9.32$‰。

2）暴雨参数：由本地区《水文手册》查得流域中心处年最大 24h 暴雨参数为：$\overline{H}_{24} = 85.0$mm，$C_v = 0.45$，$C_s = 3.5 C_v$，$n_2 = 0.75$。

流域产汇流参数：由当地《水文手册》查得 $m = 0.092 \left[L / \left(J^{\frac{1}{3}} F \frac{1}{4} \right) \right]^{0.636}$，$\mu = 3.0$mm/h。设计洪水过程线为三角形过程，且 $T_2 / T_1 = 2$。

工作任务3（G3） 河流泥沙分析计算

工作任务3描述：水电水利工程泥沙设计必须重视基本资料和调查研究；应根据河流输沙特性和工程特点，研究水库泥沙调度方式，合理选用计算方法和有关参数，研究工程泥沙防治措施；通过方案比较，综合分析，提出合理的设计成果。

水利水电工程的泥沙问题应根据泥沙对工程和环境的影响程度，分为严重和不严重两类，区别对待。泥沙问题严重的水利水电工程，应对主要泥沙问题进行专题研究，必要时应进行泥沙模型试验。

根据《水利水电工程水文计算规范》（SL 278—2002）、《水利水电工程可行性研究报告编制规程》（DL 5020—93）和《水利水电工程初步设计报告编制规程》（DL 5021—93）对泥沙计算的内容和深度要求制定的。水利水电工程的泥沙设计除应执行本规范外，尚应符合有关的现行国家标准和行业标准的规定。根据各阶段的特点，泥沙分析计算工作要求如下：

1. 水利水电工程项目建议书泥沙分析计算要求

（1）分析泥沙来源，说明系列插补延长的方法和成果的精度。

（2）基本确定悬移质和推移质的特征值，说明泥沙的颗粒级配和矿物组成。

（3）说明泥沙淤积的形态及其对工程的影响。

（4）对于引水口断面应分析泥沙分层特性。

2. 水利水电工程可行性研究报告泥沙分析计算要求

说明泥沙来源，进行资料的还原和插补延长，对泥沙资料精度进行评价，提出悬移质、推移质特征值及颗粒级配矿物成分等成果。

3. 水利水电工程初步设计报告泥沙分析计算要求

说明可行性研究报告编制以来增加新资料后的悬移质、推移质和输沙量计算成果，复核泥沙特征值及颗粒级配。

泥沙分析计算现行规范有：

《水利水电工程水文计算规范》（SL 278—2002）；

《水利水电工程泥沙设计规范》（DL/T 5089—1999）；

《水利水电工程可行性研究报告编制规程》（DL 5020—93）；

《水利水电工程初步设计报告编制规程》（DL 5021—93）。

G3.1 准 备 知 识

G3.1.1 河流泥沙的影响因素

河流泥沙主要是流域坡面上水流侵蚀作用的产物。流域的侵蚀模数和河流的含沙量大小，主要受气候因素、下垫面因素和人类活动的影响。

气候因素主要包括降雨、蒸发、风力、气温等要素。降雨主要受暴雨分布和雨强大小的影响；蒸发主要影响土壤的含水量，导致表层土壤疏松，容易被雨水冲击带走；风力主要表现为对地表土壤的剥蚀与搬运，通常在我国北方地区冬春季节形成沙尘暴或扬沙天气，浮尘沉积在广阔的流域表面，易被雨水带走形成河流中的悬移质。气温的影响主要表现在冬季使土壤形成冻土层，春季气温回升后冻土消融，结构疏松，容易被风力或雨水带走，形成河流泥沙。

下垫面条件主要是指流域植被条件、土壤结构与组成特性、地面坡度等。总体而言，流域植被条件好，则可以对土壤表面起到保护作用，一方面减小雨滴对土壤的冲溅作用；另一方面也可以增大地面糙率，减小地面径流的汇流速度，削弱径流的冲蚀作用；土壤结构与组成特性的影响主要是松散的土壤易于被冲刷，致密的土壤抗冲能力较强；地面坡度越大，水流越急，冲刷能力越强。

人类活动主要包括修建各类工程（如水利水电工程、道路桥梁工程、航道工程、市政建设工程等）、开矿、农耕措施、植树造林、退耕护林等，对河流泥沙而言，主要为两个方面：其一是可能在短期内增大河流泥沙，比如筑路、开矿等形成的弃渣会堆积在河道两岸，在洪水期间被水流带到下游，这部分泥沙中，推移质占有较大比例，会造成河道、水库淤积等；其二是人类从事的农耕措施，植树造林、退耕护林等水保措施，可以减少流域表面的水土流失，最终减少河流泥沙。

我国一些严重水土流失地区，如陕北黄土高原沟壑地区，永定河以及西辽河流域等植被差、土质松散、地表切割破碎又多阵雨的地区，河流泥沙含量较高。如陕北洛河上游金佛坪以上流域面积 $3970km^2$，多年平均输沙量 729 万 t，平均含沙量为 $495kg/m^3$，侵蚀模数达到 $18400t/(a \cdot km^2)$，相当于地面每年由于冲刷而普遍降低 11mm；我国南方主要由于植被条件较好，侵蚀模数一般在 $1000t/(a \cdot km^2)$ 以下，河流含沙量一般不超过 $1kg/m^3$。

G3.1.2　河流泥沙计算的目的及内容

河流泥沙对于河流的水情及河流的变迁有着重大的影响。由于泥沙的淤积，河槽容积逐渐减小，每遇洪水常泛滥成灾，严重的甚至使河流改道；河道淤积还会影响通航。兴修水库以后，泥沙淤积会影响水库的效益和使用年限；而清水下泄，冲刷河床，使下游河道发生变动，又会引起一系列的生态问题。但是，只要真正掌握河流泥沙的运动变化规律，工程措施处理得当，泥沙作为一种资源，也可以充分发挥作用。

河流泥沙为修建水利工程带来不少问题和危害。如在多沙河流上修建水库，泥沙入库将发生淤积，库容逐渐减少，水库寿命缩短，防洪能力也逐渐降低；引水灌溉时，若河水含沙较多，则渠首渠系易发生淤积；引水发电时，会使泥沙进入水轮机组，引起过水部件发生磨损；对通航的河流，沿岸的冲刷与淤积也可能给航运造成困难。由此可见，泥沙问题影响国民经济的面很广，特别在我国，河流泥沙问题更为严重。我国河流众多，直接入海的泥沙平均每年达 21 亿 t 左右，其中黄河占 60%，长江占 25%。黄河含沙量之高，灾害之大闻名于世，长江含沙量虽然较小，但由于水量丰沛，年输沙量平均每年有 4.72 亿 t，也不可忽视。

因此，河流泥沙是水利水电工程建设中必须要考虑的问题之一。在工程设计阶段主要计算的内容包括河流多年平均输沙量、输沙量的年内分配、含沙量变化、泥沙的颗粒级配构成等分析计算，为工程建筑物设置与设计提供依据。

目前是按照《水电水利工程泥沙设计规范》（DL/T 5089—1999）的有关要求，根据工程所在流域的泥沙资料和工程具体要求进行分析计算。

G3.1.3　解决河流泥沙问题的主要措施

（1）控制水流冲刷力，防止水土流失。常有以下几种方法：

1）覆盖坡面，如森林覆盖，草、灌木覆盖，农作物覆盖，塑料薄膜覆盖，建筑材料覆盖等。这种方法虽然不能改变径流冲刷力，但能使易冲刷的土壤得到庇护，同时，植物的枝叶还能大量拦截降雨和减少雨滴打击地面。

2）缓截水势，是将坡面的坡度尽可能地减小或截短坡长，从而达到减少水流冲刷力和缩短流线的作用，主要有修梯田、改垄、平整土地和地埂、种植水平林带等，克服土壤的向下滚动和水流冲刷力。

3）蓄存水能，将水尽可能地蓄存在坡面上或允许的一定范围以内，就地拦蓄，变水害为水利，如修塘坝、蓄水池、谷坊、鱼鳞坑、水簸箕等，可以防止水流汇集、径流形成，又能使土壤颗粒位移尽量缩短。

4）截排水流，因地制宜采取截流沟、排水沟、沟头防护等措施，将可能进入易产生水土流失坡面的水流，截排到规划范围之内，达到防止客水流入水土流失区内的目的。

（2）在河流中设置人工弯道，以达到防沙排沙的目的。由于弯道水流的横向环流作用，使表层水流的方向指向凹岸，后潜入河底朝凸岸流去，而底层水流则指向凸岸，后翻至水面流向凹岸。因此在河流弯道上形成明显的凹岸冲刷而凸岸淤积的现象。据此可以人为地设置人工弯道，利用凸岸淤积来防沙排沙。

（3）在河流上修建水库，并制定适合该水库的控制运用方式。如：

1）蓄清排浑运用，是指水库在汛期的主要来沙季节，空库迎汛或低水位运用。当洪水夹带大量的泥沙入库时，利用排沙设施（如排沙底孔），排沙减淤，并在下游引洪淤灌。在其他季节，河水含沙量较小，则拦蓄径流，蓄水兴利。这样不但可以减轻水库淤积，延长水库寿命，而且又可以充分利用水沙资源，促进农业增产，减轻泥沙对下游的威胁。

2）利用异重流排沙，当含有大量细颗粒泥沙的水流进入蓄有清水（含沙量很低）的水库时，在一定条件下，入库的浑水不和库内的清水混掺，而潜入到清水下面，沿库底向下游运动，这种水流称为异重流，异重流的形成，可以把一部分泥沙，主要是细粒（$d <$ 0.02mm）泥沙挟运到下游库段或一直到坝前。在水库蓄水期间，当洪水具有足够产生异重流的条件时，则洪水入库后将以异重流形式潜入库底向坝前运动，当异重流运动到坝前时，若及时打开底孔闸门加以宣泄，便可将一部分泥沙排走，减少水库淤积量。由于水库在异重流前后均能蓄水，使水库在汛期保持有一定的调蓄能力而不产生大量弃水，所以水量较缺或不能泄空排沙的水库比较适合这种运用方式。

以黄河为例，总结治黄的经验教训和科研成果，认为采用"拦、排、放、调、挖，综合治理"等措施，标本兼治，近远结合，可以妥善解决泥沙问题；采取"上拦下排，两岸分滞"的方针，可以有效地控制洪水。

"拦"主要靠中上游地区水土保持和干支流控制性工程拦减泥沙。

"排"是通过水库调水调沙改变水沙搭配，通过河道整治提高河道输沙能力，将中上游拦不住的泥沙，利用下游河道输沙入海。

"调水调沙"是针对黄河下游河道目前出现的新情况、新问题，根据黄河下游河道输沙规律与不同水沙组合塑造不同河槽形态的特点，改变水沙搭配，使泥沙主要由洪水输沙，塑造窄深河槽，有利于利用洪水输送泥沙入海。

"放、挖"是"拦、排、调"处理泥沙的有效补充，主要针对利用黄河自身能力无法解决的"死角"而采取的辅助措施。如为了改变黄河滩区的生存和生产环境，可结合水库利用洪水排沙时进行放淤，淤高低洼滩地；河槽挖沙与堤后放淤相结合也可处理一部分泥沙，这些措施仍是今后处理部分黄河泥沙、巩固堤防的有效措施。

总之，多沙河流的治理方法很多，若因地制宜，将各种方法联合起来考虑，治理的效果必将很显著，我们这一代人更要积极探索治理多沙河流的方法，为子孙后代造福。

G3.2　多年平均年输沙量计算

河流某断面的多年平均年输沙量的大小反映了河流平均输沙水平，是水库规划设计不可缺少的基本资料。表示输沙特性的指标有含沙量 ρ、输沙率 Q_s 和输沙量 W_s 等。单位体积的浑水内所含泥沙的质量，称为含沙量。单位时间流过河流某断面的泥沙质量，称为输沙率。年输沙量是从泥沙资料的日平均输沙率计算得来的。将全年逐日平均输沙率之和除以全年的天数，即得年平均输沙率，再乘以全年秒数，即得年输沙量。某断面的多年平均年输沙总量，等于多年平均悬移质年输沙量与多年平均推移质年输沙量之和。根据年输沙量资料情况，悬移质多年平均输沙量计算方法可大致分为：当某断面具有长期实测泥沙资料时，可以直接计算它的多年平均值；当某断面的泥沙资料短缺时，则须设法将短期资料加以展延；当资料缺乏时，则用间接方法进行估算。推移质多年平均输沙量通常采用估算方法。

G3.2.1　悬移质多年平均输沙量推求

1. 具有长期实测输沙量资料时

我国有泥沙观测的水文站，其系列大多超过20年，有的站系列虽不足20年，但可插补延长达到20年。

当设计断面具有长期（20年以上）实测流量及悬移质含沙量资料时，由水文年鉴或水文数据库的逐日平均悬移质输沙率表中年统计栏，可以得到逐年的年输沙量，然后由式（G3.1）可计算多年平均悬移质年输沙量，即

$$\overline{W}_s = \frac{1}{n} \sum_{i=1}^{n} W_{si} \tag{G3.1}$$

式中　$\overline{W}_s$——多年平均悬移质年输沙量，t；

$\quad\quad W_{si}$——各年的悬移质年输沙量，t；

$\quad\quad n$——资料年数。

2. 具有短期实测输沙量资料时

当设计断面的悬移质输沙量资料不足时，可先根据资料的具体情况采用本站水、沙相关或上下游站输沙量之间相关的方法进行展延资料系列，然后按照长资料的方法计算其多年平均年输沙量。

若设计断面具有一定的同步的年径流量与悬移质年输沙量资料系列，足以建立较好的相关关系时，则可利用这种关系由长期年径流量插补延长悬移质年输沙量系列，然后求其多年平均年输沙量（$\overline{W}_s$）。当汛期降雨侵蚀作用强烈且河流泥沙多集中于汛期，而年水沙

相关关系又不密切时，则可建立汛期径流量与悬移质年输沙量的相关关系，由长期各年的汛期径流量插补延长悬移质年输沙量系列。

当设计断面的上、下游或下垫面条件相似的邻近流域有长系列年输沙量资料，且与设计断面具有同期的年输沙量资料时，可将其作为参证站，建立设计断面年输沙量与参证站年输沙量的相关关系，如相关关系较好，即可用以插补延长设计断面的年输沙量系列。此法的关键是选择参证站。

当观测年限较短，按年资料很难建立关系时，可尝试建立月径流量与月输沙量之间的关系。

如设计断面实测悬移质资料系列很短，例如只有 3～5 年，不足以建立相关关系时，则可粗略地假定悬移质年输沙量与相应年径流量的比值的平均值为常数，然后由多年平均年径流量 $\overline{W}(\mathrm{m}^3)$ 按式（G3.2）估算多年平均悬移质年输沙量 $\overline{W}_s(t)$，即

$$\overline{W}_s = \alpha_s \overline{W} \tag{G3.2}$$

式中 $\overline{W}$——多年平均年径流量，m^3；

　　α_s——实测各年的悬移质年输沙量（以 t 计）与年径流量（以 m^3 计）之比值的平均值。

3. 缺乏实测输沙量资料时

当缺乏实测悬移质资料时，其多年平均年输沙量只能采用下述方法进行估算。

（1）侵蚀模数（或输沙模数）分区图。由地区综合资料如水文手册或水文图集查出设计流域多年平均悬移质侵蚀模数 $\overline{M}_s$，再按式（G3.3）计算：

$$\overline{W}_s = \overline{M}_s F \tag{G3.3}$$

式中 $\overline{W}_s$——多年平均悬移质年输沙量，t；

　　F——流域面积，km^2；

　　$\overline{M}_s$——多年平均悬移质侵蚀模数，t/km^2。

我国各省（自治区、直辖市）的水文手册中，一般都有多年平均悬移质侵蚀模数分区图。由此图查得设计流域所在区的侵蚀模数，乘以设计流域面积，即为设计断面的多年平均悬移质年输沙量。必须指出，下垫面因素对流域产沙影响较大，应考虑设计流域的下垫面情况作适当修正。

（2）水文比拟法。首先考虑两流域的自然地理特征间的相似性选择参证流域，然后移用其侵蚀模数，按式（G3.3）计算。如果所选参证站自然条件与设计站不是十分相似，则可按设计流域的具体条件对结果加以适当修正。

（3）沙量平衡法。设 $\overline{W}_{s\perp}$、$\overline{W}_{s下}$ 为某河干流上、下游站的多年平均悬移质年输沙量，$\overline{W}_{s支}$、$\overline{W}_{s区}$ 为上、下游两站间较大支流断面和区间的多年平均悬移质年输沙量，ΔW_s 表示上、下游两站间河床的冲刷量（正值）或淤积量（负值），根据平衡原理则可写出该河段沙量平衡方程式：

$$\overline{W}_{s下} = \overline{W}_{s\perp} + \overline{W}_{s支} + \overline{W}_{s区} + \Delta W_s \tag{G3.4}$$

当上、下游及支流中的任一测站为缺乏资料的设计站，而其他两站具有较长期的观测资料时，即可由式（G3.4）推求设计站多年平均年输沙量。$\overline{W}_{s区}$ 和 ΔW_s 可由历年资料估计，河床稳定时 ΔW_s 很小可忽略，$\overline{W}_{s区}$ 不大时可由经验公式估计。

（4）经验公式法。当无实测资料，且以上方法应用有困难时，可采用一些经验公式进行粗估。例如，通过估算含沙量的经验公式，推求输沙量：

$$\bar{\rho} = 10^4 \alpha \sqrt{J}$$

则

$$\overline{W}_s = \bar{\rho}\,\overline{W} = \frac{\alpha\,\overline{W}\sqrt{J}}{100} \tag{G3.5}$$

式中　$\overline{W}_s$——多年平均悬移质年输沙量，t；

　　　$\bar{\rho}$——多年平均含沙量，g/m^3；

　　　J——河流平均比降，‰；

　　　$\overline{W}$——多年平均年径流量，m^3；

　　　α——侵蚀系数。它与流域的冲刷程度有关，拟定时可参考下列数值：冲刷剧烈的区域可取 $\alpha=6\sim8$，冲刷中等的区域可取 $\alpha=4\sim6$，冲刷轻微的区域 $\alpha=1\sim2$，冲刷极轻的区域 $\alpha=0.5\sim1$。

【例 G3.1】　某河缺乏实测悬移质资料。从该省水文手册中查得该流域的多年平均含沙量 $\bar{\rho}=1.5kg/m^3$，该流域的多年平均年径流深 $\overline{R}=1300mm$，流域面积 $F=535km^2$。试求悬移质多年平均年输沙量。

该流域的悬移质多年平均年输沙量 $\overline{W}_s$ 按下式计算：

$$\overline{W}_s = 1000\,\bar{\rho}\,\overline{R}F = 1000\times1.5\times1300\times535 = 1.04\times10^6\,(t)$$

G3.2.2　推移质多年平均输沙量估算

推移质数量在平原河道中一般较少，而山区河道推移质占泥沙总量的比重较大。若具有多年推移质资料时，其算术平均值即为多年平均推移质年输沙量（$\overline{W}_b$）。如测站有一定的推移质输沙率 Q_b 及流量 Q 资料，能建立 $Q-Q_b$ 的相关关系，则可由长期流量资料，通过此关系求得 $\overline{W}_b$。但目前由于实测推移质资料短缺，使推移质输沙量直接计算有一定难度，现有估算方法如下。

1. 推移质、悬移质比例关系法

由于推移质输沙量（$\overline{W}_b$）与悬移质输沙量（$\overline{W}_s$）之间有一定的比例关系，并且在一定的水文、自然地理条件下，比较稳定。于是可用式（G3.6）由 $\overline{W}_s$ 推求 $\overline{W}_b$

$$\overline{W}_b = \beta\overline{W}_s \tag{G3.6}$$

式中，β 为推移质输沙量与悬移质输沙量的比值，β 值可根据邻近站或相似河流实测泥沙资料试验估计，也可参考经验值：平原地区河流 $\beta=0.01\sim0.05$；丘陵地区河流 $\beta=0.05\sim0.15$；山区河流 $\beta=0.15\sim0.30$。

2. 经验公式法

原武汉水利电力学院等单位，按国内 14 条河流、12 座水库的推移质输沙量观测资料，建立了推移质输沙量与河流水流条件及流域补给条件的经验公式：

$$\overline{W}_b = 0.16(\overline{Q}J)^{0.97}M_s^{1.46} \tag{G3.7}$$

式中　$\overline{W}_b$——多年平均推移质年输沙量，10^4t；

　　　$\overline{Q}$——多年平均流量，m^3/s；

　　　J——原河道（即建库前）的平均比降，‰；

　　　M_s——悬移质输沙量模数，t/km^2。

G3.3　输沙量的年际变化及年内分配

河流中挟带泥沙的多少，除河槽冲淤和局部塌岸外，主要取决于径流形成过程中地表的侵蚀作用。流域地表的侵蚀与气候、地质、土壤、植被、人类活动等有着密切的关系。对于一个特定流域而言，气候是输沙量变化的主要因素。因此，在不同的旱涝年份，年输沙量显著不同。由于季节的变化在一年之中输沙量的各月分配也极不均匀，即使在汛期的一次洪水过程中，输沙量也具有一定的变化规律。为了满足水利工程规划设计和运行管理的需要，必须了解和掌握输沙量的变化规律。由于对推移质的测验尚有不少困难，观测资料不足，现只介绍悬移质的变化规律。

G3.3.1　设计年输沙量的推求

悬移质设计年输沙量的变化表现在各年输沙总量的差异上。在水文计算中，一般采用频率计算方法来确定悬移质设计输沙量年际变化的统计特征值。在有足够资料的情况下，可以直接算出悬移质年输沙量的均值 $\overline{W}_s$、变差系数 $C_{v,s}$ 和偏态系数 $C_{s,s}$。在资料不足的情况下，可以设法建立悬移质年输沙量变差系数 $C_{v,s}$ 与年径流量变差系数 $C_{v,Q}$ 的相关关系，从而由年径流量变差系数确定悬移质年输沙量的变差系数，通常用式（G3.8）计算：

$$C_{v,s} = K C_{v,Q} \tag{G3.8}$$

式中　K——系数，随河流特性而异，有些地区的水文手册列有此值。

表 G3.2 列出了我国北方多沙河流的统计分析结果，可供应用时参考。

至于年输沙量的偏态系数 $C_{s,s}$，一般可考虑用 $C_{v,s}$ 的两倍。如有资料，经论证也可用其他比值，例如陕西有部分河流的比值变化在 1.0～4.0，比值在 2.0 的河流占 51.5%。

由前述方法求得 $\overline{W}_s$、$C_{v,s}$ 和 $C_{s,s}$ 后，一般采用皮尔逊Ⅲ型频率曲线绘制悬移质年输沙量频率曲线，据此，根据式（G3.9）确定不同频率的悬移质设计年输沙量

$$W_{p,s} = K_{p,s} \overline{W}_s \tag{G3.9}$$

我国北方多沙河流悬移质观测资料统计结果表明，泥沙的年际变化远大于径流的年际变化，河流年输沙量的变差系数 $C_{v,s}$ 一般比年径流的变差系数 $C_{v,Q}$ 大。黄河中游地区 $C_{v,s}$ 为 $C_{v,Q}$ 的 1.2～7.3 倍，$C_{v,s}$ 值约在 0.6～2.4 间变化；海河滹沱河上游区 $C_{v,s}$ 为 $C_{v,Q}$ 的 1.2～2.4 倍，$C_{v,s}$ 值约在 1.0～1.2 间变化；辽河西北多沙地区 $C_{v,s}$ 为 $C_{v,Q}$ 的 1.2～5.0 倍。$C_{v,s}$ 值约在 0.6～3.5 间变化（表 G3.2）。

G3.3.2　悬移质输沙量的年内分配

悬移质输沙量的年内分配可由各月输沙量或汛期输沙量占全年输沙量的相对百分比表示。由于汛期暴雨洪水集中，侵蚀强烈，汛期输沙量的绝大部分集中在暴雨时期，常达到全年输沙量的 70%～80%，因此悬移质输沙量的年内分配过程基本上与径流量的年内分配过程相似，且与洪峰流量大小有关。但是，有些流域水沙分配有显著的差别，主要由于各流域泥沙来源、侵蚀程度和雨量分布不同所造成。

同一流域各年输沙量的大小不同，其年内分配也不相同。在有长期实测泥沙资料的情况下，可从中选出丰沙、平沙和枯沙三种代表年份，分析各年输沙量年内分配的规律，作为水工设计时参考使用。在资料不足或缺乏时，则常用水文比拟法，移用参证流域输沙量的典型年内分配，作为设计流域悬移质输沙量的代表年内分配。

表 G3.2　　　　　　　　　　　我国北方多沙河流悬移质统计参数表

流域	分 区	$C_{v,s}$		$C_{s,s}$		K_m	
		变幅	平均	变幅	平均	变幅	平均
黄河	陕北风沙区	0.9～2.2	1.55	6.6～7.34	6.67	3.0～5.0	4.0
	无定河以北黄丘区	0.9～1.0	0.95	1.5～2.5	2.00	2.2～2.8	2.45
	无定河黄丘区	0.55～0.65	0.62	1.2～3.2	2.10	2.0～2.25	2.10
	延安地区	0.8～0.9	0.84	1.8～2.3	2.05	2.2～3.0	2.60
	晋西北黄丘区	1.1～1.3	1.20	1.2～2.9	2.20	2.7～3.3	2.95
	泾河上中游地区	0.9～1.1	0.97	1.7～2.2	1.95	2.6～3.1	2.83
	渭河上游区	0.6～0.65	0.62	1.2～1.5	1.36	2.0～2.0	2.10
	关中地区	0.7～2.4	1.43	1.5～6.0	3.28	2.0～5.2	3.60
	汾河黄丘区	0.9～1.6	1.30	1.6～3.6	2.40	2.1～4.5	3.54
海河	漳沱河上游区	1.0～1.2	1.10	1.2～1.4	1.70	3.0～3.5	3.20
辽河	西北多沙地区	0.6～3.5	1.50	1.2～5.0	2.60	2.3～7.4	3.90

注　K_m 为实测年最大输沙量与均值的比值。

【例 G3.2】　某设计流域面积 $F=874km^2$，缺乏实测悬移质资料，为了满足水库设计及灌溉渠系规划的需要，要求提供悬移质多年平均年输沙量及其年内分配。

根据当地泥沙资料的情况，拟采用水文比拟法。按照气候、土壤、植被及人类活动等主要因素的相似性分析，选定距设计流域 80km 处的邻近流域作为参证流域。该参证流域的悬移质多年平均年侵蚀模数 $\overline{M}_s=102t/km^2$，多年平均年输沙量年内分配见表 G3.3 所列。

（1）考虑到参证流域与设计流域的相似程度较高，可直接移用 $\overline{M}_s$ 不加修正。于是，设计流域悬移质多年平均年输沙量为

$$\overline{W}_s=\overline{M}_sF=102\times874=8.9\times10^4(t)$$

（2）直接移用参证流域的悬移质多年平均年输沙量年内各月的分配百分比，将按此百分比分配，即得设计流域设计断面处的多年平均年输沙量的年内分配，其结果见表 G3.3。

表 G3.3　　　　　　　　　　　多年平均年输沙量年内分配表

月　份	1	2	3	4	5	6	7	8	9	10	11	12	合计
参证站的分配百分比（%）	0.1	0.1	0.2	8.1	12.7	33.5	35.4	5.7	3.0	0.9	0.2	0.1	100
设计断面的年内分配（t）	89	89	178	7209	11303	29815	31506	5073	2670	801	178	89	89000

G3.3.3　洪水过程中的输沙变化

河流的含沙量与流量存在着一定的关系，但由于沙量来源及水力条件的不断变化，使两者的关系较为复杂。有些河流洪水上涨，输沙相应增加，洪峰与沙峰相应出现，洪水消退，输沙也消退；而有些河流则不同，洪水消退，含沙量并不随之降低，常有沙峰迟于洪峰的现象。究其原因，或由于水流挟带泥沙的颗粒粗细不同，如河道水流挟带较粗颗粒的泥沙，当洪峰过后，流速降低，粗颗粒泥沙挟运受到限制，因而含沙量将随水流降落而削减；但如河道水流挟带很细的泥沙，由于不易沉降，虽然洪峰过后流速降低，但仍超过挟

带泥沙的止动流速，因此泥沙仍被挟运。倘再遇上河岸坍塌，则洪峰过后才出现沙峰。此外，对于面积不太大的流域，由于各支流的单位面积产沙量有显著差异，而暴雨又往往集中在一个较小的地区，因此洪峰与沙峰之间往往不一定相应。但若河流的流域面积较大，水沙通过沿程河槽的调节作用，洪峰与沙峰就显得一致。可见，在水利工程设计和运用中，考虑排泄泥沙时，应对当地洪水过程中含沙量的变化进行具体分析。

复习思考与技能训练题

G3.1　为什么要进行泥沙计算？

G3.2　在有、无实测资料的情况下，悬移质多年平均年输沙量如何计算？

G3.3　在缺乏资料的情况下，推移质多年平均年输沙量如何计算？

G3.4　为什么要分析沙量的年际变化和年内分配？在不同资料条件下，如何分析悬移质的年际变化和年内分配？

模块 3 水 利 计 算

学习目标与要求

水利计算是指水资源开发和利用中，对江河等水体的径流情况、用水需求、径流调节方式、技术经济论证等问题进行的分析和计算，其任务是根据设计年径流、设计洪水等数据，通过调节计算、经济论证、环境效应分析等环节，合理地确定工程枢纽参数（如正常蓄水位、设计洪水位等）、工程规模（如坝顶高程、溢洪道尺寸、引水渠道尺寸等）、工程效益（供水量、灌溉面积、发电量等）及其工作情况等。此部分内容，以不同功能的水库、小型水电站为载体，并结合典型实例介绍工程实际中常见的兴利调节、洪水调节、小水电水能计算的工作任务。通过学习与训练，应达到以下目标：

(1) 能熟练表述水利行业常用的水利计算的技术术语，如水库的特征水位与库容、年调节、多年调节、保证出力、装机容量等。

(2) 会进行年调节灌溉、供水等水库的兴利调节计算，初步具备多年调节水库兴利调节计算的能力。

(3) 会进行水库防洪调节计算、中小型水库的防洪水利计算。

(4) 会进行年调节水电站、灌溉为主结合发电的水库水电站、无调节和日调节水电站的保证出力与多年平均年发电量的计算，初步具备选择小型水电站装机容量的能力。

(5) 会利用 Excel 软件进行兴利调节、洪水调节及水能计算。

(6) 会应用有关规范，确定有关的工程参数。

(7) 会搜集、整理及使用完成工作任务所需的基本资料。

工作任务 4（G4） 水库兴利调节计算

工作任务 4 描述：在水库设计来水一定的前提下，兴利调节计算具有两个递进关系的工作任务。其一，任意一年，已知供（用）水过程，求兴利库容；或反之。其二，兴利库容、供水量（或灌溉面积）和设计保证率三者中已知其中两个，求第三个；或更一般地，确定兴利库容、供水量（或灌溉面积）和设计保证率三者之间的关系，为选择水库规模和特征水位提供依据。第一个工作任务中的计算技能是完成第二个工作任务的基础，也是工作任务 6 水能计算的基础；第二个工作任务是兴利调节计算的最终目标，通过分析计算，合理确定设计兴利库容、保证的供水量（或灌溉面积）等，这是实现水资源合理开发与利用的前提。此外，兴利调节计算的原理与方法也是水库兴利调度（工作任务 7）的基础。因此，兴利调节计算是水利水电工程规划、设计、管理与运用中常见的知识与技能，是水利工程、水利水电工程等专业高职高专毕业生应必备的知识和技能。

兴利调节计算所需的基本资料有水库的来水、用水需求、水库特性等，其中，设计条件下来水资料的推求已在工作任务 1 中介绍。因此，在此部分内容中将较详细地介绍各用水部门的需水要求与设计保证率、水库特性（包括水库面积、容积、特征水位与库容、蒸发与渗漏损失）等。基本资料是一切水利水电工程设计和运用的根本依据，是计算成果合理和可靠的基础。

现行规范有：《水利工程水利计算规范》（SL 104—95）。

G4.1　准　备　知　识

G4.1.1　径流调节的概念和意义

天然状态下的河川径流在时空分布上的不均匀特性是与国民经济各部门的用水要求不相适应的。例如，降雨量较少时，河流中水量较枯，而作物要求的灌溉用水量却较大，故在天然状态下是无法满足灌溉用水要求的。为此，必须设法把天然状态下的径流进行重新分配。另一方面，从防灾来说，由于河流水量的大部分集中于汛期，而河槽宣泄洪水的能力有限，往往会引起洪水泛滥，为了减轻洪涝灾害，也需要对河川径流进行控制和调节。

在自然状况下水资源的地区分布极不平衡，与国民经济的发展不相适应。因此，河川径流除需要在时间上进行再分配外，还需要在地区之间进行调节。例如，我国华北和西北地区雨量较少，而耕地多；长江以南水量丰沛，而耕地面积相对较少，水土资源不相平衡。这就需要在大范围内进行水量调配以丰补缺，进行跨流域引水。例如在建的南水北调工程，又如引滦入津工程、引黄济冀工程等均是对天然状态下的径流进行地区上的再分配。

另外，流域上群众性的水利措施，如农林措施和水土保持措施等，都能拦蓄地表径流，增加入渗水量，减小洪峰流量，显著地改变径流的形成条件，能防止水土流失，有利于防洪和兴利。

综上所述，广义的径流调节是指人类对天然状态下的水流所进行的一切有目的的干预。在本课程中主要阐述狭义的径流调节，即指运用水库或湖泊对河川径流在时间上和地区上进行再分配，来适应国民经济各部门用水的需要。径流调节是对水资源进行合理开发利用、优化配置和治理的重要途径，通过径流调节能够获得巨大的防洪和兴利效益。

径流调节计算是水利计算的核心，为减免洪水灾害、滞蓄洪水、削减洪峰而进行的径流调节称为洪水调节；为满足用水部门的需要而进行的径流调节称为兴利调节。

G4.1.2　水库兴利调节的含义和分类

水库兴利调节的含义就是以丰补欠，即当来水大于用水时，水库将多余水量蓄存起来，待来水小于用水时，再放水补充，以满足兴利部门的用水要求。水库的蓄泄，随来水与用水的变化而变化。由库空至蓄满，然后放水至库空，循环一次所经历的平均时间，称为调节周期。按调节周期，水库兴利调节可划分为日调节、周调节、年（季）调节和多年调节。

1. 日调节

将一日内较均匀的天然径流通过水库调节，以满足用户在一日内需水的需要，这种调节称为日调节。调节周期为一日（24h），如图 G4.1 所示。日调节常见于发电水库。一日中用户的用电负荷变化较大，通过水库，把用电负荷小的时段的余水量蓄存起来，待负荷大的时段放出。

2. 周调节

将一周内休息日的多余水量蓄存起来，待周内用水量多的用水日放出，这种调节称为周调节。其调节周期为一周，周调节常见于工业给水和发电水库。

3. 年调节

将年内丰水季节的多余水量蓄存起来，待枯水季节放出，这种调节称为年调节或季调节。调节周期为一个水利年，如图 G4.2 所示。年调节是最常见的调节方式，用于灌溉、发电、工业以及城市给水等。

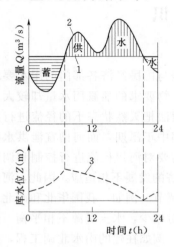

图 G4.1　日调节示意图

1—天然流量过程；2—用水流量过程；
3—库水位变化过程

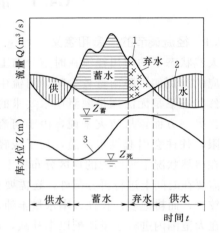

图 G4.2　年调节示意图

1—天然流量过程；2—用水流量过程；
3—库水位变化过程

年调节可分为不完全年调节和完全年调节两种情况。若年来水量大于年用水量，年内有弃水时，则称为不完全年调节；若年来水量正好等于年用水量，年内不发生弃水时，则称为完全年调节。

4. 多年调节

将丰水年的多余水量蓄存起来，以补充枯水年来水量的不足，这种跨年度的调节称为多年调节。多年调节水库并非每年蓄满或放空，如图 G4.3 所示，它的调节周期为多年。

水库调节周期的长短反映了水库调节性能的高低。调节周期愈长，调节和利用径流的程度也愈高，具有长调节周期的水库能同时进行短期调节。例如，多年调节水库可同时进行年（季）、周和日调节。

反映水库调节性能的高低，一般采用库容系数，它是水库兴利库容与坝址断面多年平均年径流量的比值，记符号 β。经验表明，当 $\beta < 0.02$ 时，为日调节；$\beta = 0.02 \sim 0.30$ 时，为年调节；$\beta > 0.30$ 时，水库可进行多年调节。

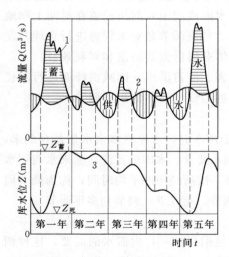

图 G4.3　多年调节示意图

1—天然流量过程；2—用水流量过程；
3—库水位变化过程

G4.1.3　水库兴利调节所需基本资料

兴利调节通过水库蓄、泄，使来水过程适应需水过程的需要。调节计算所需的基本资料包括河川径流资料、用水部门的需水资料以及水库特性资料等。

河川径流资料是兴利调节的基本数据，由于水文现象的随机性和多变性，不可能对水库整个运行时期几十年甚至上百年的河川情势进行长期预测。因此，通常是由以往的径流资料来估计未来的水文情势和来水特性，推求设计的长期年、月径流量系列或设计代表年的来水过程来反映水库运行期间的来水规律。具体方法已在工作任务 1 中详细介绍。

需要指出的是，现行计算方法，一般情况下求得的来水过程反映的是天然状态下的来水规律。调节计算时，根据设计任务，是针对设计水平年的来、用水情况进行的。所谓设计水平年是指作为选择工程规模及其特征而依据的有关国民经济部门计划达到某个发展水平的年份。在设计水平年，若水库所控制的流域内人类活动对天然状态下的来水产生明显影响时，则需考虑这种影响推求设计水平年水库的入库径流量。以下内容中水库的来水均指入库径流量。

用水部门的需水要求是进行调节计算的又一依据。为确定用户的用水过程，需掌握各用水部门对水量、水质、保证程度、引水地点和用水时间等方面的要求；还应了解各用水部门不同水平年的发展计划。根据当前（即现状）用户的用水水平，计算用户当前的用水过程，并在此基础上，预测近期或远期水平年的用水过程，作为水库在不同水平年调节计算的依据。

水库特性方面的资料，主要是水库的面积、库容特性、水库的蒸发损失和渗漏损失、泥沙淤积以及水库的淹没和浸没等。这些资料一般需要根据库区地形资料和水文地质资料以及淹没和浸没损失的社会调查资料来分析确定。

基本资料是一切水利水电工程设计和运用的根本依据，直接影响设计成果的质量与运行的效益。因此，必须十分重视其可靠性和代表性，并且根据不同的设计阶段及时做出修正和补充。

G4.2　用水部门的需水要求与设计保证率

G4.2.1　用水部门的需水要求及综合需水过程

水库所担负的用水部门有多种形式，不论是直接消耗用水量，或仅利用水的某种性质，都要求有一定的供水数量和水质标准。在供水不足时，便会影响用户的工作，从而造成减产或损失。

由于水利措施非短期建成，其服务年限也较久，故规划设计时的用水需要不是针对当前情况，而应当充分估计未来用水需要的增长水平，确定设计水平年。将工程完工投入运行后若干年（工程能较充分发挥作用时，如 5 年后）的需水水平作为设计第一期工程的依据；以工程运行更长时间后（如 10 年和 15 年后）的需水水平作为设计校核和远景发展的指导参考性数据。且设计水平年的确定应与国民经济 5 年计划的年份相一致。

工程运行期间进行水库兴利规划时，用水水平年的确定应视计算目的和水库运用方案的具体情况确定。

当设计水平年确定后，根据水库所担负的用户则可计算或预测各用水部门的用水量。

1. 给水

给水指城市或农村的居民用水与工业用水。给水常用用水定额来计算。

城镇居民生活用水量是指居民日常生活所需用的水量。它包括居民的饮用、烹调、洗涤、冲厕、洗澡等用水。常按用水定额来计算。目前我国城市生活用水大城市平均日用水量为 90～190L/（人·d），最高日用水量一般为 120～250L/（人·d），中小城市平均日用水量为 70～170L/（人·d），最高日用水量一般为 100～230L/（人·d）；对于集中给水户内无给水龙头的村镇，其农村生活用水最高日用水量一般为 20～60L/（人·d）。城乡居民生活用水量与城乡的性质和规模、气候条件、生活习惯、居民住房中用水设备类型以及室内卫生设备的标准和经济水平等有关。设计条件下，具体定额的确定可参考国家标准《室外给水设计规范》（GB 50013—2006）、协会标准《农村给水设计规范》（CECS82：96）。

工业用水量指工业企业在生产过程中的总用水量。它包括制造、加工、冷却、空调、净化、洗涤、蒸汽等用水。工业用水量的大小与工业结构、产品种类、工艺流程、用水管理水平等因素有关。根据水量平衡关系，工业用水量等于耗水量、排水量、重复利用水量三者之和。即

$$Q_{总} = Q_{耗} + Q_{排} + Q_{重} \tag{G4.1}$$

式中　$Q_{总}$——总用水量，在生产设备和工艺流程不变时可视为一定值；

　　　$Q_{耗}$——耗水量，包括生产过程中蒸发、渗漏等损失的水量和产品带出的水量；

　　　$Q_{排}$——排水量，指经过工矿企业使用后，向外排放的水量；

　　　$Q_{重}$——重复利用水量，包括使用两次以上的用水量和循环用水量。

在水利计算中，通常所说的用水量与工业用水总量是不同的，必须加以区分。水利计算中的工业用水量是指生产中需要补充的新鲜水量，也称取用水量，记 $Q_{取}$，应有

$$Q_{取} = Q_{耗} + Q_{排} \tag{G4.2}$$

易知，$Q_{重}$ 越大，$Q_{取}$ 越小。$Q_{重}$ 与 $Q_{总}$ 之比，称为重复利用率。

设计条件下，根据行业的单位产品用水定额以及工业用水的重复利用率或万元产值取用水量指标，并考虑输水损失水量，则可确定需要工程供给的水量，即从水源取用的水量。

给水对水质及供水保证程度的要求均较高，有明显的日变化，但它是靠水厂的蓄水池来进行调节的，并且在一定的阶段，它的年际变化相对较小。因此，水库调节计算中给水一般按固定用水量供给。

2. 灌溉用水

灌溉用水量是指灌区需要从水源（如水库）提取的水量。灌溉用水过程取决于灌区面积、作物组成、灌水方式、灌区渠系水有效利用系数以及年降水量及其年内分配等，其确定方法将在"农田水利"课程中详细讲述。

由于作物生长具有明显的季节性，加之降水量年内、年际变化较大，因而灌溉用水具有明显的年内和年际变化。

灌溉对缺水的适应性比其他用水部门大。当水量不足时，常常可采用适当的耕作措施来减少损失，因此灌溉用水的保证程度较给水用户低。

3. 发电用水

水力发电是利用水库集中河道的天然落差（也可根据地形利用渠道引水形成落差），使水能通过水轮机和发电机转变成电能。水库的发电用水量，取决于用户对电量的要求。当水电站参加电网运行时，可根据河川径流的丰枯情况决定发电量的多少，即供水量的多少。通常水力发电的尾水，可用于下游的给水、灌溉及航运。

发电用水的保证程度取决于用户的性质。

4. 航运用水

航运具有运输成本低、运输量大的特点，开发航运事业具有重要的经济意义。由于天然径流时间分配不均匀，往往在枯水季节河道的水深不足，满足不了通航的要求，通过水库调节水量，保证河道具有一定水深以改善航运条件。航运用水可与发电用水结合使用。

对航运用水的保证程度，根据航道的重要性而定，大河一般在 90% 以上。

5. 生态环境用水

生态环境用水是指维持生态与环境功能和进行生态环境建设所需要的最小需水量。可分为河道内和河道外生态环境用水量。河道内生态环境用水分为维持河道及湖泊湿地基本功能和河口生态环境等用水；河道外生态环境用水分为美化城市景观建设和其他生态环境建设用水等。以下仅就常用的河道外生态环境用水作简要介绍。

（1）城市浇洒道路和绿地用水量。浇洒道路和绿地用水量应根据路面、绿化、气候和土壤等条件确定，通常采用定额法。《室外给水设计规范》（GB 50013—2006）规定，浇洒道路用水量可按浇洒面积以 2.0～3.0L/（m² · d）计算；浇洒绿地用水量可按浇洒面积以 1.0～3.0L/（m² · d）计算。

（2）城镇河湖或鱼塘补水。城镇河湖及鱼塘补水量，以规划水面面积的水面蒸发量与降水量之差计算，采用水量平衡法或定额法计算。

水量平衡法公式为

$$W_t = 10^{-3} A(KE_{器} + S_t - H_t) \qquad (G4.3)$$

式中　W_t——时段 t 的城镇河湖及鱼塘补水量，m^3；

A——城镇河湖及鱼塘水面面积，m^2；

$E_{器}$——时段 t 的器测水面蒸发量，mm；

K——蒸发器折算系数（见 X2.3）；

S_t——时段 t 的渗漏量，由调查、实测或经验数据估算，mm；

H_t——时段 t 的降水量，mm；

10^{-3}——单位换算系数。

定额法是按照现状水面面积和现状城镇河湖补水量估算单位面积上的补水量，然后根据不同水平年的河湖面积预测计算所需水量。

渔业用水也可根据调查补水定额和养殖面积进行估算。例如河北某地区调查淡水养殖每亩补水定额为 800～1000m³。

6. 综合用水过程

在各部门用水过程的基础上，可推求综合用水过程，它是兴利调节计算所依据的用水资料。综合用水过程的推求，并不是简单地把各部门用水量同步相加，而应考虑到一水多用的可能性，例如水力发电的尾水，通常可以用于下游工业、民用给水和灌溉等。

【例 G4.1】 某水库有灌溉、供水、发电三个兴利部门，其中供水为坝上自流引水，灌溉利用发电尾水，已知各部门的用水流量过程见表 G4.1，求水库的综合用水过程。

根据题意，灌溉可与发电用水相互结合，供水与其他部门的用水不能结合，故综合用水过程可按下式确定：

$$Q_{综t} = Q_{供t} + \max(Q_{电t}, Q_{灌t})$$

表 G4.1 各部门的用水流量过程 单位：m^3/s

月 份		1	2	3	4	5	6	7	8	9	10	11	12
用水部门	灌溉	0	0	0	14	16	18	20	25	0	0	0	0
	发电	10	10	13	20	18	20	10	10	10	10	10	10
	供水	4	4	4	4	4	4	4	4	4	4	4	4

表 G4.2 综 合 用 水 过 程

月 份	1	2	3	4	5	6	7	8	9	10	11	12
$Q_{综}$（m^3/s）	14	14	17	24	22	24	24	29	14	14	14	14

上述求得的综合需水过程是各用水部门正常用水情况下水库的供水过程。当各用水部门保证率不同时，对于保证率较低的用户，遇其保证率以外的年份，水库则缩减供水。

G4.2.2 设计保证率的概念及选择

1. 设计保证率的概念

由于河川径流的多变性，若在枯水年也保证兴利部门的正常用水要求，则需要有相当大的库容，这在经济上常常是不合理的。故对于枯水年一般允许一定的断水或减少用水。因此，需要研究各用水部门允许减少供水的可能性和合理范围，定出多年工作期间用水部门的正常用水得到保证的程度，它常用正常用水保证率来表示。由于它是在进行水利水电工程设计时予以规定的，故也称为设计正常用水保证率，简称设计保证率，也称为水库的兴利设计标准。

设计保证率常用的衡量方法有两种，即按保证正常用水的年数、按保证正常用水的历时（以日、旬或月为单位）来衡量。

$$p_年 = \frac{正常工作的年数}{运行总年数} \tag{G4.4}$$

$$p_{历时} = \frac{正常工作的历时}{运行总历时} \tag{G4.5}$$

对于年调节、多年调节水库一般采用年保证率式（G4.4）。例如，年调节灌溉水库设计保证率 $p=75\%$，则表示水库多年期间平均每 100 年有 75 年能按正常灌溉用水要求供水，其余 25 年允许供水破坏。在破坏的年份中，不论该年内缺水持续时间长短和缺水数量多少，凡是出现不满足正常供水的情况，则为供水破坏。对于无调节、日调节水电站、航运用水部门以及其他不进行径流调节的用水部门，设计保证率采用历时保证率式（G4.5）。

灌溉用水还采用其他形式来衡量正常用水的保证程度，其内容将在设计保证率的选择中介绍。

2. 设计保证率的选择

从理论上讲，水库供水设计保证率的选择，应研究缺水减产引起的损失与避免减产增加的投资或替代措施的投资之间的经济权衡。由于影响经济权衡的因素较多，理论上定量分析比较困难。在工程实际中，设计保证率通常由国家规范给出，根据各用水部门的用水性质、要求和重要性以及生产实践中所积累的经验，来规定设计保证率。

（1）灌溉设计保证率，《灌溉与排水工程设计规范》（GB 50288—99）中规定了灌溉设计保证率，见表 G4.3。可根据水文气象、水土资源、作物组成、灌区规模、灌水方法及经济效益等因素确定。作物经济价值较高的地区，宜选用表中较大值；作物经济价值不高的地区，可选用表中较小值。引洪淤灌系统的灌溉设计保证率可取 30%～50%。在农田基本建设和一些小型灌区的规划设计中，还常用抗旱天数作为灌溉设计标准。抗旱天数是指依靠灌溉设施供水，可以抗御连续无雨保丰收的天数。采用抗旱天数作为灌溉设计标准的地区，旱作物和单季稻灌区抗旱天数为 30～50d，双季稻灌区抗旱天数可为 50～70d。经济较发达的地区，可按上述标准提高 10～20d。

表 G4.3 灌溉设计保证率

灌水方法	地 区	作物种类	灌溉设计保证率 p（%）
地面灌溉	干旱地区 或水资源紧缺地区	以旱作为主 以水稻为主	50～75 70～80
	半干旱、半湿润地区 或水资源不稳定地区	以旱作为主 以水稻为主	70～80 75～85
	湿润地区 或水资源丰富地区	以旱作为主 以水稻为主	75～85 80～95
喷灌、微灌	各类地区	各类作物	85～95

表 G4.4 大中型水电站设计保证率

电力系统中水电容量的比重（%）	<25	25～50	>50
水电站设计保证率 p（%）	80～90	90～95	95～98

（2）水力发电的设计保证率，常根据水电站所在电力系统的负荷特性、系统中水电容量的比重、水电站的规模及其在电力系统中的作用、河川径流特性以及水库调节程度等因素来确定。《水利水电工程动能设计规范》（DL/T 5015—1996）规定大、中型水电站的设计保证率见表 G4.4。《小型水力发电站设计规范》（GB 50071—2002）规定，小型水电站的设计保证率，可根据系统中水电站容量占电力系统容量的比重、设计电站的调节性能和容量大小等因素，在 80%～90% 范围内选取，当系统中小水电站容量比重较大或调节性能较好时，设计的水电站取较大的设计保证率；反之，取较小的设计保证率。

季节性的农村水电站可采用与灌溉相同的设计保证率。

（3）给水保证率，《室外给水设计规范》（GB 50013—2006）规定，供水量的设计保证率采用 90%～97%。

（4）航运保证率，可参照《内河通航标准》（GBJ 138—90）中的规定，并结合航道等级及其他因素选用，其范围为 90%～99%。

G4.3 水库特性曲线与特征水位

G4.3.1 水库特性曲线

在河流上拦河筑坝，形成蓄水容积来进行径流调节，这就是水库。根据水库区地形特征，水库一般分为河道型（河川型）和湖泊型两种。河道型水库库底坡度较大；湖泊型水库库底坡度相对较缓，库面宽阔。反映库区地形特性的曲线，称为水库特性曲线。水库特性曲线有水库的水位—面积曲线和水位—容积曲线两种，它们是径流调节计算必需的基本资料。

1. 水位—面积曲线（$Z—F$）

水库建成后，随水库水位不同，水库的水面面积也不同。库水位 Z 与水库水面面积 F 之间的关系称为水位—面积曲线，简称面积曲线。

水位—面积曲线是根据库区地形图绘制的。在 $1/5000\sim1/10000$ 比例尺的库区地形图上用求积仪或数方格等方法，量算坝址上游不同等高线与坝轴线之间包围的面积，根据不同等高线高程（即水库水位）和对应面积的数值，即可点绘水位—面积曲线，如图 G4.4 中的 $Z—F$ 曲线。

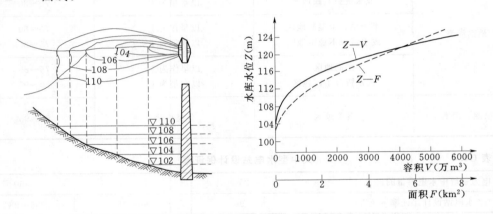

图 G4.4　某水库水位—面积、水位—容积关系曲线

2. 水位—容积曲线（$Z—V$）

库水位 Z 与该水位以下的容积 V 之间的关系线，称为水位—容积曲线，简称容积曲线。借助水位—面积曲线，可计算水位—容积曲线。其方法是，对于不同水库水位（水位的间隔可用 $0.5m$、$1m$ 或 $2m$ 等），首先计算各相邻水位之间的部分容积 ΔV，然后自河底向上累加得各水位相应的库容。即

$$V = \sum_{Z_0}^{Z} \Delta V = \sum_{Z_0}^{Z} \Delta Z \overline{F} \tag{G4.6}$$

而

$$\overline{F} = \frac{1}{2}(F_1 + F_2)$$

或按比较精确公式

$$\overline{F} = \frac{1}{3}(F_1 + \sqrt{F_1 F_2} + F_2)$$

式中 V——相应于水位 Z 的容积，m^3；

           ΔV——相邻水位之间的容积 m^3；

           ΔZ——相邻水位的间隔，即相邻水位之差，m；

F_1、F_2、$\overline{F}$——相邻水位的水面面积及两者的平均值，m^2；

           Z_0——库底高程，m。

根据各水位与相应的水库容积，可点绘水位—容积曲线，如图 G4.4 中的 Z—V 曲线。

上述所讨论的面积特性曲线和库容特性曲线，均是建立在假定入库流量为零，水面是水平的基础之上的，所求得的库容称为静库容，此时的库容曲线称为静库容曲线。

实际上，当水库有一定的入库流量（水流有一定的流速）时，坝前水面线并非直线，而是由坝前向上游上翘的壅水曲线。水库的蓄水量中，还有一部分楔形蓄量，如图 G4.5 中的阴影部分，静库容与楔形蓄量之和称为动库容。库水位与动库容的关系线称为动库容曲线。

动库容曲线，如图 G4.6 所示。其绘制方法是：首先假定某一入库流量 Q_1 和坝前若干个不同水位，然后根据水力学公式求出一组以入流量 Q_1 为参数的水面曲线，然后计算坝前至回水末端不同回水曲线以下的库容，则可得出以入流量 Q_1 为参数的动库容曲线。假定不同入流量 Q_2，Q_3，…同上方法可分别求得不同入流量为参数的动库容曲线。而入流量 $Q=0$ 时的曲线，即是静库容曲线。

应该指出，动库容曲线的计算，需要的资料多，比较麻烦。对于一般的调节计算多采用静库容曲线。但对于较长的河道型水库，或者调节计算是研究水库回水淹没和浸没的范围时，应采用动库容曲线。

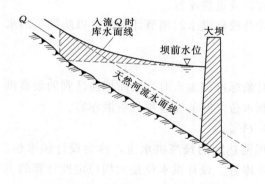

图 G4.5 水库动库容示意图

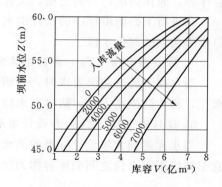

图 G4.6 水库动库容曲线

G4.3.2 水库的特征水位与特征库容

反映水库工作状况的水位，称为水库的特征水位，与特征水位相应的库容称为水库的特征库容。特征水位与特征库容体现着水库利用和正常工作的各种特定要求，是规划设计阶段确定主要水工建筑物尺寸（如坝高、溢洪道宽度）及估算工程效益的基本依据，也是运行阶段水库进行蓄、泄的依据。

1. 死水位（$Z_{死}$）和死库容（$V_{死}$）

在正常运用情况下，允许水库消落的最低水位，称为死水位。死水位以下的库容称为死库容。死水位和死库容是考虑水库泥沙淤积、自流灌溉、发电、库区航运、渔业、环保等对水库最低水位的要求而设置的。死库容一般情况下是不允许动用的，除非特殊干旱年份，为了保证紧要的供水和供电，经慎重研究，才允许临时动用死库容的部分存水。

2. 正常蓄水位（$Z_正$）和兴利库容（$V_兴$）

在正常运用情况下，为满足设计兴利要求的正常用水，水库在供水期开始时应该蓄到的水位，称为正常蓄水位，也称正常高水位。正常蓄水位至死水位之间的库容称为兴利库容。它是水库实际可用于调节径流的库容，故又称为调节库容或有效库容。正常蓄水位与死水位之间的深度称为消落深度。如水库溢洪道无闸门时，溢洪道的堰顶高程就是水库的正常蓄水位；当溢洪道设有闸门时，水库的正常蓄水位一般略低于闸门关闭时的门顶高程，如图 G4.7 所示。

正常蓄水位是水库最重要的特征水位之一。它关系到主要水工建筑物的尺寸、投资、效益、淹没损失等。它是大坝的结构设计以及其强度和稳定性分析计算的主要依据。

确定水库的正常蓄水位除考虑兴利用水要求外，还应考虑库区的淹没和浸没情况，坝址及库区的地形和地质条件，河段上、下游已建和拟建水库枢纽情况等。

3. 防洪限制水位（$Z_限$）和结合库容（$V_结$）

水库在汛期允许兴利蓄水的上限水位，称为防洪限制水位，又称汛期限制水位，简称汛限水位。此水位以上的库容在汛期是作为滞蓄洪水用的，汛期发生洪水时，水库水位才允许超过防洪限制水位，当洪水消退时，如汛期未过，水库应尽快泄洪，以使水库水位迅速降至防洪限制水位。进行水库设计时，为降低坝高和节省投资，通常根据洪水特性和工程条件，尽可能把防洪限制水位定在正常蓄水位之下，腾出部分兴利库容用于调节洪水，并在汛末拦蓄部分洪水以蓄满兴利库容。正常蓄水位至防洪限制水位之间的库容，称为结合库容，兼作防洪与兴利之用，又称为共用库容，或重叠库容。

在进行下游防洪标准的设计洪水、大坝设计及校核洪水的调节计算时，以防洪限制水位作为调洪的起始水位。

4. 防洪高水位（$Z_防$）和防洪库容（$V_防$）

当水库下游有防洪要求时，遇到下游防护对象标准的洪水时，水库坝前达到的最高洪水位，称为防洪高水位。防洪高水位至防洪限制水位之间的库容称为防洪库容。

5. 设计洪水位（$Z_{设}$）和设计洪水调洪库容（$V_{调设}$）

当水库遇到大坝设计标准的洪水时，水库坝前达到的最高洪水位，称为设计洪水位。它至防洪限制水位之间的库容称为设计洪水调洪库容。设计洪水位是大坝稳定性计算的主要依据。

6. 校核洪水位（$Z_校$）和校核洪水调洪库容（$V_{调校}$）

当水库遇到大坝校核标准的洪水时，水库坝前达到的最高洪水位，称为校核洪水位。它与防洪限制水位之间的库容称为校核洪水调洪库容。校核洪水位是进行大坝安全校核的主要依据。

水库的各种特征水位和特征库容，如图 G4.7 所示。

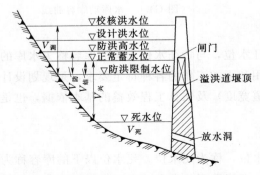

图 G4.7 水库特征水位与特征库容示意图

校核洪水位以下的水库静库容称为总库容。按其划分水库工程规模的等级，总库容大于 10 亿 m³ 的为大（1）型，1 亿～10 亿 m³ 的为大（2）型，0.1 亿～1 亿 m³ 的为中型，0.01 亿～0.1 亿 m³ 的为小（1）型，0.001 亿～0.1 亿 m³ 的为小（2）型。水库的总库容也是确定水库工程设计标准的重要依据。

设计洪水位加上设计条件下的风浪高和安全超高与校核洪水位加上校核条件下的风浪高和安全超高两者中的较大值即坝顶高程。

G4.4　水库的水量损失

水库建成蓄水后，其水面面积扩大，水位抬高，水压增加，使水库区的蒸发和渗漏水量要比建库前有所增加，所增加的蒸发和渗漏水量是水库蓄水量中损失掉的部分，称为水库的水量损失。

G4.4.1　水库的蒸发损失

修建水库前，除原河道有水面蒸发外，整个库区都是陆面蒸发，且这部分陆面蒸发已反映在坝址断面的实测径流量中。因水面蒸发比陆面蒸发大，建库之后，库区内原陆面面积变为水面面积所增加的额外蒸发量，称为蒸发损失。以 $W_蒸$ 表示

$$W_蒸 = 1000(E_水 - E_陆)(F - f) \qquad (G4.7)$$

式中　$W_蒸$——计算时段内库区的蒸发损失量，m³；

　　　$E_水$——计算时段内库区水面蒸发深度，mm；

　　　$E_陆$——计算时段内库区陆面蒸发深度，mm；

　　　F——计算时段内库区水面面积，km²；

　　　f——库区原河道面积，km²，当该面积相对库面面积较小时，可忽略不计。

$E_水 - E_陆$ 通常称为蒸发损失深度或蒸发损失标准，在年、多年调节计算时，需要知道各月的蒸发损失深度。具体计算时，通常先求年蒸发损失深度，然后再将其分配到各月，得月蒸发损失深度。

年水面蒸发深度，可由年蒸发器观测资料求得。水面蒸发深度 $E_水 = KE_器$，$E_器$ 为蒸发器观测的水面蒸发值；K 为蒸发器折算系数。

陆面蒸发量不易直接测得，一般采用多年平均值，并由闭合流域的多年平均水量平衡方程进行估计，即

$$E_陆 = \overline{E} = \overline{H} - \overline{R} \qquad (G4.8)$$

式中　$\overline{E}$、$\overline{H}$、$\overline{R}$——闭合流域多年平均年蒸发量、多年平均年降水量和多年平均年径流深，mm。

于是可以得到

年蒸发损失深度＝年水面蒸发深度－年陆面蒸发深度

在蒸发资料比较充分时，可做出与来、用水系列对应的水库年蒸发损失系列，其年内分配采用当年蒸发器的年内分配。

如资料不充分或简化计算时，为安全起见，年调节计算，可采用历年最大的年蒸发量，其年内分配采用蒸发器的多年平均的年内分配；多年调节计算，则可采用多年平均的年蒸发量和多年平均的年内分配。

【例 G4.2】 北方某年调节水库，流域多年平均年降水量 $\overline{H}=646\text{mm}$，多年平均径流深 $\overline{R}=173.7\text{mm}$。坝址断面水文站具有 20 年水面蒸发观测资料，据此求得多年平均器测水面蒸发量逐月分配比，见表 G4.5。经过统计得器测年最大蒸发量为 1583.7mm，附近流域试验站蒸发器折算系数年平均值为 0.91。试计算该水库的逐月蒸发损失深度。

计算步骤如下：

（1）计算年水面蒸发量：$E_\text{水}=KE_\text{器}=0.91\times1583.7=1441.2(\text{mm})$

（2）计算多年平均年陆面蒸发量：$E_\text{陆}=\overline{H}-\overline{R}=646-173.7=472.3(\text{mm})$

（3）计算年蒸发损失深度：$E_\text{水}-E_\text{陆}=1441.2-472.3=968.9(\text{mm})$

（4）计算逐月蒸发损失深度：由年蒸发损失深度 968.9mm，乘以表 G4.5 第二行求得，见表 G4.5 第三行。

表 G4.5   某水库蒸发损失深度计算表

月 份	1	2	3	4	5	6	7	8	9	10	11	12	全年
月分配比（%）	2.7	5.1	9.5	8.2	13.1	14.1	13.8	11.8	8.9	5.7	4.3	2.8	100
损失深度（mm）	26.2	49.4	92.1	79.5	126.9	136.6	133.7	114.3	86.2	55.2	41.7	27.1	968.9

G4.4.2 水库的渗漏损失

建库之后，由于水位抬高，水压力增大，水库蓄水的渗漏损失随之加大。水库的渗漏损失主要包括：

（1）经过能透水的坝身（如土坝、堆石坝等），以及闸门、水轮机等的渗漏。

（2）通过坝基及坝的两翼渗漏。

（3）通过库底流向较低的透水层或库外的渗漏。

理论上，可按达西公式估算渗漏损失量。由于渗流运动较复杂，在生产实际中，常根据水文地质情况，定出一些经验性数据，作为规划设计阶段估算渗漏损失的依据。

通常按年或月的渗漏损失相当于水库蓄水容积的百分数来估计，采用数值如下：

（1）水文地质条件优良（指库床为不渗水层，地下水面与库面接近），渗漏损失量为（0～10%）/年或（0～1%）/月。

（2）透水性条件中等，渗漏损失量为（10%～20%）/年或（1%～1.5%）/月。

（3）水文地质条件较差，渗漏损失量为（20%～40%）/年或（1.5%～3%）/月。

应该指出，水库渗漏损失在水库蓄水最初几年较大，以后逐渐减少而趋于稳定，初期损失仅为水库初期蓄水水利计算的依据，运行阶段的调节计算应以相对稳定后的渗漏量作为水利计算的依据。

G4.5　水库死水位的确定

死水位和死库容并不直接起调节径流的作用，但它反映了水库综合利用的要求。确定死水位和死库容一般需考虑以下几个方面。

G4.5.1 满足自流灌溉引水的需要

自流灌溉对建筑物的下游水位有一定的要求，如图 G4.8 中的 A 点高程。这一水位可根据灌区控制高程及引水渠的纵坡和长度推算而得。根据输水建筑物的型式（有压涵管或无压隧洞）进行水力学计算，可推求输水建筑物泄放渠道设计流量的最小水头 H_{min}，于是，由 A 点高程加上最小水头 H_{min}，就得到满足自流灌溉引水需要的水库死水位。

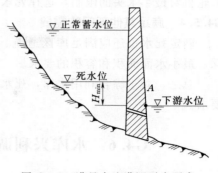

G4.5.2 满足水库泥沙淤积的需要

在河道上筑坝形成水库后，水深增大，水面坡度变缓，水流流速减小，水流挟沙能力降低，导致水流中的部分悬移质和推移质泥沙沉积在库区内。为不影响兴利蓄水，需设置淤沙库容。

图 G4.8 满足自流灌溉引水要求
确定死水位示意图

库区泥沙淤积的影响因素很多，其规律复杂，因而难以精确计算淤积库容。一般假定泥沙淤积主要在死库容内，且呈水平状增长，并把水库开始运行到泥沙全部淤满死库容，开始影响兴利库容的这段时间，称为水库的正常使用年限。设水库达正常使用年限时的总淤积量为 $V_{淤总}$，则

$$V_{淤总} = T V_{淤年} \qquad (G4.9)$$

式中 T——水库正常使用年限，年，按规定大型水库 T 为 $50\sim100$ 年，中型水库 T 为 50 年，小型水库 T 为 $20\sim30$ 年；

$V_{淤年}$——年淤积量，m^3。

对于悬移质年淤积量

$$V_{悬} = \frac{\bar{\rho} \bar{W} m}{(1-\theta)\gamma_s} \qquad (G4.10)$$

式中 $V_{悬}$——悬移质年淤积量，m^3；

$\bar{\rho}$——坝址断面多年平均含沙量，kg/m^3；

$\bar{W}$——坝址断面多年平均年径流量，m^3；

m——库中泥沙的沉积率，%，此值与库容的相对大小、水库调节程度及控制运用方式等有关；

θ——淤积体的孔隙率，$\theta = 0.3\sim0.4$；

γ_s——干沙颗粒的质量密度，t/m^3，$\gamma = 2.0\sim2.8$。

对于推移质，因观测资料较少，一般是根据观测和调查资料来分析推移质与悬移质淤积量的比值 β_s，用来估算推移质淤积量。一般平原河道 β_s 较小，约为 $1\%\sim10\%$；山区河道 β_s 较大，可达 $15\%\sim30\%$。如果水库库区有塌岸时，还应计入塌岸量，因此水库年淤积量

$$V_{沙年} = (1+\beta_s)\frac{\bar{\rho} \bar{W} m}{(1-p)\gamma} + V_{塌} \qquad (G4.11)$$

式中 $V_{塌}$——库岸年坍塌量，m^3。

G4.5.3 满足发电最低水头的需要

以发电为主要任务的水库，由于水电站的工作受水量和水头两方面的影响，因此，当正常蓄水位一定时，并不是死水位越低越有利，需选择最佳的消落深度，确定相应的死水位。另一方面，水轮机要求水头在一定的允许范围内，以便其工作效率较高，故也需考虑

水轮机对最小水头的限制，选择死水位。

G4.5.4 满足其他部门的需要

确定死水位还应满足库区通航、渔业的需要，以及环保及旅游等部门对库区最小水深、最小水面面积和容积的要求。

总之，对于综合利用水库，死水位的确定，需要综合考虑各部门对死水位和死库容的要求。

G4.6 水库兴利调节计算的基本原理与基本方法

G4.6.1 兴利调节计算的基本原理

水库兴利调节计算，是指利用水库的调蓄作用，将河川径流丰水期（或丰水年）的多余水量蓄存起来，提高枯水期（或枯水年）的供水量，以满足用水要求所进行的计算。

对任意一年兴利调节计算，需要将调节周期划分为若干个计算时段，按时段进行余、缺水量和水库蓄、泄水量的计算，其原理是水量平衡方程，即

$$(Q - q)\Delta t = V_2 - V_1 \tag{G4.12}$$

式中　Δt——计算时段，s；

　　　Q——计算时段 Δt 内的平均入库流量，m^3/s；

　　　q——计算时段 Δt 内的平均出库流量，包括兴利部门的用水流量、水库蒸发和渗漏损失的流量及水库蓄满后的无益弃水流量等，m^3/s；

　V_1、V_2——计算时段初、末水库蓄水量，m^3。

计算时段 Δt 的长短，视调节周期的长短及径流和用水变化的剧烈程度而定。对于日调节水库，Δt 以小时为单位；对于年、多年调节水库 Δt 一般取月或旬。应该指出，选择 Δt 过长会掩盖来、用水之间的矛盾，使计算所得库容偏小。

G4.6.2 兴利调节计算的任务与基本方法

水库通过设置兴利库容，实现兴利调节。显然，来水一定时，兴利库容的大小与用户的用水量、设计保证率有关。因此，在来水一定的条件下，各类调节周期的水库兴利调节计算的任务有三类：①用水及设计保证率一定时，推求所需要的设计兴利库容；②兴利库容、设计保证率一定时，确定水库保证的供水量（或保证的灌溉面积）；③兴利库容、供水量（或灌溉面积）一定时，核算水库供水的保证率。更一般地，兴利调节计算的任务可概括为：确定兴利库容、供水量（或灌溉面积）和设计保证率三者之间的关系，据此可以进行多方案比较，以达到合理确定工程规模和效益的目的。

完成上述任务，对于年调节水库，基本方法分为长系列法和代表年法；多年调节水库分为长系列法（时历法）和数理统计法。

G4.7 年调节水库兴利调节计算

所谓年调节水库是指设计年径流量大于等于设计年用水量，每年只需进行年调节，就能够满足用水保证率要求的水库。特别地，当设计年径流量等于设计年用水量时，称为完全年调节水库。

G4.7.1 任意一年兴利调节计算方法

任意一年，在已知来水的情况下，兴利调节计算的内容有两类：一类是根据用水过程确定该年所需的兴利库容（也称为调节库容）；另一类是兴利库容已定，推求该年可提供的调节水量（或灌溉面积）。计算方法有列表法、简化水量平衡方程式法等，每种方法又分为不计水量损失和计入水量损失两种。

G4.7.1.1 列表法调节计算

调节计算时一般不用日历年，而采用水利年，即以水库蓄泄过程的循环作为一年的起讫点。大多数年份水利年为 12 个月，但有些年份可能超过或不足 12 个月，这要看余、缺水量的情况，划分时应将连续的枯水段统计完整。

1. 不计损失的列表法

【例 G4.3】 已知某年调节水库调节年度的来水和用水过程见表 G4.6，试用列表法进行调节计算，确定该年所需的兴利库容和水库蓄水过程。

兴利调节计算见表 G4.6。本例的水利年为 7 月至次年的 6 月，以月为计算时段。为计算水量方便起见，引入水量单位 $m^3/s \cdot$ 月。例如 7 月来水流量 $20.3 m^3/s$，相应该月总水量为 $20.3 m^3/s \cdot$ 月。$m^3/s \cdot$ 月不是法定单位，最后成果应转化成法定单位 m^3。且每月取平均值 $365/12 = 30.4$（d）$= 2626560s$，则

$$1 m^3/s \cdot 月 = 1 m^3/s \times 2626560s = 2626560 m^3$$

表 G4.6　　　　　　　　　　列表法年调节计算（一回运用）

年.月	来水流量 (m³/s)	用水流量 (m³/s)	余水量 (m³/s·月)	亏水量 (m³/s·月)	早蓄方案 水库蓄水量 (m³/s·月)	早蓄方案 弃水量 (m³/s·月)	晚蓄方案 水库蓄水量 (m³/s·月)	晚蓄方案 弃水量 (m³/s·月)
(1)	(2)	(3)	(4)	(5)	(6)	(7)	(8)	(9)
					0		0	
1978.7	20.3	10.0	10.3					10.3
					10.3	15.5	0	30.2
8	40.2	10.0	30.2					
					25.0	15.1	0	8.9
9	25.1	10.0	15.1					
					25.0	10.4	6.20	
10	20.4	10.0	10.4					
					25.0	8.4	16.6	
11	18.4	10.0	8.4					
					25.0		25.0	
12	6.30	10.0		3.70				
					21.3		21.3	
1979.1	4.10	10.0		5.90				
					15.4		15.4	
2	4.20	10.0		5.80				
					9.60		9.60	
3	6.80	10.0		3.20				
					6.40		6.40	
4	7.29	10.0		2.71				
					3.69		3.69	
5	8.10	10.0		1.90				
					1.79		1.79	
6	8.21	10.0		1.79				
					0		0	
合计	169.4	120.0	74.4	25.0		49.4		49.4
校核	169.4−120=49.4		74.4−25.0=49.4					

表 G4.6 中的第（4）栏和第（5）栏，分别表示各月的余、亏水量，是各月来水量与用水量的差值。本例 7～11 月为余水期，12 月至次年 6 月为亏水期，这种一年中只有一

个余水期和一个亏水期，称为一回运用。总亏水量为 $25\text{m}^3/\text{s}\cdot$月，表明为满足逐月 $10\text{m}^3/\text{s}$ 的用水，水库在亏水期需要补充 $25\text{m}^3/\text{s}\cdot$月的水量。也就是说，余水期的总余水量 $74.4\text{m}^3/\text{s}\cdot$月没必要全部蓄在水库中。兴利库容取决于某一连续时段内的最大累积亏水量。就本例而言，所需兴利库容 $V_{兴}=25\text{m}^3/\text{s}\cdot$月，即 6566 万 m^3。

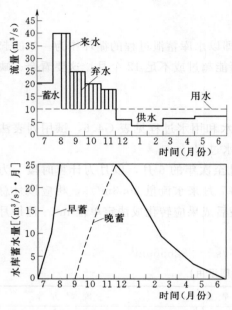

图 G4.9　水库一回运用

求得水库兴利库容后，根据拟定的蓄水方案，可求出水库蓄水量的变化过程及水库弃水过程。水库蓄水方案不同，其蓄水过程也不同。以两种极端的蓄水方案——早蓄方案和晚蓄方案为例，说明调节计算方法。早蓄方案以水利年年初库空开始，顺时序计算，遇余水就蓄，蓄满 $V_{兴}$ 仍有余水则弃，遇缺水则供。晚蓄方案是水库在蓄水期末保证蓄满的前提下，有多余水量先弃后蓄。该蓄水方案从水利年末库空开始，逆时序计算，求各时刻的必需蓄水量，即遇亏水加，遇余水减，出现负值按零计。计算结果见表 G4.6 中第（6）栏和第（8）栏。显然，年来水量与年用水量之差等于年弃水量，余水量与亏水量之差也等于年弃水量，这些可作为列表计算的校核。表 G4.6 中水库蓄水量指有效蓄水量，未包括死库容。

无论何种蓄水方案，在一个水利年度内水库均经历了空→满→空的蓄泄循环，如图 G4.9 所示。

早蓄方案的水库蓄水过程是水库能够蓄的，而晚蓄方案的水库蓄水过程是水库必须蓄的，两种方案的蓄水过程在最大累积亏水量对应的时期是相同的。早蓄和晚蓄方案都是理论上的操作方式，水库实际运行时，一般不按这两种极端方式操作，而是依据水库调度图来安排水库的蓄泄。

[例 G4.3] 是比较简单的示例，实际上由于来水和用水的年内分配不同，一年内可能出现若干个余水期和亏水期。例如图 G4.10（a）、（b）、（c）分别有两个余水期，其余水量为 V_1、V_3，两个亏水期其亏水量为 V_2、V_4，称为两回运用。

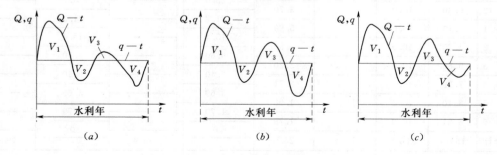

图 G4.10　水库两回运用示意图

对于两回运用，确定某一连续时段内的最大累积亏水量，需要比较第二个余水段的余水量 V_3 与前后亏水段亏水量 V_2、V_4 的大小。分如下两种情况：

1）如果余水量 V_3 同时小于亏水量 V_2、V_4，如图 G4.10（a）所示，则 $V_2 + V_4 - V_3$ 为该年的最大累积亏水量，即 $V_兴 = V_2 + V_4 - V_3$。

2）如果余水量 V_3 不同时小于 V_2 和 V_4 或不小于 V_2 和 V_4，如图 G4.10（b）、（c）所示，则最大累积亏水量为 V_2、V_4 中较大的一个，即 $V_兴 = \max(V_2, V_4)$。

【例 G4.4】 某年调节灌溉水库，来、用水数据见表 G4.7 中（2）、（3）两列，试用列表法调节计算，确定该年所需的兴利库容和水库蓄水过程。

兴利调节计算见表 G4.7。由表中（4）、（5）列余、亏水量可知，该年度为两回运用。7～10 月余水量 $V_1 = 8674$ 万 m^3，11 月亏水量 $V_2 = 894$ 万 m^3，12 月至次年 2 月余水量 $V_3 = 554$ 万 m^3，次年 3～6 月亏水量 $V_4 = 3386$ 万 m^3，易知 V_3 同时小于亏水量 V_2、V_4，故 $V_兴 = V_2 + V_4 - V_3 = 894 + 3386 - 554 = 3726$（万 m^3）。

早蓄、晚蓄两个方案的蓄水过程见表 G4.7 第（6）、（8）列。无论何种方案 11 月初均必须蓄满兴利库容。

表 G4.7　　　　　列表法年调节计算（两回运用）　　　　　单位：万 m^3

年.月	来水量	用水量	余水量	亏水量	早蓄方案		晚蓄方案	
					水库蓄水量	弃水量	水库蓄水量	弃水量
（1）	（2）	（3）	（4）	（5）	（6）	（7）	（8）	（9）
					0		0	
1984.7	1134	1012	122					122
					122		0	
8	8130	1104	7026			3422		4826
					3726		2200	
9	2068	1242	826			826		
					3726		3026	
10	1252	552	700			700		
					3726		3726	
11	210	1104		894				
					2832		2832	
12	203	0	203					
					3035		3035	
1985.1	162	0	162					
					3197		3197	
2	189	0	189					
					3386		3386	
3	270	1242		972				
					2414		2414	
4	216	1081		865				
					1549		1549	
5	248	1210		962				
					587		587	
6	304	891		587				
					0		0	
合计	14386	9438	9228	4280		4948		4948
校核	14386−9438=4948		9228−4280=4948					

当余、亏水段多于两个时，称为多回运用。此时，兴利库容可用逆推法确定。从水利年末库空开始，逆时序推求各时刻的必需蓄水量，即见亏水量加，见余水量减，出现负值时按零计，各时刻必需蓄水量的最大值，即该年所求兴利库容。这种确定兴利库容的方法，同样可用于一回运用和两回运用。

在上述讨论的基础上，我们引入集中供水期的概念。兴利调节计算中，把最大累积亏水量对应的时期称为集中供水期，简称供水期。［例 G4.3］中供水期为 12 月至次年 6 月共 7 个月；［例 G4.4］供水期为 11 月至次年 6 月共 8 个月。不难看出，供水期初水库蓄水量为满库状态，供水期末水库为空库状态；供水期中无弃水。

2. 计入损失的列表法

水库蓄水，不可避免地要产生水量损失。为保证正常供水，水库设置的兴利库容要考虑产生的水量损失。由于月蓄水量的多少与损失水量有关，而逐月损失水量又与月蓄水量有关，所以精确计入损失，往往要试算。为避免试算，实际工作中，常采用近似法计入损失，现结合算例加以介绍。

【例 G4.5】 仍用 [例 G4.4] 的资料，死库容为 808 万 m^3，该水库的逐月蒸发损失深度计算成果见 [例 G4.2]，水库的水文地质条件中等，漏渗损失标准采用月蓄水量的 1.5%。试采用列表法计入损失调节计算。

建立计算表 G4.8，具体方法如下。

(1) 不计损失调节计算。按早蓄方案求水库蓄水量过程 $V—t$，且蓄水量从库底算起。表 G4.8 中第 (1) ～ (6) 栏为不计损失的计算结果，其中前 5 栏即为表 G4.7 中的前 5 栏，第 (6) 栏为表 G4.7 中的第 (6) 栏加上死库容的数值。

(2) 计算逐月平均蓄水量及逐月损失水量。在不计损失的水库蓄水量过程 $V—t$ 基础上，计算月平均蓄水量。第 (7) 栏为月平均蓄水量 $\overline{V} = \frac{1}{2}(V_1 + V_2)$、$V_1$、$V_2$ 分别为月初、月末蓄水量。利用图 G4.4 的水位—容积、水位—面积关系线，由 $\overline{V}$ 可得月平均水面面积 $\overline{F}$，填入第 (8) 栏。据此栏及第 (9) 栏月蒸发损失深度数据，计算月蒸发损失量 $W_{蒸} = \overline{F}(E_水 - E_陆)/10$（万 m^3），填入第 (10) 栏。即 (8) × (9) /10 = (10)，第 (12) 栏月渗漏损失水量等于 (7) × (11)，第 (13) 栏水库水量损失等于 (10) + (12)。

(3) 计入损失调节计算。将水库水量损失加在用水上或从来水中扣除，再调节计算。表 G4.8 中第 (14) 栏为考虑损失的用水量 $W'_{用}$，等于 (3) + (13)。根据第 (2) 栏和第 (14) 栏，调节计算列于第 (15) ～ (18) 栏。

根据表 G4.8 第 (15) 栏和第 (16) 栏，求得计入损失的兴利库容为 4363.4 万 m^3。表中合计一栏应有 $\sum W_{来} - \sum W_{用} - \sum W_{损} - \sum W_{弃} = 0$，以此进行校核。

用上述方法计入损失，当计算精度要求较高时，在表 G4.8 中第 (17) 栏的基础上，可再调节计算一次。

上述计算，可借助 Excel 软件完成，读者可上机练习，其中由月平均蓄水量确定月平均水面面积的环节，可通过查水位—容积与水位—面积关系线来实现，也可利用水位—容积与水位—面积的关系值，进行线性内插得到。

计入损失后，所需兴利库容比不计损失时的库容增大了 4363.4 - 3726 = 637.4（万 m^3），此例中不计损失与计入损失的供水期相同，故计入损失库容的增大值即为供水期 11 月至次年 6 月的损失水量。计入损失的年弃水量比不计入损失的年弃水量小 4948 - 3947.5 = 1000.5（万 m^3），其减小值即为水库该年的总损失水量。

3. 计入损失的简化法

当水量损失占总水量比重不大，或初步规划时，可采用简化算法计入损失。即将不计损失的兴利库容的一半，加上死库容作为供水期的平均蓄水量，由平均蓄水量得平均水面面积，以此平均蓄水量和平均水面面积可计算供水期的渗漏与蒸发损失水量，将损失水量与不计损失的兴利库容相加，即得计入损失的兴利库容。

表 G4.8　某水库计入损失年调节计算表

单位：万 m³

年.月	来水量 W来	用水量 W用	余水量	亏水量	水库蓄水量 V	月平均蓄水量 V̄	月平均水面面积 F̄ (km²)	蒸发 深度(mm)	蒸发 W蒸	渗漏 标准	渗漏 W渗	总损失 W总	考虑损失后的用水量 W'用	W来−W'用 余水量	W来−W'用 亏水量	水库蓄水量	弃水量
(1)	(2)	(3)	(4)	(5)	(6)	(7)	(8)	(9)	(10)	(11)	(12)	(13)	(14)	(15)	(16)	(17)	(18)
					808											808	
1984.7	1134	1012	122		930	869	2.20	133.7	29.4		13.0	42.4	1054.4	79.6		887.6	
8	8130	1104	7026		4534	2732	4.65	114.3	53.1		41.1	94.2	1198.2	6931.8		5171.4	2648.0
9	2068	1242	826		4534	4534	6.40	86.2	55.2		68.0	123.2	1365.2	702.8		5171.4	702.8
10	1252	552	700		4534	4534	6.40	55.2	35.3		68.0	103.3	655.3	596.7		5171.4	596.7
11	210	1104		894	3640	4087	6.05	41.7	25.2	以当月水库蓄水量的1.5%计	61.3	86.5	1190.5		980.5	4190.9	
12	203	0	203		3843	3742	5.74	27.1	15.6		56.1	71.7	71.7	131.3		4322.2	
1985.1	162	0	162		4005	3924	5.89	26.2	15.4		58.9	74.3	74.3	87.7		4409.9	
2	189	0	189		4194	4100	6.10	49.4	30.1		61.5	91.6	91.6	97.4		4507.3	
3	270	1242		972	3222	3708	5.70	92.1	52.5		55.6	108.1	1350.1		1080.1	3427.2	
4	216	1081		865	2357	2790	4.70	79.5	37.4		41.9	79.3	1160.3		944.3	2482.9	
5	248	1210		962	1395	1876	3.61	126.9	45.8		28.1	73.9	1283.9		1035.9	1447.0	
6	304	891		587	808	1102	2.60	136.6	35.5		16.5	52.0	943.0		639.0	808	
合计	14386	9438	9228	4280				968.9	430.5		570.0	1000.5	10438.5				3947.5

例如，[例 G4.5] 不计损失的兴利库容 $V_兴 = 3726$ 万 m^3，计算供水期的平均蓄水量 $\overline{V} = \frac{1}{2}V_兴 + V_死 = \frac{1}{2} \times 3726 + 808 = 2671$（万 m^3），据此得平均水面面积 $\overline{F} = 4.62 km^2$。供水期 11 月至次年 6 月的损失水量为

$$W_{蒸供} = (41.7 + 27.1 + 26.2 + 49.4 + 92.1 + 79.5 + 126.9 + 136.6) \times 4.62/10$$
$$= 267.7（万\ m^3）$$

$$W_{渗供} = 2671 \times 1.5\% \times 8 = 320.5（万\ m^3）$$

$$W_{损供} = W_{蒸供} + W_{渗供} = 267.7 + 320.5 = 588.2（万\ m^3）$$

因此，计入损失的兴利库容为：$V_{兴计} = 3726 + 588.2 = 4314.2$（万 m^3），与 [例 G4.5] 计算结果 4363.4 万 m^3 比较接近。需要说明的是，蓄水期的水量损失也应加以考虑，以检查扣除损失的余水量是否可以在供水期初蓄满兴利库容。本例对于蓄水期，$7\sim 10$ 月不计损失的总余水量为 8674 万 m^3，由简化法算得总损失水量为 340.2 万 m^3，可见总余水量扣除损失水量足够蓄满兴利库容。

应该指出，当计入损失与不计损失的供水期不同时，不宜采用简化法，还应采用计入损失的列表法，否则将造成较大的误差。

列表法调节计算能较严格和细致地考虑用水量及损失水量随时间的变化，适用性强，是最通用的方法。当各月用水量为常数时，也可不列表计算，只需将每年划分为蓄水期和供水期两个计算时段，然后进行水量平衡计算就能求得兴利库容或均匀调节流量，水能计算中经常遇到后者的计算问题。这种方法称为简化水量平衡公式法。

G4.7.1.2　简化水量平衡公式法

1. 不计损失

由列表法计算可知，兴利库容取决于供水期的最大累积亏水量。当各月用水量为常数时，以供水期作为计算时段，即有下式

$$V_兴 = qT_供 - W_供 \tag{G4.13}$$

式中　$V_兴$——水库兴利库容；

　　　q——水库调节流量；

　　　$T_供$——供水期历时；

　　　$W_供$——供水期入库水量。

当调节流量已知时，利用式（G4.13）可确定兴利库容；反之，已知兴利库容，可计算调节流量，即

$$q = \frac{W_供 + V_兴}{T_供} \tag{G4.14}$$

使用这种方法计算时需注意：①$T_供$ 的确定必须正确，在多回运用或已知 $V_兴$ 求 q 时，往往要试算确定；②应保证蓄水期末水库蓄满，即以下不等式成立

$$W_蓄 - qT_蓄 \geqslant V_兴 \tag{G4.15}$$

式中　$W_蓄$——蓄水期入库水量；

　　　$T_蓄$——蓄水期历时。

【例 G4.6】 某水库某水利年来水过程见表 G4.9。若兴利库容 $V_兴 = 46.1 m^3/s \cdot$ 月，不计损失，试用简化水量平衡公式法求该年可提供的均匀调节流量。

表 G4.9					某水库某年来水过程						
月　份	7	8	9	10	11	12	1	2	3	4	5	6
流量（m³/s）	33.3	47.5	21.2	18.4	9.2	7.6	7.0	18.0	2.2	6.8	7.3	7.8

计算过程如下：

（1）假定 $T_供$ 为 3～6 月，共 4 个月，可得 $W_供 = \sum\limits_{3}^{6} Q\Delta t = 2.2 + 6.8 + 7.3 + 7.8 = 24.1 \text{m}^3/\text{s} \cdot \text{月}$，由式（G4.14）得

$$q = \frac{W_供 + V_兴}{T_供} = \frac{24.1 + 46.1}{4} = 17.55 \text{m}^3/\text{s}$$

与来水资料比较：2 月余水 $0.45 \text{m}^3/\text{s} \cdot \text{月}$，而 11 至次年 1 月亏水 $28.85 \text{m}^3/\text{s} \cdot \text{月}$，显然 3～6 月累积亏水量并不是最大，故 $T_供 \neq 4$（月）。

（2）重新假定 $T_供$ 为 11 月至次年 6 月，共 8 个月，可得 $W_供 = \sum\limits_{11}^{6} Q\Delta t = 65.9 \text{m}^3/\text{s} \cdot \text{月}$，可得

$$q = \frac{W_供 + V_兴}{T_供} = \frac{65.9 + 46.1}{8} = 14 (\text{m}^3/\text{s})$$

与来水资料比较：2 月余水 $4 \text{m}^3/\text{s} \cdot \text{月}$，同时小于前、后亏水段的亏水量，故 11 月至次年 6 月累积亏水量最大，假设 $T_供 = 8$（月）正确。

（3）检验：$W_蓄 = \sum\limits_{7}^{10} Q\Delta t = 120.4 \text{m}^3/\text{s} \cdot \text{月}$，$W_蓄 - qT_蓄 = 120.4 - 14 \times 4 = 64.4 \text{m}^3/\text{s} \cdot \text{月} > V_兴$，故 $q = 14 \text{m}^3/\text{s}$ 为所求。

2. 计入损失

当计入损失时，式（G4.13）～式（G4.15）变为

$$V_兴 = qT_供 - W_供 + W_{供损} \tag{G4.16}$$

$$q = \frac{W_供 + V_兴 - W_{供损}}{T_供} \tag{G4.17}$$

$$W_蓄 - qT_蓄 - W_{蓄损} \geqslant V_兴 \tag{G4.18}$$

式中　$W_{供损}$——供水期损失水量；

　　　$W_{蓄损}$——蓄水期损失水量。

当计入损失与不计损失的供水期相同时，在不计损失的基础上，计入损失推求兴利库容的方法与前述计入损失的简化法相同。

G4.7.2　设计兴利库容的确定

对于任意一年，在来水一定的情况下，根据用水要求，可求得当年所需的兴利库容。但由于天然来水过程各年不同，即使是用水要求每年相同，各年所需的兴利库容也是不同的。那么设计条件下水库的兴利库容多大？这就是设计兴利库容的推求问题，推求方法有长系列法和代表年法。

G4.7.2.1　长系列法

当水库坝址处有 n 年长系列来水及用水资料时，对每年进行调节计算，得到 n 个兴利库容。然后将其由小到大排列，并用经验频率公式 $p = \dfrac{m}{n+1} \times 100\%$（$m$ 为序号）计算每

一库容的频率，点绘库容经验频率曲线 $V—p$，如图 G4.11 所示。根据设计保证率 $p_设$，查 $V—p$ 曲线即可求得相应的年调节设计兴利库容 V_p。

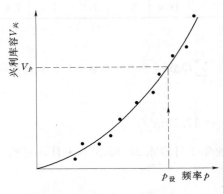

图 G4.11 兴利库容频率曲线

长系列法设计保证率概念明确，资料具备时应采用此法。但是当无资料或资料不足时，或进行多方案比较阶段，为简化计算同时又不影响方案之间相对优劣的比较，常采用代表年法。

G4.7.2.2 代表年法

所谓代表年法，是指选择一个合适的年型作为代表年，以该代表年的来水过程和用水过程进行年调节计算，求得的年调节库容即设计兴利库容。根据选择代表年的方法不同，又可分为实际代表年法与设计代表年法两类。

1. 实际代表年法

实际代表年法，所选择的代表年来、用水过程是符合设计保证率的某种年型的实测来水过程和用水过程。其中又有单一选年法、库容排频法和实际干旱年法。

（1）单一选年法，是单以年来水量频率曲线或单以年用水量频率曲线（对变动用水而言）为依据，选择符合或接近设计保证率、年内分配偏于不利的实际年来水过程与同一年的年用水过程，或实际年用水过程与同一年的年来水过程。此法求得的库容保证率概念不明确。

（2）库容排频法，是简化了的长系列法，它是在来水频率曲线或用水频率曲线上选出 3~5 个接近设计保证率的实际年来、用水过程，分别进行调节计算，求出调节库容。然后将这 3~5 个调节库容在选用的频率范围内，从小到大重新排列，求出对应于设计保证率的库容，作为设计兴利库容。这种方法，在一定程度上避免了单一选年法只选一个代表年的任意性。

（3）实际干旱年法，是通过旱情与水情的调查分析，选择某一实际发生的干旱年的来、用水过程。此方法的计算成果能符合实际，但保证率概念不明确，适用于资料缺乏的中小型灌溉水库。

以抗旱天数作为灌溉设计标准时，应通过对历年旱情的调查分析，选择实际旱情即连续无雨的天数接近设计抗旱天数的年份，以该年的来、用水过程作为代表年的来、用水过程。

2. 设计代表年法

设计代表年法，所依据的代表年的来、用水过程是符合设计保证率的设计年来水过程与设计年用水过程。对于灌溉水库，此方法适用于水库以上流域与灌区处于同一气候区，各年来、用水之间具有较好的负相关时；否则，不宜采用此法。

应该指出，为了考虑年内分配的差异对所求兴利库容的影响，在使用单一选年法、设计代表年法时，一般应确定符合要求的三个代表年进行计算，经分析比较后选用其中的较大库容作为采用值。

G4.7.3 正常蓄水位的确定

求得了设计兴利库容后，将其与死库容相加，查水位—容积关系曲线，所得水位即正常蓄水位。

G4.7.4 兴利库容、调节流量、设计保证率三者的关系

上述主要讨论了设计保证率已定的情况下，如何根据用水要求计算设计兴利库容。但实际工作中，有时是在兴利库容一定的情况下，推求保证的调节流量（或保证的灌溉面积），或更一般的情况是在来水已知的情况下，研究兴利库容、调节流量和设计保证率三者之间的关系，为优选方案提供依据。

针对这些问题，采用前面介绍的长系列法，可拟定不同调节流量 q 的方案，进行调节计算并推求库容频率曲线，进而得到以调节流量 q 为参数的库容频率曲线，如图 G4.12 所示。

在设计保证率 p 已知的情况下，由图 G4.12，可得相应于设计保证率 p 的 $V_兴$—q 关系，在设计兴利库容 V_p 已定时，由其可求得保证的调节流量 q_p，如图 G4.13 所示。

对于灌溉用水，将图 G4.12、图 G4.13 中调节流量 q 换成灌溉面积 $F_灌$，类似方法可求得保证的灌溉面积 $F_{灌p}$。

若采用代表年法解决上述问题，具体方法请读者思考。

当设计保证率一定时，而库容、调节流量（或灌溉面积）均未定，由图 G4.12 可提供不同库容、调节流量（或灌溉面积）的组合方案，设计者可从中找出较为经济合理的库容和调节流量的配合方案。

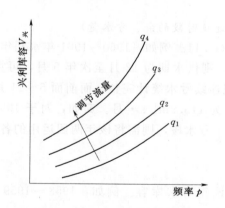

图 G4.12 $V_兴$—q—p 关系示意图

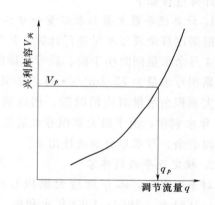

图 G4.13 p 一定，$V_兴$—q 关系示意图

G4.8 多年调节水库兴利调节计算

若年用水量增大或设计保证率提高，致使设计保证率相应的设计年来水量小于设计年用水量，这时仅进行年调节将无法实现用户要求的设计保证率。为满足设计保证率以内年份正常供水，必须跨年度调节，把丰水年的多余水量蓄存起来，以补充枯水年的水量不足，这就需要修建多年调节水库。多年调节水库兴利调节计算，有时历法和数理统计法。

G4.8.1 时历法

时历法，也称长系列法，该方法与年调节水库兴利计算类似，首先根据长系列来、用

水资料求逐年的兴利库容，然后绘出库容频率曲线，由设计保证率在库容频率曲线上查得设计兴利库容。由于多年调节水库要经过若干个连续丰水年才能蓄满，经过若干个连续枯水年才能放空，因此完成一次蓄泄循环往往需要多年。在这种情况下，枯水年的兴利库容取决于连续枯水年组的亏水量，其兴利调节计算方法与年调节是不同的。以下将重点介绍确定逐年兴利库容的列表法和水量差累积曲线法。

G4.8.1.1　列表法

【例 G4.7】 某坝址断面具有 40 年流量资料，根据用水要求已求得逐年各月的余或亏水量。表 G4.10 中列出了其中前 6 年。试确定逐年所需兴利库容。

表 G4.10　　　　　　　　　　　某水库历年各月余、亏水量　　　　　　　　　　单位：m³/s·月

水利年	月 份											
	5	6	7	8	9	10	11	12	1	2	3	4
1958~1959	−13.1	61.5	114.4	41.1	86.2	86.1	3.1	−22.5	−30.9	−35.7	−14.6	−10.0
1959~1960	10.0	2.6	15.2	24.3	35.7	−37.5	−33.5	−37.1	−38.9	−38.9	−31.6	−22.8
1960~1961	10.4	26.9	10.9	22.6	−0.5	19.5	24.1	−38.2	−30.0	22.1	−27.5	8.0
1961~1962	−10.0	23.0	27.1	29.2	−9.2	32.5	−26.1	−37.9	−32.6	−32.3	−30.1	31.6
1962~1963	13.0	155.0	75.4	39.2	1.5	2.5	−11.0	−28.3	−28.8	27.3	−11.9	−10.0
1963~1964	3.1	43.2	5.0	68.0	−25.0	25.6	−27.6	−30.8	−32.8	−33.6	−29.8	−24.5

计算过程如下。

1. 计算逐年最大累积余水量和亏水量（或各连续时段的余、亏水量）

根据逐月余或亏水量进行计算，其结果见表 G4.11。例如，1960~1961 年水利年，2 月和 4 月余水量同时小于前、后亏水段的亏水量，则供水期为 12 月至次年 5 月，可算得最大累积亏水量为 75.6m³/s·月，必须注意要把连续亏水统计完整；而前面 5~11 月则为最大累积余水量对应的时期，相应累积余水量为 113.9m³/s·月。又如，对于 1962~1963 年水利年，由于最大累积亏水量发生在第一个亏水段，则需将该年两回运用的各余、亏水段的余、亏水量分别统计出来。

2. 确定逐年兴利库容

对于丰水年，本年度最大累积亏水量即为该年所求库容。例如，1958~1959 年、1960~1961 年、1962~1963 年水利年。

对于枯水年，为满足该年用水要求，需与前面的丰水年一起分析。首先确定能满足该年用水的范围，即 $\sum W_{余} \geqslant \sum W_{亏}$ 的范围，然后计算该范围内的最大累积亏水量，即该枯水年所求库容。

例如，1959~1960 水利年余水量小于亏水量，为枯水年。易知，1958~1959 年和 1959~1960 年两年的余水量之和大于两年的亏水量之和，故只要对这两年的水量进行调节，就能满足 1959~1960 年水利年的用水要求，类似于年调节中两回运用求库容的方法，可得 1959~1960 年水利年库容为 113.7＋240.3−87.8＝266.2（m³/s·月）。又如，1961~1962 年枯水年，满足该年用水的范围为 1958~1959 年至 1961~1962 年共 4 个水利年。类似于年调节中多回运用求库容的逆推法，可求得该范围内的最大累积亏水量为 284.3m³/s·月，即 1961~1962 年枯水年所需库容。

G4. 8. 1. 2 水量差累积曲线法

仍以［例 G4.7］为例，介绍水量差累积曲线法确定逐年兴利库容。

（1）将表 G4.11 第（3）、（4）栏各时段余、亏水量，按时序计算累积值，见表 G4.11 中第（6）栏。各时刻累积水量，记 $\sum_{t_0}^{t}(W_{来}-W_{用})$，$t_0$ 为起始时刻，t 为计算时刻。

表 G4.11 某水库历年各月余、亏水量 单位：m³/s·月

水利年	起讫月份	余水量	亏水量	库容	累积水量
（1）	（2）	（3）	（4）	（5）	（6）
					0
1958~1959	6~11	392.4		113.7	392.4
	12~4		113.7		278.7
1959~1960	5~9	87.8		266.2	366.5
	10~4		240.3		126.2
1960~1961	5~11	113.9		75.6	240.1
	12~5		75.6		164.5
1961~1962	6~10	102.6		284.3	267.1
	11~3		159.0		108.1
1962~1963	4~10	318.2		68.1	426.3
	11~1		68.1		358.2
	2	27.3			385.6
	3~4		21.9		363.6
1963~1964	5~10	119.9		179.1	483.5
	11~4		179.1		304.4

（2）以 $\sum_{t_0}^{t}(W_{来}-W_{用})$ 为纵坐标，以时刻 t 为横坐标，点绘曲线，如图 G4.14 所示。该曲线称为水量差累积曲线。

（3）确定逐年兴利库容：①在水量差累积曲线上，由每年的供水期末向前作水平线，该水平线与水量差累积曲线第一次相交即停止；②在供水期末至交点之间的范围内，水平线与水量差累积曲线之间的最大纵坐标差值，即该年所需兴利库容。

显然，上述作图步骤①就是判定为满足各年的用水需要进行水量调剂的范围，从供水期末所作水平线与水量差累积曲线第一次相交，即表明此范围 $\sum W_{余}=\sum W_{亏}$；步骤②中最大纵坐标差值即最大累积亏水量。

［例 G4.7］中逐年所需库容，如图 G4.14 所示。

利用水量差累积曲线确定逐年兴利库容，方法直观，清晰。

G4. 8. 1. 3 计入损失多年调节计算

多年调节水库计入损失，一般采用近似法。首先确定不计损失时设计保证率相应的兴利库容，在此基础上再计算多年平均蓄水容积及多年平均水面面积，并计算出多年平均的

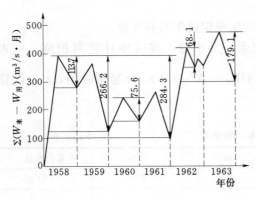

图 G4.14 水量差累积曲线法确定
逐年兴利库容

逐月蒸发损失和渗漏损失，然后将逐月用水量与逐月损失水量相加，得逐月毛用水量，将其与来水配合重新进行调节计算。也可以在来水量中扣除损失水量，重新进行调节计算。

G4.8.1.4 对时历法的评价

时历法具有设计保证率概念明确、适用性强等优点。当来、用水资料的代表性较高时，计算成果精度较高。《水利工程水利计算》（SL 104—95）规范中明确，采用时历法，应具有 30 年以上的径流系列及相应的用水系列。当资料系列不足或代表性较差时，采用时历法会产生较大的误差。特别是枯水年所需库容与来水的丰、枯排列顺序有关，根据不长的资料进行计算，将带有很大的偶然性，不能正确反映水库未来工作的一切可能情况。为弥补时历法的不足以及解决无资料情况下多年调节计算问题，引出数理统计法。

G4.8.2 数理统计法

数理统计法有合成总库容法、直接总库容法和随机模拟法等。以下仅对生产实际中常用的合成总库容法作简要介绍。

由多年调节的含义，多年调节水库的兴利库容 V_p 具有双重作用，一部分用来调节年际之间的水量，即拦蓄丰水年的余水量，以补充枯水年的年水量不足，设这部分库容为 $V_多$，并称其为多年库容；另一部分调节年内来水与用水之间的不均衡性，设这部分库容为 $V_年$，并称其为年库容。基于多年调节兴利库容的双重作用，合成总库容法的基本出发点是分别求 $V_多$ 和 $V_年$，然后将两者相加得到设计兴利库容。即

$$V_p = V_多 + V_年 \qquad (G4.19)$$

1. 多年库容的确定

由于多年库容调节丰、枯水年年际之间的水量，所以计算时以年为时段进行水量平衡分析，研究来水、用水、设计保证率、$V_多$ 四者之间的关系。对于来水，采用皮尔逊Ⅲ型概括为三个统计参数：多年平均年径流量 $\overline{W}$、变差系数 C_v、偏态系数 C_s；用水量和多年库容采用相对值，引入调节系数 α 和多年库容系数 $\beta_多$。

调节系数 α 等于设计年用水量与多年平均年径流量 $\overline{W}$ 之比，即

$$\alpha = \frac{W_用}{\overline{W}} \qquad (G4.20)$$

库容系数 $\beta_多$ 等于多年库容与多年平均年径流量 $\overline{W}$ 之比，即

$$\beta_多 = \frac{V_多}{\overline{W}} \qquad (G4.21)$$

引入上述相对值后，前苏联水文学学者普列什柯夫应用水量平衡与频率组合原理，于 1939 年研制了 $C_s = 2C_v$ 时各种保证率的 $\beta_多—\alpha—C_v$ 关系图，称之为线解图，如图 G4.15 所示。该线解图是在假定各年来水相互独立及各年年用水量相同的情况下研究的。

当来水一定时，应用普氏线解图，若 α、$\beta_多$、$p_设$ 三者中知其二，则能求得另一个。

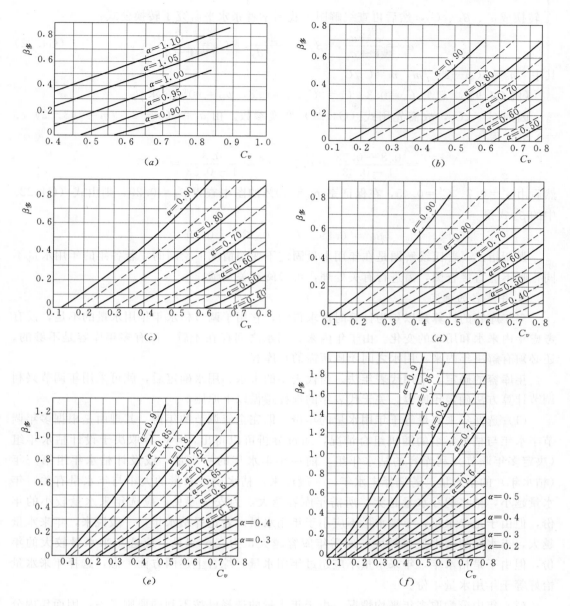

图 G4.15　普列什柯夫线解图

(a) $p=50\%$；(b) $p=75\%$；(c) $p=80\%$；(d) $p=85\%$；(e) $p=90\%$；(f) $p=95\%$

【例 G4.8】　某多年调节水库，已知多年平均年径流量 $\overline{W}=6000$ 万 m^3、$C_v=0.6$、$C_s=2C_v$，年供水量 $W_{用}=4500$ 万 m^3，$p_{设}=85\%$。求多年库容 $V_多$。

首先求调节系数 $\alpha=\dfrac{4500}{6000}=0.75$，然后在 $p=85\%$ 的线解图中，查出对应于 $C_v=0.6$、$\alpha=0.75$ 的 $\beta_多=0.54$。于是，$V_多=\beta_多\overline{W}=0.54\times6000=3240$（万 m^3）。

如对于给定的 $p_{设}$ 值无图可查，例如 $p_{设}=92\%$，则由相近的两图，即 $p=90\%$ 和 $p=95\%$，分别求得两个 $\beta_多$，再用直线内插法确定相当于 $p_{设}=92\%$ 的库容。

线解图是在 $C_s=2C_v$ 的情况下绘制的，当 $C_s\neq2C_v$ 时，必须先进行变换，把 α、$\beta_多$、

195

C_v 转换成 α'、$\beta'_{\text{多}}$、C'_v，然后再查线解图。我国学者张永平研究了转换公式：

$$\alpha' = \frac{\alpha - a_0}{1 - a_0}, \quad \beta'_{\text{多}} = \frac{\beta_{\text{多}}}{1 - a_0}, \quad C'_v = \frac{C_v}{1 - a_0} \tag{G4.22}$$

其中　$a_0 = (m-2)/m$，$m = C_s/C_v$。

【例 G4.9】　已知 $C_v = 0.3$、$C_s = 3C_v$、$\alpha = 0.8$，$p_{\text{设}} = 90\%$，求 $\beta_{\text{多}}$。

因为 $C_s \neq 2C_v$，故需先用式（G4.22）变换参数。由 $a_0 = (m-2)/m = (3-2)/3 = 0.33$，得

$$\alpha' = \frac{0.8 - 0.33}{1 - 0.33} = 0.7, \quad C'_v = \frac{0.3}{1 - 0.33} = 0.45$$

然后由 $\alpha' = 0.7$、$C'_v = 0.45$，在保证率 $p_{\text{设}} = 90\%$ 的图中查得 $\beta'_{\text{多}} = 0.29$，则由式（G4.22）中的 $\beta'_{\text{多}}$ 式得

$$\beta_{\text{多}} = 0.29 \times (1 - 0.33) = 0.19$$

强调指出，普氏线解图是在年用水量固定不变的情况下绘制的，若各年的年用水量不同，则不能直接查图，需进行有关处理，可参阅有关文献。

2. 年库容的确定

多年库容的计算是以年为计算时段求得的，它用于调节枯水年年用水量的不足，没有考虑年内来水和用水的变化。由于年内来、用水之间存在矛盾，仅有多年库容是不够的。还必须有解决年内来、用水之间矛盾所需的年库容。

年库容的确定，采用代表年法。当代表年的来水、用水确定后，就可采用年调节兴利调节计算方法确定年库容。关于代表年的选择遵循以下原则。

（1）选择年来水量等于年用水量的年份，即完全年调节的年份。其理由是根据多年调节丰水年与枯水年组的随机组合情况，通过分析可以得出，年库容取决于设计枯水年组（决定多年调节兴利库容的枯水年组）前一年丰水年的亏水量，或设计枯水年组第一年（枯水年）的余水量。若选择丰水年，一般说来，枯水期亏水量的大小与年水量有关，年水量越小，枯水期亏水量越大，所需年库容越大，为安全起见，应选年来水量较小的年份，但由于是丰水年，年来水量不应小于年用水量。若选择枯水年，一般说来，年来水量越大，丰水期的余水量也越大，所需年库容越大，为安全起见，应选年来水量较大的年份，但由于是枯水年，年来水量不应超过年用水量。综合上述两方面考虑，选择年来水量恰好等于年用水量年份。

（2）年内分配取多年平均情况。由于年水量的选择已按不利的原则考虑，因而年内分配不再考虑不利的情况。

具体计算时不一定存在正好具备上述条件的代表年，一般可选年来水量最接近年用水量的几个代表年；对各代表年通过同倍比缩放使年来水量等于年用水量；进而采用 G4.6 节介绍的列表法或简化水量平衡公式法进行兴利调节计算，求出几个年库容，然后取其平均值或略偏大值作为采用的年库容。

在求得的多年库容 $V_{\text{多}}$ 和年库容 $V_{\text{年}}$ 基础上，则可求得多年调节水库的设计兴利库容 $V_p = V_{\text{多}} + V_{\text{年}}$。在不计损失的基础上，可进一步计入损失。

合成总库容法能考虑来水的不同排列，可解决无资料情况下设计兴利库容的推求。但需要指出，水库在实际运用中是不存在截然分开的两部分库容 $V_{\text{多}}$ 和 $V_{\text{年}}$ 的，这是计算中

人为划分的，而且将有设计保证率概念的 $V_多$ 与没有设计保证率概念的 $V_年$ 相加所得 V_p，其设计保证率概念不明确。

复习思考与技能训练题

G4.1　年调节、完全年调节、多年调节的含义是什么？

G4.2　解释设计保证率的含义，并说明它有哪些衡量方法及各种衡量方法的适用情况。

G4.3　水库有哪些特性曲线？有哪些特征水位及特征库容？说明它们的含义。

G4.4　什么是水库的蒸发损失？如何确定逐月的蒸发损失深度？

G4.5　什么是年调节水库的一回、两回、多回运用？如何确定各种情况的兴利库容？

G4.6　如何推求早蓄、晚蓄方案的水库蓄水过程？两种蓄水过程的实质各是什么？

G4.7　如何理解供水期的概念？引入它的目的是什么？

G4.8　年调节水库，兴利调节计算中不计损失和计入损失求得的兴利库容、年弃水量的大小有何不同？

G4.9　如何用简化水量平衡公式法推求兴利库容或调节流量？

G4.10　年调节确定设计兴利库容有哪两类方法？简述各种方法，并指出区别。

G4.11　当设计保证率、兴利库容一定时，对于固定用水的用户，推求保证的调节流量，除教材中介绍的方法外，还可以如何推求？简述步骤。

G4.12　在设计保证率已定的情况下，如何判断一个水库应是年调节水库，还是多年调节水库？

G4.13　多年调节水库，如何确定逐年的库容？

G4.14　年调节计算的长系列法和多年调节计算的时历法在计算方法上有何异同点？

G4.15　合成总库容法中，$V_多$ 和 $V_年$ 分别具有什么作用？如何确定 $V_多$ 和 $V_年$ 及设计兴利库容？

G4.16　兴利调节计算。某水库具有 35 年的来水资料，仅列出其中 9 年，见表 G4.12。

表 G4.12　　　　　　　　　　　某水库逐年月平均流量　　　　　　　　　　　单位：m^3/s

年　份	月　份											
	6	7	8	9	10	11	12	1	2	3	4	5
1976～1977	85.8	148	282	286	148	69.0	96.9	28.7	5.5	6.5	6.5	10.4
1977～1978	57.5	187	208	282	131	35.4	145	28.0	18.3	14.2	7.0	33.6
1978～1979	95.4	78.5	29.1	163	112	47.5	24.6	9.8	4.0	2.8	2.8	2.7
1979～1980	14.3	116	152	78.8	100	111	18.7	23.8	20.4	35.4	18.0	19.6
1980～1981	44.0	155	20.4	62.3	63.0	57.9	18.8	96.2	157	20.7	8.0	32.7
1981～1982	84.6	150	61.5	172	94.0	101	95.7	80.8	9.1	71.2	33.8	21.3
1982～1983	50.5	101	144	114	92.0	63.7	8.0	126	7.3	7.4	15.2	12.2
1983～1984	38.7	112	62.5	113	77.0	106	75.0	13.0	50.8	6.3	6.4	31.2
1984～1985	77.5	48.0	195	126	61.0	29.5	78.3	36.0	56.7	80.4	22.0	33.1

要求：

（1）若用户用水要求为均匀调节流量 $q=40\text{m}^3/\text{s}$，求逐年所需兴利库容，其中 $1983\sim$ 1984 年水利年要求用列表法计算所需库容及早蓄和晚蓄方案的水库蓄水过程，对其他年份明确供水期、求出兴利库容即可。

（2）表 G4.12 中，若 $1982\sim1983$ 年水利年 $V_{兴}=169.2\text{m}^3/\text{s}\cdot$月，试求该年能提供的均匀调节流量。

（3）若用户用水要求为均匀调节流量 $q=65\text{m}^3/\text{s}$，求逐年兴利库容。

工作任务5（G5） 水库防洪调节计算

工作任务5描述： 水库防洪调节计算，主要有两个工作任务。其一，水库洪水调节计算，即在水库的起调水位、调洪方式、泄洪建筑物型式及尺寸一定时，针对某一频率的设计洪水过程线，推求水库的出流量、蓄水量的变化过程，进而得到防洪特征库容、特征水位和最大下泄量。其二，水库防洪水利计算，即合理地确定泄洪建筑物的尺寸及坝顶高程等，其基本程序是：首先，拟定若干个泄洪建筑物尺寸的方案；其次，拟定水库的调洪方式，针对每一方案对各种频率的设计洪水调洪计算推求最大下泄流量、防洪特征库容、特征水位以及坝顶高程；最后，对各方案进行经济计算，优选方案。可见，第一个工作任务中的计算技能是完成第二个工作任务的基础；而第二个工作任务则是水利水电工程规划、设计及除险加固时常见的工作，涉及的知识与技能是水利工程、水利水电工程等专业高职高专毕业生必须具备的。

完成上述工作任务，所需的基本资料有：①不同洪水标准的设计洪水过程线；②水位—容积关系线；③水库泄洪建筑物的型式、尺寸及其出流公式；④水库的起调水位及调洪方式等。会搜集并正确使用这些基本资料是完成工作任务所不可或缺的。

此外，对洪水灾害的类型、防洪措施及我国新的防洪减灾策略等知识也应有所了解。

现行规范有《水利工程水利计算规范》（SL 104—95）。

G5.1 准 备 知 识

G5.1.1 洪水灾害

洪水是江河水量迅速增加，水位急剧涨落的现象。洪水灾害通常是因山洪暴发、河道宣泄不及而漫溢或溃决造成的灾害。当洪水超过江河的防御标准便会形成洪水灾害。洪水灾害是人类经常遭遇的严重灾害之一。主要有以下几种类型。

（1）江河洪水泛滥。洪水泛滥灾害，多发生在各大江河的中、下游平原地区。如长江中下游、黄淮海平原、东北三江平原、珠江三角洲等地。这些地区地势低平，易受水淹，沿岸良田肥沃、人口密集、工农业发达，一旦洪水泛滥涉及面广、影响范围大。损失将非常严重，因此是我国的防洪重点。

（2）山洪暴发。山洪暴发成灾，多发生在江河上游的山谷地带。如云南山区时有发生；1981年四川洪水灾害就是这种类型。山区地势陡峻，雨后汇流集中，水势迅猛，冲击力大，若地表覆盖差，蓄水保土能力低，破坏性就更大。

（3）泥石流。泥石流是山区特殊水流，携带大量稠泥、泥球、砂石块等，借洪水为动力，顺势从坡陡的沟谷上游，混流而下至沟口，泥石盖地，冲毁村庄成灾。多发生在砂石多且地质较松的北方地区，南方局部地区也可能发生。

此外，一些地区，也会发生砂石压田和冰凌灾害。砂石压田成灾，主要指江河洪水泛滥或山洪暴发后，洪水虽退，但留下一片"沙洲"或"砂石"压盖田地；冰凌灾害多发生在北方地区，严冬河面封冻大地回春时，上、下游河面解冻不一，可能有大块冰凌顺流而下，甚至形成冰坝，在某河段冲毁堤岸、建筑物而造成灾害。

我国是多暴雨洪水的国家，洪水产生的洪灾损失是严重的。据记载，公元前 206～公元 1949 年的 2155 年中，就有 1029 年发生较大的洪水灾害，其中以黄河、淮河、海河等流域最为频繁。新中国成立以来，经过几十年的水利建设，修建和整修了各类堤防；整治了大量的河道；修建了众多的大中小型水库、塘坝及分、蓄洪工程；广泛开展了植树造林和水土保持工作。这些水利建设和水保措施对于防洪减灾作出了重大的贡献。但是，目前还有比较广泛的区域，对于较大洪水，尤其是特大洪水还不能防御，几乎每年都有不少地区遭受不同程度的洪水灾害。仅就 20 世纪 90 年代来说，1996 年的海河流域大水和 1998 年的长江、松花江、嫩江流域大水分别造成约 456 亿元和 2484 亿元的直接经济损失。

尽管我国各流域的防洪工程体系正在逐步完善，防洪标准将有所提高。但随着国民经济的发展，人民生活水平的提高、社会财富的积累以及土地利用状况的变化，使洪灾损失的单位指标出现持续增长，例如我国 20 世纪 50 年代水灾综合损失指标为 2190 元/hm^2，60 年代水灾综合损失指标为 3255 元/hm^2，70 年代水灾综合损失指标为 5880 元/hm^2，80 年代水灾综合损失指标为 12120 元/hm^2。因此，防洪减灾的任务是艰巨的。

G5.1.2 防洪措施

防洪措施指防止或减轻洪水灾害损失的各种手段和对策。洪灾发生的原因有自然因素和人为因素。洪水是导致洪灾的内因；而人类自身与洪水争地，缩小了洪水宣泄和调蓄的空间，加剧了洪水灾害，这是外因。通过实践，人们逐步认识到，要完全消除洪水灾害是不可能的。目前，我国防洪减灾战略正在"从控制洪水向洪水管理转变"；"从无序、无节制地与洪水争地转变为有序、可持续地与洪水协调共处的战略"；"从以建设防洪工程体系为主的战略转变为在防洪工程体系的基础上，建成全面的防洪减灾工作体系"。应该指出，这些新的战略、理念，绝不意味着从工程措施转向非工程措施，忽视工程措施，也不是两者的并立，而是两者的有机结合。通过工程和非工程防洪措施的有机结合抗御洪水，达到防洪减灾的目的。

1. 防洪工程措施

防洪工程措施是指为防御洪水而采取的各种工程技术手段。如水库工程、修筑堤防、整治河道、分（蓄、滞）洪、开挖减河及水土保持等。

（1）水库工程。通过水库调节、拦蓄洪水，削减洪峰，可以减小下游洪水损失，并且可以与兴利相结合，获得综合效益。水库工程是近代河流治理开发中普遍采用的方法。

（2）修筑堤防、整治河道。堤防是沿河、渠、湖、海岸边或行洪区、分洪区、围垦区的边缘修筑的挡水建筑物，是防洪保护区的屏障，是主要的防洪措施之一，通常配合其他防洪措施解决防洪问题。整治河道是提高河道宣泄能力的措施之一。例如，挖深拓宽河槽、裁弯取直、整修河工建筑物等。

（3）分（蓄）洪工程。也称为分（蓄、滞）洪工程。分洪是在河流的适当位置修建分洪闸、引洪道等建筑物，将河道容纳不下的洪水，分往附近的其他河流，湖泊，蓄，滞洪区或海洋；蓄洪是利用蓄滞洪区蓄留一部分或全部洪水水量，待枯水期供给兴利部门使用；滞洪是利用蓄滞洪区，暂时滞留一部分洪水水量，以削减洪峰流量，待洪峰过后，再腾空滞洪容积。分（蓄）洪工程则是指用分泄（蓄、滞）河道洪水的办法，以保障防护区安全的防洪工程措施。

目前，我国江河中下游平原地区，现有堤防工程一般只能防御 10～20 年一遇的洪水，重点地区也只能防御约 100 年一遇的洪水，而在重点保护对象以上或其邻近的下游修建分（蓄）洪工程，配合堤防可以进一步提高保护对象的防洪标准。因此，分（蓄）洪工程是流域防洪中的一项重要防洪措施。例如，海河流域中下游的减河或新河及蓄滞洪区，黄河下游的北金堤分洪工程，长江中游的荆江分洪工程等。

（4）水土保持。水土保持是指为防止水土流失而采取的保护、改良与合理利用水土资源的综合性措施。其形式多样，如山区、丘陵地区建设水平梯田、埝地、坝地；开挖环山沟；修建塘坝、谷坊等。水土保持工程的主要作用是增加地表抗冲刷能力，防止水土流失；增加降雨入渗，减小地面径流，涵养水源，维持生态平衡；防止河床淤高，减免河流水害，保障水利设施的运用与安全等。水土保持工程是蓄水防洪的根本措施，并可通过其获得综合效益。

2. 防洪非工程措施

防洪非工程措施是指通过法令、政策、经济手段和工程以外的技术手段，以减轻洪灾损失的措施。随着社会经济的发展，非工程防洪措施越来越受到人们的广泛认同和重视。非工程防洪措施主要包括：加强立法；洪水预报调度系统与洪水警报；河道及洪泛区的管理；洪水保险和洪水风险图等。

防洪工程措施能有效地控制洪水，但其防洪标准是有限的；防洪非工程措施虽不能控制洪水或增加洪水的出路，但其防洪减灾的作用是防洪工程措施所不能替代的。无论是进行区域的防洪规划，还是防洪工程的管理运用，均应遵循工程和非工程措施有机结合的防洪减灾战略。

在本工作任务中，将重点介绍水库防洪调节计算。

G5.2　水库调洪计算的原理

G5.2.1　水库的调洪作用与调洪计算的任务

在河流上修建水库后，发生较大洪水时，可将部分洪水拦蓄在水库中，等入库洪峰过后，再将其泄出，使经过水库泄放至下游河道的洪水过程，洪峰值降低，洪水过程线的历时加长，从而达到防止或减轻下游洪水灾害的目的，这就是水库的调洪作用，突出表现为"削减洪峰"的作用。例如，海河流域支流滹沱河黄壁庄水库，在 1996 年 8 月大水中，入库洪峰流量为 $11400\mathrm{m}^3/\mathrm{s}$，经水库调蓄后，出库洪峰流量为 $3680\mathrm{m}^3/\mathrm{s}$，削减洪峰约 70%，有效地减小了下游洪水灾害。以下通过无闸门溢洪道的泄流情况，进一步说明水库的削峰作用。

如图 G5.1 所示，Q—t 为水库入流过程；q—t 为水库出流过程；Z—t 为水库水位过程。当 t_0 时刻洪水开始进入水库时，起调水位等于堰顶高程 Z_0，该时刻溢洪道的泄流量 q＝0。随后，入流量 Q 渐增，库水位随之增高，堰顶水头增大，泄流量 q 随之增大，t_1 为入库洪峰的出现时刻，此后的入流量虽然减少，但仍有 $q<Q$，洪水不断滞蓄在库内，库水位不断升高，直至 t_2 时刻 $Q=q$，库水位达到最高值 Z_m，滞洪量达到最大值 V_m，下泄量也达最大值 q_m。t_2 以后，由于 $Q<q$，库水位便逐渐下降，泄流量随之减少。直至 t_4 时

刻库水位回落至堰顶高程，水库完成了一次调节洪水的过程。

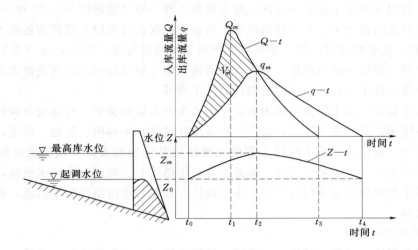

图 G5.1　水库调洪示意图

不难看出，溢洪道无闸门情况下，当泄洪建筑物堰顶高程、宽度一定时，水库的库水位决定水库的出流量，其泄流方式为自由出流。而对于大中型水库，溢洪道上一般设置闸门，其泄流过程可由闸门控制，在这种情况下，水库的出流过程与水库的调洪方式有关。所谓水库的调洪方式，是指水库调节洪水时采用的泄流方式（如自由泄流、控制泄流），以及对泄流量的规定等。有闸门控制的出流过程，由于在人为控制下泄洪，可以按防洪要求进行，其调洪效果将比无闸门控制的情况更好。关于有闸门控制的调洪方式及出流过程将在 G5.3 中介绍。

由上述讨论可知，影响水库最高洪水位和最大下泄量的因素有入流过程，泄洪建筑物的型式、位置、尺寸、起调水位和调洪方式。其他条件相同时，泄洪建筑物尺寸越大，水库的最高洪水位越低，最大下泄量越大。

合理地确定泄洪建筑物的尺寸及坝顶高程等的计算工作，称为水库的防洪水利计算，具体方法将在 G5.4 节中详细讨论。而当泄洪建筑物的型式、位置、尺寸、起调水位和调洪方式、水库特性资料、入库洪水过程均一定的情况下，推求水库出流过程的计算，称为水库调洪计算，也称调洪演算。

规划设计阶段调洪计算的任务是，在水库的起调水位及调洪方式一定时，对拟定的不同泄洪建筑物型式、位置及尺寸的方案，针对各种频率的设计洪水过程线，推求各种防洪特征库容、特征水位和最大下泄量，为优选方案提供依据。因此，在规划设计阶段调洪计算是水库防洪水利计算中的关键环节。

水库管理运用阶段，库容和泄洪建筑物的尺寸是定值，调洪计算的任务，通常是针对某种频率的入库洪水或预报的入库洪水，推求水库的最高水位和最大下泄量，为编制防洪调度规程、制定防洪措施提供科学的依据。

G5.2.2　水库调洪计算的原理

洪水波在水库中运动时，其流态属于缓变不恒定流，沿程的水力要素（水位、流量、流速等）都是随时间变化的，其运动规律可用圣维南方程组进行描述，该方程组由连续方程和运动方程构成，但目前尚无直接求解的办法，故水库调洪计算中，常做一定的简化，采用水库的水量平衡方程和水库的蓄泄方程。调洪计算的原理就是根据起始条件，逐时段连续求解水量平衡方程和水库的蓄泄方程，从而求得水库出流过程 $q—t$。

1. 水库水量平衡方程

如图 G5.2 所示，对调洪过程中任意时段 $\Delta t(\Delta t = t_2 - t_1)$，可得水量平衡方程

$$\frac{Q_1 + Q_2}{2}\Delta t - \frac{q_1 + q_2}{2}\Delta t = V_2 - V_1 \quad (G5.1)$$

即

$$(\overline{Q} - \overline{q})\Delta t = \Delta V$$

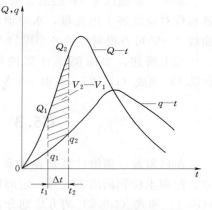

图 G5.2　水库水量平衡示意图

式中　Q_1，Q_2——时段初、末的入库流量，m^3/s；

　　　q_1，q_2——时段初、末的出库流量，m^3/s；

　　　V_1，V_2——时段初、末的水库蓄水量，m^3；

　　　Δt——计算时段，s，其长短选择视入库洪水过程的变化情况而定，陡涨陡落的，t 取短些；反之取长些；

　　　$\overline{Q}$，$\overline{q}$——时段平均入库、出库流量，m^3/s；

　　　ΔV——时段 Δt 的水库蓄水变量，m^3。

2. 水库蓄泄方程或蓄泄曲线

水库的蓄泄方程反映的是水库蓄水量 V 与泄洪能力 q 之间的单值关系。所谓泄洪能力是指水库在某一蓄水量 V 条件下，泄洪建筑物闸门全开或无闸门时的泄流量 q。蓄泄方程可表示为

$$q = f(V) \quad (G5.2)$$

式（G5.2）常以曲线形式表示，称为蓄泄曲线或泄洪能力曲线，记 $q—V$。

对于溢洪道，其泄流能力 $q_溢$ 按堰流公式计算

$$q_溢 = \varepsilon\sigma_s m \sqrt{2g}Bh^{3/2} \quad (G5.3)$$

式中　ε、σ_s、m——堰的侧收缩系数、淹没系数（自由出流时，$\sigma_s = 1$）和流量系数，其值可查水力学手册或通过模型试验确定；

　　　B——溢洪道宽度，m；

　　　h——堰顶水头，m。

对于泄洪洞，其泄流能力 $q_洞$ 可按有压管流计算

$$q_洞 = \mu\omega \sqrt{2gh} \quad (G5.4)$$

式中　μ——泄洪洞的流量系数，其值可查水力学手册或通过模型试验确定；

　　　ω——泄洪洞洞口面积，m^2；

　　　h——计算水头，当淹没出流时，h 为上、下游水位差，m，非淹没出流时 h 为泄洪洞出口处的洞心水头，m。

若水库设有水电站，且发生洪水时能够运行，则泄洪能力中还应计入水轮机过水流量 $q_电$，其值一般可按水轮机过水能力的 $2/3 \sim 4/5$ 计入。船闸、灌溉渠首等建筑物，一般过水能力不大，通常不考虑其参与泄洪。

水库蓄泄曲线 $q—V$ 绘制方法为：假定若干个库水位 Z，按泄洪建筑物出流公式计算各水位对应的各个出流量，水库泄洪能力的总和 $q=q_溢＋q_洞＋q_电$；由各水位 Z 利用库容曲线 $Z—V$ 可查得对应的各个库容 V，根据 q、V 关系值，可点绘 $q—V$ 曲线。

综上所述，水库调洪计算的原理，就是由已知的 Δt、Q_1、Q_2、q_1、V_1、联解式（G5.1）和式（G5.2），求得 q_2、V_2。依时序逐时段递推计算，可得水库出流过程。

G5.3　水库调洪计算的方法

前已叙及，调洪计算是在水库入流过程、库容曲线、泄洪建筑物的型式、高程和尺寸、起调水位和调洪方式等一定的情况下，推求水库的出流过程。调洪计算方法按联解式（G5.1）和式（G5.2）的方法划分，有列表试算法、半图解法和简化三角形法等，这些方法是调洪计算的基本方法；按调洪方式划分，有无闸门控制和有闸门控制的调洪计算；按采用的库容曲线情况划分，有采用静库容曲线和动水容积曲线的调洪计算方法。本节首先针对比较简单的无闸门控制的调洪计算，介绍调洪计算的基本方法，然后介绍较复杂的有闸门控制的调洪计算，最后简介考虑动库容的调洪计算。

G5.3.1　水库调洪计算的基本方法

1. 列表试算法

列表试算法联解式（G5.1）和式（G5.2），通过试算求得各时段末的 q_2、V_2。计算步骤如下：

（1）确定调洪计算的起调水位。根据防洪限制水位的含义，调洪计算的起调水位应低于或等于防洪限制水位。对于各种频率设计洪水的调洪计算，从不利情况出发，以防洪限制水位作为起调水位（关于防洪限制水位的确定见 G5.4 节）；对于水库运用过程中，由预报的入流过程预报水库的最高洪水位时，则应根据具体情况，确定起调水位。

（2）根据水库的库容曲线 $Z—V$，泄洪建筑物型式、位置、尺寸及出流公式，计算并绘制蓄泄曲线 $q—V$。

（3）推求水库的出流过程 $q—t$。第一时段，起调水位相应的 q_1、V_1 为已知值，假定 q_2 代入式（G5.1），可求得 V_2；由 V_2 查蓄泄曲线 $q—V$ 得 q_2，若此值与假定的一致，则 q_2、V_2 为所求，否则重新试算。所求 q_2、V_2 即下一时段初的 q_1、V_1，依次计算，可得水库出流过程 $q—t$。

（4）确定最大下泄流量 q_m。水库的最大下泄流量应发生在入流与出流过程退水段的交点处，即 $q=Q$ 的时刻，该时刻不一定恰好是所选时段的分界处。精确计算应在出流过程的峰段，缩小时段 Δt，重新试算，使计算的 q_m 等于同时刻入库流量 Q；近似处理可取计算表中的最大值作为 q_m，或在同一张图中绘出 $Q—t$ 线与 $q—t$ 线，然后将 $q—t$ 线的峰段按曲线的趋势勾绘，并读出两线交点处的流量值作为 q_m。

（5）确定最大蓄洪量和最高洪水位。利用曲线 $q—V$，可由 q_m 查得水库相应库容 $V_{m总}$，该值减去起调水位以下库容，即得该次洪水的最大蓄洪量 V_m；由 $V_{m总}$ 查曲线 $Z—V$ 得该次洪水的最高洪水位 Z_m。

【例 G5.1】　某水库泄洪建筑物为无闸门溢洪道，溢洪道堰顶高程与正常蓄水位齐平，等于 140m，堰顶净宽 $B=20m$，流量系数 $m=0.36$。该水库设有小型水电站，汛期

发电引水流量按 $q_电 = 10\text{m}^3/\text{s}$ 计入。水库防洪限制水位等于堰顶高程。水库库容曲线和100年一遇的设计洪水过程线分别见表 G5.1 和表 G5.2，试用试算法求水库出流过程、设计调洪库容和设计洪水位。

表 G5.1　　　　　　　　　　　　　水库水位容积关系表

水位 Z（m）	138	140	142	144	146	148
库容 V（$\times 10^5 \text{m}^3$）	220	275	345	428	517	610

表 G5.2　　　　　　　　　　　　　水库设计洪水过程线

时间 t（h）	0	6	12	18	24	30	36	42	48
流量 Q（m^3/s）	50	303	555	375	252	150	100	67	50

（1）确定起调水位。本例的入库洪水为设计洪水，起调水位取防洪限制水位，即堰顶高程140m。

（2）绘制水库容积曲线 Z—V，如图 G5.3 所示。

（3）计算并绘制蓄泄曲线 q—V。淹没系数、侧收缩系数均取1，则水库溢洪道出流公式为

$$q_溢 = m\sqrt{2g}Bh^{3/2} = 0.36 \times \sqrt{2g} \times 20h^{3/2} = 31.88h^{3/2} \qquad (\text{G5.5})$$

根据出流公式和水位容积曲线计算水库蓄泄关系值，见表 G5.3 中第（2）、第（6）行，据此绘制蓄泄曲线 q—V，如图 G5.3 所示。

（4）逐时段试算推求水库出流过程。先取计算时段 $\Delta t = 6\text{h} = 21600\text{s}$。

第一时段，由起调水位可知，$q_1 = 10\text{m}^3/\text{s}$，$V_1 = 275 \times 10^5 \text{m}^3$，假设 $q_2 = 41\text{m}^3/\text{s}$，代入式（G5.1）得 $\Delta V = (\overline{Q} - \overline{q})\Delta t = 32.62 \times 10^5 \text{m}^3$，进而可得 $V_2 = 307.62 \times 10^5 \text{m}^3$，由此值查蓄泄曲线 q—V 得 $q_2 = 41\text{m}^3/\text{s}$，该值与假设值相符，即为所求，并将各项添入表 G5.4 对应的各栏中。

依时序逐时段递推试算，可得固定时段

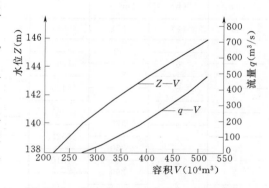

图 G5.3　某水库 Z—V 曲线与 q—V 曲线

$\Delta t = 6\text{h}$ 的出流过程，见表 G5.4 中第（5）栏相应于时间 0h、6h、12h、18h、24h、30h、36h 的流量值（其中 24h、30h、36h 的流量为加括号的数据）。

（5）确定最大下泄流量、设计调洪库容和设计洪水位。表 G5.4 中 $\Delta t = 6\text{h}$ 的出流过程，$t = 24\text{h}$ 的流量 289m^3/s 最大（表中加括号的值），但不等于该时刻相应的入库流量 252m^3/s，并不是真正的最大值。由表 G5.4 中第（3）、第（5）栏数据分析可知，最大值发生在 18～24h 之间，对此范围缩小时段，取 $\Delta t = 2\text{h}$，重新进行试算，得表 G5.4 中时刻 $t = 20\text{h}$、22h、24h、30h、36h 的泄流量（24h 后的流量仍取 $\Delta t = 6\text{h}$ 试算），结果见表 G5.4 中第（5）栏。$t = 22\text{h}$ 的泄流量等于该时刻的入库流量，该值为所求最大下泄流量，即 $q_m = 290\text{m}^3/\text{s}$。

可见，本例中若直接取 $\Delta t = 6\text{h}$ 的出流过程中的最大值作为最大下泄流量，与入、出

流量相等时刻的值差别不大。

由表 G5.3 中第（1）、第（6）行数据绘制水位泄量关系 $Z—q$，可由各时刻的下泄流量查得各时刻水位。对于泄洪设施仅有无闸门溢洪道时，也可按下述方法，即由表 G5.4 第（5）栏数据扣除发电流量后，由式（G5.5）反求水头 $h=(q_溢/31.88)^{2/3}$，然后加上堰顶高程即得到第（9）栏数据 $Z=140+h$。

最大下泄流量 $q_m=290\text{m}^3/\text{s}$ 相应的总库容为 $439.31\times10^5\text{m}^3$，减去汛限水位以下库容 $275\times10^5\text{m}^3$，得设计调洪库容 $V_设=164.31\times10^5\text{m}^3$；而相应于 $q_m=290\text{m}^3/\text{s}$ 的水位即设计洪水位 $Z_设=144.26\text{m}$。

表 G5.3　　　　　　　水库 $q—V$ 关系曲线计算表

水位 Z（m）	(1)	140	141	142	143	144	145	146
库容 V（10^5m^3）	(2)	275	310	345	387	428	473	517
堰顶水头 h（m）	(3)	0	1	2	3	4	5	6
溢洪道泄量 $q_溢$（m^3/s）	(4)	0	31.88	90.17	165.65	255.04	356.43	468.54
发电流量 $q_电$（m^3/s）	(5)	10	10	10	10	10	10	10
总泄流量 q（m^3/s）	(6)	10.0	41.88	100.17	175.65	265.04	366.43	478.54

表 G5.4　　　　　　　列 表 法 调 洪 计 算 表

时间 t（h）	时段 Δt（h）	Q（m^3/s）	$\overline{Q}$	q（m^3/s）	$\overline{q}$（m^3/s）	ΔV（$\times10^5\text{m}^3$）	V（$\times10^5\text{m}^3$）	Z（m）
(1)	(2)	(3)	(4)	(5)	(6)	(7)	(8)	(9)
0		50		10			275	140
	6		176.5		25.5	32.62		
6		303		41			307.62	140.98
	6		429		101.5	70.74		
12		555		162			378.36	142.83
	6		465		215.5	53.89		
18		375		269			432.25	144.03
	2		352.5		285	277	5.44		
20		330		285			437.69	144.20
	2		310		287.5	1.62		
22		290		288			439.31	144.26
	2		271		289.0	−1.30		
24		252		(289)			438.01	144.23
	6		201		251	269.5	−14.80		
30		150		(253)			423.21	143.84
	6		125		206	228.5	−22.36		
36		100		(207)			400.85	143.35
⋮	⋮	⋮	⋮	⋮	⋮	⋮	⋮	⋮

注　表中加括号的数据为固定时段 $\Delta t=6\text{h}$ 的计算结果。

2. 半图解法（单辅助曲线法）

借助辅助曲线进行调洪计算的方法很多，在此介绍一种较为常用的半图解法，此法只需绘制一条辅助曲线。

将式（G5.1）改写成

$$\frac{V_2}{\Delta t}+\frac{q_2}{2}=\frac{V_1}{\Delta t}+\frac{q_1}{2}+\overline{Q}-q_1 \tag{G5.6}$$

式中右端各项均为已知值，尽管 q_2、V_2 未知，但 $\dfrac{V_2}{\Delta t}+\dfrac{q_2}{2}$ 值可由上式右端各项求得，故利用 $q-V$ 关系制作 $q-\dfrac{V}{\Delta t}+\dfrac{q}{2}$ 关系线，便可避免调洪计算中的试算，称此线为辅助曲线或工作曲线。半图解法调洪计算步骤如下：

（1）确定计算时段 Δt，绘制辅助曲线 $q-\dfrac{V}{\Delta t}+\dfrac{q}{2}$。首先针对入库洪水过程变化的陡缓情况确定计算时段 Δt，然后根据不同库水位对应的 V 和 q，计算对应的 $\dfrac{V}{\Delta t}+\dfrac{q}{2}$，进而可由 q 对应的 $\dfrac{V}{\Delta t}+\dfrac{q}{2}$ 点绘关系线，如图 G5.4 所示。

（2）推求水库的出流过程 $q-t$。第一时段，起调水位已知，故时段初 q_1、$\dfrac{V_1}{\Delta t}+\dfrac{q_1}{2}$ 已知，由式（G5.6）可计算 $\dfrac{V_2}{\Delta t}+\dfrac{q_2}{2}$，由此值查辅助曲线 $q-\dfrac{V}{\Delta t}+\dfrac{q}{2}$ 可得 q_2。q_2、$\dfrac{V_2}{\Delta t}+\dfrac{q_2}{2}$ 即下一时段的初值，依时序逐时段连续计算，便可求得水库的出流过程 $q-t$。

（3）确定最大下泄流量、最大蓄洪量及最高洪水位。具体方法如前所述。

应该指出，由于半图解法辅助曲线 $q-\dfrac{V}{\Delta t}+$

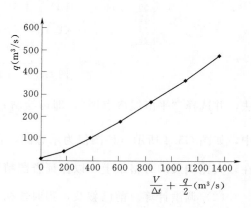

图 G5.4 某水库 $q-\dfrac{V}{\Delta t}+\dfrac{q}{2}$ 曲线

$\dfrac{q}{2}$ 是在 Δt 取固定值时绘出的，并且其中出流量 q 是泄流能力，故此方法只适用于 Δt 固定和自由泄流（无闸门控制或闸门全开）的情况。

【例 G5.2】 仍以［例 G5.1］为例，试用半图解法进行调洪计算。

为便于计算与绘图，计算中采用溢洪道堰顶以上的库容 V'；取计算时段 $\Delta t=6h$。结合本例，介绍利用 Excel 软件完成半图解法调洪计算的方法。

（1）半图解法辅助曲线 $q-\dfrac{V'}{\Delta t}+\dfrac{q}{2}$ 的计算与绘制。

1）新建一个 Excel 工作簿。

2）输入水位、容积关系数据，如图 G5.5（1）、（2）两列所示。

3）在第（1）、（2）两列数据基础上，计算第（3）～（6）列数据。例如，第（3）列堰顶以上库容数据的计算方法为：在 C4 单元格中输入"=B4-275"，然后按下"Enter"键，接着选中 C4 单元格，鼠标指针变成黑十字时，按住鼠标左键，向下拖动填充 C5～C10 单元格，即得到第（3）列各水位相应的堰顶以上库容。与上述类似的方法，可计算第（4）～（6）列数据，如图 G5.5 所示。这样，便得到了 $\left(\dfrac{V'}{\Delta t}+\dfrac{q}{2},q\right)$ 关系数据。

4）根据图 G5.5 中 $\left(\dfrac{V'}{\Delta t}+\dfrac{q}{2},q\right)$ 关系数据，采用与绘制相关分析散点图类似的方

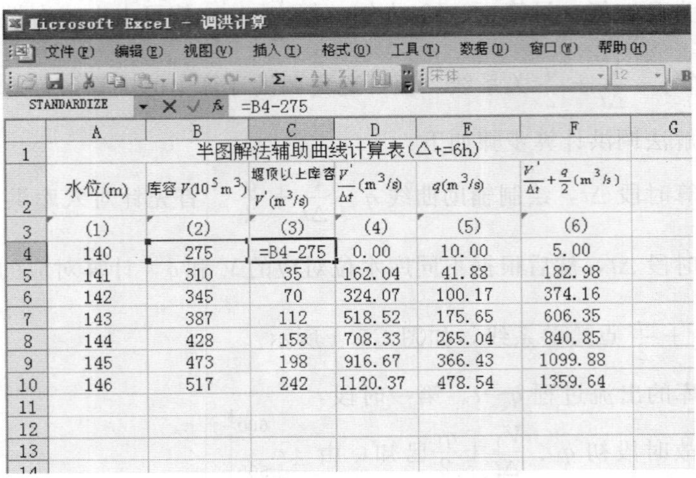

	A	B	C	D	E	F	G
1	半图解法辅助曲线计算表(△t=6h)						
2	水位(m)	库容 $V(10^5 m^3)$	堰顶以上库容 $V'(m^3/s)$	$\frac{V'}{\Delta t}(m^3/s)$	$q(m^3/s)$	$\frac{V'}{\Delta t}+\frac{q}{2}(m^3/s)$	
3	(1)	(2)	(3)	(4)	(5)	(6)	
4	140	275	=B4-275	0.00	10.00	5.00	
5	141	310	35	162.04	41.88	182.98	
6	142	345	70	324.07	100.17	374.16	
7	143	387	112	518.52	175.65	606.35	
8	144	428	153	708.33	265.04	840.85	
9	145	473	198	916.67	366.43	1099.88	
10	146	517	242	1120.37	478.54	1359.64	
11							
12							
13							

图 G5.5 半图解法辅助曲线计算

法，并选择“平滑线散点图”，即可绘制 q—$\frac{V'}{\Delta t}+\frac{q}{2}$ 关系曲线，再将其复制到 Word 文档中，如图 G5.4 所示（该图仅为示意图，若调洪计算用其由 $\frac{V'}{\Delta t}+\frac{q}{2}$ 查 q 的话，则应绘制在较大比例尺的方格纸上，以保证查图精度）。可上机练习。

（2）调洪计算。前已叙及，当时段初 q_1、$\frac{V'_1}{\Delta t}+\frac{q_1}{2}$ 已知时，利用式（G5.6）

$$\frac{V'_2}{\Delta t}+\frac{q_2}{2}=\bar{Q}+\frac{V'_1}{\Delta t}+\frac{q_1}{2}-q_1$$

便可计算 $\frac{V'_2}{\Delta t}+\frac{q_2}{2}$，由此值查辅助曲线 q—$\frac{V}{\Delta t}+\frac{q}{2}$，可得 q_2。

利用 Excel 进行调洪计算，可将 $\frac{V'_2}{\Delta t}+\frac{q_2}{2}$ 查辅助曲线 q—$\frac{V}{\Delta t}+\frac{q}{2}$ 确定 q_2 的过程，利用 $\left(\frac{V'}{\Delta t}+\frac{q}{2},q\right)$ 的关系数据由 $\frac{V'_2}{\Delta t}+\frac{q_2}{2}$ 内插 q_2 来实现。设关系值 $\left(\frac{V'_2}{\Delta t}+\frac{q_2}{2},q_2\right)$ 位于两组已知的关系数据 $\left[\left(\frac{V'}{\Delta t}+\frac{q}{2}\right)_1,q_1\right]$、$\left[\left(\frac{V'}{\Delta t}+\frac{q}{2}\right)_2,q_2\right]$ 之间，采用两点插值公式，则

$$q_2=q_1+\frac{q_2-q_1}{\left(\frac{V'}{\Delta t}+\frac{q}{2}\right)_2-\left(\frac{V'}{\Delta t}+\frac{q}{2}\right)_1}\left[\frac{V'_2}{\Delta t}+\frac{q_2}{2}-\left(\frac{V'}{\Delta t}+\frac{q}{2}\right)_1\right] \quad (G5.7)$$

因此，依据式（G5.6）、$\left(\frac{V'}{\Delta t}+\frac{q}{2},q\right)$ 关系数据及式（G5.7），利用 Excel 进行调洪计算的方法如下。

1）输入有关数据并计算时段平均流量。新建一个工作表$\left[\text{或在计算}\left(\frac{V'}{\Delta t}+\frac{q}{2},q\right)\text{关系数据的同一表中}\right]$，输入入流过程，如图 G5.6 第（1）、（2）列所示，并进一步在表中列出有关的各项；采用图 G5.6 中单元格 C5 所示的方法以及 Excel 的“拖动填充”功能，

计算第（3）列时段平均流量；在图 G5.6 的第（7）、（8）两列输入图 G5.5 中已计算的 $\left(\dfrac{V}{\Delta t}+\dfrac{q}{2}, q\right)$ 关系数据，以备用于内插时段末的下泄流量。

	A	B	C	D	E	F	G	H	I	J	K	L
	STANDARDIZE	×	✓	f_x	=(B5+B6)/2							
1												
2			半图解法调洪计算					由 $\dfrac{V'}{\Delta t}+\dfrac{q}{2}$ 内插 q				
3	时间 t(h)	Q(m³/s)	$\bar{Q}$(m³/s)	$\dfrac{V'}{\Delta t}+\dfrac{q}{2}$(m³/s)		Z(m)	$\dfrac{V'}{\Delta t}+\dfrac{q}{2}$(m³/s)	q(m³/s)	计算 $\dfrac{V'}{\Delta t}+\dfrac{q}{2}$(m³/s)	内插 q(m³/s)	
4	(1)	(2)	(3)	(4)	(5)	(6)	(7)	(8)	(9)	(10)	
5	0	50	=(B5+B6)/2				5.00	10.00			
6	6	303	429				182.98	41.88			
7	12	555	465				374.16	100.17			
8	18	375	313.5				606.35	175.65			
9	24	252	201				840.85	265.04			
10	30	150	125				1099.88	366.43			
11	36	100	83.5				1359.64	478.54			
12	42	67	58.5								
13	48										
14											

图 G5.6　输入有关数据并计算时段平均流量

2）逐时段调洪计算。在 D5、E5 单元格分别输入第一时段初的 $\dfrac{V'_1}{\Delta t}+\dfrac{q_1}{2}$、$q_1$ 值，然后在 D6 单元格输入 "＝C5＋D5－E5"，如图 G5.7 所示，随后按下 "Enter" 键，得第一时段末 $\dfrac{V'_2}{\Delta t}+\dfrac{q_2}{2}=171.5\text{m}^3/\text{s}$，如图 G5.8 所示。

	A	B	C	D	E	F	G	H	I	J	K	L
	STANDARDIZE	×	✓	f_x	=C5+D5-E5							
1												
2			半图解法调洪计算					由 $\dfrac{V'}{\Delta t}+\dfrac{q}{2}$ 内插 q				
3	时间 t(h)	Q(m³/s)	$\bar{Q}$(m³/s)	$\dfrac{V'}{\Delta t}+\dfrac{q}{2}$(m³/s)	q(m³/s)	Z(m)	$\dfrac{V'}{\Delta t}+\dfrac{q}{2}$(m³/s)	q(m³/s)	计算 $\dfrac{V'}{\Delta t}+\dfrac{q}{2}$(m³/s)	内插 q(m³/s)	
4	(1)	(2)	(3)	(4)	(5)	(6)	(7)	(8)	(9)	(10)	
5	0	50	176.5	5.0	10		5.00	10.00			
6	6	303	429	=C5+D5-E5			182.98	41.88			
7	12	555	465				374.16	100.17			
8	18	375	313.5				606.35	175.65			
9	24	252	201				840.85	265.04			
10	30	150	125				1099.88	366.43			
11	36	100	83.5				1359.64	478.54			
12	42	67	58.5								
13	48	50									
14											

图 G5.7　计算第一个时段末的 $\dfrac{V'_2}{\Delta t}+\dfrac{q_2}{2}$ 值

由 $\dfrac{V'_2}{\Delta t}+\dfrac{q_2}{2}=171.5\text{m}^3/\text{s}$，与第（7）列数据比较，该值在 H5、H6 单元格的数据之间，利用式（G5.7），可由 $\dfrac{V'_2}{\Delta t}+\dfrac{q_2}{2}=171.5\text{m}^3/\text{s}$ 内插相应的 q_2。具体方法是，在第（9）列的 J5 单元格中输入 171.5，在第（10）列的 K5 单元格中输入 "＝I5＋（I6－I5）/

Microsoft Excel - 调洪计算

文件(F) 编辑(E) 视图(V) 插入(I) 格式(O) 工具(T) 数据(D) 窗口(W) 帮助(H)   键入需要帮助的问题

STANDARDIZE   =I5+(I6-I5)/(H6-H5)*(J5-H5)

	A	B	C	D	E	F	G	H	I	J	K
1											
2		半图解法调洪计算						由 $\frac{V'}{\Delta t}+\frac{q}{2}$ 内插 q			
3	时间 t(h)	Q(m³/s)	$\bar{Q}$(m³/s)	$\frac{V'_2}{\Delta t}+\frac{q}{2}$(m³/s)	q(m³/s)	Z(m)	$\frac{V'}{\Delta t}+\frac{q}{2}$(m³/s)	q(m³/s)	计算 $\frac{V'}{\Delta t}+\frac{q}{2}$ 内插 q(m³/s)		
4	(1)	(2)	(3)	(4)	(5)	(6)	(7)	(8)	(9)	(10)	
5	0	50	176.5	5.0	10		5.00	10.00	171.5	=I5+(I6-I5)/(H6-H5)*(J5-H5)	
6	6	303	429	171.5			182.98	41.88			
7	12	555	465				374.16	100.17			
8	18	375	313.5				606.35	175.65			
9	24	252	201				840.85	265.04			
10	30	150	125				1099.88	366.43			
11	36	100	83.5				1359.64	478.54			
12	42	67	58.5								
13	48	50									
14											

图 G5.8 由第一个时段末的 $\frac{V'_2}{\Delta t}+\frac{q_2}{2}$ 内插相应 q_2

(H6－H5) ＊ (J5－H5)"，如图 G5.8 所示，随后按下"Enter"键，即得到第一时段末 $\frac{V'_2}{\Delta t}+\frac{q_2}{2}=171.5\mathrm{m^3/s}$ 相应的流量 $40\mathrm{m^3/s}$，如图 G5.9 所示。

将时段末流量 $40\mathrm{m^3/s}$，输入 E6 单元格中，并选中 D6 单元格，鼠标指针变成黑十字时，按住鼠标左键，向下拖动填充 D7 单元格，即得到第二个时段末 $\frac{V'_2}{\Delta t}+\frac{q_2}{2}=560.5\mathrm{m^3/s}$，如图 G5.9 所示。

Microsoft Excel - 调洪计算

文件(F) 编辑(E) 视图(V) 插入(I) 格式(O) 工具(T) 数据(D) 窗口(W) 帮助(H)   键入需要帮助的问题

宋体   D6   =C5+D5-E5

	A	B	C	D	E	F	G	H	I	J	K
1											
2		半图解法调洪计算						由 $\frac{V'}{\Delta t}+\frac{q}{2}$ 内插 q			
3	时间 t(h)	Q(m³/s)	$\bar{Q}$(m³/s)	$\frac{V'}{\Delta t}+\frac{q}{2}$(m³/s)	q(m³/s)	Z(m)	$\frac{V'}{\Delta t}+\frac{q}{2}$(m³/s)	q(m³/s)	计算 $\frac{V'}{\Delta t}+\frac{q}{2}$ 内插 q(m³/s)		
4	(1)	(2)	(3)	(4)	(5)	(6)	(7)	(8)	(9)	(10)	
5	0	50	176.5	5.0	10		5.00	10.00	171.5	40	
6	6	303	429	171.5	40		182.98	41.88			
7	12	555	465	560.5			374.16	100.17			
8	18	375	313.5				606.35	175.65			
9	24	252	201				840.85	265.04			
10	30	150	125				1099.88	366.43			
11	36	100	83.5				1359.64	478.54			
12	42	67	58.5								
13	48	50									
14											

图 G5.9 计算第二个时段末的 $\frac{V'_2}{\Delta t}+\frac{q_2}{2}$ 值

可见，第二个时段末 $\frac{V'_2}{\Delta t}+\frac{q_2}{2}=560.5\mathrm{m^3/s}$ 值在第（7）列单元格 H7、H8 相应数据之间，因此在第（9）列单元格 J7 中输入该值，再选中 K5 单元格，鼠标指针变成黑十字时，按住鼠标左键，向下拖动填充 K7 单元格，即得到 $\frac{V'_2}{\Delta t}+\frac{q_2}{2}=560.5\mathrm{m^3/s}$ 相应的流量为 $161\mathrm{m^3/s}$，如图 G5.10 所示（由于 J6 单元格无数据，拖动填充的 K6 单元格数据"－14"无意义，删除即可）。

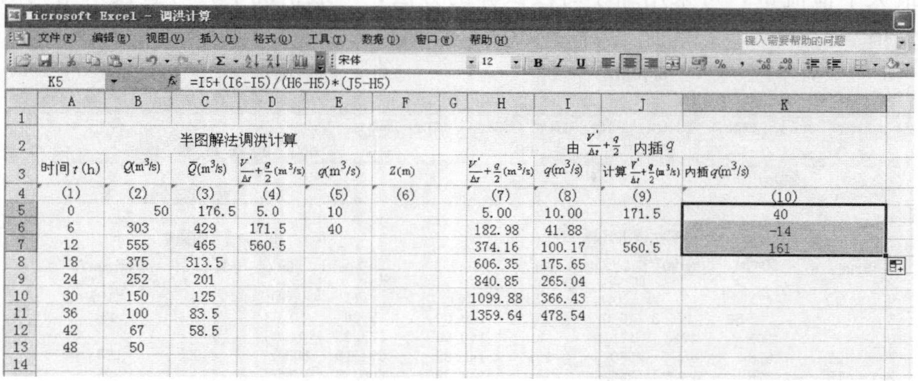

图 G5.10 Excel - 调洪计算

单元格 K5：`=I5+(I6-I5)/(H6-H5)*(J5-H5)`

	A	B	C	D	E	F		H	I	J	K
1											
2			半图解法调洪计算					由 $\frac{V'}{\Delta t}+\frac{q}{2}$ 内插 q			
3	时间 t(h)	Q(m³/s)	$\overline{Q}$(m³/s)	$\frac{V'}{\Delta t}+\frac{q}{2}$(m³/s)	q(m³/s)	Z(m)		$\frac{V'}{\Delta t}+\frac{q}{2}$(m³/s)	q(m³/s)	计算 $\frac{V'}{\Delta t}+\frac{q}{2}$(m³/s)	内插 q(m³/s)
4	(1)	(2)	(3)	(4)	(5)	(6)		(7)	(8)	(9)	(10)
5	0	50	176.5	5.0	10			5.00	10.00	171.5	40
6	6	303	429	171.5	40			182.98	41.88		−14
7	12	555	465	560.5				374.16	100.17	560.5	161
8	18	375	313.5					606.35	175.65		
9	24	252	201					840.85	265.04		
10	30	150	125					1099.88	366.43		
11	36	100	83.5					1359.64	478.54		
12	42	67	58.5								
13	48	50									
14											

图 G5.10　由第二个时段末的 $\frac{V'_2}{\Delta t}+\frac{q_2}{2}$ 内插相应 q_2

注意：由于利用了 Excel 的"拖动填充"功能，因此在第（9）列输入计算的 $\frac{V'_2}{\Delta t}+\frac{q_2}{2}$ 数据时，其所在位置一定要与内插时所利用的两点 $\left[\left(\frac{V'}{\Delta t}+\frac{q}{2}\right)_1,q_1\right]$、$\left[\left(\frac{V'}{\Delta t}+\frac{q}{2}\right)_2,q_2\right]$ 的位置对应好。

依次计算，可求得逐时段的下泄流量，如图 G5.11 所示。

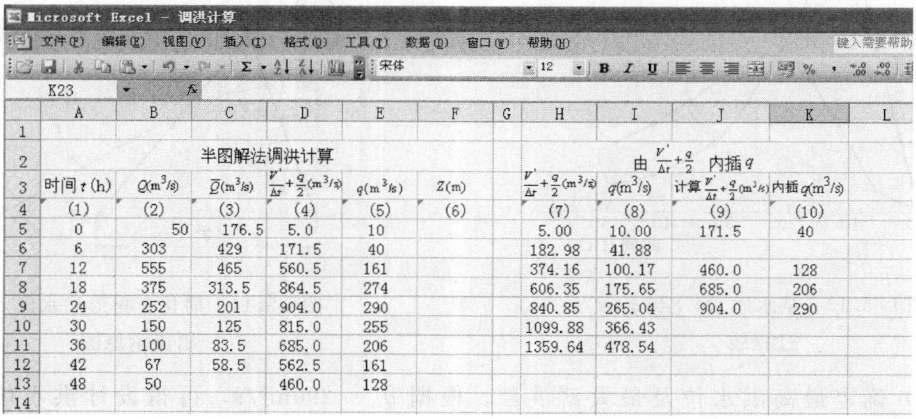

图 G5.11 Excel - 调洪计算

	A	B	C	D	E	F	G	H	I	J	K	L
1												
2			半图解法调洪计算					由 $\frac{V'}{\Delta t}+\frac{q}{2}$ 内插 q				
3	时间 t(h)	Q(m³/s)	$\overline{Q}$(m³/s)	$\frac{V'}{\Delta t}+\frac{q}{2}$(m³/s)	q(m³/s)	Z(m)		$\frac{V'}{\Delta t}+\frac{q}{2}$(m³/s)	q(m³/s)	计算 $\frac{V'}{\Delta t}+\frac{q}{2}$(m³/s)	内插 q(m³/s)	
4	(1)	(2)	(3)	(4)	(5)	(6)		(7)	(8)	(9)	(10)	
5	0	50	176.5	5.0	10			5.00	10.00	171.5	40	
6	6	303	429	171.5	40			182.98	41.88			
7	12	555	465	560.5	161			374.16	100.17	460.0	128	
8	18	375	313.5	864.5	274			606.35	175.65	685.0	206	
9	24	252	201	904.0	290			840.85	265.04	904.0	290	
10	30	150	125	815.0	255			1099.88	366.43			
11	36	100	83.5	685.0	206			1359.64	478.54			
12	42	67	58.5	562.5	161							
13	48	50		460.0	128							
14												

图 G5.11　逐时段下泄流量的计算结果

在求得的第（5）列下泄流量过程的基础上，可推求水库水位的变化过程，同样可利用图 G5.5 所示的水位、泄流量关系数据，由下泄流量内插水位；而对于本例泄洪设施仅有无闸门溢洪道，也可采用下述方法，即下泄流量扣除发电流量后，由式（G5.5）反求水头 $h=(q_溢/31.88)^{2/3}$，然后加上堰顶高程，即得水位 $Z=140+h$。如图 G5.12 第（6）列所示。

（3）确定最大下泄流量。利用表 G5.12 中第（1）、（2）、（5）列的数值，绘出 $Q—t$ 与 $q—t$ 线，如图 G5.13 所示。由该图可见，$\Delta t=6$h 的计算结果，出库流量的最大值不正好在 $Q—t$ 线上。将 $q—t$ 线的峰段按曲线的趋势勾绘，如虚线所示，此例题两线交点处的流量值仍为图 G5.12 调洪计算表第（5）列中的最大值 290m³/s，出现时间为 $t=22$h。精

211

确计算最大下泄流量，可采用缩小时段试算的方法；一般情况下，可直接采用调洪计算表中的最大值。

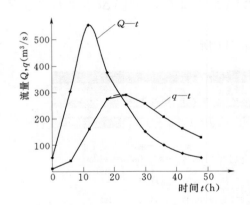

图 G5.12　利用泄流量确定水库水位

图 G 5.13　某水库 $Q-t$ 与 $q-t$
过程线

图 G5.14　简化三角形法水库入流、
出流示意图

（4）确定最高洪水位及最大蓄洪量。根据 $q_m = 290\mathrm{m^3/s}$，可得设计洪水位 $Z_设 = 144.26\mathrm{m}$。进一步利用水位—容积关系线，可求得设计洪水位相应的总库容为 $439.31 \times 10^5\,\mathrm{m^3}$，减去汛限水位以下库容 $275 \times 10^5\,\mathrm{m^3}$，得设计调洪库容 $V_设 = 164.31 \times 10^5\,\mathrm{m^3}$。

需要指出，上述方法，近似认为相邻两组 $\left(\dfrac{V'}{\Delta t} + \dfrac{q}{2}, q\right)$ 关系数据为线性变化，因此计算 $\left(\dfrac{V'}{\Delta t} + \dfrac{q}{2}, q\right)$ 关系数据时，所依据的水位容积关系曲线，水位值的间隔要小一些。此外，也可采用拉格朗日三点插值公式，提高插值精度。关于三点插值公式可参考有关书籍。

3. 简化三角形法

小型水库，当资料缺乏或规划设计阶段进行方案比较时，可采用简化三角形法进行调洪计算。该方法的使用条件是：溢洪道上无闸门控制，起调水位与堰顶齐平，入流和出流过程可简化为三角形，如图 G5.14 所示。

入库洪水总量 W 为

$$W = \frac{1}{2} Q_m T \tag{G5.8}$$

滞洪库容 V_m 为

$$V_m = \frac{1}{2} Q_m T - \frac{1}{2} q_m T = \frac{1}{2} Q_m T \left(1 - \frac{q_m}{Q_m}\right) \tag{G5.9}$$

式中　Q_m、q_m——入流和出流的洪峰流量，m^3/s；

　　　　T——洪水历时，s。

将式（G5.8）代入式（G5.9）得

$$V_m = W \left(1 - \frac{q_m}{Q_m}\right) \tag{G5.10}$$

或

$$q_m = Q_m \left(1 - \frac{V_m}{W}\right) \tag{G5.11}$$

两个未知量 V_m、q_m，需利用蓄泄曲线 $q-V$（V 采用堰顶以上库容）与式（G5.10）或式（G5.11）联合求解。具体方法可采用试算法或图解法。

试算方法为：假设 q_m，由式（G5.10）求得 V_m，再利用 $q-V$ 关系曲线由 V_m 查得一个 q'_m，当此值与假设的 q_m 相等时，q_m 及相应的 V_m 为所求，否则重新试算。

图解法的方法步骤为：

（1）对溢洪道宽度 B_1 的方案，绘出 $q-V$ 关系曲线，且 V 须采用堰顶以上库容。

（2）在与 $q-V$ 线的同一图中绘出式（G5.11）表示的 q_m 与 V_m 关系线，该式中 W、Q_m 已知，显然该关系线为直线，如图 G5.15 中 AB 线；

（3）读出两线交点 C 的纵坐标值和横坐标值即为所求 q_m、V_m，如图 G5.15 所示。

上述图解过程的正确性是显然的。由于 V 采用堰顶以上库容，相应 $q-V$ 关系则为下泄量与堰顶以上滞洪量之间的关系，q_m 与 V_m 值必定既是此关系线上的一点，又是 q_m 与 V_m 关系线上的一点。

图 G5.15 中，溢洪道宽度 $B_1 > B_2$，进一步说明，其他条件相同时溢洪道尺寸越大，q_m 越大，而 V_m 越小，最高洪水位 Z_m 越低。

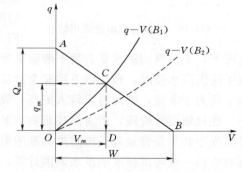

图 G5.15　简化三角形法图解示意图

G5.3.2　有闸门控制的水库调洪计算

溢洪道无闸门控制的水库，其泄洪方式为自由出流，调洪计算比较简单；而有闸门控制的水库，其泄流方式比较复杂，有时要控制泄流，有时要闸门全开自由泄流。因此，调洪计算时，需首先根据水库下游是否有防洪要求、入库洪水的大小，以及是否有洪水预报等情况拟定调洪方式，然后推求水库的出流过程。

考虑短期洪水预报，可以提前安排泄量，使防洪决策争得主动，但必须在有优良的预报基础条件下，才可应用。一般在已建水库的防洪调度中可开展应用。在设计阶段的洪水调节计算中，考虑洪水预报应持特别谨慎的态度。以下介绍不考虑洪水预报时的调洪计算。

1. 水库下游无防洪要求的调洪计算

当水库下游无防洪要求时，水库的防洪任务是确保大坝的安全。当洪水来临时，库水位在防洪限制水位，闸前已具有一定的水头（有闸门控制时，一般防洪限制水位高于堰顶高程，这将在 G5.4 节中介绍）。如果打开闸门，则具有较大的泄洪能力，在没有洪水预报的情况下，当洪水开始进入水库时，为了保证兴利要求，当入库流量 Q 小于或等于水库防洪限制水位的泄洪能力 $q_限$ 时，应将闸门逐渐打开，水库控制泄量，使下泄流量等于入库流量，库水位维持在防洪限制水位，如图 G5.16 中 t_1 以前的泄流情况。随后，因 t_1 时刻闸门已全开，水库进入自由泄流状态，库水位逐渐上升，泄流量增大，至 t_2 时刻，下泄量最大，库水位达最高。此后，泄流量逐渐减小。这种调洪方式称控制与自由泄流相结合。

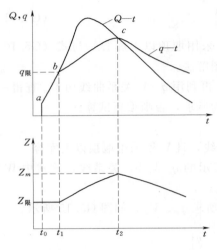

图 G5.16 控制与自由泄流相结合

推求图 G5.16 中水库的出流过程，其中 bc 段与无闸门控制的调洪计算方法完全相同。只是 b、c 点不一定在取定的固定时段的分界点上，需要正确判定它们的位置。至于控制泄量的 ab 段，泄量等于来量，即 $q=Q$，故库水位不变。

2. 水库下游有防洪要求的调洪计算

当水库下游有防洪要求时，且水库与下游防洪地区之间无区间入流或区间入流可忽略时，水库采用分级控制泄流的调洪方式。

当入库洪水小于或等于下游防洪对象标准的洪水时，水库最大泄量不应超过下游安全泄量；当入库洪水的标准超过下游防洪标准，则不再满足下游防洪要求，而以水库本身安全为主，全力泄洪。然而，洪水发生是随机的，并且在无短期洪水预报的情况下，如何判别洪水是否超下游防洪标准？常用的方法是采用库水位来判别，当库水位低于防洪高水位时，则应以下游安全泄量控制泄洪；当库水位达到防洪高水位时，而水库来量仍大于泄量，则此时应转入更高一级的防洪，加大水库泄量。

在规划设计阶段，当泄洪建筑物方案一定的情况下，对不同频率的洪水调洪计算，其计算程序必须是自最低一级防洪标准的洪水开始，求得防洪库容和相应的防洪高水位后，再对更高一级防洪标准的洪水调洪计算，推求防洪特征库容和水位，直至完成大坝校核洪水的调洪计算。这种调洪计算称多级防洪调节。图 G5.17 为不同频率的洪水入库时，水库的出流过程和库水位变化过程。

图 G5.17（a），针对防护对象标准的洪水，洪水来临时水库处于防洪限制水位。当入库流量 Q 小于水库防洪限制水位的泄洪能力 $q_限$ 时，水库控制泄量，使下泄流量等于入库流量，水库维持在防洪限制水位 $Z_限$，如图 G5.17（a）中的 ab 段。t_1 时刻 b 点的泄量已等于防洪限制水位的泄洪能力 $q_限$，闸门已经全开。此后溢洪道变为自由泄流，由于入库流量大于下泄流量，库水位不断上涨，溢洪道的下泄流量也随着增大，如图 G5.17（a）中的 bc 段。当 t_2 时刻下泄流量达到下游的安全泄量 $q_安$ 时（c 点），为了保证下游防护对象的安全，下泄流量不应超过 $q_安$，这就必须逐渐关闭闸门，形成固定泄流，也称削平头操作方式（cd）段。水库泄流过程为 $abcd$，t_3 时刻相应的蓄洪量达到最大值，此值即防洪库容 $V_防$，相应的库水位即为防洪高水位 $Z_防$。

如图 G5.17（b）所示，针对大坝本身设计标准的洪水，水库的泄流过程，在库水位达到防洪高水位之前与图 G5.17（a）完全相同。t_3 时刻相应的蓄洪量等于 $V_防$，而此后来量仍大于泄量，说明水库入库洪水的标准已超过下游防洪对象标准，为了保证大坝本身的安全，在 t_3 时刻（d 点），应将闸门立即全部打开，泄流量突然增大到 e 点而再次形成自由泄流，至 t_4 时刻 f 点泄流量达最大值，$t_3 \sim t_4$ 时段增加的蓄洪量为 $\Delta V_设$，$V_防 + \Delta V_设$ 就是设计调洪库容 $V_{设调}$，t_4 时刻的库水位即设计洪水位 $Z_设$。

若仅有正常溢洪道，对大坝校核洪水所采取的调洪方式则与设计洪水的情况相同，根据其出流过程可以求得校核调洪库容和校核洪水位。若除正常溢洪道，还有非常溢洪道时，对校核洪水的调洪计算方法见 G5.4 节。

推求图 G5.17 中水库出流过程的方法，在自由泄流段 bc 和 ef，可采用半图解法；在控制段 ab 和 cd，因泄量已知，由水量平衡方程式即可求得各时刻蓄水量。但各转折点时刻不一定在取定的固定时段的分界点上，需要正确判定它们的位置，往往需要采用试算法。

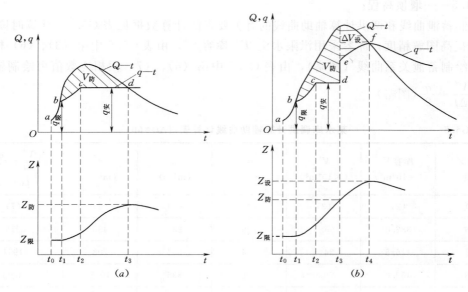

图 G5.17　水库多级防洪调节
（a）防洪对象防洪标准的洪水；（b）水库设计标准的洪水

【例 G5.3】　某水库溢洪道设置闸门，下游有防洪要求，且水库与下游防洪对象之间的区间入流较小可忽略。试根据所提供的资料推求水库的防洪库容和防洪高水位、设计调洪库容和设计洪水位。基本资料如下：

（1）水库水位容积关系见表 G5.5 中第（1）、（2）栏。

（2）水库泄洪建筑物采用泄洪洞和溢洪道。泄洪洞型式为圆形压力洞，设置一孔，直径 4.8m，洞口处高程 114.0m，非淹没出流，流量系数 μ 采用 0.56；溢洪道采用实用堰，堰顶高程 134.5m，堰宽 72m，淹没系数、侧收缩系数均取 1，流量系数 m 采用 0.40。

（3）水库的防洪限制水位 136m。

（4）水库正常运用设计标准为 $p=0.2\%$，校核标准为 $p=0.1\%$，下游防护对象铁路桥的防洪标准为 $p=1\%$，安全泄量 $q_安=1000\text{m}^3/\text{s}$。

（5）频率 $p=0.2\%$ 的设计洪水过程线，见表 G5.6 中的第（1）、（2）栏。

计算步骤如下：

（1）计算并绘制蓄泄曲线和调洪计算辅助曲线。根据泄洪建筑物型式和尺寸，泄洪洞和溢洪道的出流公式分别为

$$q_洞 = \mu\omega\sqrt{2gh_洞} = 0.56\times3.14\times2.4^2\times\sqrt{2gh_洞} = 44.84\sqrt{h_洞}$$

$$h_洞 = Z - 116.4$$

$$q_溢 = m\sqrt{2g}Bh^{3/2} = 0.40\sqrt{2g}\times72h^{3/2} = 127.50h^{3/2}$$

其中 $$h = Z - 134.5$$

式中 $h_洞$——洞心水头；

116.4——洞心高程；

h——堰顶水头；

134.5——堰顶高程。

绘制蓄泄曲线和调洪计算辅助曲线的有关要素的计算数据见表 G5.5。计算时段 $\Delta t=6\text{h}$。为提高图解精度，库容采用汛限水位以上库容 V'。由表 G5.5 中第（3）、（6）栏相应数值可绘制蓄泄关系曲线（图略），由表 G5.5 中第（6）、（7）栏相应数值可绘制辅助曲线 $q - \dfrac{V'}{\Delta t}+\dfrac{q}{2}$（图略）。

表 G5.5　　　　　　　　某水库调洪计算辅助曲线计算表（$\Delta t=6\text{h}$）

水位 Z (m)	库容 V ($\times10^6\text{m}^3$)	V' ($\times10^6\text{m}^3$)	$q_洞$ (m^3/s)	$q_溢$ (m^3/s)	q (m^3/s)	$\dfrac{V'}{\Delta t}+\dfrac{q}{2}$ (m^3/s)
(1)	(2)	(3)	(4)	(5)	(6)	(7)
136	382.0	0	199	234	433	216
137	416.5	34.5	204	504	708	1951
138	452.6	70.6	208	835	1043	3790
139	490.0	108	213	1217	1430	5715
140	531.3	149.3	218	1645	1862	7843
141	573.3	191.3	222	2113	2335	10024
142	615.3	233.3	227	2619	2846	12224
143	657.3	275.3	231	3160	3391	14441
144	699.3	317.3	236	3733	3969	16674
145	741.3	359.3	240	4338	4578	18923
146	783.3	401.3	244	4972	5216	21187
147	8.253	443.3	248	5635	5883	23465

（2）对 $p=1\%$ 的洪水调洪计算。按照图 G5.17（a）的调洪方式调洪计算，下泄量不超过 $q_安=1000\mathrm{m}^3/\mathrm{s}$，求得最大蓄洪量即防洪库容 $V_防=266.529\times10^6\mathrm{m}^3$；防洪高水位 $Z_防=142.75\mathrm{m}$。限于篇幅，计算过程略。

（3）对 $p=0.2\%$ 的洪水调洪计算。建立计算表 G5.6。起调水位为防洪限制水位 136.0m，由表 G5.5 可知，相应泄流能力 $q_限=433\mathrm{m}^3/\mathrm{s}$。

表 G5.6　　　　　　　　$p=0.2\%$ 的洪水调洪计算表

时间（日　时）	Q（m³/s）	$\overline{Q}$（m³/s）	$\dfrac{V'}{\Delta t}+\dfrac{q}{2}$（m³/s）	q（m³/s）	$\overline{q}$（m³/s）	ΔV（$\times10^6$m³）	V'（$\times10^6$m³）	说　明
(1)	(2)	(3)	(4)	(5)	(6)	(7)	(8)	(9)
6　2	200			200				泄量等于来量，维持防洪限制水位
		874			469	8.748		
8	438		250	438			0	
		1215			570	13.932		闸门全开，自由泄洪
14	1310		686	500			8.748	
		1150			673	10.303		
20	1120		1401	640			22.680	
		2195			838	29.311		
7　2	1180		1911	705			32.983	
		3282			985	5.788		
8	3210		3401	970			62.294	
		4059			1000	58.366		
8;42	3354			1000			68.082	闸门由全开转向逐渐关小，使泄量维持在 1000m³/s
		4902			1000	84.283		
14	4764			1000			126.448	
		6166			1000	55.793		
20	5040			1000			210.731	
		9546			3725	62.867		
23	7292			1000 ╲ 3300			266.524	蓄洪量等于防洪库容，来水仍较大，故闸门全开
		8720			4800	84.672		
8　2	11800		17400	4150			329.391	
		4825			5365	−11.664		
8	5640		21970	5450			414.063	蓄洪量达最大，库水位达到最高，以后逐渐下降
		⋮			⋮			
14	4010		21345	5280			402.399	

在表 G5.6 中，6 日 2～8 时，入库流量小于或约等于 $q_限$，控制泄量 $q=Q$，库水位维持在防洪限制水位，此后闸门全开，自由泄流，至 7 日 8 时 42 分，泄流量达到下游的安全泄量 1000m³/s，蓄洪量 $V'=68.082\times10^6\mathrm{m}^3$，小于 $V_防=266.529\times10^6\mathrm{m}^3$，应满足下游防洪要求，控制泄量 1000m³/s，至 7 日 23 时蓄洪量 266.524×10⁶m³ 约等于 $p=1\%$ 洪水相应的防洪库容 $V_防=266.529\times10^6\mathrm{m}^3$，来水流量仍然大于泄量，表明本次洪水的频率已超过 1%，为了大坝本身的安全，不再控制泄量，闸门全开，自由泄流。8 日 8 时，泄流量达到最大值 5450m³/s，水库蓄洪量也达到最大值 414.063×10⁶m³，该蓄洪量即水库的设计调洪库容，相应设计洪水位为 146.25m。

对于控制泄流的 6 日 2～8 时、7 日 8 时 42 分至 23 时，泄流量已知，利用水量平衡方程即可得到第（7）栏时段蓄洪量 ΔV，进而计算第（8）栏累计蓄洪量 V'。对于自由泄流的范围 6 日 8 时至 7 日 8 时 42 分、7 日 23 时至 8 日 14 时，当闸门全开或控制的转折时刻，不正好在 $\Delta t=6\mathrm{h}$ 的时段分界处时，相应的时段不能使用半图解法。例如 7 日 8 时 42

分、7 日 23 时的自由泄流量均须试算得出，与 7 日 23 时相邻时刻的 8 日 2 时的流量，由于 $\Delta t \neq 6h$，故该时刻流量也须试算得出，只当 $\Delta t = 6h$ 的自由泄流时段才能采用半图解法。当求得了逐时刻的泄流量 q，利用水量平衡方程可得第（7）栏时段蓄洪量 ΔV，进而计算第（8）栏累计蓄洪量 V'。

通过上述调洪计算可得，该水库防洪库容 $V_{防} = 266.529 \times 10^6 \, m^3$，防洪高水位 $Z_{防} =$ 142.75m；设计调洪库容为 $414.063 \times 10^6 \, m^3$，设计洪水位为 146.25m。

以上介绍的是水库与下游防洪地区之间无区间入流或区间入流可忽略时的调洪计算方法。如果水库与下游防护地区之间的区间洪水不可忽略，当发生洪水时，水库仅能控制的是入库洪水，因此，为满足防护地区的防洪要求，水库要考虑区间来水大小进行补偿放水，这种调节洪水的方式称为防洪补偿调节。规划设计阶段的防洪补偿调节计算，可参考有关书籍。运行阶段的防洪补偿调节计算见工作任务 G8。

必须指出，无论采用何种调洪方式，必须规定水库总的最大下泄流量不能大于本次洪水发生在未建库情况下的坝址最大流量，避免人为加大洪灾。

G5.3.3　考虑动库容的水库调洪计算

前面所介绍的调洪计算方法，是以静库容曲线为基础进行的。即假定水库水面为水平面。这对湖泊型水库或动库容所占比重不大的水库是能满足精度要求的。而对于动库容影响比较明显的峡谷型水库，应计入动库容的影响，调洪计算时宜采用动库容曲线。

考虑动库容的半图解法调洪计算，其原理和方法与采用静库容曲线的调洪计算基本相同。所不同的是：其一，应根据动库容曲线 $Z-Q-V$（图 G4.6），绘制蓄泄曲线 $q-Q-V$ 和辅助曲线 $q-Q-\dfrac{V}{\Delta t}+\dfrac{q}{2}$，

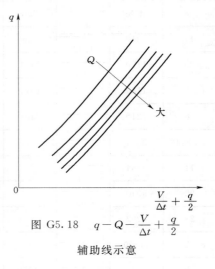

图 G5.18　$q-Q-\dfrac{V}{\Delta t}+\dfrac{q}{2}$ 辅助线示意

后者如图 G5.18 所示；其二，调洪演算时，须由 $\dfrac{V_2}{\Delta t}+\dfrac{q_2}{2}$ 及 Q_2 值查得 q_2。

G5.4　水库防洪调节计算

由水库调洪计算可知，水库泄洪建筑物的型式、高程、尺寸及调洪方式等与最大下泄流量、最高洪水位之间，是互相关联、互相影响的，不同泄洪建筑物的型式、高程、尺寸以及调洪方式不同，产生的防洪效果不同。为此，水库规划设计或扩建过程中均需要合理选择泄洪建筑物的型式、高程和尺寸，确定坝顶高程等，这一工作任务称为水库防洪水利计算，简称水库防洪计算。

泄洪建筑物型式主要有深水泄洪洞和表面溢洪道。深水泄洪洞可与兴利放水、排沙等相结合，通常都设有闸门。表面溢洪道泄流量大、操作管理方便、易于排泄冰凌和流放木材，故使用普遍，并有无闸门控制和有闸门控制两种情况。

此外，泄洪建筑物按其运用情况，又分为正常泄洪设施和非常泄洪设施，前者承担各

种入库洪水的宣泄任务；后者仅参与宣泄超过水库正常运用标准的洪水。

小型水库常常不承担下游防洪任务，而按工程本身标准的洪水进行设计，故常采用管理十分方便的无闸门溢洪道；大中型水库一般下游承担防洪任务，并考虑防洪库容和兴利库容的结合使用，溢洪道通常设置闸门，且一般设置泄洪底孔或中孔，泄洪底孔宜尽可能与排沙、放空底孔相结合。

当泄洪建筑物型式一定后，水库防洪计算的基本程序是：首先，拟定若干个泄洪建筑物尺寸的方案；其次，拟定水库调度方式，针对每一方案对各种频率的设计洪水调洪计算推求最大下泄流量、防洪特征库容、特征水位以及坝顶高程；最后，对各方案进行经济计算，优选方案。

按溢洪道是否设闸门、下游是否承担防洪任务，水库防洪计算有不同类型。以下重点介绍溢洪道（指正常溢洪道，下同）无闸门、下游无防洪要求和溢洪道有闸门、下游有防洪要求的水库防洪计算，简介具有非常泄洪设施时水库防洪计算。

G5.4.1　溢洪道无闸门控制的水库防洪计算

溢洪道不设闸门时，防洪水利计算有以下特点：①为满足兴利蓄水要求，溢洪道的堰顶高程与正常蓄水位相同；②由于此类水库一般不另设其他正常泄洪设施，为保证调洪运用安全，故水库的防洪限制水位等于堰顶高程，兴利与防洪不结合。可见，此类水库防洪限制水位、堰顶高程均由正常蓄水位所决定，故防洪计算的内容，主要是选择溢洪道宽度 B，并确定其相应的设计洪水位、校核洪水位和坝顶高程。溢洪道无闸门时，常见情况是下游无防洪要求，其防洪水利计算的步骤如下：

（1）拟定比较方案。根据水库坝址附近的地形与下游地质条件所允许的最大单宽流量，拟定几个可能的溢洪道宽度 B 的方案。

（2）调洪计算。针对每一方案，分别对水库设计洪水和校核洪水，调洪计算，推求设计洪水最大下泄量 $q_{m设}$、调洪库容 $V_设$、设计洪水位 $Z_设$ 及校核洪水最大下泄量 $q_{m校}$、调洪库容 $V_校$、校核洪水位 $Z_校$。

（3）确定各方案的坝顶高程。对于每一方案，利用式（G5.12）计算 Z_1、Z_2，将其中的较大值作为坝顶高程。

$$\left.\begin{array}{l} Z_1 = Z_设 + h_{浪设} + \Delta h_设 \\ Z_2 = Z_校 + h_{浪校} + \Delta h_校 \end{array}\right\} \tag{G5.12}$$

式中　$h_{浪设}$、$h_{浪校}$——某一方案 B 设计条件与校核条件下的风浪高，m，计算方法详见《水工建筑物》中的有关内容；

$\Delta h_设$、$\Delta h_校$——某一方案 B 设计和校核条件下的大坝安全加高值，m，可查规范《水利水电工程等级划分及洪水标准》（SL 252—2000）确定。

溢洪道宽度 B 与最大下泄量 $q_{m校}$、坝顶高程 $Z_坝$ 的关系如图 G5.19 所示，B 愈大，q_m 愈大，而 $Z_坝$ 愈低。

（4）经济计算优选方案。对每一方案，计算大坝投资、上游淹没损失及管理维修费用，记 S_V；计算溢洪道和消能设施投资及管理维修费用，记 S_B；计算下游堤防培修费及下游淹没损失费，记 S_D。进而进一步计算每一方案总费用 $S = S_V + S_B + S_D$。点绘关系线 B—S_V、B—$(S_B + S_D)$ 及 B—S，如图 G5.20 所示。按总费用最小原则，可得最佳的溢洪道宽度 B_p 以及相应的坝顶高程与最大下泄量。

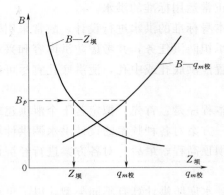

图 G5.19　$B—q_{m校}$ 及 $B—Z_坝$
关系示意图

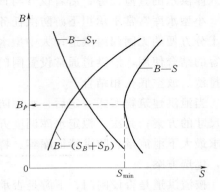

图 G5.20　$B—S_V$、$B—(S_B+S_D)$
及 $B—S$ 关系示意图

G5.4.2　溢洪道有闸门控制的水库防洪计算

溢洪道上设置闸门，尽管增加泄洪建筑物的投资和操作管理工作，但可以控制泄量，更好地满足下游防洪要求；可以使防洪库容和兴利库容结合使用，提高综合利用效果；水库运行过程中，还便于考虑洪水预报，提前预泄腾空库容。因此大中型水库，溢洪道上一般设有闸门，并且常常承担下游防洪任务。

溢洪道设置闸门时，水库防洪计算有如下特点：①为保证兴利蓄水要求，当闸孔不设胸墙时，闸门顶高程略高于正常蓄水位 $Z_正$，而堰顶高程 $Z_堰$ 等于闸门顶高程减去闸门高度，如图 G5.21 所示，在正常蓄水位已定时，堰顶高程可以结合闸门高度的选择及溢洪道附近的地形、地质条件拟定几个比较方案；②为考虑防洪库容和兴利库容的结合使用，一般在堰顶高程和正常蓄水位之间拟定防洪限制水位 $Z_限$；③针对防护对象的防洪要求，拟定调洪方式，即制定遇各级洪水时的泄洪方式及泄流量的规定等。

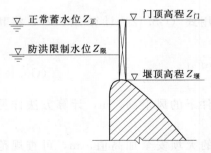

图 G5.21　溢洪道有闸门水库
有关水位与高程示意

由于上述特点，有闸门控制时水库防洪水利计算要比无闸门情况复杂些。主要步骤如下：

（1）拟定比较方案。有闸门控制时，组成泄洪建筑物方案的因素有泄洪洞的型式、高程、尺寸和溢洪道的宽度、堰顶高程等，同时，若防洪限制水位也需要选择时，还需拟定可行的防洪限制水位方案。上述各因素其中一个不同，则构成一个比较方案。对于泄洪建筑物的方案，应根据地形地质条件、防洪及综合利用要求、技术经济条件等通过分析拟定若干个技术上可行方案。为避免影响因素太多，应抓住主要因素来拟定方案。

（2）拟定调洪方式。水库的调洪方式与水库入库洪水大小、水库与防洪对象之间的区间洪水情况、防洪任务、是否具备非常泄洪设施等有关，这已在 G5.3 节中作了介绍，根据水库的具体情况可选择合适的调洪方式。需要指出，在选择防洪参数和特征值的设计阶段，调洪方式宜考虑得稳妥一些，一般不考虑短期洪水预报。

（3）调洪计算。对某一方案而言，根据拟定的调洪方式，采用本工作任务 G5.3.2 中介绍的方法，先对下游防护对象标准的洪水进行调洪计算，求得防洪库容和防洪高水位，然后分别对水库设计洪水和校核洪水进行调洪计算，分别求得设计和校核调洪库容、设计和校核洪水位及相应的最大下泄流量。

（4）优选方案。获得各个方案的调洪计算成果后，方案比较与优选方法与前述无闸门溢洪道的情况基本相同。

关于防洪限制水位的确定，该水位定得愈低，设计或校核洪水位愈低，坝顶高程愈低；但从兴利蓄水要求来看，此水位愈低，有可能使汛后蓄不到正常蓄水位，而影响兴利用水。因此，应综合考虑防洪和兴利要求，同时还要考虑流域洪水特性。

当流域洪水发生无定期，大洪水任何时候都有可能发生时，防洪限制水位应等于正常蓄水位，防洪库容和兴利库容不结合。另外，我国夏伏旱严重地区的水库，既要考虑到伏旱供水，在夏伏旱到来之前蓄满水库（蓄至正常蓄水位），又要考虑到伏旱期不定期发生暴雨洪水的可能性而应预留防洪库容，防洪和兴利也无法结合。

对于春汛为主的河流，洪水出现规律性很强，或所需防洪库容较小的水库，可以使防洪高水位等于正常蓄水位，防洪库容和兴利库容完全结合。

对于一般暴雨洪水的河流，有闸门情况下通常防洪限制水位低于正常蓄水位，防洪高水位高于正常蓄水位，防洪库容和兴利库容部分结合。在我国部分结合的情况居多。

防洪和兴利能够结合时，规划设计阶段，在兴利要求已经确定的情况下，从兴利蓄水的角度，年调节水库可采用代表年法确定防洪限制水位。即首先推求设计枯水年汛末至供水期初的余水量 $W_{余}$，然后，由 $W_{兴}+W_{死}-W_{余}$ 查水位—容积关系线，所得水位作为 $Z_{限}$。

防洪限制水位不仅是协调防洪和兴利关系的关键水位，并且对工程的发电效益、库内引水高程、通航水深、泥沙淤积，以及水库淹没指标等均有直接影响。因此当兴利和防洪要求均尚未确定时，应拟定方案，根据各方案调洪计算成果，从技术经济上进行分析，结合防洪和兴利要求分析比较后选定。

此外，由于洪水的成因、大小和出现的可能性在全汛期中各阶段可能存在明显的差异，水库运行过程中，常拟定分期防洪限制水位（例如分为前汛期、主汛期、尾汛期等），使水库充分有效地发挥防汛和兴利的作用，有关这方面的内容见模块 4 水库调度简介。

G5.4.3　具有非常泄洪设施的水库防洪计算

1. 非常泄洪设施的作用

有些水库，校核洪水比设计洪水大得多，尤其当采用可能最大洪水作为校核洪水时，两者的差别更为悬殊。这种情况下，若仅设置正常泄洪设施，会导致为应付出现几率很小的校核洪水而使得坝顶高程较高，或正常泄洪设施尺寸很大，显然是不经济的。因此，为降低坝顶高程或减小正常泄洪设施尺寸，故设置非常泄洪设施，来协助正常泄洪设施宣泄校核洪水。

目前我国采用的非常泄洪设施主要是非常溢洪道，其位置可选择在库区地形较合适的垭口处，也可采用临时炸开一段副坝作为非常溢洪道。非常溢洪道的堰顶高程，一般不应低于水库的防洪限制水位。

2. 非常泄洪设施的启用标准

非常泄洪设施属于一种临时的、特殊的防洪设施，应规定在某种条件下启用，目前都以某一库水位作为启用标准，此水位称为启用水位，记 $Z_{启}$。若启用水位高，虽能减少下游洪水灾害，但会使挡水建筑物的规模增大，工程投资和上游淹没损失均增大；若启用水位，虽能减小挡水建筑物的规模，但下游遭受非常泄洪的机会多，损失就要加大。因此，非常泄洪设施的启用水位必须通过技术经济论证后确定。一般可在设计洪水位至设计洪水位加安全超高的范围内选择。

3. 具有非常泄洪设施时水库防洪计算

具有非常泄洪设施时，水库防洪计算方法与仅有正常泄洪设施时的基本相同。不同之处在于对校核洪水的调洪计算，当库水位达到启用水位时，非常泄洪设施投入运用，水库的泄量为非常泄洪设施泄量与正常泄洪设施泄量之和。

图 G5.22 为溢洪道有闸门下游有防洪要求时，水库遇大坝校核洪水启用非常泄洪设施进行洪水调节，水库的出流过程和库水位的变化过程。t_4 时刻以前的泄流过程与设计洪水调洪计算方法相同，当 t_4 时刻蓄洪量等于非常泄洪设施启用水位 $Z_启$ 相应的蓄洪量时，非常泄洪设施投入运用，流量突增，它与正常泄洪设施一起全力泄洪，确保大坝安全，t_5 时刻蓄洪量达最大值 $V_防 + \Delta V_设 + \Delta V$，该值即校核洪水调洪库容 $V_校$，相应最高洪水位即校核洪水位 $Z_校$，其中 ΔV 为水库遇校核洪水，在设计洪水调洪库容以上再需增加的库容。因此，对图 G5.22 中 hi 段的调洪计算，采用的泄流曲线 $Z—q$ 和蓄泄曲线 $q—V$ 中的泄流量应为正常和非常泄洪设施泄流量之和。

对于具有正常泄流设施和非常泄流设施时的泄流曲线 $Z—q$ 和蓄泄曲线 $q—V$ 如图 G5.23 所示。图中 $Z_限$、$Z_启$ 分别为防洪限制水位和非常溢洪道的启用水位；$V_限$、$V_启$ 分别为防洪限制水位 $Z_限$ 和启用水位 $Z_启$ 相应的库容；$q_限$ 为正常溢洪道相应于防洪限制水位的

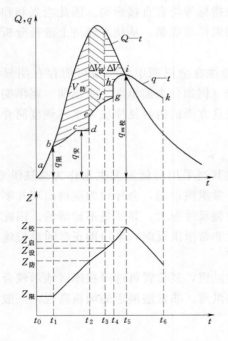

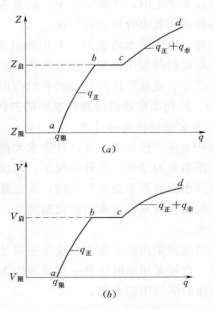

图 G5.22　启用非常泄洪设施对大坝
校核洪水调洪示意图

图 G5.23　启用非常泄洪设施时的
泄流曲线及蓄泄曲线
(a) 泄流曲线 $Z—q$；(b) 蓄泄曲线 $q—V$

泄流能力；$q_正$、$q_非$ 分别表示正常溢洪道和非常溢洪道的泄流能力。在启用水位 $Z_启$ 以下，泄流曲线和蓄泄曲线如图 G5.23 中 ab 段所示；当库水位等于启用水位 $Z_启$ 时，非常溢洪道上已有一定的水头，故启用非常溢洪道的瞬间，泄流量突增，如图 G5.23 中 bc 段，因此在启用水位 $Z_启$ 及其以上泄流曲线和蓄泄曲线如图 G5.23 中 bcd 段所示。

采用半图解法调洪计算，利用如图 G5.23 所示的蓄泄曲线 $q—V$，绘制辅助曲线 $q—V/\Delta t + q/2$ 的方法与前述仅有正常泄流设施时的情况类似，不再赘述。

当溢洪道无闸门控制时，水库对大坝校核洪水启用非常泄洪设施进行洪水调节的出流过程和库水位过程，试自行分析。

复习思考与技能训练题

G5.1　近年来，我国防洪减灾战略有哪些转变？为什么说这些转变并非意味着从防洪工程措施转向防洪非工程措施？举例说明工程和非工程防洪措施及其在防洪减灾中的作用。

G5.2　水库调洪计算的原理是什么？它与兴利调节计算的原理有何异同？

G5.3　试简述各种调洪计算的基本方法及它们的适用情况。

G5.4　什么情况下采用控制与自由泄流相结合的泄流方式、分级控制泄流方式？

G5.5　溢洪道设置闸门下游有防洪要求时，如何推求水库的防洪高水位和设计洪水位？

G5.6　简述溢洪道无闸门下游无防洪要求和溢洪道有闸门下游有防洪要求时，水库防洪水利计算的方法步骤，并分析它们有什么异同。

G5.7　如何理解防洪限制水位是协调防洪与兴利关系的关键水位？

G5.8　为什么设置非常泄洪设施？什么情况下启用非常泄洪设施？此种情况下调洪计算与仅有正常泄流设施有何异同？

G5.9　水库调洪计算。某水库已知如下资料：

（1）某水库 $p=1\%$ 的设计洪水过程线和水库水位容积关系见表 G5.7 和表 G5.8。

表 G5.7　　　　　　　　　　　　设 计 洪 水 过 程 线

时间 t	0	6	12	18	24	30	36	42	48	…
流量（m^3/s）	370	640	3020	7650	5500	3500	2230	1450	800	…

表 G5.8　　　　　　　　　　　　水 位 容 积 关 系

水位（m）	224	226	228	230	232	234	236
库容（亿 m^3）	12.05	12.43	12.81	13.20	13.60	14.02	14.44

（2）泄洪建筑物：无闸门溢洪道，堰顶高程＝正常蓄水位＝224m，宽度 $B=90m$，出流公式 $q=1.77Bh^{3/2}$。该水库有水电站，汛期按水轮机过水能力 370m^3/s 引水发电。

（3）水库防洪限制水位为 224m。

要求：调洪计算，推求水库最大下泄流量、设计洪水位和调洪库容。

工作任务 6 (G6) 小型水电站水能计算

工作任务 6 描述： 开发水能必须进行水能计算，它是确定水电站工程规模和效益的重要依据。水电站的效益通常用保证出力和多年平均年发电量两个动能指标来衡量；而工程规模则以水库的正常蓄水位、死水位及水电站的装机容量为指标。

水能计算具有两个递进关系的工作任务：一是水能调节计算方法，分为已知发电流量的水能调节计算和已知出力的水能调节计算；二是针对某一正常蓄水位、死水位的方案，确定保证出力、多年平均年发电量和装机容量的方法。前者的计算技能是完成后者计算的基础；而掌握了后者的计算技能，结合工程的具体情况，通过对多个方案进行计算，则可确定水电站的效益与工程规模之间的关系，进而为优选方案提供依据。

水电站的调节性能不同，保证出力的衡量方法和计算方法不同，本工作任务中将分别介绍年调节水电站、灌溉为主结合发电的水库水电站、无调节和日调节水电站的水能计算。

水能计算所需基本资料有：水库特性曲线、水文资料、综合利用资料、水电站设计保证率等，望读者注意基本资料的搜集和使用。

小型水电站水能计算现用规范有：《小型水利发电站水文计算规范》（SL 77—94）；《小水电水能设计规程》（SL 76—94）；《小型水力发电站设计规范》（GB 50071—2002）。

G6.1 准 备 知 识

水能是指水体所具有的位能、动能和压能。利用水能发电与用其他燃料或原料相比，具有可再生性、清洁不污染环境、可以综合利用、发电成本低、便于进行电力调峰等优点。正是这些优点，使得世界各国均优先开发水能资源。我国水能资源的蕴藏量为 6.8 亿 kW（按多年平均流量估算），可开发量 3.8 亿 kW，蕴藏量和可开发量均居世界首位。我国从新中国成立初期水电装机容量仅 16.3 万 kW，发展到 2004 年 9 月，突破 1 亿 kW 大关，水电事业取得了显著成就。但水能资源开发率仍不足 30%，与发达国家相比，差距很大，美国已开发 60% 左右，日本已开发 80% 左右。可见我国水能资源的开发前景是广阔的。

水电站是生产电能的工厂，其所有发电机机组铭牌出力（功率）之和称为装机容量，记为 N_y，按装机容量划分：$N_y > 25$ 万 kW 为大型水电站；2.5 万 kW $< N_y \leqslant 25$ 万 kW 为中型水电站；$N_y \leqslant 2.5$ 万 kW 为小型水电站。

我国小水电资源十分丰富，可开发量约为 8700 万 kW，位居世界首位。与可开发量相比，目前开发率只有 30% 左右。我国小水电在农村电气化县建设中具有重要作用，其建设任务和开发潜力是十分巨大的，国务院和水利部的"十一五"计划和 2015 年发展规划，对小水电开发给予了许多优惠政策。

开发水能必须进行水能计算，它是确定水电站工程规模和效益的重要依据。

G6.1.1　水能开发利用原理

1. 水流的能量和功率

如图 G6.1 所示，从河流中取出一个河段，利用水力学中的伯努力方程可得 Δt 时段内水体 W（m^3）从断面 1-1 至断面 2-2 所消耗的能量 E

$$E = \left[\left(Z_1 + \frac{p_1}{\gamma} + \frac{\alpha_1 v_1^2}{2g}\right) - \left(Z_2 + \frac{p_2}{\gamma} + \frac{\alpha_2 v_2^2}{2g}\right)\right]\gamma W \quad (\text{N} \cdot \text{m}) \tag{G6.1}$$

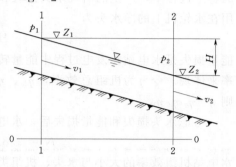

式中　Z_1、Z_2——1-1、2-2 断面的位置水头，m；

$\dfrac{p_1}{\gamma}$、$\dfrac{p_2}{\gamma}$——1-1、2-2 断面压强水头，m；

v_1、v_2——1-1、2-2 断面平均流速，m/s；

α_1、α_2——1-1、2-2 断面流速不均匀系数；

γ——水的容重，其值等于 $9.81 \times 10^3 \text{N/m}^3$；

g——重力加速度。

图 G6.1　天然河道水流的能量

式（G6.1）中 $p_1 = p_2$，且在不太长的河段，天然河道的水流可以近似认为是均匀流，因此，$\alpha_1 v_1^2 = \alpha_2 v_2^2$，于是

$$E = \gamma W(Z_1 - Z_2) = \gamma W H \quad (\text{N} \cdot \text{m}) \tag{G6.2}$$

式中　H——断面 1-1 与断面 2-2 的水位差，也称为落差，m。

水体 W 从断面 1-1 至断面 2-2 所消耗的能量即该河段中所蕴藏的水能资源；也是水体 W 由断面 1-1 至断面 2-2 所做的功。因此，水流的功率

$$N = \frac{E}{\Delta t} = \frac{\gamma W H}{\Delta t} = \gamma Q H \quad (\text{N} \cdot \text{m/s}) \tag{G6.3}$$

式中　N——水流的功率，N·m/s；

Δt——计算时段，s；

Q——时段平均流量，m^3/s。

天然状态下，这部分能量消耗在水流的内部摩擦、携带泥沙及克服沿程河床阻力等方面，可以利用的部分往往很小，且能量分散。为了充分利用两断面间的能量，就要修筑一些水利设施如壅水坝、引水渠道、隧洞等，以集中落差，减小沿程能量的消耗。图 G6.2 为在河流上筑坝及修建水电站，集中落差发电。

利用水能发电的原理是：水流冲动水轮机，将水能转变成机械能；水轮机带动发电机，将机械能转变成电能。

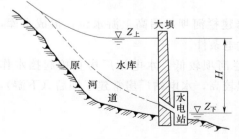

图 G6.2　坝后式水电站示意图

2. 水电站的出力和发电量

筑坝后引水发电，设 q 为发电引水流量，m^3/s；H 为坝上、下游的水位差，也称为水头，m，则式（G6.3）改写为

$$N = \gamma q H \quad (\text{N} \cdot \text{m/s}) \tag{G6.4}$$

在水能利用中常将功率称为出力，也称容量，常用单位 kW，由于 1kW=1000N·m/s，故式（G6.4）转化为

$$N = \frac{9.81 \times 10^3 \, qH}{1000} = 9.81 qH \quad (\text{kW}) \tag{G6.5}$$

式（G6.5）所表示的出力是理想状态下的，水电站运行过程中存在水头损失和能量损失，实际出力要小一些。

水头损失是指水流通过拦污栅、进水口、引水管到水轮机，并经尾水管排入下游河道的整个过程中，产生的沿程水头损失和局部水头损失。若将各种水头损失记为 ΔH，则作用在水轮机上的净水头为

$$H_\text{净} = H - \Delta H$$

能量损失是水电站在发电过程中能量转换和传递时所产生的损失，通过能量转换和传递效率来体现。令 η 为机组总效率，$\eta_\text{水}$、$\eta_\text{传}$、$\eta_\text{发}$ 分别为水轮机、传动装置和发电机的效率，则 $\eta = \eta_\text{水} \, \eta_\text{传} \, \eta_\text{发}$。

考虑水头损失和能量损失后，水电站实际出力为

$$N = 9.81 \eta (H - \Delta H) \quad (\text{kW}) \tag{G6.6}$$

水电站机组效率的大小与水头、机组类型等有关，详细考虑往往比较复杂，实际计算中，通常将机组效率作为常数近似处理，并令 $K = 9.81 \eta$，这样式（G6.6）改写为

$$N = Kq(H - \Delta H) = KqH_\text{净} \quad (\text{kW}) \tag{G6.7}$$

式中 K——反映机组效率的一个综合效率系数，称为出力系数，可参考表 G6.1 选用。

水头损失 ΔH 与管长、管材、断面型式等有关，初步规划设计时，这些尚未确定，水能计算时，可参照同类已建成的水电站的情况估计 ΔH，以后再作校核。根据一些工程单位的经验，ΔH 约为 H 的 $3\% \sim 10\%$，管道短时则取小值，管道长则取大值。

表 G6.1　　　　　　　　　　　　出 力 系 数 表

类　型	大型水电站	中型水电站	小 型 水 电 站		
			直接连接（同轴）	皮带传动	经两次传动
出力系数	8.5	8.0	7.0～7.5	6.5	6.0

若计算时段 Δt 以小时为单位，由式（G6.7）可得 Δt 时段水电站的发电量 E 为

$$E = N \Delta t \quad (\text{kW} \cdot \text{h}) \tag{G6.8}$$

式（G6.7）和式（G6.8）为水电站水能计算的基本方程。

G6.1.2　水电站开发水能的方式

由式（G6.7）可知，水力发电要具备流量和落差（水头）两个要素。按集中落差的方式，水电站可分为坝式水电站、引水式水电站和混合式水电站。

1. 坝式水电站

坝式水电站也称为蓄水式水电站。在河道上修建拦河坝，抬高上游水位，形成水库，因而既集中了落差，又能调节水量，具有良好的发电条件。

坝式水电站又分为河床式和坝后式两种。当拦河坝较低，水电站厂房直接起挡水作用，承受上游水压力，为河床式水电站。当拦河坝较高，水电站厂房常建于坝后（下游），厂房不起挡水作用，为坝后式水电站（图 G6.2）。

2. 引水式水电站

引水式水电站也称径流式水电站，如图 G6.3 所示。在河道上筑一低坝，将水导入引

水道（渠道或隧洞），引水道的坡降比天然河道的坡降小，故在引水道的末端和天然河道之间就形成了一个较大落差；再在引水道的末端接压力水管，将水引入水电站厂房发电。引水式水电站适用于流量较小、坡度较大的山区河道。在河道急弯处，裁弯取直，也可获得较大落差修建引水式水电站。当两条相邻河道的两个断面相距不远，而水面高程相差较大时，则可用隧洞跨流域引水发电。

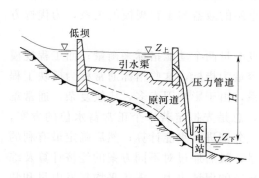

图 G6.3　引水式水电站示意图

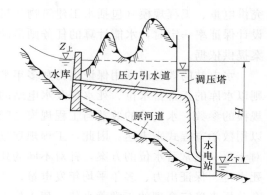

图 G6.4　混合式水电站示意图

3. 混合式水电站

混合式水电站是前两种开发形式的结合，如图 G6.4 所示。在河段的上游筑一拦河坝集中一部分落差，并形成一个调节水库；再用压力引水道引水至河段的下游，又集中一部分落差然后用压力钢管引水入水电站的厂房。当河段上游坡降平缓而淹没又小，下游坡降较大且有条件集中较大的落差时，采用这种开发方式往往是比较经济的。

按水电站对径流的调节方式，可分为蓄水式和径流式水电站；按调节周期，水电站可分为无调节、日调节、年调节和多年调节水电站。

G6.1.3　水电站的设计保证率

由于天然来水的随机性，使得水电站的出力也具有随机性，以至各年各月的出力和发电量有所不同。为衡量水电站的工作情况，在水电站的规划设计中，通常要事先确定一个设计保证率，作为设计的依据。水电站的设计保证率是指水电站在多年工作期间，正常供电得到保证的程度。

对于年和多年调节水电站，设计保证率一般用正常供电的相对年数表示，即采用年保证率，见式（G4.4）。

对于无调节和日调节水电站，设计保证率用正常供电的相对日数表示；灌溉为主结合发电的水库水电站，其设计保证率一般用正常供电的相对月数表示。这些统称历时保证率，见式（G4.5）。

设计保证率的大小，不仅关系到供电的可靠性，而且影响水能资源的开发利用程度及水电站的规模，其选择是一个复杂的问题。应根据规范要求，并结合具体情况确定。《小型水力发电站设计规范》（GB 50071—2002）规定，小型水电站设计保证率宜在 80%～90% 范围选择。

建在灌渠上或灌溉为主结合发电的小型水电站，其工作情况主要取决于灌溉用水。若水电站生产的电能又以供农田排灌等作业为主，则水电站设计保证率可与灌溉设计保证率取相同值。

G6.1.4 水能计算的任务和所需资料

1. 水能计算的任务

水库兴利调节计算，在来水一定时，其任务可概括为研究供水量（或灌溉面积）、库容、设计保证率三者的关系。与之类似，在规划设计阶段，水能计算的任务，可概括为研究供电量、工程规模（包括水工建筑物和机电设备）、设计保证率三者之间的关系。而当设计保证率一定时，水能计算的任务则是确定水电站的效益与工程规模的关系，为优选方案提供依据。

水电站的效益通常用保证出力和多年平均年发电量两个动能指标来衡量；而工程规模则以水库的正常蓄水位、死水位及水电站的装机容量为指标，这些指标通常称为反映工程规模的参数。水电站的效益与工程规模之间的关系，由于影响因素多，比较复杂，通常难以用数学方程式来表达。因此，工程规划设计时，总是先拟定若干个正常蓄水位的方案，对于每一正常蓄水位的方案，针对不同的死水位，分别进行水能计算；然后确定最有利的死水位、保证出力、多年平均年发电量、装机容量；最后通过对不同方案的经济计算及综合分析来确定合理的正常蓄水位、死水位方案及相应的保证出力、多年平均年发电量和装机容量。

在该工作任务中，着重介绍针对某一正常蓄水位、死水位的方案，确定保证出力、多年平均年发电量和装机容量的方法。这一工作任务，在水电站运行期间制定调度运行方案时也是常见的。有关正常蓄水位、死水位选择等内容，读者可参阅有关书籍。

2. 水能计算所需的基本资料

水能计算所需的基本资料有：

（1）水库特性曲线。包括水库面积曲线和容积曲线。

（2）水文资料。包括流域特征、坝址断面设计的长期年、月流量系列或代表年来水资料、水电站尾水断面的水位流量关系曲线、水库蒸发、渗漏损失等资料。

（3）综合利用资料。包括灌溉、航运、给水等方面的需水资料和上下游防洪任务，以及水电站水能开发方式和水电站供电范围内的电力负荷等资料。

（4）水电站设计保证率。

G6.2 电力系统的负荷及其容量组成认知

G6.2.1 电力系统及其用户

若干个电站及用户之间用输电线联结为一个共同的电力网，称为电力系统或电网。由于电能不能贮存，电力系统中电能的生产、输送和消耗是同时完成的。网内各种电站（水电、火电及其他电站）进行联合供电，可以彼此取长补短，提高供电的可靠性和经济性。目前我国各地除一些大电网外，如华北电网、华东电网等，以一个县或几个县为单位的小电网（也称地方电网）不断出现。这些小电网在地方工业、居民生活等的电力供应中起着重要作用。

各用户要求电力系统所供给的电力称为负荷。电力系统中各用户要求系统供应的电力总和称为电力系统的负荷。电力系统中有各种类型的用户，通常可划分为如下几类：

（1）工业用电。其特点是用电量大，年内用电过程一般比较均匀，年际变化则随生产发展而增长，用电的日变化取决于工作班生产制度和生产类型。

（2）农业用电。主要是排灌和农产品脱粒加工用电，其次是农村生活与公用事业用电。灌溉用电有明显的季节性。

（3）市政用电。主要包括市内交通、给水排水、通信、照明、生活用电等，这类用电具有明显的日内变化和年内变化。以照明用电为例，夏天夜短用电少，冬天夜长用电多。南方城市由于空调设备猛增，夏季用电多；北方城市由于集中供热增多，冬季用电多。

（4）交通运输用电。交通运输用电主要指电气化铁路运输的用户，它的年内变化和日内变化都是比较均匀的，只是电气列车启动时会产生负荷突然跳动的现象。

G6.2.2　电力负荷图

以时间为横坐标、出力为纵坐标表示的负荷随时间的变化过程图，称为负荷图。负荷在一日内的变化过程图称为日负荷图；负荷在一年内的变化过程图称为年负荷图。

电力系统日负荷的变化是有一定规律性的，一般上、下午各有一个高峰，夜间和午休期间各有一个低谷，如图 G6.5 所示。日负荷图有三个特征值：最大值称为日最大负荷 N''；最小值称为日最小负荷 N'；日平均负荷 $\overline{N}$。其中日平均负荷 $\overline{N}$ 根据式（G6.9）计算，即

$$\overline{N} = \frac{E_日}{24} \tag{G6.9}$$

式中　$E_日$——一日的需电量或电能，等于日负荷曲线与纵、横坐标轴所包围的面积，kW·h。

上述三个特征值把日负荷图划分为三个区域，即峰荷区、腰荷区及基荷区。峰荷随时间变化最大，基荷不随时间变化，腰荷则介于峰荷与基荷之间。

年负荷图表示一年内电力系统负荷的变化过程。为简化起见，年负荷图的横坐标常以月为单位。该图常用两条曲线表示。一条是月最大负荷年变化曲线，依据每月最大负荷日的最大负荷值绘制，它表示电力系统各月所需的工作容量。另一条是月平均负荷年变化曲线，依据各月出力的月平均值绘制，此线与横轴所包围的面积即系统一年内所需的发电量。

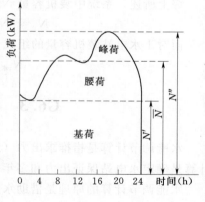

图 G6.5　日负荷图

应该指出，电力系统年负荷中最低负荷、最高负荷发生的时间各地区有所不同，一般北方地区，冬季的负荷最高，夏季则低 10%～20%；在南方地区则恰好相反。

电力系统的负荷，随着国民经济的发展是逐年增长的。因此，在规划水电站时，必须考虑系统负荷的发展水平，拟定设计水平年，以设计水平年的负荷要求作为设计依据。小水电可采用第一台机组投入运行后的 5～10 年作为设计水平年，并宜与国民经济和社会发展 5 年计划的年份相一致。

G6.2.3　系统的容量组成

电站的装机容量是指该电站上所有机组铭牌出力之和。电力系统的装机容量便是所有电站装机容量的总和。电力系统中的装机容量又可划分成若干部分，根据目的和作用，系

统装机容量可分为工作容量、备用容量和重复容量。

1. 工作容量 $N_工$

为满足系统最大负荷要求而设置的容量称为工作容量。它应等于系统的年最大负荷值。

2. 备用容量 $N_备$

为应付负荷跳动、事故和机组检修而设置的容量称为备用容量。它包括负荷备用容量、事故备用容量和检修备用容量。用户投入和切除负荷往往是突然的，如大型轧钢机的启动和停止，都会使负荷突然跳动，为应付负荷跳动，则要设置负荷备用容量。负荷备用容量一般为系统年最大负荷的 2%～5%；事故备用容量采用系统年最大负荷的 10% 左右，但不得小于系统最大一台机组的容量；机组检修可安排在系统有空闲容量的时间进行，在无法安排时才设置专门的检修容量。

在电力系统中，各电站的工作容量和备用容量都是保证系统正常供电所必需的。因此，这两部分容量之和，称为系统的必需容量 $N_必$。

3. 重复容量 $N_重$

由系统必需容量的含义可知，水电站设置的必需容量，要有水量作为保证。因此，水电站的必需容量是以设计枯水年的水量作为设计依据的。这样，在丰水年的全年或汛期的水量会有富余，若仅以必需容量工作会产生大量弃水，为了充分利用此部分水量发电，以减少火电站的煤耗，水电站还额外设置一部分容量，称为重复容量。这部分容量，并非是系统正常工作所必需的。

综上所述，系统中装机容量 N_y 的组成为

$$N_y = N_必 + N_重 = N_工 + N_备 + N_重 \tag{G6.10}$$

而对于水电站装机容量的组成为

$$N_{y水} = N_{工水} + N_{备水} + N_{重水} \tag{G6.11}$$

G6.3 水 能 调 节 计 算 方 法

水能调节计算是指推求出力（或发电流量）及水库蓄水量变化过程的计算。水能调节计算是确定水电站保证出力和多年平均年发电量时要涉及的必需环节。

水能调节计算的原理是借助水库水位—容积曲线及下游水位—流量曲线，联解动力方程（即出力公式）和水量平衡方程。所依据的方程为

$$\left.\begin{array}{l} N = kq(Z_上 - Z_下 - \Delta H) \\ (Q - q)\Delta t = V_2 - V_1 \\ Z_上 = f(V) \\ Z_下 = g(q) \end{array}\right\} \tag{G6.12}$$

利用式（G6.12）调节计算，计入水库水量损失时，一般是先从来水中扣除；在无弃水的情况下，出力公式中的发电流量即水量平衡方程式中的出库流量；计算时段 Δt 视水库调节性能和精度要求而定，年调节和多年调节通常取一个月或旬，日调节和无调节通常取一日。

调节计算时，出力公式中的出力 N 或发电流量 q 两者中通常是已知其一求其二。因此，水能调节计算问题可分为已知发电流量的水能调节计算和已知出力的水能调节计算。

G6.3.1　已知发电流量的水能调节计算

在发电流量 q 和调节计算起始条件（时段初的水库蓄水量 V_1 或水库水位 $Z_{\pm 1}$）已知的情况下，可利用式（G6.12）逐时段调节计算，推求时段平均出力 N、时段末水库蓄水量 V_2 或水库水位 $Z_{\pm 2}$，举例如下。

【例 G6.1】　某年调节水库，正常蓄水位 $Z_{正}=710\text{m}$，死水位 $Z_{死}=702\text{m}$。水库水位容积关系、下游水位流量关系分别见表 G6.2 和表 G6.3。水电站各月来水流量、发电引水流量见表 G6.4 第（1）、（2）、（3）栏。出力系数 $k=7.0$，水头损失 $\Delta H=1.0\text{m}$。3月初水库水位位于死水位。不计水库水量损失，试求水电站各月平均出力和各月末水库蓄水量。

表 G6.2　　　　　　　　　　　　　水库水位容积关系

水位（m）	698	700	702	704	706	708	710	712
库容（m³/s·月）	0	1.6	4.0	7.3	11.3	17.0	26.5	37.5

表 G6.3　　　　　　　　　　　　水电站下游水位流量关系

下游水位（m）	674	676	678	680	682	684
流量（m³/s）	1.80	2.75	4.10	6.00	8.50	12.0

表 G6.4　　　　　已知发电流量的水能调节计算表（$\Delta H=1.0\text{m}$，$k=7.0$）

月份	来水 Q (m³/s)	发电流量 q (m³/s)	水库蓄水变量 Δv (m³/s·月)	月末库蓄水量 V (m³/s·月)	水库弃水量 (m³/s·月)	平均蓄水量 $\overline{V}$ (m³/s·月)	平均库水位 $\overline{Z}_{\pm}$ (m)	下游水位 $\overline{Z}_{下}$ (m)	净水头 $H_{净}$ (m)	出力 N (kW)
(1)	(2)	(3)	(4)	(5)	(6)	(7)	(8)	(9)	(10)	(11)
				4.0						
3	11.3	8.2	3.1	7.1	0	5.6	703.0	681.8	20.2	1159
4	10.6	8.2	2.4	9.5	0	8.3	704.6	681.8	21.8	1251
⋮	⋮	⋮	⋮	⋮	⋮	⋮	⋮	⋮	⋮	⋮

表 G6.4 中（1）～（7）栏与工作任务 4 兴利调节计算方法相同；第（8）栏由第（7）栏查水库水位—容积关系线求得；第（9）栏由第（3）栏查下游水位—流量关系线求得；第（10）栏净水头 $H_{净}=\overline{Z}_{\pm}-\overline{Z}_{下}-1.0$；第（11）栏出力 $N=7.0qH_{净}$。

G6.3.2　已知出力的水能调节计算

在时段平均出力 N 和调节计算起始条件（时段初水库蓄水量 V_1 或水库水位 $Z_{\pm 1}$）已知的情况下，利用式（G6.12）逐时段调节计算，推求时段平均发电流量 q、时段末水库蓄水量 V_2 或水库水位 $Z_{\pm 2}$ 时，由于 q 未知时，上、下游水位均未知，而它们又均与发电流量 q 有关，因此无法直接求解，需采用试算法或半图解法。

G6.3.2.1 试算法

试算法的方法为：假定发电流量 q，此时问题转化为已知发电流量的水能调节计算，采用前述方法，则可计算时段平均出力 $N_计$，若 $N_计 = N_{已知}$，则假设 q 为所求；否则，重设 q，直至求得的 $N_计 = N_{已知}$ 为止。

试算法精度容易控制，但计算工作量大。为避免试算，常采用半图解法。

G6.3.2.2 半图解法

将水量平衡方程整理，并将已知量和未知量分放等号两边得

$$\frac{V_1}{\Delta t} + \frac{Q}{2} = \frac{\overline{V}}{\Delta t} + \frac{q}{2} \tag{G6.13}$$

可见虽然 q、V_2 未知，但因 $\frac{V_1}{\Delta t} + \frac{Q}{2}$ 为已知，而总和 $\frac{\overline{V}}{\Delta t} + \frac{q}{2}$ 也已知，于是可事先绘出 $\frac{\overline{V}}{\Delta t} + \frac{q}{2} - N - q$ 关系线，由 $\frac{\overline{V}}{\Delta t} + \frac{q}{2}$、$N$ 查得 q，进而可得 $V_2 = V_1 + (Q-q)\Delta t$，这样就避免了试算。

$\frac{\overline{V}}{\Delta t} + \frac{q}{2} - N - q$ 称为水能计算工作曲线（或辅助曲线），其绘制方法以及逐时段水能调节计算方法见 [例 G6.2]。

【例 G6.2】 某年调节水库，正常蓄水位 $Z_正 = 710\text{m}$，死水位 $Z_死 = 702\text{m}$。水库水位容积关系、下游水位流量关系见表 G6.2、表 G6.3。设计枯水年供水期 10 月至次年 2 月每月平均出力为 1300kW。设计枯水年供水期的来水流量见表 G6.6。出力系数 $k = 7.0$，水头损失 $\Delta H = 1.0\text{m}$。不计水库水量损失，试用半图解法进行水能调节计算。

1. 绘制工作曲线 $\frac{\overline{V}}{\Delta t} + \frac{q}{2} - N - q$

计算过程见表 G6.5。第（2）栏根据库水位和下游水位的可能变化范围拟定净水头 $H_净$；第（3）栏发电流量 $q = N/(kH_净)$；第（4）栏由第（3）栏发电流量 q 查下游水位流量关系得到；第（5）栏库水位 $Z_上 = Z_下 + H_净 + \Delta H$；第（6）栏由第（5）栏查水库水位容积曲线得到；第（7）栏由第（3）栏和第（6）栏求得。根据第（3）栏和第（7）栏绘制工作曲线，如图 G6.6 所示。

表 G6.5　　　　水能计算工作曲线计算表

出力 N (kW)	净水头 $H_净$ (m)	发电流量 q (m³/s)	下游水位 $Z_下$ (m)	库水位 $Z_上$ (m)	库蓄水量 $\overline{V}$ (m³/s·月)	$\frac{\overline{V}}{\Delta t} + \frac{q}{2}$ (m³/s)
(1)	(2)	(3)	(4)	(5)	(6)	(7)
1300	18	10.3	683.2	702.2	4.4	9.6
	20	9.3	682.6	703.6	6.6	11.3
	22	8.4	681.9	704.9	9.0	13.2
	24	7.7	681.4	706.4	12.3	16.2
	26	7.1	681.0	708.0	17.0	20.6
	28	6.6	680.6	709.6	23.2	26.5
	30	6.2	680.2	711.2	32.5	35.6

2. 半图解法水能调节计算

计算过程见表 G6.6。表中第（1）、（2）、（5）栏为已知。水能计算起始条件为：供水期初库水位等于正常蓄水位 $Z_正 = 710m$，相应蓄水量为 $26.5m^3/s\cdot$ 月，故第（3）栏 10 月初蓄水量 $V_1 = 26.5m^3/s\cdot$ 月为已知。第（4）栏 10 月 $\dfrac{V_1}{\Delta t} + \dfrac{Q}{2} = 26.5 + \dfrac{6.20}{2} = 29.6（m^3/s）$，此值即 $\dfrac{\overline{V}}{\Delta t} + \dfrac{q}{2}$，查工作曲线图 G6.6 得第（6）栏 10 月发电流量 $q = 6.4m^3/s$。由 $Q - q$ 差值，可求得第（3）栏 10 月

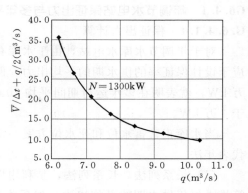

图 G6.6　某水库水能计算工作曲线

末蓄水量 $V_2 = V_1 + (Q - q)\Delta t = 26.5 - 0.2 = 26.3（m^3/s\cdot$ 月），此值即 11 月初的蓄水量。依次计算可求得供水期逐月发电流量及水库蓄水量变化过程，并利用水位—容积关系线将第（3）栏水库蓄水量转化为第（8）栏库水位。

表 G6.6　　　　　　　　　　　　　　半图解法水能调节计算表

月份	天然来水 Q (m^3/s)	月末蓄水量 V $(m^3/s\cdot$ 月$)$	$\dfrac{\overline{V}}{\Delta t} + \dfrac{q}{2}$ (m^3/s)	出力 N (kW)	发电流量 q (m^3/s)	$Q-q$ (m^3/s)	库水位 Z (m)
(1)	(2)	(3)	(4)	(5)	(6)	(7)	(8)
		26.5					710
10	6.20	26.3	29.6	1300	6.4	−0.2	709.9
11	1.40	21.1	27.0	1300	6.6	−5.2	709.2
12	1.40	15.5	21.8	1300	7.0	−5.6	707.5
1	2.00	9.9	16.5	1300	7.6	−5.6	705.4
2	3.80	4.8	11.8	1300	8.9	−5.1	702.5

G6.4　水电站保证出力和多年平均年发电量计算

保证出力是指水电站相应于设计保证率的枯水时段的平均出力，记 N_p，由此计算水电站设计枯水时段的电能，称为保证电能；多年平均年发电量是指水电站多年运行期间，每年能生产的发电量的平均值，也称多年平均电能，记 $\overline{E}$。保证出力是确定水电站装机容量的依据，也是反映电站运行情况的重要数据。多年平均年发电量反映水电站的效益。因此，保证出力和多年平均年发电量是水电站的两个重要的动能指标。水电站的调节性能不同，保证出力的衡量方法和计算方法不同，本节将分别介绍年调节水电站、灌溉为主结合发电的水库水电站、无调节和日调节水电站的保证出力与多年平均年发电量的计算方法。

G6.4.1 年调节水电站保证出力与多年平均年发电量计算

G.6.4.1.1 保证出力计算

对于年调节水库水电站，由于水库有调节作用，因而年调节水电站的保证出力是指相应于设计保证率的供水期的平均出力。例如，某水电站设计保证率为90%，保证出力为1万 kW，就表明在多年运行期间平均100年有90年该水电站的供水期的平均出力大于等于1万 kW。

当水库正常蓄水位和死水位方案一定时，推求水电站的保证出力，可采用长系列法和代表年法。

（1）长系列法。长系列法，是利用坝址断面处已有的全部径流资料系列，通过水能计算推求每年供水期的平均出力，然后将供水期的平均出力按大小次序排列，进行频率计算，绘制供水期平均出力的频率曲线，则该曲线上相应于设计保证率的供水期的平均出力，即年调节水电站的保证出力。

（2）代表年法。代表年法，是选择设计保证率相应的设计枯水年，推求该年供水期的平均出力，作为年调节水电站的保证出力。

由长系列法和代表年法可知，欲推求保证出力，关键是计算任一年或设计枯水年供水期的平均出力。常用方法有等流量法和等出力法。

（1）等流量法。等流量法在供水期内用相同流量调节计算，推求供水期内各时段的平均出力，然后求得供水期的平均出力。为直观起见，结合算例加以介绍。

【例 G6.3】 某年调节水库，正常蓄水位 $Z_正=710m$，死水位 $Z_死=702m$，兴利库容 $V_兴=22.5m^3/s \cdot 月$；水库水位容积关系、下游水位流量关系见表 G6.2、表 G6.3；出力系数 $k=7.0$，水头损失 $\Delta H=1.0m$；设计枯水年流量过程见表 G6.7。不计水库水量损失，试用等流量法计算水电站的保证出力。

表 G6.7 设计枯水年流量过程

月 份	3	4	5	6	7	8	9	10	11	12	1	2
流量（m^3/s）	11.3	10.6	18.4	8.0	9.4	6.3	15.6	6.2	1.4	1.4	2.0	3.8

计算要点如下：

1）计算供水期的调节流量。利用工作任务4中式（G6.14）经过试算求得本例供水期为10月至次年2月，供水期相应来水总量为 $14.8m^3/s \cdot 月$，供水期调节流量为：

$$q = \frac{W_供 + V_兴}{T_供} = \frac{22.5 + 14.8}{5} = 7.46(m^3/s)$$

2）计算供水期逐月平均出力。当供水期调节流量确定后，以10月初库水位 $Z=Z_正$，相应的水库蓄水量 $V_死+V_兴=26.5m^3/s \cdot 月$ 作为起始条件，逐时段调节计算，见表 G6.8。其中第（4）～（10）栏的计算方法与表 G6.4 所述方法相同，不再赘述。

由表 G6.8 计算可得，设计枯水年供水期的平均出力即保证出力 $N_p = \frac{1}{5}\sum_{i=10}^{2} N_i = 1303kW$。

表 G6.8　等流量调节计算表

月份	来水 Q（m³/s）	发电流量 q（m³/s）	水库蓄水变量 ΔV（m³/s·月）	月末库蓄水量 V（m³/s·月）	平均蓄水量 $\overline{V}$（m³/s·月）	平均库水位 $\overline{Z}_\text{上}$（m）	下游水位 $\overline{Z}_\text{下}$（m）	净水头 $H_\text{净}$（m）	出力 N（kW）
(1)	(2)	(3)	(4)	(5)	(6)	(7)	(8)	(9)	(10)
				26.50					
10	6.20	7.46	−1.26	25.24	25.87	709.8	681.2	27.6	1441
11	1.40	7.46	−6.06	19.18	22.21	709.4	681.2	27.2	1420
12	1.40	7.46	−6.06	13.12	16.15	707.8	681.2	25.6	1337
1	2.00	7.46	−5.46	7.66	10.39	705.6	681.2	23.4	1222
2	3.80	7.46	−3.66	4.00	5.83	703.2	681.2	21.0	1097
									平均出力 1303

若计入水库水量损失，其方法与工作任务 G4 介绍的方法相同，可在不计损失求得的月平均蓄水量的基础上计入损失，然后将损失从来水中扣除，再调节计算。

（2）等出力法。在正常蓄水位 $Z_\text{正}$ 和死水位 $Z_\text{死}$ 已知的情况下，采用等出力法计算供水期的平均出力，往往需要试算。具体方法为：假定供水期的平均出力 $\overline{N}_\text{供}$，然后对供水期各时段进行等出力调节计算（即已知出力的水能调节计算），可求得供水期末的最低水位 Z_min，若 $Z_\text{min}=Z_\text{死}$，则 $\overline{N}_\text{供}$ 为所求；否则，重设 $\overline{N}_\text{供}$，再进行调节计算，直至 $Z_\text{min}=Z_\text{死}$ 为止。一般求出若干组（$\overline{N}_\text{供}$，Z_min）后，可点绘 $\overline{N}_\text{供}$—Z_min 关系线，由已知 $Z_\text{死}$ 查得的 $\overline{N}_\text{供}$ 为所求；也可按直线内插求 $Z_\text{死}$ 相应的 $\overline{N}_\text{供}$。

【例 G6.4】　仍采用［例 G6.3］中的资料，试用等出力法推求保证出力。

当假定设计枯水年供水期平均出力为 1300kW 时，水能调节计算过程见［例 G6.2］，由表 G6.6 可知，供水期末的最低水位 $Z_\text{min}=702.5\text{m}$，不等于 $Z_\text{死}=702\text{m}$。

重新假设设计枯水年供水期平均出力为 1320kW，与［例 G6.2］类似的方法可求得供水期末最低水位 $Z_\text{死}=701.4\text{m}$。

采用直线内插法可求得 $Z_\text{死}=702\text{m}$ 时，设计枯水年供水期平均出力即保证出力。

$$N_p = 1300 + \frac{702.5-702}{702.5-701.4} \times (1320-1300) = 1309(\text{kW})$$

（3）等流量计算方法。就是把整个供水期作为一个时段一次计算，求供水期平均蓄水量 $\overline{V}$

$$\overline{V} = V_\text{死} + \frac{1}{2}V_\text{兴}$$

利用水库的水位—容积关系曲线查出 $\overline{V}$ 相应的平均库水位 $\overline{Z}_\text{上}$；再由调节流量 q 查下游水位流量关系曲线得供水期下游水位 $\overline{Z}_\text{下}$；则可由式（G6.7）计算供水期平均出力。

仍以［例 G6.3］资料为例，供水期平均蓄水量 $\overline{V} = V_\text{死} + \frac{1}{2}V_\text{兴} = 4.0 + \frac{1}{2} \times 22.5 = 15.25$（m³/s·月），由 $\overline{V}$ 查水位—容积关系线得供水期平均水位 $\overline{Z}_\text{上}=707.4\text{m}$；由 $q=7.46\text{m}^3/\text{s}$，查下游水位—流量关系线得 $\overline{Z}_\text{下}=681.2\text{m}$，故保证出力

235

$$N_p = 7.0 \times 7.46 \times (707.4 - 681.2 - 1.0) = 1316(\text{kW})$$

上述三种方法就精度而言，以等出力法较合理，逐时段等流量法次之，简化等流量法最差，但简化等流量法由于简便，所以在缺乏资料的小型水电站设计和流域规划阶段应用较多。

三种方法就计算结果而言，在相同条件下，等出力法总是大于逐时段等流量法计算的平均值，这是由于前者计算期的平均水头高于后者，水头利用较优。至于简化等流量法的计算值，可能大于也可能小于另外两种方法。

G6.4.1.2 多年平均年发电量计算

多年平均年发电量，反映水电站长期工作的效益，是水电站的动能指标之一。计算方法可以采用长系列法，丰、平、枯三个代表年法和平水年法。

1. 长系列法

长系列法是根据长系列水文资料，计算每年的逐月平均出力，一般蓄水期和供水期可分别采用等流量调节计算，供水期等流量调节如［例 G6.3］所述，蓄水期等流量按式（G6.14）确定。即

$$q_{蓄} = \frac{W_{蓄} - V_{兴} - W_{蓄损}}{T_{蓄}} \tag{G6.14}$$

式中　$q_{蓄}$——蓄水期发电调节流量，m^3/s；

　　　$W_{蓄}$——蓄水期天然来水量，$\text{m}^3/\text{s} \cdot 月$；

　　$W_{蓄损}$——蓄水期损失水量，$\text{m}^3/\text{s} \cdot 月$；

　　　$T_{蓄}$——蓄水期历时，月；

其他符号含义同前。

式（G6.14）为无弃水情况下的发电流量。由于装机容量的限制，蓄水期会存在一定的弃水。因此，按式（G6.14）引水发电，凡是月平均出力大于装机容量 N_y 的月份，其出力应取 $N = N_y$。

求得每年逐月出力后，每年的发电量为

$$E_{年} = \sum_{i=1}^{12} E_i = 730 \sum_{i=1}^{12} N_i \tag{G6.15}$$

式中　$E_{年}$——年发电量，$\text{kW} \cdot \text{h}$；

　　　E_i——第 i 个月的发电量，$\text{kW} \cdot \text{h}$；

　　　730——每个月的小时数，每月按 30.4d 计；

　　　N_i——第 i 个月的平均出力，kW。

多年平均年发电量 $\overline{E}$ 等于各年发电量的平均值，即

$$\overline{E} = \frac{1}{n} \sum_{i=1}^{n} E_{年} \tag{G6.16}$$

式中　n——系列的年数。

2. 丰、平、枯代表年法

首先，确定相应于设计保证率 $p_{设}$ 的设计枯水年、$p = 50\%$ 的平水年和（$1 - p_{设}$）的丰水年，然后，分别计算 3 个代表年的年发电量 $E_{丰}$、$E_{平}$、$E_{枯}$，则多年平均年发电量 $\overline{E}$ 为

$$\overline{E} = \frac{1}{3}(E_{丰} + E_{平} + E_{枯}) \tag{G6.17}$$

3. 平水年法

确定 $p=50\%$ 的平水年作为代表年，进行水能计算，以该年的发电量作为多年平均年发电量。

上述三种方法，长系列法能比较精确地求出多年平均年发电量，可借助 Excel 软件计算，以减少计算工作量和提高计算速度。

G6.4.2　灌溉为主结合发电水库水电站保证出力与多年平均年发电量的计算

为体现一库多利、一水多用的原则，许多水库灌溉用水的取水口通常在水电站尾水下游，来水先发电后灌溉，并且灌溉用水为主要任务，发电服从灌溉。例如，坝后式水电站尾水下游引水灌溉、灌区渠首水电站都属于这种类型。这类水库兴利调节计算的特点是：①灌溉设计保证率采用年保证率 $p_{灌}$，发电设计保证率采用历时（以月为时段）保证率（由于此类水库没有明显的发电供水期）；②在工程地质条件及水库上游淹没条件允许的情况下，确定兴利库容，除满足灌溉用水要求外，还适当考虑充分利用水量发电；③在灌溉期发电水量必须大于或等于灌溉水量，非灌溉期的发电流量应尽量均匀，即水电站以等流量调节。

对于灌溉为主结合发电的年调节水库，确定兴利库容、保证出力和多年平均年发电量的具体方法，结合算例加以介绍。

【例 G6.5】　某灌溉为主结合发电的年调节水库，在水库坝后兴建一坝后式水电站。灌溉设计保证率 $p=75\%$，发电设计保证率 70%。水库水位容积关系见表 G6.9，考虑综合利用要求确定水库死水位为 111m，相应死库容为 480 万 m^3。水库蒸发、渗漏损失按月平均蓄水量的 2.5% 计。电站下游平均水位为 95m。水电站水头损失 $\Delta H=1.0$，出力系数 $k=7.5$。试确定水库的兴利库容、保证出力和多年平均年发电量。

表 G6.9　　　　　　　　　　　　某水库水位容积关系

水位（m）	101	103	105	107	109	111	113	115	117
容积（万 m^3）	0	5	29	100	240	480	808	1316	1638

计算步骤如下：

(1) 选择丰、平、枯三个代表年。由灌溉设计保证率 $p_{灌}=75\%$，按频率 $p=75\%$、50%、25% 分别选择枯水、平水和丰水三个代表年，其来水和灌溉用水过程见表 G6.10、表 G6.11 和表 G6.12 中的第 (2)、(5) 栏。

(2) 求兴利库容和设计枯水年的各月平均出力。对设计枯水年，在满足灌溉用水要求的前提下，为了充分利用水量发电，按完全年调节确定水库逐月下泄水量，即发电水量，并计入水量损失，进而求兴利库容并计算设计枯水年的各月平均出力，结果见表 G6.10。具体方法如下：

1) 初步确定水库的水量损失。为简化计算，取每月损失水量为一常数，即各月损失水量均按平均蓄水量 $\overline{V}=\dfrac{1}{2}V_{兴}+V_{死}$ 来计算。由于兴利库容 $V_{兴}$ 未知，因此各月损失水量需要试算。此例经过分析，假定 $V_{兴}=950$ 万 m^3，则各月平均蓄水量 $\overline{V}=\dfrac{1}{2}V_{兴}+V_{死}=\dfrac{1}{2}\times 950+480=955$（万 m^3），于是，初步确定水库逐月损失水量为 $955\times 2.5\%=23.9$（万 m^3），取整数 24 万 m^3。

表 G6.10　某灌溉为主结合发电水库设计枯水年径流调节和出力计算（$p=75\%$）

月份	来水（万 m³）	水量损失（万 m³）	净来水（万 m³）	灌溉用水（万 m³）	水库泄水量（万 m³）	蓄水变量（万 m³）		月末蓄水量（万 m³）	月平均蓄水量（万 m³）	月平均库水位（m）	月平均净水头（m）	发电流量（m³/s）	月平均出力（kW）
						+	−						
(1)	(2)	(3)	(4)	(5)	(6)	(7)	(8)	(9)	(10)	(11)	(12)	(13)	(14)
								480					
7	733	24	709	360	360	349		829	655	112.2	16.2	1.37	166
8	506	24	482	162	162	320		1149	989	113.8	17.8	0.62	83
9	428	24	404	180	180	224		1373	1261	114.8	18.8	0.69	97
10	179	24	155		104	51		1424	1399	115.2	19.2	0.40	58
11	136	24	112	144	144		32	1392	1408	115.3	19.3	0.55	80
12	151	24	127		104	23		1415	1404	115.3	19.3	0.40	58
1	90	24	66		104		38	1377	1396	115.2	19.2	0.40	58
2	88	24	64		104		40	1337	1357	115.1	19.1	0.40	57
3	52	24	28	211	211		183	1154	1246	114.8	18.8	0.80	113
4	68	24	44	294	294		250	904	1029	114.0	18.0	1.12	151
5	96	24	72	288	288		216	688	796	113.0	17.0	1.10	140
6	104	24	80	288	288		208	480	584	111.8	15.8	1.10	130
合计	2631	288	2343	1927	2343	967	967						1191

表 G6.11　某灌溉为主结合发电水库平水年年径流调节和出力计算（p=50%）

月份	来水量（万 m³）	水量损失（万 m³）	净来水量（万 m³）	灌溉用水（万 m³）	水库泄水量（万 m³）	蓄水变量（万 m³）+	蓄水变量（万 m³）−	月末蓄水量（万 m³）	月平均蓄水量（万 m³）	月平均库水位（m）	月平均净水头（m）	发电流量（m³/s）	月平均出力（kW）
(1)	(2)	(3)	(4)	(5)	(6)	(7)	(8)	(9)	(10)	(11)	(12)	(13)	(14)
								480					
7	1569	24	1545	264	1401	144		624	552	111.5	15.5	5.33	620
8	2225	24	2201	144	1401	800		1424	1024	114.0	18.0	5.33	720
9	796	24	772	162	772	0		1424	1424	115.4	19.4	2.94	428
10	495	24	471		471	0		1424	1424	115.4	19.4	1.79	260
11	310	24	286	144	286	0		1424	1424	115.4	19.4	1.09	159
12	247	24	223		237		14	1410	1417	115.4	19.4	0.90	131
1	146	24	122	162	237		115	1295	1353	115.1	19.1	0.90	129
2	99	24	75	282	237		162	1133	1214	114.7	18.7	0.90	126
3	86	24	62	162	237		175	958	1046	114.1	18.1	0.90	122
4	48	24	24	282	282		258	700	829	113.1	17.1	1.07	137
5	127	24	103	162	237		134	566	633	112.1	16.1	0.90	109
6	175	24	151	160	237		86	480	523	111.3	15.3	0.90	103
合计	6323	288	6035	1480	6035	944	944						3044

表 G6.12　某灌溉为主结合发电水库丰水年径流调节和出力计算 （p=25%）

月份	来水 (万m³)	水量损失 (万m³)	净来水 (万m³)	灌溉用水 (万m³)	水库泄水量 (万m³)	蓄水变量 (万m³) +	蓄水变量 (万m³) −	月末蓄水量 (万m³)	月平均蓄水量 (万m³)	月平均库水位 (m)	月平均净水头 (m)	发电流量 (m³/s)	月平均出力 (kW)
(1)	(2)	(3)	(4)	(5)	(6)	(7)	(8)	(9)	(10)	(11)	(12)	(13)	(14)
								480					
7	1727	24	1703		1703	0		480	480	111.0	15.0	6.48	729
8	5554	24	5530		4586	944		1424	952	113.7	17.7	17.46	2318
9	1603	24	1579	162	1579	0		1424	1424	115.4	19.4	6.01	874
10	754	24	730		730	0		1424	1424	115.4	19.4	2.78	404
11	640	24	616	144	616	0		1424	1424	115.4	19.4	2.35	342
12	518	24	494		494	0		1424	1424	115.4	19.4	1.88	274
1	535	24	511		511	0		1424	1424	115.4	19.4	1.95	284
2	178	24	154		272		118	1306	1365	115.1	19.1	1.04	149
3	94	24	70	162	272		202	1104	1205	114.6	18.6	1.04	145
4	48	24	24	282	282		258	846	975	113.9	17.9	1.07	144
5	50	24	26	162	271		245	601	724	112.6	16.6	1.03	128
6	174	24	150	160	271		121	480	541	111.4	15.4	1.03	119
合计	11875	288	11587	1072	11587	944	944						5910

2）确定逐月下泄水量 $W_{下泄}$。需要灌溉用水的月份 $W_{下泄}=W_{灌}$；而其余月份按照将来水进行完全年调节的原则，等水量下泄。本例中，非灌溉期月份每月下泄水量为

$$W_{下泄}=\frac{年净来水量-灌溉期水量}{非灌溉期月数}=\frac{2343-1927}{4}=104（万 m^3）$$

见表 G6.10 第（6）栏。

3）求兴利库容。由第（4）栏净来水量与第（6）栏水库泄水量调节计算，水库为两回运用，确定兴利库容为 944 万 m^3。

4）检验初定的各月水量损失是否正确。采用简化法计入损失，月平均蓄水量 $\overline{V}=\frac{1}{2}V_{兴}+V_{死}=\frac{1}{2}\times 944+480=952（万 m^3）$，月平均水量损失为 $952\times 2.5\%=23.8$（万 m^3），故初步确定的各月损失水量为 24 万 m^3 是正确的，因此 $V_{兴}=944$ 万 m^3 为所求。

5）求设计枯水年的各月平均出力。根据表 G6.10 中第（7）、（8）两栏的逐月余、亏水量，可求得水库逐月末的蓄水量，进而得到水库月平均蓄水量，由其查水位—容积关系线可得月平均库水位，见表 G6.10 中第（9）～（11）栏；由月平均库水位减去下游平均水位 95m 及水头损失 1.0m 得第（12）栏月平均净水头；由第（6）栏逐月下泄水量可求得第（13）栏逐月发电流量，即发电流量 $q=\frac{下泄水量}{每月秒数}$（每月按 30.4d 计）；由第（12）、（13）栏及出力系数即可求得第（14）栏逐月平均出力，即 $N=KqH_{净}$。

（3）求平水年和丰水年各月平均出力。对于平水年和丰水年，在 $V_{兴}$ 一定的情况下进行完全年调节，确定逐月下泄水量的原则是，在满足各月灌溉用水的前提下各月下泄水量应尽量均匀。但如果按全年均匀下泄，丰水期会出现水库蓄满必须弃水的情况。因此，可分成蓄水期和供水期，并分别按等水量下泄；而当存在既不属于蓄水期，又不属于供水期的月份时，则按天然来水量下泄，这样的时期通常称为不供不蓄期。

对于平水年，计算结果见表 G6.11，现以此年为例加以说明。

蓄水期 7～8 月每月下泄水量为

$$W_{下泄}=\frac{7\sim 8月总净来水量-V_{兴}}{2}=\frac{3746-944}{2}=1401（万 m^3）$$

供水期 12 月至次年 6 月中，4 月按灌溉用水下泄，其余月份下泄水量为

$$W_{下泄}=\frac{12月至次年6月总净来水量+V_{兴}-282}{6}=\frac{760+944-282}{6}=237（万 m^3）$$

9 月、10 月、11 月属于不供不蓄期，$W_{下泄}=W_{净来}$。

将求得的各月 $W_{下泄}$ 与灌溉需水量比较，均大于或于 $W_{泄}$，故能满足灌溉用水要求。

当逐月下泄水量确定后，以后的调节计算及月平均出力计算与设计枯水年的计算方法相同，不再赘述。

丰水年的计算与平水年类似，结果见表 G6.12，请读者自行分析。

需要说明的是，当各月下泄水量确定后，表 G6.10、表 G6.11、表 G6.12 用 Excel 软件进行计算非常方便，涉及的有关操作环节及方法与前述利用 Excel 软件进行计算的有关例题类似，读者可上机练习，此处不再赘述。

（4）求保证出力。将三个代表年所求的月平均出力（共 36 个），由大到小排队，并用公式 $p=\frac{m}{n+1}\times 100\%$ 计算经验频率见表 G6.13。利用此表数据，绘制水电站月平均出

力频率曲线（限于篇幅，图略），然后由发电设计保证率 $p=70\%$，从图中查得水电站的保证出力为 $N_p=120\text{kW}$。

（5）求多年平均年发电量。如前所述，应考虑装机容量的限制。若本例装机容量 $N_y=800\text{kW}$，根据各表（表 G6.10、表 G6.11、表 G6.12）中的第（14）栏数据，利用式（G6.17）可求得多年平均年发电量为

$$\overline{E}=\frac{1}{3}\times730\times[(5910+3044+1191)-(2318-800)-(874-800)]$$
$$=208.12(万\text{ kW}\cdot\text{h})$$

表 G6.13   某灌溉为主结合发电水库月平均出力频率计算表

序号	出力(kW)	频率(%)	序号	出力(kW)	频率(%)	序号	出力(kW)	频率(%)
1	2318	2.7	13	159	35.1	25	122	67.6
2	874	5.4	14	151	37.8	26	119	70.3
3	729	8.1	15	149	40.5	27	113	73.0
4	720	10.8	16	145	43.2	28	109	75.7
5	620	13.5	17	144	45.9	29	103	78.4
6	428	16.2	18	140	48.6	30	97	81.1
7	404	18.9	19	137	51.4	31	83	83.8
8	342	21.6	20	131	54.1	32	80	86.5
9	284	24.3	21	130	56.8	33	58	89.2
10	274	27.0	22	129	59.5	34	58	91.9
11	260	29.7	23	128	62.2	35	58	94.6
12	166	32.4	24	126	64.9	36	57	97.3

G6.4.3 无调节和日调节水电站保证出力与多年平均年发电量计算

G6.4.3.1 保证出力计算

无调节（也称径流式）和日调节水电站设计保证率以日为时段衡量，其保证出力是指水电站相应于设计保证率的日平均出力。

对于无调节水电站，因无调节库容来调节径流，所以发电引水流量等于天然来水量；上游库水位（低坝坝前水位）一般维持在正常蓄水位（但当发生洪水时，上游水位会被迫抬高，下泄流量也因水位抬高而变化）。保证出力的计算根据采用的来水资料情况，可分为丰、平、枯三个代表年法和长系列法。

对于代表年法，丰、平、枯三个代表年的频率一般采用 $1-p_设$、50%、$p_设$。根据三个代表年的流量资料，以日为计算时段，计算水电站逐日平均出力，然后将日平均出力按大小排列，计算日平均出力的频率并绘制日平均出力的频率曲线，由已定的设计保证率在频率曲线上可得保证出力。显然，这样计算的工作量较大，为减少计算工作量，常用的方法是对日平均流量分级，计算步骤如下：

（1）根据三个代表年日平均流量的变幅，将流量从大到小分成若干组，见表 G6.14 第（1）栏。

（2）统计三个代表年的日平均流量出现在每组的日数、累计日数，见表 G6.14 第（2）栏和第（3）栏，其中累计日数即日平均流量大于或等于组下限的日数。

（3）计算日平均流量大于或等于组下限流量出现的频率 p [见表 G6.14 第（4）栏]，即

$$p = \frac{累计日数}{总日数 + 1}$$

式中，总日数为历年日数的总和。

（4）计算组下限流量相应的出力 [见表 G6.14 第（5）栏]

$$N = kQH_{净} \qquad (G6.18)$$

式中 Q——组下限流量，m^3/s；

其余符号含义同前。

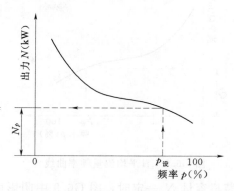

图 G6.7 日平均出力频率曲线

（5）由第（4）、（5）栏可绘制组下限出力频率曲线，如图 G6.7 所示，根据设计保证率，查得的出力即为保证出力 N_p。

对于长系列法，推求保证出力的计算步骤与设计代表年法相同，只是资料年数更多一些。

表 G6.14   无调节水电站出力计算表

日平均流量分组 （m^3/s）	出现日数 （d）	累计日数 （d）	频率 p （%）	组下限出力 （kW）	持续历时 $t = 8760p$（h）
（1）	（2）	（3）	（4）	（5）	（6）
＞100	15	15	1.4	7000	123
99.9～90	23	38	3.5	6300	307
89.9～80	26	64	5.8	5600	508
⋮	⋮	⋮	⋮	⋮	⋮
19.9～10	8	1095	99.9	700	8751

简化计算，可由表 G6.14 第（1）栏和第（4）栏绘制组下限流量的频率曲线，如图 G6.8 所示。根据设计保证率 p，在该线上查得保证流量，然后由式（G6.18），计算水电站的保证出力。

日调节水电站的保证出力计算方法与无调节水电站的基本相同，区别在于日调节水电站具有一定的调节库容，一日内库水位是变化的，故计算时可采用 $\frac{1}{2}V_兴 + V_死$ 相应的水位作为上游平均水位。

G6.4.3.2 多年平均年发电量计算

无调节水电站的多年平均年发电量，可借助日平均出力历时曲线求得。绘制日平均出力历时曲线的方法为：在表 G6.14 中第（4）栏的基础上将频率转化为多年平均情况下的持续历时 t，其方法是频率乘以一年的小时数 8760，见表 G6.14 第（6）栏。由第（5）栏和第（6）栏绘图即得日平均出力历时曲线，如图 G6.9 所示。该线也称为水流出力历时曲线。曲线下面与纵、横坐标轴之间所包围的面积，即天然水流的多年平均年发电量。当

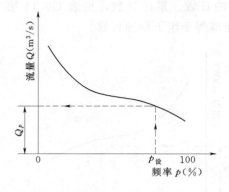

图 G6.8　日平均流量频率曲线

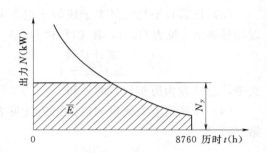

图 G6.9　日平均出力历时曲线

装机容量 N_y 一定时，图 G6.9 中阴影面积即多年平均年发电量，根据装机容量 N_y 及表 G6.14 中第（5）栏和第（6）栏数据，可计算该阴影面积。

日调节水电站多年平均年发电量的计算与无调节水电站计算方法相同，不再赘述。

G6.5　水电站装机容量的选择

装机容量 N_y 是水电站的重要参数之一，它最终决定水电站机组设备的规模和水能资源的利用程度，关系到水电站的投资和效益。水电站装机容量的选择应该利用式（G6.11），按水电站装机容量的组成，分别确定水电站的工作容量、备用容量和重复容量，此类方法需要利用系统的负荷资料，进行系统容量平衡和电量平衡来确定工作容量，通过技术经济比较确定重复容量，具体方法可参阅有关书籍。当小型水电站装机容量占当地电力系统总容量的比重较小且受资料限制时，装机容量的选择常采用保证出力倍比法和装机年利用小时数法等简化方法。

G6.5.1　保证出力倍比法

保证出力倍比法，是利用式（G6.19）来确定装机容量，即

$$N_y = CN_p \tag{G6.19}$$

式中　C——倍比系数，其值为 1.5～5.5。

此法关键是确定倍比系数 C，它与水电站在系统中的比重、工作位置和水库的调节性能等有关。可参考表 G6.15 进行选用。

表 G6.15　各种情况下倍比系数表

水电站特点	独立运行 500kW 以下的电站	电网中水电比重较大且有调节库容的水电站				电网中水电比重较小			
		单纯发电	发电为主结合灌溉	灌溉为主结合发电		单纯发电	发电为主结合灌溉	灌溉为主结合发电	
				水利设施一般	水利设施良好			水利设施一般	水利设施良好
倍比 C	1.5～3.5	2.0～3.5	2.5～4.0	3.0～5.0	2.5～4.0	2.5～4.5	3.0～4.5	3.5～5.5	3.0～4.5

G6.5.2　装机容量年利用小时数法

水电站多年平均年发电量 $\overline{E}$ 与装机容量 N_y 之比，称为装机容量年利用小时数，简称

年利用小时数，记 t_y，即

$$t_y = \frac{\overline{E}}{N_y} \tag{G6.20}$$

t_y 是表示水电站设备利用率和水能资源利用率的一个指标。一年内，若 t_y 较大，则机组满装机容量运行时间长，设备利用率高，但水能资源利用率低；反之，t_y 较小，则设备利用率低，但水能资源利用率高。设计条件下 $t_{y设}$ 的大小应考虑水库的调节性能、系统负荷特性、水火电站的比重、水电站在负荷图中的位置、水电站承担的用户等情况选定。一般地，水库调节性能愈高，$t_{y设}$ 值愈小；电网中水电站比重较小，且新建水电站在负荷图中的峰荷工作，$t_{y设}$ 取小值；水资源缺乏地区与丰富地区相比，t_y 应取较小值；以灌溉为主的水库，仅用灌溉期水量发电时，$t_{y设}$ 值可取小些。小型水电站一般年利用小时数不应低于 3000 小时。表 G6.16 的经验数据可供参考。

表 G6.16		各种情况下的装机年利用小时数					
水电站特点		500kW 以下的小水电		灌溉为主结合发电	电网中水电比重较大		电网中水电比重较小
		供农副业加工及照明	城镇小工业及照明		有较大连续生产工业用电户	一般用电户	
水库调节性能	无调节	4500 以上	4500 以上	5000 左右	5000～6000	5000～6000	4500～5500
	日调节	3500 以上	3500 以上	4500 左右	5000～6000	4000～5000	3500～4500
	年调节			3000～4000	4000～5000	3500～4000	3000～4000

当水电站装机容量年利用小时数确定后，可用式（G6.20）确定装机容量 N_y。由于多年平均年发电量 $\overline{E}$ 与装机容量 N_y 有关，N_y 未知时，$\overline{E}$ 也未知。推算时，先拟定若干个装机容量方案 N_y，利用 G6.4 中介绍的方法可求出每一方案的多年平均年发电量 $\overline{E}$；再利用式（G6.20）计算各方案的年利用小时数 t_y；然后绘制关系线 $N_y—t_y$ 与 $N_y—\overline{E}$，如图 G6.10、图 G6.11 所示。有了 $N_y—t_y$ 与 $N_y—\overline{E}$ 关系线，由选定的设计年利用小时数 $t_{y设}$，利用曲线 $N_y—t_y$ 可查得相应的装机容量 $N_{y设}$，进一步利用 $N_y—\overline{E}$ 关系线，则可由 $N_{y设}$ 查得多年平均年发电量 $\overline{E}$。

进一步指出，上述方法是装机容量选择的简化方法，比较合理的方法是利用系统负荷资料进行电力电量平衡或采用方案比较和经济评价的方法，综合考虑多方面因素后确定。

【例 G6.6】　对［例 G6.5］灌溉为主结合发电水库水电站，试用装机容量年利用小时法确定水电站的装机容量。

该水库位于水资源缺乏地区，参考表 G6.16 中的数据，选取设计年利用小时数为 3000h。利用［例 G6.5］中丰、平、枯各代表年逐月平均出力，可算得不同装机容量 N_y 相应的多年平均年发电量 $\overline{E}$、装机容量年利用小时数 t_y，见表 G6.17，其中方案 1 的结果即［例 G6.5］的计算结果。同理，可计算其他方案 N_y 相应的多年平均年发电量 $\overline{E}$、装机容量年利用小时数 t_y，计算过程从略。根据表 G6.17 中的数据，点绘 $N_y—t_y$ 与 $N_y—\overline{E}$ 关系曲线，如图 G6.10、图 G6.11 所示。由设计的年利用小时数 $t_{y设}=3000$h，可查得 $N_{y设}=660$kW，相应多年平均年发电量 $\overline{E}=198.5$ 万 kW·h。

表 G6.17　　　　　　　　　某水电站 N_y 与 t_y 关系

方案号	N_y （kW）	$\overline{E}$ （万 kW·h）	t_y （h）
1	800	208.12	2602
2	700	202.06	2887
3	650	197.20	3034
4	600	191.84	3197

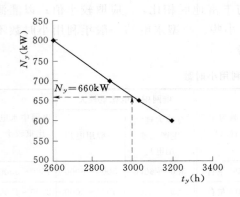

图 G6.10　某水电站 N_y—t_y 曲线

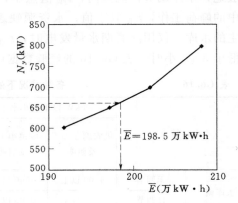

图 G6.11　某水电站 N_y—$\overline{E}$ 曲线

无论采用何种方法确定装机容量，都要考虑机组设备的市场供应情况，结合现有国产产品型谱系列中套用定型机组，确定水电站最终的装机容量。

选定的机组中，同型号机组台数一般不应少于 2 台，以便轮流检修，并保证运行灵活可靠，但为便于管理，小型水电站台数也不宜超过 4 台。

机组机型及台数确定后，应核定多年平均年发电量和年利用小时数。

复习思考与技能训练题

G6.1　水能利用的原理是什么？写出水电站出力和发电量计算的基本公式。

G6.2　为什么开发水能资源必须集中落差？水能开发的常见形式有哪些？

G6.3　水电站设计保证率有哪些衡量方法？各用在什么情况？

G6.4　日负荷图中有几个特征值？它们把负荷图划分成哪几部分？

G6.5　电力系统的装机容量由哪些容量组成？解释各部分容量的含义。水电站的装机容量由哪些容量组成？

G6.6　写出水能调节计算所依据的公式，并分别简述已知发电流量和已知出力时的水能调节计算方法。

G6.7　解释名词保证出力和多年平均年发电量。

G6.8　灌溉为主结合发电水库，在工程地质条件及水库上游淹没条件允许的情况下，根据设计枯水年，如何确定逐月的发电水量和兴利库容？而对于平、丰水年又如何确定逐月的发电水量？

G6.9　试简述年调节水电站、灌溉为主结合发电水库水电站、无调节和日调节水电站保证出力的表示方法、推求方法，并分析不同之处。

G6.10 试简述采用丰、平、枯三个代表年法确定年调节水电站、灌溉为主结合发电水库水电站、无调节和日调节水电站多年平均年发电量的方法，并比较异同。

G6.11 何谓装机年利用小时数？它的大小与机电设备利用率、水资源利用率有何关系？

G6.12 试简述确定装机容量的年利用小时数法。

G6.13 年调节水电站水能计算。某年调节水电站，有关资料如下：

（1）正常蓄水位 $Z_{正}=142.0$ m，死水位 $Z_{死}=130.0$ m。

（2）$p=90\%$ 的设计枯水年流量过程、水库水位容积关系、下游水位流量关系见表 G6.18、表 G6.19 和表 G6.20。

（3）出力系数 $k=7.0$，水头损失 $\Delta H=0.5$ m。

表 G6.18 设计枯水年流量过程

月 份	3	4	5	6	7	8	9	10	11	12	1	2
流量（m³/s）	26.5	45.4	26.2	24.3	27.2	17.4	13.0	6.1	6.8	4.7	3.8	6.0

表 G6.19 水库水位容积关系

水位（m）	130	132	134	136	138	140	142	144
库容（m³/s·月）	33.9	37.0	41.0	45.0	50.0	55.4	61.5	68.3

表 G6.20 水电站下游水位流量关系

下游水位（m）	99.5	100.0	100.5	101.0	101.5	102.0	102.5
流量（m³/s）	2.82	6.51	12.7	21.3	32.4	46.0	62.0

要求：

（1）若 3 月、4 月发电流量为 24.4 m³/s，不计水库水量损失，试推求 3 月、4 月的平均出力和月末水库蓄水量（水利年初库位为死水位）。

（2）若设计枯水年供水期 10 月至次年 2 月每月平均出力为 2800kW。不计水库水量损失，试对供水期用半图解法进行水能调节计算。

（3）试分别用等流量法、等出力法和简化等流量法计算水电站的保证出力。对于等出力法，可先假定出力 N 为 2750kW、2800kW［利用要求（2）的计算结果］、2900kW，然后内插，并比较。

G6.14 灌溉为主结合发电年调节水库水能计算。某灌溉为主结合发电年调节水库，在水库坝后拟兴建一座坝后式水电站。有关资料如下：

（1）灌溉设计保证率（年保证率）$p=75\%$，发电设计保证率（历时保证率）70%。

（2）水库水位与容积关系见表 G6.21，死水位为 120m。

（3）水库蒸发、渗漏损失按月平均蓄水量的 2% 计。

（4）水电站下游尾水位变化不大，平均水位为 90m。

（5）水电站水头损失 $\Delta H=1.0$，出力系数 $k=7.5$。

（6）水库设计枯水年、平水年来水和灌溉用水过程见表 G6.22。

（7）已求得丰水年逐月平均出力，见表 G6.23。

表 G6.21　　　　　　　　　　　　　　某水库水位容积关系

水位 (m)	118	120	122	124	126	128	130	132
容积 (万 m³)	458	642	848	1090	1380	1725	2200	2610

表 G6.22　　　　　某水库设计枯水年、平水年来水和灌溉用水过程　　　　　单位：万 m³

月　份		7	8	9	10	11	12	1	2	3	4	5	6
枯水年	来水量	543	520	448	231	172	215	171	152	158	129	141	291
	用水量	258		331		242	24			149	597	411	549
平水年	来水量	814	808	733	294	255	180	192	168	102	327	116	210
	用水量	232		297		218	22			134	537	370	494

表 G6.23　　　　　　　　　　某水库丰水年逐月平均出力

月　份	7	8	9	10	11	12	1	2	3	4	5	6
出力 (kW)	881	912	985	710	368	365	363	359	353	499	358	515

要求：

（1）针对设计枯水年，试按满足灌溉用水要求且充分利用水量的原则，确定水库的兴利库容。

（2）推求设计枯水年、平水年逐月平均出力。

（3）推求水电站的保证出力。

（4）若水电站设计年利用小时数为 4000h，试用装机年利用小时数法确定水电站的装机容量。

模块 4 水 库 调 度 简 介

学习目标与要求

水库调度是指利用水库的调蓄能力，按一定规则有计划地对入库径流进行的蓄泄安排。此部分内容中，主要介绍年调节灌溉水库兴利调度和水库的防洪调度。通过学习与训练，应达到下述目标：

1. 会正确绘制与应用年调节灌溉水库当年预报的兴利调度线。
2. 会正确绘制与应用年调节灌溉水库兴利调度图。
3. 能根据水库的具体情况，确定水库的防洪调度方式。
4. 能根据水库的具体情况，确定分期防洪限制水位。
5. 能正确绘制与应用防洪调度图。
6. 会搜集、整理及使用完成工作任务所需的基本资料。

工作任务 7 (G7)   水 库 兴 利 调 度

工作任务 7 描述：在本工作任务中，结合工程实例介绍两种不同途径的兴利调度方法：一是年调节灌溉水库当年预报的兴利调度线的绘制与应用；二是年调节灌溉水库兴利调度图的绘制与应用。此部分内容是兴利调节计算原理与方法的进一步应用，是常规的兴利调度手段，广泛用于中小型水库的运行管理中。

G7.1 准 备 知 识

水库规划设计阶段，已经确定了指示水库运行的各种特征水位和库容、正常供水的保证程度、防洪调度方式和调度原则等，这些是水库管理运用的主要依据。但是，由于来水的随机性、防洪和兴利要求的矛盾性，水库运行过程中，还必须针对当年的具体情况，进行科学合理的水库调度。所谓水库调度，是指利用水库的调蓄能力，按一定规则有计划地对入库径流进行的蓄泄安排。水库调度也称为水库控制运用，其主要作用在于：①协调防洪与兴利的矛盾，并且充分利用水库的库容调控天然来水，在确保水库安全的前提下，最大限度地发挥水库的防洪兴利作用；②避免人为操作不当造成不应有的损失。

水库调度，按调度对象可分为兴利（灌溉、发电、城镇供水）调度、防洪调度、综合利用水库调度；按调度手段可分为预报调度和统计调度；按水库个数可分为单一水库调度和库群调度。限于篇幅及教学目标，主要介绍年调节灌溉水库兴利调度（工作任务 G7）

和水库的防洪调度（工作任务 G8）。

G7.2 年调节灌溉水库兴利调度

年调节灌溉水库兴利调度的目的，在于科学合理地处理当年的来水、用水和蓄水的关系，在确保水库工程安全的前提下，充分利用兴利库容和河川水资源，最大可能地满足灌区用水要求，为农业增产服务。年调节灌溉水库兴利调度的常用方法，一是利用当年预报的来水、估计的用水，绘制当年预报的兴利调度线，以此作为水库当年灌溉供水的指示线；二是利用以往的长系列来、用水资料，编制水库调度图，作为年内各时刻决定水库供水状况的依据。

研究灌溉水库兴利调度方案，须事先搜集整理以下基本资料：

（1）水库原设计文件，原设计意图。

（2）水库历年逐月来水量资料。

（3）灌区历年用水资料，灌溉面积增减，作物组成变更以及本年度计划灌溉面积和作物组成，并按计划面积将历年用水量进行换算，求得一个统一的计划灌溉用水量系列。

（4）水库集水面积内和灌区内各站历年降水量、蒸发量资料及当年长期气象、水文预报资料。

（5）水库的水位—面积、水位—容积关系曲线；各种特征库容及其相应水位。

（6）水库蒸发、渗漏损失资料。

G7.2.1 年调节灌溉水库当年预报的兴利调度线的绘制

当年预报的兴利调度线是指根据当年预报的来水和估算的用水，通过水量平衡计算，推求的水库当年的蓄水过程线。与当年预报的兴利调度线相应的水库供水过程，称为年度供水计划。

1. 水库来水量的预报

当年来水过程的预报，可根据长期气象预报所给出的逐月降水量数据，用以下方法计算出各月的径流量。

（1）降雨径流相关法。根据预报的各月降水量 H，由月降雨径流相关图查得月径流深 R，然后利用式（X1.19）求得各月来水量 W。

（2）月径流系数法。由各月径流系数乘以预报的月降水量得到各月来水量。

（3）年、月降水量相似法。按长期预报的当年年降水量和各月降水量，与过去历年的年、月降水量相比较，若过去某年的年降水量、逐月降水量都与当年的预报值很接近，即以该年实测径流过程作为本年预报的径流过程。

此外，具有长期年月径流资料的水库，可采用数理统计等方法直接预报各月的径流量。

2. 灌溉用水量的估算

此处灌溉用水量指需要水库供给的灌溉水量，相对于输送到田间的水量来说，是毛灌溉水量，它等于为保证作物正常生长需要由灌溉工程供水到田间的水量与渠系输水损失量之和。为避免混淆，将保证作物正常生长需要由灌溉工程供水到田间的水量称为净灌溉用水量。水库供给的灌溉用水量等于净灌溉用水量除以渠系水有效利用系数 η。

净灌溉用水量一般需要以日或旬为时段的降雨资料，通过计算灌溉制度的办法推求。在编制年度供水计划时，由于长期气象预报至多也只能预报出当年各月的降雨量，不能预报逐日逐旬的降雨量，这样，根据田间水量平衡逐日逐旬地推算当年的灌溉制度就有困难。因此，逐月灌溉用水量的推求常用以下方法。

（1）年、月降雨相似法。以降雨相似年份的净灌溉用水过程，考虑灌区当年的灌溉面积、作物组成等情况，作一定的修正，即作为预报的本年净灌溉用水过程，并根据当年灌区渠系的防渗条件、用水管理等因素确定渠系水有效利用系数 η，进而计算灌溉用水过程。

渠系水有效利用系数 η 与工程配套、防渗措施、用水管理、渠床下岩性、地下水埋深等有关，应根据灌区的具体情况调查分析确定，缺乏资料时，可参考表 G7.1 选用。

表 G7.1 　　　　　　　　　　　　　　**渠系水有效利用系数 η**

分　　区	衬砌情况	渠床下岩性	地下水埋深（m）	渠系水有效利用系数 η
长江以南地区和内陆河流域农业灌溉区	未衬砌	亚黏土、亚砂土	<4	0.30～0.60
	部分衬砌			0.45～0.80
			>4	0.40～0.70
	衬砌		<4	0.50～0.80
			>4	0.45～0.80
半干旱半湿润地区	未衬砌	亚黏土	<4	0.55
		亚砂土		0.40～0.50
		亚黏土、亚砂土		0.40～0.55
	部分衬砌	亚黏土		0.55～0.73
			>4	0.55～0.70
		亚砂土	<4	0.55～0.68
			>4	0.52～0.73
		亚黏土、亚砂土		0.55～0.73
	衬砌	亚黏土	<4	0.65～0.88
		亚砂土		0.57～0.73

注 本表摘自《水利水电工程水文计算规范》（SL 278—2002）。

（2）逐月耗水定额法。根据灌区试验及多年实践，推得作物逐月总耗水定额（m^3/hm^2），此耗水量是由田间有效降雨量及净灌溉用水量两方面供给。以此为出发点，根据预报的当年逐月降雨量，推求需要水库供给的逐月灌溉用水量的计算式为

$$W_{用} = \frac{EA - 10\alpha_{田间}HA}{\eta} \tag{G7-1}$$

式中　$W_{用}$——逐月灌溉用水量，m^3；

　　　E——作物月耗水定额，m^3/hm^2，确定方法将在"农田水利"课程中介绍；

　　　A——灌区总灌溉面积，hm^2；

　　　$\alpha_{田间}$——降雨的田间有效利用系数，它与降雨总量、降雨强度、土壤性质等因素有关，可根据当地试验资料确定，河南、山西资料表明可取 $\alpha_{田间} = 0.7$

251

～0.8；

　　　　H——月降雨量，mm；

　　　　η——渠系水有效利用系数；

　　　　10——单位换算系数。

　　（3）固定灌溉制度法。我国北方以灌溉旱作物为主的水库，若各年净灌溉用水量差别较小，每年也可采用固定的灌溉定额，即各年同一月份的净灌溉用水量为常数。考虑当年的渠系水有效利用系数 η，可得到逐月灌溉用水量。

　　3. 当年预报的水库兴利调度线的计算与绘制

　　根据当年预报的水库逐月来水量和灌溉用水量，考虑水量损失，依据水量平衡原理逐月进行调节计算，即可推算出当年的水库兴利水位过程线，即当年的水库兴利调度线。调节计算方法与规划设计时水库兴利调节计算的方法基本相同，但必须注意以下几点：

　　（1）以当年年初或上一年末实际库水位作为调节计算的起始条件，按日历年顺时序逐时段调节计算推求水库的兴利蓄水过程。

　　（2）对于防洪和兴利不结合的情况，水库兴利蓄水量 V 在死库容 $V_死$ 与 $V_死 + V_兴$ 之间；对于防洪和兴利结合的情况，则要考虑防洪限制水位的限制，水库在汛期中应按防洪规定的各阶段的防洪限制水位限制蓄水，即兴利蓄水量 V 不应大于防洪限制水位相应的库容。

　　（3）遇到供水不足月份时，为减小破坏深度，应按比例提前缩减供水，修正供水量，并按修正后的供水量推求水库当年的兴利调度线。

　　【例 G7.1】　某水库集水面积 $F = 20.1 \text{km}^2$，灌溉面积 1300hm^2。正常蓄水位 66.7m，相应库容 1350 万 m^3；死水位为 56.80m，相应库容 400 万 m^3。该水库防洪与兴利无结合库容。根据气象预报的逐月降水量求得各月来水量、灌溉用水量见表 G7.2 中的第（2）、（4）栏。利用简化法计算损失求得各月损失水量 6 万 m^3。1995 年年初水库蓄水位为 59.92m，试推求并绘制该年兴利调度线。

　　计算过程见表 G7.2。根据当年预报的水库逐月来水量和灌溉用水量，考虑水量损失，计算逐月净来水量与用水量差值，正值即水库可蓄水量，负值即水库应供水量。由当年年初库水位 59.92m，利用水位—容积关系线查得相应蓄水量 600 万 m^3，以此为起始条件，顺时序计算水库逐月的月末蓄水量，并据此求得月末库水位。

　　从表 G7.2 中可以看出，若 4 月按用水要求供水，4 月末水库蓄水量为 464 万 m^3。若 5 月仍按用水要求供水，则 5 月末水库蓄水量为 330 万 m^3，低于死水位相应的库容 400 万 m^3，这是不允许的。可知，5 月缺水量 70 万 m^3，将出现集中断水，作物生长则会造成严重损失。为减小损失深度，通常采取提早减小供水量的办法。比较简单的方法是所缺 70 万 m^3 水量在 4 月、5 月按各月用水量的大小进行分摊，即每月用水量按 70/（208+250）=15.3% 的比例缩减，4 月减少供水 32 万 m^3，5 月减少供水 38 万 m^3。修正后的各月用水量及相应的月末水位列于表 G7.2 中括号内。

　　根据表 G7.2 中第（1）、（8）两栏绘图，如图 G7.1 所示，修正后的水位过程线即该年预报的兴利调度线，相应于修正后的用水过程即年度供水计划，见表 G7.2 第（4）栏。

252

表 G7.2　　　　　　　　某水库 1995 年预报的兴利水位过程线计算表

月份	来水量（万 m³）	损失水量（万 m³）	用水量（万 m³）	净来水量－用水量（万 m³）		月末蓄水量（万 m³）	月末水位（m）	缺水量（万 m³）
				+	−			
(1)	(2)	(3)	(4)	(5)	(6)	(7)	(8)	(9)
						600	59.92	
1	26	6	0	20		620	60.17	
2	14	6	0	8		628	60.28	
3	31	6	0	25		653	60.59	
4	25	6	208 (176)		189 (157)	464 (496)	57.92 (58.43)	(32)
5	122	6	250 (212)		134 (96)	400	56.80	70 (38)
6	136	6	0	130		530	58.94	
7	428	6	254	168		698	61.12	
8	296	6	38	252		950	63.66	
9	295	6	90	199		1149	65.28	
10	93	6	200		113	1036	64.39	
11	86	6	0	80		1116	65.03	
12	41	6	0	35		1151	65.29	
合计	1593	72	1040					70

4．当年预报的水库兴利调度线的应用

　　上述根据预报资料所求得的水库兴利调度线，实质上就是当年各月末库水位的预报值，由于预报不可避免地存在误差，因此该年实际库水位变化过程可能在当年兴利调度线的上下波动。运行中，若实际库水位落在当年兴利调度线之上，则可加大供水，例如增大地表水灌溉面积或引水灌塘或加大其他用水部门（如发电）的用水等；若实际库水位落在当年兴利调度线附近时，则按计划供水；若实际库水位落在当年兴利调度线之下，

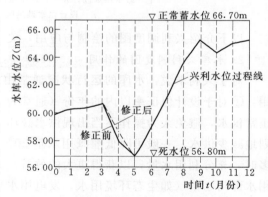

图 G7.1　某水库 1995 年预报的水位过程线

则应缩减供水，减小破坏深度。当然，还必须结合中、短期预报及当时的库水位，随时调整年初所做的库水位的预报值，研究可能出现的缺水或弃水情况，以便及早研究对策。例如，汛前某月月初库水位在当年兴利调度线之下，但由中、短期水文预报得出，后续有大暴雨，则可按计划供水。总之，应结合当时的气象水文中、短期预报，灵活掌握，合理调度。

G7.2.2　年调节灌溉水库兴利调度图的绘制与应用

　　1．水库调度图

　　当年预报的水库兴利调度线是兴利调度的途径之一，但由于长期气象水文预报精度的

限制以及为了多种途径相互论证，因此在实际工作中往往利用水库的统计调度图作为兴利调度的又一途径。

所谓水库的统计调度图，简称调度图，是指由以往水文资料绘制的，表示水库调度方案和运行规则的图形。当防洪和兴利部分结合、下游有防洪要求时，水库调度图的一般形式如图 G7.2 所示。图中有限制供水线、加大供水线（对灌溉水库而言）等指示线以及水库的各种特征水位。这些指示线和特征水位将调度图分为减小供水区、正常供水区、加大供水区、防洪区、调洪区等指示区。图 G7.2 也称为水库调度全图，其中限制供水线、加大供水线均为兴利调度线。仅绘出兴利调度线和兴利特征水位时，称为兴利调度图。

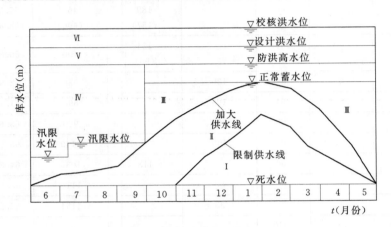

图 G7.2　年调节灌溉水库调度图示意

Ⅰ—减少供水区；Ⅱ—正常供水区；Ⅲ—加大供水区；Ⅳ—防洪区；
Ⅴ—设计洪水调洪区；Ⅵ—校核洪水调洪区

以下介绍兴利调度图的绘制与应用，关于防洪调度图将在工作任务 G8 中介绍。

2. 水库兴利调度图的作用

对于兴利来说，水库的运行状况通常由设计保证率来衡量。因此，兴利调度图的作用：①对于设计保证率以内的年份（通常为年来水量大于、等于设计枯水年水量的年份），正常供水，避免人为操作不当出现供水破坏；②对于设计保证率以外的年份，应及时有计划地减少供水，一般可降低灌溉用水量 20%～30%，以便减小破坏深度；③当丰水年水多时，充分利用水量，以获得更大的效益。如加大地表水灌溉面积、引水灌塘或加大其他用水部门水量（如生态环境用水、发电用水）。

3. 兴利调度图的绘制

兴利调度图的上述作用是通过加大供水线和限制供水线来实现的。因此，兴利调度图的绘制实际上就是加大供水线与限制供水线的绘制。

加大供水线作为加大供水与正常供水的分界线，该线某一时刻相应的水量（或水位）实质是设计保证率以内年份中各年在该时刻的必需蓄水量（或水位）的最大值；限制供水线作为正常供水与限制供水的分界线，该线某一时刻相应的水量（或水位）实质是设计保证率以内年份中各年在该时刻的必需蓄水量的最小值。若已知水库运行过程中历年各时刻的必需蓄水量，则可得到加大供水线与限制供水线。而实际上未来情况尚未发生，因此加大供水线与限制供水线，是根据以往水文资料来概括未来的水文情势，通过分析计算绘制的。常用代表年法，其步骤如下。

（1）代表年的选择。代表年的选择，有实际代表年和设计代表年两种。前者，是从实测的年来水量与年用水量系列中，选择年来水量与年用水量都接近于灌溉设计保证率的年份 3～5 年，其中应包括各种不同的年内分配典型；后者，是将上面所选年份的来、用水过程分别按设计年来水量和设计年用水量控制进行缩放，转换为设计保证率相应的设计年来、用水过程。需要注意的是，当规划设计时，若水库的兴利库容是用代表年法确定的，则绘制调度图时的代表年中应包括该年；若是用长系列法确定的，则代表年中应至少有一个年份的最高蓄水位要等于或略高于正常蓄水位。

（2）各代表年各月初（末）的必需蓄水量的推求。对各个代表年，由供水期末死水位（死库容）开始，逆时序调节计算，遇亏水相加，遇余水相减，出现负值取零，直至蓄水期开始为止，从而得到水库各年的各月初（末）的必需蓄水量及相应的库水位过程。

（3）加大供水线与限制供水线的绘制。将各代表年逐月末的必需蓄水量或库水位过程绘于同一张图上，取上、下包线，即分别得到加大供水线、限制供水线。有时，还需结合具体情况对限制供水线进行必要的修正，详见算例。

【例 G7.2】   华北地区某年调节灌溉水库，水库正常蓄水位 60.5m，兴利库容 890 万 m^3，死水位 55.30m，死库容 300 万 m^3。灌溉设计保证率 75%，水库设计时已求得设计年径流量 $W_{来 p}$＝1895 万 m^3，逐年各月灌溉用水量采用固定用水量，逐月灌溉用水过程见表 G7.4 第（5）栏。要求绘制兴利调度图。

（1）代表年的选择。该水库有年径流资料 24 年。选年来水量接近设计年径流量且年内分配较为不利的 1976～1977 年，1978～1979 年，1982～1983 年以及原设计枯水年 1961～1962 年作为代表年，见表 G7.3。

表 G7.3   各代表年逐月来水量   单位：万 m^3

月份 年份	7	8	9	10	11	12	1	2	3	4	5	6	全年
1961～1962	360	466	185	163	63	62	79	136	195	59	38	89	1895
1976～1977	214	315	249	76	65	81	65	132	51	56	148	298	1750
1978～1979	310	469	233	116	80	71	58	114	263	143	106	57	2020
1982～1983	481	398	181	100	60	11	102	83	190	134	99	108	1947

（2）缩放代表年。对 1976～1977 年，1978～1979 年，1982～1983 年各代表年按设计年径流量控制缩放，得到不同年内分配的设计代表年（即设计枯水年）。例如，1982～1983 年，缩放倍比 $K = W_{来 p}/W_{年代} = 1895/1947 = 0.9733$，计算结果见表 G7.4 第（3）栏，限于篇幅其他年份的计算结果不一一列出。

（3）逐月损失水量的确定。采用简化法计入损失，求得年内各月平均损失水量 13 万 m^3。

（4）逆时序调节计算，求各代表年各月初（末）的必需蓄水量。其中，1982～1983 年代表年的调节计算结果见表 G7.4 第（8）栏。表中 7 月应蓄水量为 210.1 万 m^3，但当月余水为 310.2 万 m^3，故按比例可求出 7 月蓄水的天数为 210.1/310.2×31 = 21d，即从

7月11日起蓄水。其他三个设计代表年的调节计算过程从略。利用 Excel 软件进行上述计算非常方便，所涉及的操作方法，在前述工作任务中已经介绍，此处不再赘述，读者可上机练习。

表 G7.4　　　　　　　　1982～1983 年设计代表年逆时序调节计算表　　　　　　单位：万 m³

月份	来水量	缩放后来水量	损失水量	用水量	净来水量—用水量		月初蓄水量	弃水量	备注
					余水量	亏水量			
(1)	(2)	(3)	(4)	(5)	(6)	(7)	(8)	(9)	(10)
7	481	468.2	13	145	310.2		0.0	100	
8	398	387.4	13	0	374.4		210.1		
9	181	176.2	13	192		28.8	584.5		
10	100	97.3	13	0	84.3		555.7		
11	60	58.4	13	155		109.6	640.0		
12	11	10.7	13	15		17.3	530.4		
1	102	99.3	13	0	86.3		513.1		7月11日开始蓄水
2	83	80.8	13	0	67.8		599.4		
3	190	184.9	13	95	76.9		667.2		
4	134	130.4	13	402		284.6	744.1		
5	99	96.4	13	363		279.6	459.5		
6	108	105.1	13	272		179.9	179.9		
							0.0		
合计	1947	1895.0	156	1639					

（5）加大供水线与限制供水线的绘制。将各代表年各月初的必需蓄水量（或水位）过程线绘于同一张图上，取上、下包线，如图 G7.3 粗实线所示，即得到加大供水线与限制供水线。为便于使用，可将各年各月初的必需蓄水量汇总，确定各月初必需蓄水量的最大值和最小值，并利用水位—容积关系线，转化为相应的库水位，然后据此绘制以水位为纵坐标的加大供水线与限制供水线。

需要说明的是，为了避免在供水期末期，库水位已接近死水位时仍正常供水，可能出现集中断水的现象，应将图 G7.3 中限制供水线进行修正，即将 B' 点移至供水期末 B 点，可采用图 G7.3 中虚线 AB 所示的修正方法。

4. 兴利调度图的检查与修改

水库兴利调度图中加大供水线与限制供水线的位置，随所选代表年的年数与具体年份，以及是采用实际代表年法还是设计代表年法，都有所不同。为使所绘调度图合理，应检查所绘调度图是否符合设计保证率的要求。具体做法是根据调度图的运行规则，利用已有的长系列来、用水资料，逐年逐月进行顺时序操作，检查正常供水能够得到满足的年数是否符合设计保证率，如不符合，则须修改调度图，直至按所绘调度图操作，正常供水的保证程度符合设计保证率为止。

5. 兴利调度图的应用

水库兴利调度图是根据历史资料统计分析绘制的，在没有足够精度的长期预报资料的

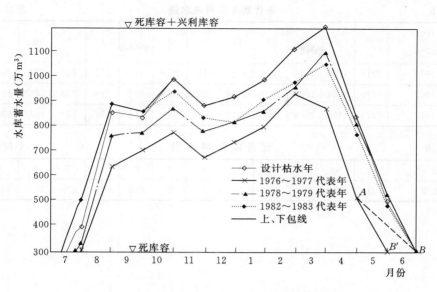

图 G7.3 某年调节灌溉水库兴利调度图

条件下，可以根据当时库水位所在的分区及相应的供水规则，而决定是正常供水，还是加大供水或是缩减供水。必须指出的是，调度图可以作为水库兴利运用的基本依据，但不是唯一依据。应用时应注意两点：

（1）与中、短期气象水文预报相结合。例如，某月月初库水位在正常供水区的限制供水线稍偏上，但通过中期水文预报得出，后期来水甚少，不能满足灌溉需要，则可从月初开始就有计划地减少供水量，以免集中断水。

（2）当资料系列较短时，所选代表年具有一定的偶然性，应随着资料的累积，对调度图进行修正。

复习思考与技能训练题

G7.1 预报水库当年的来水、估算当年的用水有哪些方法？简述各种方法。

G7.2 如何得到水库当年的兴利调度线？该线的实质和作用是什么？

G7.3 年调节灌溉水库兴利调度图由哪些线、哪些区组成？各线如何推求？

G7.4 检查兴利调度图是否合理？以什么为准则？

G7.5 对［例 G7.2］，逆时序调节计算，推求 1976～1977 年、1978～1979 年、1961～1962 年各设计代表年的必蓄蓄水量。

G7.6 某年调节灌溉水库，水库正常蓄水位 161.10m，兴利库容 15780 万 m^3，死水位 143.50m，死库容 3860 万 m^3。灌溉设计保证率 75％。统计径流资料，得到频率 75％的设计枯水年为 1976～1977 年，年径流量 $W_{来p}$＝22368 万 m^3，同时，选年来水量接近设计年径流量且年内分配较为不利的 1966～1967 年，1975～1976 年两个代表年，各年的来水资料见表 G7.5。各月灌溉用水量采用固定用水量，资料见表 G7.6。采用简化法计入损失，求得年内各月平均损失水量 83 万 m^3。试绘制兴利调度图，并标注各个兴利调度区。

257

表 G7.5 各代表年逐月来水量 单位：万 m³

年份＼月份	8	9	10	11	12	1	2	3	4	5	6	7	全年
1976～1977	7214	4237	1918	1271	1927	1557	1630	349	572	440	613	640	22368
1966～1967	5770	3444	2065	2555	1540	722	430	535	569	736	3242	1811	23419
1975～1976	6173	3728	2508	1290	1445	1696	795	438	391	541	1027	1372	21404

表 G7.6 逐月灌溉用水量 单位：万 m³

月份	8	9	10	11	12	1	2	3	4	5	6	7	全年
灌溉用水量	0	1950	390	545	235	0	0	3420	5300	2700	4500	2059	21099

工作任务8（G8） 水库防洪调度

工作任务G8描述： 水库安全度汛是水利部门每年的重要任务。在本工作任务中，介绍水库防洪调度方式的拟定、防洪限制水位的推求、防洪调度图的绘制与应用等内容。此部分内容是洪水调节计算原理与方法的进一步应用；是常规的防洪调度手段，广泛用于中小型水库的运行管理中。

G8.1 准 备 知 识

水库的防洪调度，也称为水库汛期控制运用，是指水库度汛过程中，有计划地对洪水进行控制、调节的蓄泄安排。其主要任务：①在确保水库安全的前提下，避免或减轻下游洪水灾害；②在满足防洪要求的前提下，尽量多蓄水，最大限度地发挥水库的综合效益。由于洪水的随机性以及防洪和兴利要求的矛盾性，调度不好，则会出现只顾防洪，而蓄不上水，或者只顾多蓄水，而忽视防洪，造成不应有的洪水损失。我国有水库防洪调度成功的实例，也有调度不科学导致不良后果的教训。例如，位于海河流域二级支流滏阳河的支流南沣河上的朱庄水库，1996年8月大水中，运用科学合理的新的防洪调度方案，在保住了水库安全的前提下，最大下泄流量5200m³/s比以往的防洪调度方式规定的泄量8300m³/s减少了2100m³/s，并且缩短了泄量超过5000m³/s的时间，最大限度地减少了下游灾情；同时，运用分期防洪限制水位，分期蓄水，多蓄水1.4亿m³，充分发挥了水库防洪兴利作用。又如，某水库1964年水库度汛过程中，缺乏科学合理的调度规程，加上前几年一直干旱，蓄水心切，过早地将水位蓄至正常蓄水位，结果8月中旬一次大水，威胁水库，被迫启用非常溢洪道，使下游遭受了不应有的损失。上述正反两方面的例子均说明了水库防洪调度的重要性，同时又反映了水库防洪调度的复杂性。因此，每年必须结合工程的具体情况，认真研究防洪调度方案，这项工作在《中华人民共和国水法》、《中华人民共和国防汛条例》等法规中均有明确的规定。

水库防洪调度方案的编制，涉及的主要工作有当年防洪标准的确定、当年允许最高水位的确定、当年下游允许安全泄量的确定、防洪调度方式的拟定、防洪限制水位的推求、防洪调度图的绘制等6个方面。

对于上述前3项内容，当水库已按设计条件运行，它们是已知的。但当工程由于某些原因，未达到原设计要求时，当年的防洪标准、当年的允许最高水位则会不同于原设计的情况，例如工程存在隐患、入流条件发生变化、新建水库尚未经受大洪水考验等情况。由于某种原因，水库当年下游允许的安全泄量也可能不同于原设计的情况，如防护对象发生了变化、下游行洪能力发生了变化等。而当年下游允许的安全泄量发生变化时，也会使水库的允许最高水位发生变化。因此，都需结合实际情况具体分析确定。以下仅就后3项内容，进行分述。

G8.2 防洪调度方式的拟定

所谓防洪调度方式，是指控制和调节洪水的蓄泄规则，包括泄流方式、泄流量的规定和泄洪闸门的启闭规则等。其中泄流方式、泄流量的规定是调节计算的基础。对于水库不设闸门的溢洪道，泄流方式为自由泄流；对于有闸门控制的溢洪道或泄洪隧洞，常用的防洪调度方式有控制泄流与自由泄流相结合、固定泄流以及补偿调节三大类。

G8.2.1 控制泄流与自由泄流相结合

当水库下游没有防洪要求，泄量无具体限制时，水库的防洪调度方式，主要是考虑水库本身的安全和兴利蓄水要求，可以采用控制泄流与自由泄流相结合的方式。具体方法已在工作任务 G5 中介绍，如图 G5.16 所示。

G8.2.2 分级控制固定泄流

在工作任务 G5 中已介绍了有闸门控制的溢洪道下游有一个防护对象，且水库与防护对象之间无区间入流或区间洪水较小可以忽略的情况下，水库采用一级固定泄流的泄流方式。水库运用中，其防护对象常常不止一个，相应下游防洪标准的洪水过程和安全泄量则不止一个。对较大的江河，水库下游防护对象的防洪标准，我国目前一般分为三级：Ⅰ级：保护河流滩地（滩地上可种植低秆作物），防洪标准一般定为 3～5 年一遇，安全泄量主要依照河道主槽的过水能力来确定；Ⅱ级：保护河道两岸农田，防洪标准一般是 20～50 年一遇，安全泄量依据河道的设计流量（河道的安全泄量）来确定；Ⅲ级：保护城镇、乡村、交通线等的安全，防洪标准根据防护对象的具体情况，依据《中华人民共和国防洪标准》（GB 50201—94）的有关规定分析确定，安全泄量依据防洪控制点的要求而定。

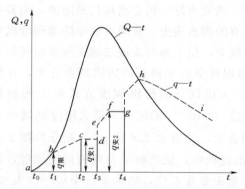

图 G8.1 分级控制固定泄流防洪调度方式示意

对于多个防护对象，采用分级控制固定泄流的防洪调度方式，如图 G8.1 所示。水库由下游的低防洪标准到高防洪标准逐级控制，在各级的控制泄量小于等于 $q_{安1}$,$q_{安2}$,… 直到 t_4 时刻，判定入库洪水已超过了下游最高一级防洪标准，则以保坝为主，加大泄量直至敞泄。整个泄流过程为图 G8.1 中的 $abcdefghi$。

分级控制改变泄量的标志，可以采用库水位或入库流量。实际运用中，为减少改变泄量的闸门频繁操作，也可以改控制闸门开度为定孔泄流，即遇一定标准洪水时，以 $q_安$ 作为控制，开启一定孔数的闸门泄流。

G8.2.3 补偿调节

如图 G8.2 所示，水库与下游防护地区之间的区间洪水不可忽略，当发生洪水时，水库仅能控制的是入库洪水，因此，为满足防护地区的防洪要求，水库要考虑区间来水大小，进行补偿放水，这种调节洪水的方式称为防洪补偿调节。即当发生小于或等于下游防洪标准的洪水时，水库的泄流量加上区间来水，应不超过防洪控制点的安全泄量。

设水库 A 的泄流到防洪控制点 B 的传播时间为 t_{AB}，区间洪水到防洪控制点 B 的传播时间为 t_{CB}。

若 $t_{CB} > t_{AB}$，令 $\Delta t = t_{CB} - t_{AB}$，则 t 时刻水库 A 的泄放流量 $q_{A,t}$ 将与 $t - \Delta t$ 时刻的区间洪水 $Q_{C,t-\Delta t}$ 于 $t + t_{AB}$ 时刻在防洪控制点 B 处相遭遇，其值应不大于防洪控制点 B 处的安全泄量 $q_安$，即

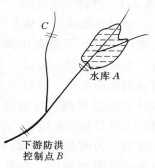

图 G8.2　水库与防洪控制点位置示意图

$$q_{A,t} + Q_{C,t-\Delta t} \leqslant q_安 \qquad (G8.1)$$

若 $t_{AB} > t_{CB}$，令 $\Delta t = t_{AB} - t_{CB}$，同理，可得

$$q_{A,t} + Q_{C,t+\Delta t} \leqslant q_安 \qquad (G8.2)$$

由于此种情况水库 t 时刻的放水与区间 $t + \Delta t$ 时刻流量相遭遇，故须对区间洪水作出预报，且预见期 $t_见 \geqslant \Delta t$ 的情况下，才可以实现。

式 (G8.1)、式 (G8.2) 未考虑区间洪水经河槽调节所导致的流量变化。若河槽调节影响较大，不可忽略时，应采用河段洪水预报方法，将区间洪水先演算到防洪控制点 B 处，然后再根据其确定水库的补偿放水流量。有关河段洪水预报方法，可参考水文预报方面的书籍。

如果遇到的洪水大于下游防洪标准的洪水，当库水位已达到防洪高水位，而洪水尚未过去时，则此时为了确保大坝安全而放弃为下游防洪的补偿调节，全力泄洪。

G8.3　防洪限制水位的推求

防洪限制水位是一个协调兴利与防洪矛盾的特征水位。从防洪安全角度出发，这一水位定得越低越有利；而从蓄水兴利角度出发，这一水位定得高一些更利于汛后能蓄满兴利库容。规划设计阶段已确定了水库的防洪限制水位，而运行阶段中，由于以下原因都需重新确定防洪限制水位：一是水库当年的防洪标准或当年允许的最高水位，或下游允许的安全泄量与设计条件的不同；二是进行分期洪水调度，需要确定分期的防洪限制水位。

我国多数地区洪水的大小和过程线形状在汛期各个阶段具有明显的差异，这种情况下，若整个汛期采用一个防洪限制水位显然没有必要，不利于兴利蓄水。确定分期防洪限制水位，有利于兴利蓄水，是解决防洪和兴利矛盾的有效途径，可以更好地获得水库的综合利用效益。水库运行过程中，常将汛期划分为 2～3 段，例如，海河流域汛期为 6～9 月，大多数水库主汛期为 7 月下旬至 8 月上旬，汛期其余时间分别为前汛期、后汛期；又如，位于汉水上的丹江口水库汛期为 7～10 月，其洪水特点是 7 月、8 月的洪水峰高量大，涨势迅猛；而 9 月、10 月的洪水往往是量大而峰却相对不高，历时长，涨势缓慢。根据上述特点，丹江口水库确定 7 月 1 日至 8 月 31 日为前汛期，防洪限制水位为 149.5m；9 月 1 日至 10 月 15 日为后汛期，防洪限制水位为 152.5m。

关于洪水分期的划分以及各分期设计洪水的推求在 G2.5 中已有所介绍，更详细的内容可参考有关书籍。

推求防洪限制水位的原理，与调洪计算的原理相同。计算方法有顺时序试算法和逆时序计算法。

G8.3.1　顺时序试算法

顺时序试算是最基本的推求方法，适用于有闸门或无闸门控制、下游有防洪要求或无防洪要求等各种情况。具体方法是，假定一个防洪限制水位 $Z'_限$，即调洪计算的起调水位，针对与当年允许最高水位 $Z_允$ 相应的设计洪水过程线，按拟定的防洪调度方式进行调洪计算，求得最高库水位 Z_m，并与当年允许最高洪水位 $Z_允$ 相比较，若两者相等（$Z_m = Z_允$），则假定的 $Z'_限$ 即为所求的防洪限制水位；若两者不等，可重新假定 $Z'_限$，再行调洪计算，直至两者相等为止。或当得到 3～5 个关系值（$Z'_限$，Z_m）后，则可绘制 $Z'_限—Z_m$ 关系曲线，在图上由当年的允许最高洪水位 $Z_允$ 查得所求的防洪限制水位 $Z_限$，如图 G8.3 所示。

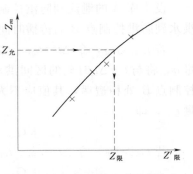

图 G8.3　内插法求防洪限制水位

G8.3.2　逆时序计算法

推求防洪限制水位的逆时序计算法，仍是依据 G5.2 中介绍的调洪计算原理，所不同的是将当年允许最高水位 $Z_允$ 作为起始条件，其相应的泄流量和蓄水量作为第一个时段末的值 q_2、V_2，逆时序调节计算求逐时段初的 q_1、V_1，进而得到防洪限制水位。具体方法可采用列表试算法、半图解法。

由水量平衡方程和蓄泄方程可得逆时序调节计算的半图解法的公式为

$$\frac{V_1}{\Delta t} - \frac{q_1}{2} = \frac{V_2}{\Delta t} - \frac{q_2}{2} - \frac{Q_1 + Q_2}{2} + q_2 \tag{G8.3}$$

$$q = f\left(\frac{V}{\Delta t} - \frac{q}{2}\right) \tag{G8.4}$$

通常式（G8.4）表示为关系线 $q—(V/\Delta t - q/2)$，称为辅助曲线。

以控制泄流与自由泄流相结合的泄流方式为例，介绍逆时序调洪计算的方法步骤如下：

（1）确定调洪计算的时段 Δt，计算并绘制辅助曲线 $q—(V/\Delta t - q/2)$。具体方法与顺时序调洪计算相似。

（2）确定调洪计算的起始条件。在当年允许最高洪水位已定时，闸门全开的最大溢洪水头 $H_m = Z_允 - Z_堰$，即当年允许最高洪水位和溢洪道堰顶高程之差。当淹没系数、侧收缩系数均等于 1 时，利用溢洪道出流公式（G5.3），由最大溢洪水头 H_m 可以求得水库的最大下泄流量 q_m，即

$$q_m = m\sqrt{2g}BH_m^{3/2} = M_1 BH_m^{3/2} \tag{G8.5}$$

其中

$$M_1 = m\sqrt{2g}$$

式中　M_1——也称为流量系数；

其他符号含义同前。

因此，当年允许最高洪水位相应的蓄水量及 q_m，则分别为最后一个时段（也为逆时序计算的第一个时段）末的值 V_2、q_2。

（3）逆时序逐时段调洪计算。由 $q_2 = q_m$，在入流过程线 $Q—t$ 的退水段，找到 $q_m = Q$ 时刻，记 t_m，如图 G8.4 所示。若 t_m 在时段分界处，则由公式（G8.3）可计算 $V_1/\Delta t -$

$q_1/2$，并由此值查辅助曲线 $q—(V/\Delta t-q/2)$，得该时段初的值 q_1。若 t_m 不在时段分界处，则应采用试算法，求时段初的值 q_1、V_1。

将 q_1 作为前一时段末的 q_2，用半图解法依次可求得逐时段初的流量 q_1，直至某一时刻的泄流量等于涨水段的某一入流量 Q 时为止，如图 G8.4 中的 b 点。但往往 b 点不在时段 Δt 的分界点上，因此需用试算法或由 $Q—t$ 线和 $q—t$ 线的交点得出该点流量。当 b 点的泄流量 q_b 求得以后，即可由溢洪道的泄流量公式反求出相应堰顶水头 H_b，进而求得防洪限制水位 $Z_限 = Z_堰 + H_b$，或利用 $Z—q$ 关系查得 $Z_限$。

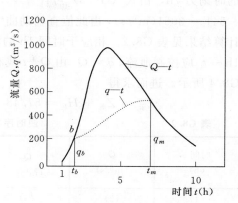

图 G8.4 某水库入流与出流曲线

【例 G8.1】 某水库溢洪道设有闸门，下游无防洪要求。水库防洪设计标准为 1‰，相应设计洪水位为 61.72m，校核标准为 0.2‰，校核洪水位为 62.50m；工程已按规划设计时的标准运行。其他有关资料如下：

（1）水库容积关系见表 G8.1。

表 G8.1

水 位 — 容 积 关 系 表

水位（m）	53.0	54.0	55.0	56.0	57.0	58.0	59.0	60.0	61.0	62.0	63.0
容积（万 m³）	65.3	140.2	246.7	386.4	560.7	770.4	1016.7	1300.0	1620.7	1980.0	2378.3

（2）溢洪道堰顶高程 57.48m，堰宽 $B=35$m，流量系数 $M_1 = m\sqrt{2g} = 1.77$。

（3）经分析汛期分为前汛期（主汛期）6 月 1 日至 8 月 15 日，后汛期（尾汛期）8 月 16 日至 9 月 30 日。后汛期 $p=1\%$ 的设计洪水过程线见表 G8.2 中的第（1）、（2）栏。

试推求后汛期防洪限制水位。

计算过程如下：

（1）确定调洪计算时段 $\Delta t=1$h，从堰顶以上开始，对某一水位计算 q、$(V/\Delta t-q/2)$（限于篇幅，计算过程不一一列出），然后绘制辅助曲线 $q—(V/\Delta t-q/2)$，如图 G8.5 所示，其中 V 为堰顶以上库容。

（2）确定调洪计算的起始条件。对于本例，设计条件下，当年允许最高洪水位为设计洪水位，闸门全开的最大溢洪水头 $H_m = Z_允 - Z_堰 = 61.72 - 57.48 = 4.24$(m)，由式（G8.5）求得：

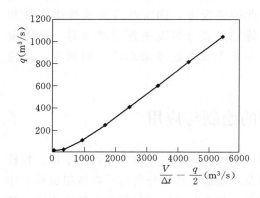

图 G8.5 某水库 $q—\left(\dfrac{V}{\Delta t}-\dfrac{q}{2}\right)$ 辅助曲线

$$q_m = M_1 B H_m^{3/2} = 1.77 \times 35 \times 4.24^{3/2}$$
$$= 541(\text{m}^3/\text{s})$$

根据 q_m 查辅助曲线，得 $V_2/\Delta t - q_2/2 = 3140\text{m}^3/\text{s}$。

（3）逆时序逐时段调洪计算。由 $q_2 = q_m$，在入流过程线 $Q—t$ 的退水段，找到 $q_m \approx Q$ 的时刻为 7h，由式（G8.3）可计算 $V_1/\Delta t - q_1/2 = V_2/\Delta t - q_2/2 - \bar{Q} + q_2 = 3140 - 620 + 541 = 3061(\text{m}^3/\text{s})$，由此值查辅助曲线 $q—(V/\Delta t - q/2)$，得 $q_1 = 525\text{m}^3/\text{s}$。依次逐时段计算结果见表 G8.2。相应于时间 1h 的泄流量大于入流量，显然是不合理的，说明在时段 1h～t_b 应控制泄流，$q = Q$。由 $Q—t$ 线和 $q—t$ 线的交点得出 t_b 点流量 $q_b = 220\text{m}^3/\text{s}$，如图 G8.4 所示。进而求得

$$Z_{限} = Z_{堰} + H_b = 57.48 + [220/(1.77 \times 35)]^{2/3} = 59.81(\text{m})$$

表 G8.2 逆时序半图解法调洪计算表

时间 t (h)	Q (m³/s)	$\bar{Q}$ (m³/s)	$\dfrac{V}{\Delta t} - \dfrac{q}{2}$ (m³/s)	q (m³/s)	备 注
(1)	(2)	(3)	(4)	(5)	(6)
1	40		1685 *	249 *	1. V 为堰顶以上库容；
		165			
2	290		1616	234	2. 从 7h 开始逆时序计算
		535			
3	780		1871	280	
		875			
4	970		2361	385	
		915			
5	860		2806	470	
		780			
6	700		3061	525	
		620			
7	540		3140	541	
8	380				
9	270				
10	170				

需要指出，当水库年允许的最高水位低于设计条件下的校核洪水位时，求得的当年主汛期的防洪限制水位有可能低于堰顶高程，此种情况下，则需结合流域暴雨特性和水库堰顶高程以下的泄流能力分析其可行性，特别是要分析发生连续洪水时，防洪限制水位与堰顶高程之间的蓄水量的泄放时间应不大于发生连续洪水的时间间隔，且应留有余地。

G8.4 防洪调度图的绘制与应用

防洪调度图，是由分期防洪限制水位、防洪调度线、防洪高水位、设计洪水位、校核洪水位与当年允许最高洪水位等蓄水指示线，以及这些指示线划分的运行区所组成的水库汛期运行图。它用来指示水库在汛期为了防洪安全，各个时刻应当预留多少防洪库容，如图 G8.6 所示。

防洪调度图中的防洪高水位、设计洪水位与校核洪水位是规划设计中已经确定的。前已叙及，当年允许最高洪水位是根据水库当年的具体情况而定的。分期防洪限制水位可以采用前述方法推求。至于防洪调度线，是由后汛期的洪水最迟发生时刻 t_k 起，用下游防洪标准的设计洪水进行顺时序调洪计算，所得的不同时刻的水库蓄水位过程线。为安全起

见，下游防洪标准的设计洪水可选不同的典型缩放而得多个过程，再将调洪计算求得的水库蓄水位过程线取下包线作为防洪调度线。由于水库设计洪水过程的历时相对于调度图横坐标的月份来说，历时很短，因而调度图上 t_k 以后防洪调度线一般较陡，有时甚至是垂直线。各分期防洪限制水位的联结过渡，可根据具体情况，采用如图G8.6 中虚线所示的两种方式。这两种方式分别对兴利与防洪有利。

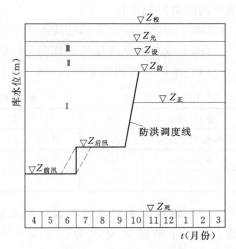

图 G8.6 水库防洪调度图
Ⅰ—防洪区；Ⅱ—设计洪水调洪区；
Ⅲ—校核洪水调洪区

有了防洪调度图，就可以根据汛期各时刻库水位落在哪一运行区，并结合短期天气预报情况，决定水库如何泄流。比如，在对入库洪水的调节过程中，若某时刻库水位在防洪区Ⅰ，则水库泄流应满足下游防洪要求；若库水位升到了调洪区Ⅱ，则应保证大坝安全，正常泄洪设施敞泄。

必须强调指出，实际来水情况千变万化，防洪调度方案不可能包罗万象，在汛期调度运用中，不能把调度图作为唯一依据，而应视当时的雨情、水情、工程具体情况和天气预报等因素，遵循具体的调度规则灵活运用。

工作任务 7 和工作任务 8 分别针对灌溉、防洪两方面介绍了年调节灌溉水库兴利调度图的绘制与应用、水库防洪调度方案的制定和防洪调度图的绘制与应用等问题。综合这两方面的问题则是关于综合利用水库调度问题，前已叙及，水库调度全图由兴利调度图与防洪调度图组成，如图G7.2 所示，该图中防洪调度线与加大供水线相切，是比较理想的情况。如果相交，则说明防洪与兴利存在矛盾的调度区，必须予以解决；如果脱节，则说明防洪与兴利相结合可能尚有潜力可挖，需结合工程的具体情况深入分析。解决这些问题以及水库调度运用的其他问题，读者可参阅文献〔7〕和文献〔8〕。

复习思考与技能训练题

G8.1 水库防洪调度方案的编制涉及哪些主要工作？

G8.2 防洪调度方式有哪几种？各适用于什么情况？

G8.3 规划设计阶段已确定了防洪限制水位，水库运行中，为什么还要重新确定当年的防洪限制水位？

G8.4 确定分期防洪限制水位有何好处？

G8.5 简述逆时序调洪计算半图解法的方法步骤。

G8.6 运行阶段推求防洪限制水位有哪两类基本方法？试分别简述下列情况推求防洪限制水位（或分期防洪限制水位）的方法：

（1）有闸门下游无防洪要求，当年允许最高水位已确定。

（2）有闸门下游有防洪要求，水库按设计条件下已定的 $Z_{防}$、$Z_{设}$、$Z_{校}$ 运行，需推求后汛期的防洪限制水位。

G8.7 防洪调度图由哪些线组成？水库在各区如何泄流？

G8.8 续复习思考技能训练题 G7.6，该水库有关资料如下：

（1）水位—容积关系见表 G8.3。

表 G8.3   水 位 — 容 积 关 系 表

水位（m）	142	144	146	148	150	152	154
容积（$10^6 \mathrm{m}^3$）	31.16	41.17	52.72	66.02	81.62	99.25	118.55
水位（m）	156	158	160	162	164	168	
容积（$10^6 \mathrm{m}^3$）	139.95	161.95	184.15	207.45	233.5	291.95	

（2）该水库主要建筑物设计洪水标准为 100 年一遇，校核洪水标准为 1000 年一遇。水库下游防洪要求为：发生 100 年一遇洪水时，保下游铁路桥，安全泄量为 2000m^3/s。

（3）泄流设施为有闸门溢洪道，堰顶高程为 151.30m，堰顶净宽 36m；溢洪道淹没系数、侧收缩系数分别取 1.0，流量系数 $m=0.40$。

（4）通过分析水库所在流域的洪水特性，汛期分为：主汛期（6 月 1 日至 8 月 20 日）和后汛期（8 月 21 日至 9 月 30 日）。

（5）该水库除险加固后，当主汛期发生 100 年一遇的洪水（表 G8.4）时，允许最高水位为 163.10m。

表 G8.4   水库 100 年一遇的设计洪水过程

时间			Q	时间			Q	时间			Q
月	日	时	（m^3/s）	月	日	时	（m^3/s）	月	日	时	（m^3/s）
8	7	3	145	8	7	21	924	8	8	15	633
		5	232			23	773			17	4154
		7	377	8	8	1	618			19	6672
		9	595			3	547			21	3640
		11	1665			5	511			23	2374
		13	2389			7	511	9	1		1681
		15	1926			9	547			3	1212
		17	1510			11	595			5	865
		19	1149			13	610		⋮		⋮

（6）已求得后汛期防洪限制水位为 158.25m。

要求：

（1）确定主汛期防洪限制水位。

（2）在复习思考与技能训练题 G7.6 已绘制的兴利调度图基础上，绘制防洪限制水位相应的蓄水量指示线，并对该水库防洪与兴利结合情况进行分析。

附　表

附表 1

皮尔逊Ⅲ型曲线的离均系数 Φ_p 值表

C_s \ p(%)	0.01	0.1	0.2	0.33	0.5	1	2	5	10	20	50	75	90	95	99
0.0	3.72	3.09	2.88	2.71	2.58	2.33	2.05	1.64	1.28	0.84	0.00	-0.67	-1.28	-1.64	-2.33
0.1	3.94	3.23	3.00	2.82	2.67	2.40	2.11	1.67	1.29	0.84	-0.02	-0.68	-1.27	-1.62	-2.25
0.2	4.16	3.38	3.12	2.92	2.76	2.47	2.16	1.70	1.30	0.83	-0.03	-0.69	-1.26	-1.59	-2.18
0.3	4.38	3.52	3.24	3.03	2.86	2.54	2.21	1.73	1.31	0.82	-0.05	-0.70	-1.24	-1.55	-2.10
0.4	4.61	3.67	3.36	3.14	2.95	2.62	2.26	1.75	1.32	0.82	-0.07	-0.71	-1.23	-1.52	-2.03
0.5	4.83	3.81	3.48	3.25	3.04	2.68	2.31	1.77	1.32	0.81	-0.08	-0.71	-1.22	-1.49	-1.96
0.6	5.05	3.96	3.60	3.35	3.13	2.75	2.35	1.80	1.33	0.80	-0.10	-0.72	-1.20	-1.45	-1.88
0.7	5.28	4.10	3.72	3.45	3.22	2.82	2.40	1.82	1.33	0.79	-0.12	-0.72	-1.18	-1.42	-1.81
0.8	5.50	4.24	3.85	3.55	3.31	2.89	2.45	1.84	1.34	0.78	-0.13	-0.73	-1.17	-1.38	-1.74
0.9	5.73	4.39	3.97	3.65	3.40	2.96	2.50	1.86	1.34	0.77	-0.15	-0.73	-1.15	-1.35	-1.66
1.0	5.96	4.53	4.09	3.76	3.49	3.02	2.54	1.88	1.34	0.76	-0.16	-0.73	-1.13	-1.32	-1.59
1.1	6.18	4.67	4.20	3.86	3.58	3.09	2.58	1.89	1.34	0.74	-0.18	-0.74	-1.10	-1.28	-1.52
1.2	6.41	4.81	4.32	3.95	3.66	3.15	2.62	1.91	1.34	0.73	-0.19	-0.74	-1.08	-1.24	-1.45
1.3	6.64	4.95	4.44	4.05	3.74	3.21	2.67	1.92	1.34	0.72	-0.21	-0.74	-1.06	-1.20	-1.38
1.4	6.87	5.09	4.56	4.15	3.83	3.27	2.71	1.94	1.33	0.71	-0.22	-0.73	-1.04	-1.17	-1.32
1.5	7.09	5.23	4.68	4.24	3.91	3.33	2.74	1.95	1.33	0.69	-0.24	-0.73	-1.02	-1.13	-1.26
1.6	7.31	5.37	4.80	4.34	3.99	3.39	2.78	1.96	1.33	0.68	-0.25	-0.73	-0.99	-1.10	-1.20
1.7	7.54	5.50	4.91	4.43	4.07	3.44	2.82	1.97	1.32	0.66	-0.27	-0.72	-0.97	-1.06	-1.14
1.8	7.76	5.64	5.01	4.52	4.15	3.50	2.85	1.98	1.32	0.64	-0.28	-0.72	-0.94	-1.02	-1.09
1.9	7.98	5.77	5.12	4.61	4.23	3.55	2.88	1.99	1.31	0.63	-0.29	-0.72	-0.92	-0.98	-1.04
2.0	8.21	5.91	5.22	4.70	4.30	3.61	2.91	2.00	1.30	0.61	-0.31	-0.71	-0.895	-0.949	-0.989
2.1	8.43	6.04	5.33	4.79	4.37	3.66	2.93	2.00	1.29	0.59	-0.32	-0.71	-0.869	-0.914	-0.945
2.2	8.65	6.17	5.43	4.88	4.44	3.71	2.96	2.00	1.28	0.57	-0.33	-0.70	-0.844	-0.879	-0.905
2.3	8.87	6.30	5.53	4.97	4.51	3.76	2.99	2.01	1.27	0.55	-0.34	-0.69	-0.820	-0.849	-0.867
2.4	9.08	6.42	5.63	5.05	4.58	3.81	3.02	2.01	1.26	0.54	-0.35	-0.68	-0.795	-0.820	-0.831
2.5	9.30	6.55	5.73	5.13	4.65	3.85	3.04	2.01	1.25	0.52	-0.36	-0.67	-0.772	-0.791	-0.800
2.6	9.51	6.67	5.82	5.20	4.72	3.89	3.06	2.01	1.23	0.50	-0.37	-0.66	-0.748	-0.764	-0.769
2.7	9.72	6.79	5.92	5.28	4.78	3.93	3.09	2.01	1.22	0.48	-0.37	-0.65	-0.726	-0.736	-0.740
2.8	9.93	6.91	6.01	5.36	4.84	3.97	3.11	2.01	1.21	0.46	-0.38	-0.64	-0.702	-0.710	-0.714

续表

C_s \ $p(\%)$	99	95	90	75	50	20	10	5	2	1	0.5	0.33	0.2	0.1	0.01
2.9	−0.690	−0.687	−0.680	−0.63	−0.39	0.44	1.20	2.01	3.13	4.01	4.90	5.44	6.10	7.03	10.14
3.0	−0.667	−0.665	−0.658	−0.62	−0.39	0.42	1.18	2.00	3.15	4.05	4.96	5.51	6.20	7.15	10.35
3.1	−0.645	−0.644	−0.639	−0.60	−0.40	0.40	1.16	2.00	3.17	4.08	5.02	5.59	6.30	7.26	10.56
3.2	−0.625	−0.624	−0.621	−0.59	−0.40	0.38	1.14	2.00	3.19	4.12	5.08	5.66	6.39	7.38	10.77
3.3	−0.606	−0.606	−0.604	−0.58	−0.40	0.36	1.12	1.99	3.21	4.15	5.14	5.74	6.48	7.49	10.97
3.4	−0.588	−0.588	−0.587	−0.57	−0.41	0.34	1.11	1.98	3.22	4.18	5.20	5.80	6.56	7.60	11.17
3.5	−0.571	−0.571	−0.570	−0.55	−0.41	0.32	1.09	1.97	3.23	4.22	5.25	5.86	6.65	7.72	11.37
3.6	−0.556	−0.556	−0.555	−0.54	−0.41	0.30	1.08	1.96	3.24	4.25	5.30	5.93	6.73	7.83	11.57
3.7	−0.541	−0.541	−0.540	−0.53	−0.42	0.28	1.06	1.95	3.25	4.28	5.35	5.99	6.81	7.94	11.77
3.8	−0.526	−0.526	−0.526	−0.52	−0.42	0.26	1.04	1.94	3.26	4.31	5.40	6.05	6.89	8.05	11.97
3.9	−0.513	−0.513	−0.513	−0.506	−0.41	0.24	1.02	1.93	3.27	4.34	5.45	6.11	6.97	8.15	12.16
4.0	−0.500	−0.500	−0.500	−0.495	−0.41	0.23	1.00	1.92	3.27	4.37	5.50	6.18	7.05	8.25	12.36
4.1	−0.488	−0.488	−0.488	−0.473	−0.41	0.21	0.98	1.91	3.28	4.39	5.54	6.24	7.13	8.35	12.55
4.2	−0.476	−0.476	−0.476	−0.462	−0.41	0.19	0.96	1.90	3.29	4.41	5.59	6.30	7.21	8.45	12.74
4.3	−0.465	−0.465	−0.465	−0.453	−0.40	0.17	0.94	1.88	3.29	4.44	5.63	6.36	7.29	8.55	12.93
4.4	−0.455	−0.455	−0.455	−0.444	−0.40	0.16	0.92	1.87	3.30	4.46	5.68	6.41	7.36	8.65	13.12
4.5	−0.444	−0.444	−0.444	−0.444	−0.40	0.14	0.90	1.85	3.30	4.48	5.72	6.46	7.43	8.75	13.30
4.6	−0.435	−0.435	−0.435	−0.435	−0.40	0.13	0.88	1.84	3.30	4.50	5.76	6.52	7.50	8.85	13.49
4.7	−0.426	−0.426	−0.426	−0.426	−0.39	0.11	0.86	1.82	3.30	4.52	5.80	6.57	7.57	8.95	13.67
4.8	−0.417	−0.417	−0.417	−0.417	−0.39	0.09	0.84	1.80	3.30	4.54	5.84	6.63	7.64	9.04	13.85
4.9	−0.408	−0.408	−0.408	−0.408	−0.38	0.08	0.82	1.78	3.30	4.55	5.88	6.68	7.70	9.13	14.04
5.0	−0.400	−0.400	−0.400	−0.400	−0.379	0.06	0.80	1.77	3.30	4.57	5.92	6.73	7.77	9.22	14.22
5.1	−0.392	−0.392	−0.392	−0.392	−0.374	0.05	0.78	1.75	3.30	4.58	5.95	6.78	7.84	9.31	14.40
5.2	−0.385	−0.385	−0.385	−0.385	−0.369	0.03	0.76	1.73	3.30	4.59	5.99	6.83	7.90	9.40	14.57
5.3	−0.377	−0.377	−0.377	−0.377	−0.363	0.02	0.74	1.72	3.30	4.60	6.02	6.87	7.96	9.49	14.75
5.4	−0.370	−0.370	−0.370	−0.370	−0.358	0.00	0.72	1.70	3.29	4.62	6.05	6.91	8.02	9.57	14.92
5.5	−0.364	−0.364	−0.364	−0.364	−0.353	−0.01	0.70	1.68	3.28	4.63	6.08	6.96	8.08	9.66	15.10
5.6	−0.357	−0.357	−0.357	−0.357	−0.349	−0.03	0.67	1.66	3.28	4.64	6.11	7.00	8.14	9.74	15.27
5.7	−0.351	−0.351	−0.351	−0.351	−0.344	−0.04	0.65	1.65	3.27	4.65	6.14	7.04	8.21	9.82	15.45
5.8	−0.345	−0.345	−0.345	−0.345	−0.339	−0.05	0.63	1.63	3.27	4.67	6.17	7.08	8.27	9.91	15.62
5.9	−0.339	−0.339	−0.339	−0.339	−0.334	−0.06	0.61	1.61	3.26	4.68	6.20	7.12	8.32	9.99	15.78
6.0	−0.333	−0.333	−0.333	−0.333	−0.329	−0.07	0.59	1.59	3.25	4.68	6.23	7.15	8.38	10.07	15.94
6.1	−0.328	−0.328	−0.328	−0.328	−0.325	−0.08	0.57	1.57	3.24	4.69	6.26	7.19	8.43	10.15	16.11
6.2	−0.323	−0.323	−0.323	−0.323	−0.320	−0.09	0.55	1.55	3.23	4.70	6.28	7.23	8.49	10.22	16.28
6.3	−0.317	−0.317	−0.317	−0.317	−0.315	−0.10	0.53	1.53	3.22	4.70	6.30	7.26	8.54	10.30	16.45
6.4	−0.313	−0.313	−0.313	−0.313	−0.311	−0.11	0.51	1.51	3.21	4.71	6.32	7.30	8.60	10.38	16.61

附表2　皮尔逊Ⅲ型曲线的模比系数 k_p 值表

(1) $C_s = C_v$

C_v \ p(%)	0.01	0.1	0.2	0.33	0.5	1	2	5	10	20	50	75	90	95	99	C_s
0.05	1.19	1.16	1.15	1.14	1.13	1.12	1.11	1.09	1.07	1.04	1.00	0.97	0.94	0.92	0.89	0.05
0.10	1.39	1.32	1.30	1.28	1.27	1.24	1.21	1.17	1.13	1.08	1.00	0.93	0.87	0.84	0.78	0.10
0.15	1.61	1.50	1.46	1.43	1.41	1.37	1.32	1.26	1.20	1.13	1.00	0.90	0.81	0.77	0.67	0.15
0.20	1.83	1.68	1.62	1.58	1.55	1.49	1.43	1.34	1.26	1.17	0.99	0.86	0.75	0.68	0.56	0.20
0.25	2.07	1.86	1.80	1.74	1.70	1.63	1.55	1.43	1.33	1.21	0.99	0.83	0.69	0.61	0.47	0.25
0.30	2.31	2.06	1.97	1.91	1.86	1.76	1.66	1.52	1.39	1.25	0.98	0.79	0.63	0.54	0.37	0.30
0.35	2.57	2.26	2.16	2.08	2.02	1.91	1.78	1.61	1.46	1.29	0.98	0.76	0.57	0.47	0.28	0.35
0.40	2.84	2.47	2.34	2.26	2.18	2.05	1.90	1.70	1.53	1.33	0.97	0.72	0.51	0.39	0.19	0.40
0.45	3.13	2.69	2.54	2.44	2.35	2.19	2.03	1.79	1.60	1.37	0.97	0.69	0.45	0.33	0.10	0.45
0.50	3.42	2.91	2.74	2.63	2.52	2.34	2.16	1.89	1.66	1.40	0.96	0.65	0.39	0.26	0.02	0.50
0.55	3.72	3.14	2.95	2.82	2.70	2.49	2.29	1.98	1.73	1.44	0.95	0.61	0.34	0.20	−0.06	0.55
0.60	4.03	3.38	3.16	3.01	2.88	2.65	2.41	2.08	1.80	1.48	0.94	0.57	0.28	0.13	−0.13	0.60
0.65	4.36	3.62	3.38	3.21	3.07	2.81	2.55	2.18	1.87	1.52	0.93	0.53	0.23	0.07	−0.20	0.65
0.70	4.70	3.87	3.60	3.42	3.25	2.97	2.68	2.27	1.93	1.55	0.92	0.50	0.17	0.01	−0.27	0.70
0.75	5.05	4.13	3.84	3.63	3.45	3.14	2.82	2.37	2.00	1.59	0.91	0.46	0.12	−0.05	−0.33	0.75
0.80	5.40	4.39	4.08	3.84	3.65	3.31	2.96	2.47	2.07	1.62	0.90	0.42	0.06	−0.10	−0.39	0.80
0.85	5.78	4.67	4.33	4.07	3.86	3.49	3.11	2.57	2.14	1.66	0.88	0.37	0.01	−0.16	−0.44	0.85
0.90	6.16	4.95	4.57	4.29	4.06	3.66	3.25	2.67	2.21	1.69	0.86	0.34	−0.04	−0.22	−0.49	0.90
0.95	6.56	5.24	4.83	4.53	4.28	3.84	3.40	2.78	2.28	1.73	0.85	0.31	−0.09	−0.27	−0.55	0.95
1.00	6.96	5.53	5.09	4.76	4.49	4.02	3.54	2.88	2.34	1.76	0.84	0.27	−0.13	−0.32	−0.59	1.00

续表

(2) $C_s = 2C_v$

C_s (p%)	99	95	90	75	50	20	10	5	2	1	0.5	0.33	0.2	0.1	0.01	C_v (p%)
0.10	0.89	0.92	0.94	0.97	1.00	1.04	1.06	1.08	1.11	1.12	1.13	1.14	1.15	1.16	1.20	0.05
0.20	0.78	0.84	0.87	0.93	1.00	1.08	1.13	1.17	1.21	1.25	1.27	1.29	1.31	1.34	1.42	0.10
0.30	0.69	0.77	0.81	0.90	0.99	1.12	1.20	1.26	1.33	1.38	1.43	1.46	1.48	1.54	1.67	0.15
0.40	0.59	0.70	0.75	0.86	0.99	1.16	1.26	1.35	1.45	1.52	1.59	1.63	1.67	1.73	1.92	0.20
0.44	0.56	0.67	0.73	0.84	0.98	1.18	1.29	1.39	1.50	1.58	1.66	1.70	1.75	1.82	2.04	0.22
0.48	0.53	0.64	0.71	0.83	0.98	1.19	1.32	1.43	1.55	1.64	1.73	1.77	1.83	1.91	2.16	0.24
0.50	0.52	0.63	0.70	0.82	0.98	1.20	1.33	1.45	1.58	1.67	1.77	1.81	1.87	1.96	2.22	0.25
0.52	0.50	0.62	0.69	0.82	0.98	1.21	1.34	1.46	1.60	1.70	1.80	1.85	1.91	2.01	2.28	0.26
0.56	0.47	0.59	0.66	0.79	0.97	1.22	1.37	1.50	1.66	1.76	1.87	1.93	2.00	2.10	2.40	0.28
0.60	0.44	0.56	0.64	0.78	0.97	1.24	1.40	1.54	1.71	1.83	1.94	2.01	2.08	2.19	2.52	0.30
0.70	0.37	0.51	0.59	0.75	0.96	1.28	1.47	1.64	1.84	2.00	2.13	2.22	2.31	2.44	2.86	0.35
0.80	0.30	0.45	0.53	0.71	0.95	1.31	1.54	1.74	1.98	2.16	2.32	2.42	2.54	2.70	3.20	0.40
0.90	0.26	0.40	0.48	0.67	0.93	1.35	1.60	1.84	2.13	2.33	2.53	2.65	2.80	2.98	3.59	0.45
1.00	0.21	0.34	0.44	0.64	0.92	1.38	1.67	1.94	2.27	2.51	2.74	2.88	3.05	3.27	3.98	0.50
1.10	0.16	0.30	0.40	0.59	0.90	1.41	1.74	2.04	2.42	2.70	2.97	3.12	3.32	3.58	4.42	0.55
1.20	0.13	0.26	0.35	0.56	0.89	1.44	1.80	2.15	2.57	2.89	3.20	3.37	3.59	3.89	4.85	0.60
1.30	0.10	0.22	0.31	0.52	0.87	1.47	1.87	2.25	2.74	3.09	3.44	3.64	3.89	4.22	5.33	0.65
1.40	0.08	0.18	0.27	0.49	0.85	1.50	1.94	2.36	2.90	3.29	3.68	3.91	4.19	4.56	5.81	0.70
1.50	0.06	0.15	0.24	0.45	0.82	1.52	2.00	2.46	3.06	3.50	3.93	4.19	4.52	4.93	6.33	0.75
1.60	0.04	0.12	0.21	0.42	0.80	1.54	2.06	2.57	3.22	3.71	4.19	4.47	4.84	5.30	6.85	0.80
1.80	0.02	0.08	0.15	0.35	0.75	1.58	2.19	2.78	3.56	4.15	4.74	5.07	5.51	6.08	7.98	0.90

续表

(3) $C_s = 3C_v$

C_v＼p(%)	0.01	0.1	0.2	0.33	0.5	1	2	5	10	20	50	75	90	95	99	C_s
0.20	2.02	1.79	1.72	1.67	1.63	1.55	1.47	1.36	1.27	1.16	0.98	0.86	0.76	0.71	0.62	0.60
0.25	2.35	2.05	1.95	1.88	1.82	1.72	1.61	1.46	1.34	1.20	0.97	0.82	0.71	0.65	0.56	0.75
0.30	2.72	2.32	2.19	2.10	2.02	1.89	1.75	1.56	1.40	1.23	0.96	0.78	0.66	0.60	0.50	0.90
0.35	3.12	2.61	2.46	2.33	2.24	2.07	1.90	1.66	1.47	1.26	0.94	0.74	0.61	0.55	0.46	1.05
0.40	3.56	2.92	2.73	2.58	2.46	2.26	2.05	1.76	1.54	1.29	0.92	0.70	0.57	0.50	0.42	1.20
0.42	3.75	3.06	2.85	2.69	2.56	2.34	2.11	1.81	1.56	1.31	0.91	0.69	0.55	0.49	0.41	1.26
0.44	3.94	3.19	2.97	2.80	2.65	2.42	2.17	1.85	1.59	1.32	0.91	0.67	0.54	0.47	0.40	1.32
0.45	4.04	3.26	3.03	2.85	2.70	2.46	2.21	1.87	1.60	1.32	0.90	0.67	0.53	0.47	0.39	1.35
0.46	4.14	3.33	3.09	2.90	2.75	2.50	2.24	1.89	1.61	1.33	0.90	0.66	0.52	0.46	0.39	1.38
0.48	4.34	3.47	3.21	3.01	2.85	2.58	2.31	1.93	1.65	1.34	0.89	0.65	0.51	0.45	0.38	1.44
0.50	4.55	3.62	3.34	3.12	2.96	2.67	2.37	1.98	1.67	1.35	0.88	0.64	0.49	0.44	0.37	1.50
0.52	4.76	3.76	3.46	3.24	3.06	2.75	2.44	2.02	1.69	1.36	0.87	0.62	0.48	0.42	0.36	1.56
0.54	4.98	3.91	3.60	3.36	3.16	2.84	2.51	2.06	1.72	1.36	0.86	0.61	0.47	0.41	0.36	1.62
0.55	5.09	3.99	3.66	3.42	3.21	2.88	2.54	2.08	1.73	1.36	0.86	0.60	0.46	0.41	0.36	1.65
0.56	5.20	4.07	3.73	3.48	3.27	2.93	2.57	2.10	1.74	1.37	0.85	0.59	0.46	0.40	0.35	1.68
0.58	5.43	4.23	3.86	3.59	3.38	3.01	2.64	2.14	1.77	1.38	0.84	0.58	0.45	0.40	0.35	1.74
0.60	5.66	4.38	4.01	3.71	3.49	3.10	2.71	2.19	1.79	1.38	0.83	0.57	0.44	0.39	0.35	1.80
0.65	6.26	4.81	4.36	4.03	3.77	3.33	2.88	2.29	1.85	1.40	0.80	0.53	0.41	0.37	0.34	1.95
0.70	6.90	5.23	4.73	4.35	4.06	3.56	3.05	2.40	1.90	1.41	0.78	0.50	0.39	0.36	0.34	2.10
0.75	7.57	5.68	5.12	4.69	4.36	3.80	3.24	2.50	1.96	1.42	0.76	0.48	0.38	0.35	0.34	2.25
0.80	8.26	6.14	5.50	5.04	4.66	4.05	3.42	2.61	2.01	1.43	0.72	0.46	0.36	0.34	0.34	2.40

(4) $C_s = 3.5C_v$

C_v \ $p(\%)$	0.01	0.1	0.2	0.33	0.5	1	2	5	10	20	50	75	90	95	99	C_s
0.20	2.06	1.82	1.74	1.69	1.64	1.56	1.48	1.36	1.27	1.16	0.98	0.86	0.76	0.72	0.64	0.70
0.25	2.42	2.09	1.99	1.91	1.85	1.74	1.62	1.46	1.34	1.19	0.96	0.82	0.71	0.66	0.58	0.88
0.30	2.82	2.38	2.24	2.14	2.06	1.92	1.77	1.57	1.40	1.22	0.95	0.78	0.67	0.61	0.53	1.05
0.35	3.26	2.70	2.52	2.39	2.29	2.11	1.92	1.67	1.47	1.26	0.93	0.74	0.62	0.57	0.50	1.22
0.40	3.75	3.04	2.82	2.66	2.53	2.31	2.08	1.78	1.53	1.28	0.91	0.71	0.58	0.53	0.47	1.40
0.42	3.95	3.18	2.95	2.77	2.63	2.39	2.15	1.82	1.56	1.29	0.90	0.69	0.57	0.52	0.46	1.47
0.44	4.16	3.33	3.08	2.88	2.73	2.48	2.21	1.86	1.59	1.30	0.89	0.68	0.56	0.51	0.46	1.54
0.45	4.27	3.40	3.14	2.94	2.79	2.52	2.25	1.88	1.60	1.31	0.89	0.67	0.55	0.50	0.45	1.58
0.46	4.37	3.48	3.21	3.00	2.84	2.56	2.28	1.90	1.61	1.31	0.88	0.66	0.54	0.50	0.45	1.61
0.48	4.60	3.63	3.35	3.12	2.94	2.65	2.35	1.95	1.64	1.32	0.87	0.65	0.53	0.49	0.45	1.68
0.50	4.82	3.78	3.48	3.24	3.06	2.74	2.42	1.99	1.66	1.32	0.86	0.64	0.52	0.48	0.44	1.75
0.52	5.06	3.95	3.62	3.36	3.16	2.83	2.48	2.03	1.69	1.33	0.85	0.63	0.51	0.47	0.44	1.82
0.54	5.30	4.11	3.76	3.48	3.28	2.91	2.55	2.07	1.71	1.34	0.84	0.61	0.50	0.47	0.44	1.89
0.55	5.41	4.20	3.83	3.55	3.34	2.96	2.58	2.10	1.72	1.34	0.84	0.60	0.50	0.46	0.44	1.92
0.56	5.55	4.28	3.91	3.61	3.39	3.01	2.62	2.12	1.73	1.35	0.83	0.60	0.49	0.46	0.43	1.96
0.58	5.80	4.45	4.05	3.74	3.51	3.10	2.69	2.16	1.75	1.35	0.82	0.58	0.48	0.46	0.43	2.03
0.60	6.06	4.62	4.20	3.87	3.62	3.20	2.76	2.20	1.77	1.35	0.81	0.57	0.48	0.45	0.43	2.10
0.65	6.73	5.08	4.58	4.22	3.92	3.44	2.94	2.30	1.83	1.36	0.78	0.55	0.46	0.44	0.43	2.28
0.70	7.43	5.54	4.98	4.56	4.23	3.68	3.12	2.41	1.88	1.37	0.75	0.53	0.45	0.44	0.43	2.45
0.75	8.16	6.02	5.38	4.92	4.55	3.92	3.30	2.51	1.92	1.37	0.72	0.50	0.44	0.43	0.43	2.62
0.80	8.94	6.53	5.81	5.29	4.87	4.18	3.49	2.61	1.97	1.37	0.70	0.49	0.44	0.43	0.43	2.80

(5) $C_s = 4C_v$

$p(\%)$ \ C_v	0.01	0.1	0.2	0.33	0.5	1	2	5	10	20	50	75	90	95	99	$p(\%)$ \ C_s
0.20	2.10	1.85	1.77	1.71	1.66	1.58	1.49	1.37	1.27	1.16	0.97	0.85	0.77	0.72	0.65	0.80
0.25	2.49	2.13	2.02	1.94	1.87	1.76	1.64	1.47	1.34	1.19	0.96	0.82	0.72	0.67	0.60	1.00
0.30	2.92	2.44	2.30	2.18	2.10	1.94	1.79	1.57	1.40	1.22	0.94	0.78	0.68	0.63	0.56	1.20
0.35	3.40	2.78	2.60	2.45	2.34	2.14	1.95	1.68	1.47	1.25	0.92	0.74	0.64	0.59	0.54	1.40
0.40	3.92	3.15	2.92	2.74	2.60	2.36	2.11	1.78	1.53	1.27	0.90	0.71	0.60	0.56	0.52	1.60
0.42	4.15	3.30	3.05	2.86	2.70	2.44	2.18	1.83	1.56	1.28	0.89	0.70	0.59	0.55	0.52	1.68
0.44	4.38	3.46	3.19	2.98	2.81	2.53	2.25	1.87	1.58	1.29	0.88	0.68	0.58	0.55	0.51	1.76
0.45	4.49	3.54	3.25	3.03	2.87	2.58	2.28	1.89	1.59	1.29	0.87	0.68	0.58	0.54	0.51	1.80
0.46	4.62	3.62	3.32	3.10	2.92	2.62	2.32	1.91	1.61	1.29	0.87	0.67	0.57	0.54	0.51	1.84
0.48	4.86	3.79	3.47	3.22	3.04	2.71	2.39	1.96	1.63	1.30	0.86	0.66	0.56	0.53	0.51	1.92
0.50	5.10	3.96	3.61	3.35	3.15	2.80	2.45	2.00	1.65	1.31	0.84	0.64	0.55	0.53	0.50	2.00
0.52	5.36	4.12	3.76	3.48	3.27	2.90	2.52	2.04	1.67	1.31	0.83	0.63	0.55	0.52	0.50	2.08
0.54	5.62	4.30	3.91	3.61	3.38	2.99	2.59	2.08	1.69	1.31	0.82	0.62	0.54	0.52	0.50	2.16
0.55	5.76	4.39	3.99	3.68	3.44	3.03	2.63	2.10	1.70	1.31	0.82	0.62	0.54	0.52	0.50	2.20
0.56	5.90	4.48	4.06	3.75	3.50	3.09	2.66	2.12	1.71	1.31	0.81	0.61	0.53	0.51	0.50	2.24
0.58	6.18	4.67	4.22	3.89	3.62	3.19	2.74	2.16	1.74	1.32	0.80	0.60	0.53	0.51	0.50	2.32
0.60	6.45	4.85	4.38	4.03	3.75	3.29	2.81	2.21	1.76	1.32	0.79	0.59	0.52	0.51	0.50	2.40
0.65	7.18	5.34	4.78	4.38	4.07	3.53	2.99	2.31	1.80	1.32	0.76	0.57	0.51	0.50	0.50	2.60
0.70	7.95	5.84	5.21	4.75	4.39	3.78	3.18	2.41	1.85	1.32	0.73	0.55	0.51	0.50	0.50	2.80
0.75	8.76	6.36	5.65	5.13	4.72	4.03	3.36	2.50	1.88	1.32	0.71	0.54	0.51	0.50	0.50	3.00
0.80	9.62	6.90	6.11	5.53	5.06	4.30	3.55	2.60	1.91	1.30	0.68	0.53	0.50	0.50	0.50	3.20

附表 3　　　　　　　　　**三点法用表——S 与 C_s 关系表**

(1) $p=1\%-50\%-99\%$

S	0	1	2	3	4	5	6	7	8	9
0.0	0.00	0.03	0.05	0.07	0.10	0.12	0.15	0.17	0.20	0.23
0.1	0.26	0.28	0.31	0.34	0.36	0.39	0.41	0.44	0.47	0.49
0.2	0.52	0.54	0.57	0.59	0.62	0.65	0.67	0.70	0.73	0.76
0.3	0.78	0.81	0.84	0.86	0.89	0.92	0.94	0.97	1.00	1.02
0.4	1.05	1.08	1.10	1.13	1.16	1.18	1.21	1.24	1.27	1.30
0.5	1.32	1.36	1.39	1.42	1.45	1.48	1.51	1.55	1.58	1.61
0.6	1.64	1.68	1.71	1.74	1.78	1.81	1.84	1.88	1.92	1.95
0.7	1.99	2.03	2.07	2.11	2.16	2.20	2.25	2.30	2.34	2.39
0.8	2.44	2.50	2.55	2.61	2.67	2.74	2.81	2.89	2.97	3.05
0.9	3.14	3.22	3.33	3.46	3.59	3.73	3.92	4.14	4.44	4.90

例：当 $S=0.43$ 时，$C_s=1.13$。

(2) $p=3\%-50\%-97\%$

S	0	1	2	3	4	5	6	7	8	9
0.0	0.00	0.04	0.08	0.11	0.14	0.17	0.20	0.23	0.26	0.29
0.1	0.32	0.35	0.38	0.42	0.45	0.48	0.51	0.54	0.57	0.60
0.2	0.63	0.66	0.70	0.73	0.76	0.79	0.82	0.86	0.89	0.92
0.3	0.95	0.98	1.01	1.04	1.08	1.11	1.14	1.17	1.20	1.24
0.4	1.27	1.30	1.33	1.36	1.40	1.43	1.46	1.49	1.52	1.56
0.5	1.59	1.63	1.66	1.70	1.73	1.76	1.80	1.83	1.87	1.90
0.6	1.94	1.97	2.00	2.04	2.08	2.12	2.16	2.20	2.23	2.27
0.7	2.31	2.36	2.40	2.44	2.49	2.54	2.58	2.63	2.68	2.74
0.8	2.79	2.85	2.90	2.96	3.02	3.09	3.15	3.22	3.29	3.37
0.9	3.46	3.55	3.67	3.79	3.92	4.08	4.26	4.50	4.75	5.21

(3) $p=5\%-50\%-95\%$

S	0	1	2	3	4	5	6	7	8	9
0.0	0.00	0.04	0.08	0.12	0.16	0.20	0.24	0.27	0.31	0.35
0.1	0.38	0.41	0.45	0.48	0.52	0.55	0.59	0.63	0.66	0.70
0.2	0.73	0.76	0.80	0.84	0.87	0.90	0.94	0.98	1.01	1.04
0.3	1.08	1.11	1.14	1.18	1.21	1.25	1.28	1.31	1.35	1.38
0.4	1.42	1.46	1.49	1.52	1.56	1.59	1.63	1.66	1.70	1.74
0.5	1.78	1.81	1.85	1.88	1.92	1.95	1.99	2.03	2.06	2.10
0.6	2.13	2.17	2.20	2.24	2.28	2.32	2.36	2.40	2.44	2.48
0.7	2.53	2.57	2.62	2.66	2.70	2.76	2.81	2.86	2.91	2.97
0.8	3.02	3.07	3.13	3.19	3.25	3.32	3.38	3.46	3.52	3.60
0.9	3.70	3.80	3.91	4.03	4.17	4.32	4.49	4.72	4.94	5.43

(4) $p=10\%-50\%-90\%$

S	0	1	2	3	4	5	6	7	8	9
0.0	0.00	0.05	0.10	0.15	0.20	0.24	0.29	0.34	0.38	0.43
0.1	0.47	0.52	0.56	0.60	0.65	0.69	0.74	0.78	0.83	0.87
0.2	0.92	0.96	1.00	1.04	1.08	1.13	1.17	1.22	1.26	1.30
0.3	1.34	1.38	1.43	1.47	1.51	1.55	1.59	1.63	1.67	1.71
0.4	1.75	1.79	1.83	1.87	1.91	1.95	1.99	2.02	2.06	2.10
0.5	2.14	2.18	2.22	2.26	2.30	2.34	2.38	2.42	2.46	2.50
0.6	2.54	2.58	2.62	2.66	2.70	2.74	2.78	2.82	2.86	2.90
0.7	2.95	3.00	3.04	3.08	3.13	3.18	3.24	3.28	3.33	3.38
0.8	3.44	3.50	3.55	3.61	3.67	3.74	3.80	3.87	3.94	4.02
0.9	4.11	4.20	4.32	4.45	4.59	4.75	4.96	5.20	5.56	—

三点法用表——C_s 与有关 Φ 值的关系表

C_s	$\Phi_{50\%}$	$\Phi_{1\%}-\Phi_{99\%}$	$\Phi_{3\%}-\Phi_{97\%}$	$\Phi_{5\%}-\Phi_{95\%}$	$\Phi_{10\%}-\Phi_{90\%}$
0.0	0.000	4.652	3.762	3.290	2.564
0.1	−0.017	4.648	3.756	3.287	2.560
0.2	−0.033	4.645	3.750	3.284	2.557
0.3	−0.052	4.641	3.743	3.278	2.550
0.4	−0.068	4.637	3.736	3.273	2.543
0.5	−0.084	4.633	3.732	3.266	2.532
0.6	−0.100	4.629	3.727	3.259	2.522
0.7	−0.116	4.624	3.718	3.246	2.510
0.8	−0.132	4.620	3.709	3.233	2.498
0.9	−0.148	4.615	3.692	3.218	2.483
1.0	−0.164	4.611	3.674	3.204	2.468
1.1	−0.179	4.606	3.656	3.185	2.448
1.2	−0.194	4.601	3.638	3.167	2.427
1.3	−0.208	4.595	3.620	3.144	2.404
1.4	−0.223	4.590	3.601	3.120	2.380
1.5	−0.238	4.586	3.582	3.090	2.353
1.6	−0.253	4.586	3.562	3.062	2.326
1.7	−0.267	4.587	3.541	3.032	2.296
1.8	−0.282	4.588	3.520	3.002	2.265
1.9	−0.294	4.591	3.499	2.974	2.232
2.0	−0.307	4.594	3.477	2.945	2.198
2.1	−0.319	4.603	3.469	2.918	2.164
2.2	−0.330	4.613	3.440	2.890	2.130
2.3	−0.340	4.625	3.421	2.862	2.095
2.4	−0.350	4.636	3.403	2.833	2.060
2.5	−0.359	4.648	3.385	2.806	2.024
2.6	−0.367	4.660	3.367	2.778	1.987
2.7	−0.376	4.674	3.350	2.749	1.949
2.8	−0.383	4.687	3.333	2.720	1.911
2.9	−0.389	4.701	3.318	2.695	1.876
3.0	−0.395	4.716	3.303	2.670	1.840
3.1	−0.399	4.732	3.288	2.645	1.806
3.2	−0.404	4.748	3.273	2.619	1.772
3.3	−0.407	4.765	3.259	2.594	1.738
3.4	−0.410	4.781	3.245	2.568	1.705
3.5	−0.412	4.796	3.225	2.543	1.670
3.6	−0.414	4.810	3.216	2.518	1.635
3.7	−0.415	4.824	3.203	2.494	1.600
3.8	−0.416	4.837	3.189	2.470	1.570
3.9	−0.415	4.850	3.175	2.446	1.536
4.0	−0.414	4.863	3.160	2.422	1.502
4.1	−0.412	4.876	3.145	2.396	1.471
4.2	−0.410	4.888	3.130	2.372	1.440
4.3	−0.407	4.901	3.115	2.348	1.408
4.4	−0.404	4.914	3.100	2.325	1.376
4.5	−0.400	4.924	3.084	2.300	1.345
4.6	−0.396	4.934	3.067	2.276	1.315
4.7	−0.392	4.942	3.050	2.251	1.286
4.8	−0.388	4.949	3.034	2.226	1.257
4.9	−0.384	4.955	3.016	2.200	1.229
5.0	−0.379	4.961	2.997	2.174	1.200
5.1	−0.374		2.978	2.148	1.173
5.2	−0.370		2.960	2.123	1.145
5.3	−0.365			2.098	1.118
5.4	−0.360			2.072	1.090
5.5	−0.356			2.047	1.063
5.6	−0.350			2.021	1.035

附表 5

瞬时单位线 S 曲线查用表

t/K \ n	1.0	1.1	1.2	1.3	1.4	1.5	1.6	1.7	1.8	1.9	2.0	2.1	2.2	2.3	2.4	2.5	2.6	2.7	2.8	2.9	3.0
0	0	0	0	0	0	0	0	0	0	0	0	0	0	0	0	0	0	0	0	0	0
0.1	0.095	0.072	0.054	0.041	0.030	0.022	0.017	0.012	0.009	0.007	0.005	0.003	0.002	0.002	0.001	0.001	0.001	0	0	0	0
0.2	0.181	0.147	0.118	0.095	0.075	0.060	0.047	0.036	0.029	0.022	0.018	0.014	0.010	0.008	0.006	0.004	0.003	0.002	0.002	0.001	0.001
0.3	0.259	0.218	0.182	0.152	0.126	0.104	0.086	0.069	0.057	0.045	0.037	0.030	0.024	0.019	0.015	0.012	0.010	0.007	0.006	0.005	0.004
0.4	0.330	0.285	0.244	0.209	0.178	0.150	0.127	0.107	0.089	0.074	0.061	0.051	0.042	0.034	0.028	0.023	0.019	0.015	0.012	0.010	0.008
0.5	0.393	0.346	0.305	0.266	0.230	0.198	0.171	0.146	0.126	0.106	0.090	0.076	0.065	0.054	0.045	0.037	0.031	0.025	0.022	0.018	0.014
0.6	0.451	0.403	0.360	0.318	0.281	0.237	0.216	0.188	0.164	0.142	0.122	0.104	0.090	0.076	0.065	0.055	0.046	0.039	0.033	0.028	0.023
0.7	0.503	0.456	0.411	0.369	0.331	0.294	0.261	0.231	0.200	0.178	0.156	0.136	0.117	0.101	0.088	0.075	0.065	0.056	0.044	0.039	0.034
0.8	0.551	0.505	0.461	0.418	0.378	0.340	0.306	0.273	0.243	0.216	0.191	0.169	0.149	0.130	0.113	0.098	0.086	0.074	0.064	0.056	0.047
0.9	0.593	0.549	0.505	0.464	0.423	0.385	0.349	0.315	0.285	0.255	0.228	0.202	0.180	0.160	0.141	0.124	0.109	0.096	0.084	0.073	0.063
1.0	0.632	0.589	0.547	0.506	0.466	0.428	0.392	0.356	0.324	0.293	0.264	0.238	0.213	0.190	0.170	0.151	0.134	0.118	0.104	0.092	0.080
1.1	0.667	0.626	0.585	0.545	0.506	0.468	0.431	0.396	0.363	0.331	0.301	0.273	0.247	0.222	0.200	0.179	0.160	0.143	0.127	0.113	0.100
1.2	0.699	0.660	0.621	0.582	0.544	0.506	0.470	0.436	0.400	0.368	0.337	0.308	0.281	0.255	0.231	0.219	0.188	0.169	0.151	0.135	0.121
1.3	0.728	0.691	0.654	0.616	0.579	0.543	0.506	0.471	0.447	0.405	0.373	0.343	0.315	0.288	0.262	0.239	0.216	0.196	0.171	0.159	0.143
1.4	0.753	0.719	0.684	0.648	0.612	0.577	0.541	0.507	0.473	0.440	0.408	0.378	0.348	0.321	0.294	0.269	0.246	0.224	0.203	0.184	0.167
1.5	0.777	0.744	0.711	0.677	0.643	0.608	0.574	0.540	0.507	0.474	0.442	0.411	0.382	0.353	0.326	0.300	0.275	0.252	0.231	0.210	0.191
1.6	0.798	0.768	0.736	0.704	0.671	0.638	0.605	0.572	0.539	0.507	0.475	0.444	0.414	0.385	0.357	0.331	0.305	0.281	0.258	0.237	0.217
1.7	0.817	0.789	0.759	0.729	0.698	0.666	0.634	0.602	0.570	0.538	0.507	0.476	0.446	0.417	0.389	0.361	0.335	0.310	0.287	0.264	0.243
1.8	0.835	0.808	0.781	0.752	0.722	0.692	0.661	0.630	0.599	0.568	0.537	0.507	0.477	0.448	0.419	0.392	0.365	0.330	0.315	0.292	0.269
1.9	0.850	0.826	0.800	0.773	0.745	0.716	0.687	0.657	0.627	0.596	0.566	0.536	0.507	0.478	0.449	0.421	0.395	0.368	0.343	0.319	0.296
2.0	0.865	0.842	0.818	0.792	0.766	0.739	0.710	0.682	0.653	0.623	0.594	0.565	0.536	0.507	0.478	0.451	0.423	0.397	0.372	0.347	0.323
2.1	0.878	0.856	0.834	0.810	0.785	0.759	0.733	0.706	0.679	0.649	0.620	0.592	0.565	0.535	0.507	0.479	0.452	0.425	0.400	0.375	0.350
2.2	0.890	0.870	0.849	0.826	0.803	0.778	0.753	0.727	0.700	0.673	0.645	0.618	0.590	0.562	0.534	0.507	0.480	0.453	0.427	0.402	0.377
2.3	0.900	0.882	0.862	0.841	0.819	0.796	0.772	0.748	0.722	0.696	0.669	0.642	0.615	0.588	0.560	0.533	0.507	0.480	0.454	0.429	0.404
2.4	0.909	0.895	0.875	0.855	0.835	0.813	0.790	0.767	0.742	0.717	0.692	0.665	0.639	0.613	0.586	0.559	0.533	0.507	0.481	0.455	0.430

续表

t/K＼n	1.0	1.1	1.2	1.3	1.4	1.5	1.6	1.7	1.8	1.9	2.0	2.1	2.2	2.3	2.4	2.5	2.6	2.7	2.8	2.9	3.0
2.5	0.918	0.902	0.886	0.868	0.849	0.828	0.807	0.784	0.761	0.737	0.713	0.688	0.662	0.636	0.610	0.584	0.558	0.532	0.506	0.481	0.456
2.6	0.926	0.912	0.896	0.879	0.861	0.842	0.822	0.801	0.779	0.756	0.733	0.708	0.684	0.659	0.634	0.608	0.582	0.557	0.532	0.506	0.482
2.7	0.933	0.920	0.905	0.890	0.873	0.855	0.836	0.816	0.796	0.774	0.751	0.728	0.704	0.680	0.656	0.631	0.606	0.581	0.556	0.531	0.506
2.8	0.939	0.928	0.914	0.899	0.884	0.867	0.849	0.831	0.811	0.790	0.769	0.747	0.724	0.701	0.677	0.653	0.629	0.604	0.579	0.555	0.531
2.9	0.945	0.934	0.922	0.908	0.894	0.878	0.862	0.844	0.825	0.806	0.785	0.764	0.742	0.720	0.697	0.674	0.650	0.626	0.602	0.578	0.554
3.0	0.950	0.940	0.929	0.916	0.903	0.888	0.873	0.856	0.839	0.820	0.801	0.781	0.760	0.738	0.716	0.694	0.671	0.648	0.624	0.600	0.577
3.1	0.955	0.946	0.935	0.924	0.911	0.898	0.883	0.868	0.851	0.834	0.815	0.796	0.776	0.756	0.734	0.713	0.691	0.668	0.645	0.622	0.599
3.2	0.959	0.951	0.941	0.930	0.919	0.906	0.893	0.878	0.863	0.846	0.829	0.811	0.792	0.772	0.752	0.731	0.709	0.688	0.665	0.643	0.620
3.3	0.963	0.955	0.946	0.936	0.926	0.914	0.902	0.888	0.873	0.858	0.841	0.824	0.806	0.787	0.768	0.748	0.727	0.706	0.685	0.663	0.641
3.4	0.967	0.959	0.951	0.942	0.932	0.921	0.910	0.897	0.883	0.869	0.853	0.837	0.820	0.802	0.783	0.764	0.744	0.724	0.703	0.682	0.660
3.5	0.970	0.963	0.956	0.947	0.938	0.928	0.917	0.905	0.892	0.879	0.864	0.849	0.832	0.815	0.798	0.779	0.760	0.741	0.721	0.700	0.679
3.6	0.973	0.967	0.960	0.952	0.944	0.934	0.924	0.913	0.901	0.888	0.874	0.860	0.844	0.828	0.811	0.794	0.776	0.757	0.738	0.718	0.697
3.7	0.975	0.970	0.963	0.956	0.948	0.940	0.930	0.920	0.909	0.897	0.884	0.870	0.856	0.840	0.824	0.807	0.790	0.772	0.753	0.734	0.715
3.8	0.978	0.973	0.967	0.960	0.953	0.945	0.936	0.926	0.916	0.905	0.893	0.880	0.866	0.851	0.836	0.820	0.804	0.786	0.768	0.750	0.731
3.9	0.980	0.975	0.970	0.964	0.957	0.950	0.941	0.932	0.923	0.912	0.901	0.889	0.876	0.862	0.848	0.834	0.817	0.800	0.783	0.765	0.747
4.0	0.982	0.977	0.973	0.967	0.961	0.954	0.946	0.938	0.929	0.919	0.908	0.897	0.885	0.872	0.858	0.844	0.829	0.813	0.796	0.779	0.762
4.2	0.985	0.981	0.977	0.973	0.967	0.962	0.955	0.948	0.940	0.931	0.922	0.912	0.901	0.890	0.877	0.864	0.851	0.837	0.822	0.806	0.790
4.4	0.988	0.985	0.981	0.977	0.973	0.968	0.962	0.956	0.949	0.942	0.934	0.925	0.915	0.905	0.894	0.883	0.870	0.857	0.844	0.830	0.815
4.6	0.990	0.987	0.985	0.981	0.975	0.973	0.968	0.963	0.957	0.951	0.944	0.936	0.928	0.919	0.909	0.899	0.888	0.876	0.864	0.851	0.837
4.8	0.992	0.990	0.987	0.985	0.981	0.978	0.974	0.969	0.964	0.958	0.952	0.946	0.938	0.930	0.922	0.913	0.903	0.892	0.881	0.870	0.857
5.0	0.993	0.992	0.990	0.987	0.984	0.981	0.978	0.974	0.970	0.965	0.960	0.954	0.947	0.940	0.933	0.925	0.916	0.907	0.897	0.886	0.875
5.5	0.996	0.995	0.994	0.992	0.990	0.988	0.986	0.983	0.980	0.977	0.973	0.969	0.965	0.960	0.955	0.949	0.942	0.935	0.928	0.920	0.912
6.0	0.998	0.997	0.996	0.995	0.994	0.993	0.991	0.989	0.987	0.985	0.983	0.980	0.977	0.973	0.969	0.965	0.961	0.956	0.950	0.944	0.938
7.0	0.999	0.999	0.998	0.998	0.998	0.997	0.996	0.996	0.995	0.994	0.993	0.991	0.990	0.988	0.986	0.984	0.982	0.980	0.977	0.974	0.970
8.0			0.999	0.999	0.999	0.999	0.999	0.998	0.998	0.997	0.997	0.996	0.996	0.995	0.994	0.993	0.992	0.991	0.989	0.988	0.986
9.0								0.999	0.999	0.999	0.999	0.999	0.998	0.998	0.997	0.997	0.997	0.996	0.995	0.995	0.994

续表

t/K	3.0	3.1	3.2	3.3	3.4	3.5	3.6	3.7	3.8	3.9	4.0	4.1	4.2	4.3	4.4	4.5	4.6	4.7	4.8	4.9	5.0
0	0	0	0	0	0	0	0	0	0	0	0	0	0	0	0	0	0	0	0	0	0
0.5	0.014	0.012	0.010	0.008	0.006	0.005	0.004	0.003	0.003	0.002	0.002	0.001	0.001	0.001	0.001	0.001	0	0	0	0	0
1.0	0.080	0.070	0.061	0.053	0.046	0.040	0.035	0.030	0.026	0.022	0.019	0.016	0.014	0.012	0.010	0.009	0.007	0.006	0.005	0.004	0.004
1.1	0.100	0.088	0.077	0.068	0.060	0.052	0.045	0.040	0.034	0.030	0.026	0.022	0.019	0.016	0.014	0.012	0.010	0.009	0.008	0.006	0.005
1.2	0.121	0.107	0.095	0.084	0.074	0.066	0.058	0.051	0.044	0.039	0.034	0.029	0.026	0.022	0.019	0.017	0.014	0.012	0.011	0.009	0.008
1.3	0.143	0.128	0.114	0.102	0.091	0.081	0.071	0.063	0.056	0.049	0.043	0.038	0.033	0.029	0.025	0.022	0.019	0.017	0.014	0.012	0.011
1.4	0.167	0.150	0.135	0.121	0.109	0.097	0.087	0.077	0.069	0.061	0.054	0.047	0.042	0.037	0.032	0.028	0.025	0.022	0.019	0.016	0.014
1.5	0.191	0.173	0.157	0.142	0.128	0.115	0.103	0.092	0.083	0.074	0.066	0.058	0.052	0.046	0.040	0.036	0.031	0.028	0.024	0.021	0.019
1.6	0.217	0.198	0.180	0.164	0.148	0.134	0.121	0.109	0.098	0.088	0.079	0.070	0.063	0.056	0.050	0.044	0.039	0.035	0.031	0.027	0.024
1.7	0.243	0.223	0.204	0.186	0.170	0.154	0.140	0.127	0.115	0.103	0.093	0.084	0.075	0.067	0.060	0.054	0.048	0.043	0.038	0.033	0.030
1.8	0.269	0.248	0.228	0.210	0.192	0.175	0.160	0.146	0.132	0.120	0.109	0.098	0.089	0.080	0.072	0.064	0.058	0.051	0.046	0.041	0.036
1.9	0.296	0.274	0.253	0.234	0.215	0.197	0.181	0.166	0.151	0.138	0.125	0.114	0.103	0.093	0.084	0.076	0.068	0.061	0.055	0.049	0.044
2.0	0.323	0.301	0.279	0.258	0.239	0.220	0.203	0.186	0.171	0.156	0.143	0.130	0.119	0.108	0.098	0.089	0.080	0.072	0.065	0.059	0.053
2.1	0.350	0.327	0.305	0.283	0.263	0.244	0.225	0.208	0.191	0.176	0.161	0.148	0.135	0.123	0.112	0.102	0.093	0.084	0.076	0.069	0.062
2.2	0.377	0.354	0.331	0.309	0.287	0.267	0.248	0.230	0.212	0.196	0.181	0.166	0.153	0.140	0.128	0.117	0.107	0.097	0.088	0.080	0.072
2.3	0.404	0.380	0.356	0.334	0.312	0.291	0.271	0.252	0.234	0.217	0.201	0.185	0.171	0.157	0.144	0.132	0.121	0.111	0.101	0.092	0.084
2.4	0.430	0.406	0.382	0.359	0.337	0.316	0.295	0.275	0.256	0.238	0.221	0.205	0.190	0.175	0.161	0.149	0.137	0.125	0.115	0.105	0.096
2.5	0.456	0.432	0.408	0.385	0.362	0.340	0.319	0.299	0.279	0.260	0.242	0.225	0.209	0.194	0.179	0.166	0.153	0.141	0.129	0.119	0.109
2.6	0.482	0.457	0.433	0.410	0.387	0.364	0.343	0.322	0.302	0.283	0.264	0.246	0.229	0.213	0.198	0.183	0.170	0.157	0.145	0.133	0.123
2.7	0.506	0.482	0.458	0.434	0.411	0.389	0.367	0.346	0.325	0.305	0.286	0.268	0.250	0.233	0.217	0.202	0.187	0.174	0.161	0.149	0.137
2.8	0.531	0.506	0.482	0.459	0.436	0.413	0.391	0.369	0.348	0.328	0.308	0.289	0.271	0.253	0.237	0.221	0.206	0.191	0.178	0.165	0.152
2.9	0.554	0.530	0.506	0.483	0.460	0.437	0.414	0.392	0.371	0.350	0.330	0.311	0.292	0.274	0.257	0.240	0.224	0.209	0.195	0.181	0.168
3.0	0.577	0.553	0.530	0.506	0.483	0.460	0.438	0.416	0.394	0.373	0.353	0.333	0.314	0.295	0.277	0.260	0.244	0.228	0.213	0.198	0.185
3.1	0.599	0.576	0.552	0.529	0.506	0.483	0.461	0.439	0.417	0.396	0.375	0.355	0.335	0.316	0.298	0.280	0.263	0.246	0.231	0.216	0.202
3.2	0.620	0.603	0.574	0.552	0.528	0.506	0.484	0.462	0.440	0.418	0.397	0.377	0.357	0.338	0.319	0.301	0.283	0.266	0.250	0.234	0.219

续表

t/K \ n	3.0	3.1	3.2	3.3	3.4	3.5	3.6	3.7	3.8	3.9	4.0	4.1	4.2	4.3	4.4	4.5	4.6	4.7	4.8	4.9	5.0
3.3	0.641	0.618	0.596	0.573	0.551	0.528	0.506	0.484	0.462	0.441	0.420	0.399	0.379	0.359	0.340	0.321	0.304	0.286	0.269	0.253	0.237
3.4	0.660	0.638	0.616	0.594	0.572	0.550	0.528	0.506	0.484	0.463	0.442	0.421	0.400	0.380	0.361	0.342	0.324	0.306	0.289	0.272	0.256
3.5	0.679	0.658	0.636	0.615	0.593	0.571	0.549	0.528	0.506	0.485	0.462	0.442	0.422	0.404	0.382	0.363	0.344	0.326	0.308	0.291	0.275
3.6	0.697	0.677	0.656	0.634	0.613	0.592	0.570	0.549	0.527	0.506	0.484	0.464	0.443	0.423	0.403	0.384	0.365	0.346	0.328	0.311	0.293
3.7	0.715	0.695	0.674	0.653	0.633	0.612	0.590	0.569	0.548	0.527	0.506	0.485	0.464	0.444	0.424	0.404	0.385	0.366	0.348	0.330	0.313
3.8	0.731	0.712	0.692	0.672	0.651	0.631	0.610	0.589	0.568	0.547	0.527	0.506	0.485	0.465	0.445	0.425	0.406	0.387	0.368	0.350	0.332
3.9	0.747	0.728	0.709	0.689	0.670	0.649	0.629	0.609	0.588	0.567	0.548	0.526	0.506	0.485	0.465	0.446	0.426	0.407	0.388	0.370	0.352
4.0	0.762	0.744	0.725	0.706	0.687	0.667	0.647	0.627	0.607	0.587	0.567	0.546	0.526	0.506	0.486	0.466	0.446	0.427	0.403	0.389	0.371
4.2	0.790	0.773	0.756	0.738	0.720	0.701	0.682	0.663	0.644	0.624	0.605	0.585	0.565	0.545	0.525	0.506	0.486	0.467	0.448	0.429	0.410
4.4	0.815	0.799	0.783	0.767	0.750	0.733	0.715	0.697	0.678	0.660	0.641	0.621	0.602	0.582	0.563	0.544	0.525	0.506	0.486	0.468	0.449
4.6	0.837	0.823	0.809	0.793	0.778	0.761	0.745	0.728	0.710	0.692	0.674	0.656	0.637	0.619	0.600	0.581	0.562	0.543	0.524	0.505	0.487
4.8	0.857	0.845	0.831	0.817	0.803	0.788	0.772	0.756	0.740	0.723	0.706	0.688	0.671	0.653	0.634	0.616	0.598	0.579	0.560	0.542	0.524
5.0	0.875	0.864	0.851	0.838	0.825	0.811	0.797	0.782	0.767	0.751	0.735	0.718	0.702	0.683	0.667	0.650	0.632	0.614	0.596	0.578	0.560
5.2	0.891	0.881	0.870	0.858	0.846	0.833	0.820	0.806	0.792	0.777	0.762	0.746	0.731	0.714	0.698	0.681	0.664	0.647	0.629	0.612	0.594
5.4	0.905	0.896	0.886	0.875	0.864	0.852	0.840	0.828	0.814	0.801	0.787	0.772	0.757	0.742	0.726	0.710	0.694	0.678	0.661	0.644	0.627
5.6	0.918	0.909	0.900	0.891	0.880	0.870	0.859	0.847	0.835	0.822	0.809	0.796	0.782	0.768	0.753	0.738	0.722	0.707	0.691	0.671	0.658
5.8	0.928	0.921	0.913	0.904	0.895	0.885	0.875	0.865	0.854	0.842	0.830	0.818	0.805	0.791	0.777	0.763	0.749	0.734	0.719	0.703	0.687
6.0	0.938	0.930	0.924	0.916	0.908	0.899	0.890	0.881	0.870	0.860	0.849	0.837	0.825	0.813	0.800	0.787	0.773	0.759	0.745	0.730	0.715
6.5	0.957	0.952	0.947	0.941	0.935	0.927	0.921	0.913	0.905	0.897	0.888	0.879	0.869	0.859	0.848	0.837	0.826	0.814	0.802	0.789	0.776
7.0	0.970	0.967	0.963	0.958	0.954	0.949	0.943	0.938	0.932	0.925	0.918	0.911	0.903	0.895	0.887	0.878	0.868	0.859	0.848	0.838	0.827
7.5	0.980	0.977	0.974	0.971	0.968	0.964	0.960	0.956	0.951	0.946	0.941	0.935	0.929	0.923	0.916	0.911	0.902	0.894	0.886	0.877	0.868
8.0	0.986	0.984	0.982	0.980	0.978	0.975	0.972	0.969	0.965	0.962	0.958	0.953	0.949	0.944	0.939	0.933	0.927	0.921	0.915	0.908	0.900
9.0	0.994	0.993	0.991	0.990	0.989	0.988	0.986	0.985	0.983	0.981	0.979	0.976	0.974	0.971	0.968	0.965	0.961	0.958	0.954	0.950	0.945
10.0	0.997	0.997	0.996	0.996	0.995	0.994	0.994	0.993	0.992	0.991	0.990	0.988	0.987	0.985	0.984	0.982	0.980	0.978	0.976	0.973	0.971
11.0	0.999	0.999	0.998	0.998	0.998	0.997	0.997	0.997	0.996	0.996	0.995	0.994	0.994	0.993	0.992	0.991	0.990	0.989	0.988	0.986	0.985
12.0			0.999	0.999	0.999	0.999	0.999	0.998	0.998	0.998	0.998	0.997	0.997	0.997	0.996	0.996	0.995	0.994	0.994	0.993	0.992

续表

n \ t/K	5.0	5.1	5.2	5.3	5.4	5.5	5.6	5.7	5.8	5.9	6.0	6.1	6.2	6.3	6.4	6.5	6.6	6.7	6.8	6.9	7.0
0	0	0	0	0	0	0	0	0	0	0	0	0	0	0	0	0	0	0	0	0	0
0.5	0	0	0	0	0	0	0	0	0	0	0	0	0	0	0	0	0	0	0	0	0
1.0	0.004	0.003	0.003	0.002	0.002	0.002	0.001	0.001	0.001	0.001	0.001	0	0	0	0	0	0	0	0	0	0
1.5	0.019	0.016	0.014	0.012	0.011	0.009	0.008	0.007	0.006	0.005	0.004	0.004	0.003	0.003	0.002	0.002	0.002	0.001	0.001	0.001	0.001
2.0	0.053	0.047	0.042	0.038	0.034	0.030	0.027	0.024	0.021	0.019	0.017	0.015	0.013	0.011	0.010	0.009	0.008	0.007	0.006	0.005	0.004
2.5	0.109	0.100	0.091	0.083	0.076	0.069	0.063	0.057	0.051	0.047	0.042	0.038	0.034	0.031	0.028	0.025	0.022	0.020	0.018	0.016	0.014
3.0	0.185	0.172	0.160	0.148	0.137	0.127	0.117	0.108	0.099	0.091	0.084	0.077	0.071	0.065	0.059	0.054	0.049	0.045	0.041	0.037	0.034
3.2	0.219	0.205	0.192	0.179	0.166	0.155	0.144	0.133	0.123	0.114	0.105	0.098	0.090	0.083	0.076	0.070	0.064	0.059	0.053	0.049	0.045
3.4	0.256	0.240	0.226	0.211	0.198	0.185	0.173	0.161	0.150	0.139	0.129	0.120	0.111	0.103	0.095	0.088	0.081	0.075	0.069	0.063	0.058
3.6	0.294	0.217	0.261	0.246	0.231	0.217	0.204	0.191	0.179	0.167	0.156	0.146	0.135	0.126	0.117	0.109	0.100	0.093	0.086	0.080	0.073
3.8	0.332	0.315	0.298	0.282	0.266	0.251	0.237	0.223	0.210	0.197	0.184	0.173	0.162	0.151	0.141	0.132	0.122	0.114	0.106	0.098	0.091
4.0	0.371	0.353	0.336	0.319	0.303	0.287	0.271	0.256	0.242	0.228	0.215	0.202	0.190	0.178	0.167	0.157	0.146	0.137	0.128	0.119	0.111
4.1	0.391	0.373	0.355	0.338	0.321	0.305	0.289	0.274	0.259	0.244	0.231	0.218	0.205	0.193	0.181	0.170	0.159	0.149	0.139	0.130	0.121
4.2	0.410	0.392	0.374	0.357	0.340	0.323	0.307	0.291	0.276	0.261	0.247	0.233	0.220	0.208	0.195	0.184	0.172	0.162	0.151	0.142	0.133
4.3	0.430	0.411	0.393	0.375	0.358	0.341	0.325	0.309	0.293	0.278	0.263	0.249	0.236	0.223	0.210	0.198	0.186	0.175	0.164	0.154	0.144
4.4	0.449	0.430	0.412	0.394	0.377	0.360	0.343	0.327	0.311	0.295	0.280	0.266	0.251	0.238	0.225	0.212	0.200	0.189	0.177	0.167	0.156
4.5	0.468	0.449	0.431	0.413	0.395	0.378	0.361	0.345	0.328	0.312	0.297	0.282	0.268	0.254	0.240	0.227	0.214	0.203	0.191	0.180	0.169
4.6	0.487	0.469	0.450	0.432	0.414	0.397	0.379	0.363	0.346	0.330	0.314	0.299	0.284	0.270	0.256	0.243	0.229	0.217	0.205	0.193	0.182
4.7	0.505	0.487	0.469	0.451	0.433	0.415	0.398	0.381	0.364	0.348	0.332	0.316	0.301	0.286	0.272	0.258	0.244	0.232	0.219	0.207	0.195
4.8	0.524	0.505	0.487	0.469	0.451	0.433	0.416	0.399	0.382	0.365	0.349	0.333	0.318	0.303	0.288	0.274	0.260	0.247	0.234	0.221	0.209
4.9	0.542	0.524	0.505	0.487	0.469	0.452	0.434	0.417	0.400	0.383	0.366	0.350	0.335	0.320	0.304	0.290	0.276	0.262	0.249	0.236	0.223
5.0	0.560	0.541	0.523	0.505	0.487	0.470	0.452	0.435	0.418	0.401	0.384	0.368	0.352	0.336	0.321	0.306	0.292	0.278	0.264	0.251	0.238
5.1	0.577	0.559	0.541	0.523	0.505	0.488	0.470	0.453	0.435	0.418	0.402	0.385	0.369	0.353	0.338	0.323	0.308	0.294	0.279	0.266	0.253
5.2	0.594	0.576	0.558	0.541	0.523	0.505	0.488	0.470	0.453	0.436	0.419	0.403	0.386	0.370	0.354	0.339	0.324	0.310	0.295	0.281	0.268
5.3	0.610	0.593	0.575	0.558	0.540	0.523	0.505	0.488	0.471	0.453	0.437	0.420	0.403	0.387	0.371	0.356	0.340	0.326	0.311	0.297	0.283

续表

n / t/K	5.0	5.1	5.2	5.3	5.4	5.5	5.6	5.7	5.8	5.9	6.0	6.1	6.2	6.3	6.4	6.5	6.6	6.7	6.8	6.9	7.0
5.4	0.627	0.609	0.592	0.575	0.557	0.540	0.522	0.505	0.488	0.471	0.454	0.437	0.421	0.404	0.388	0.373	0.357	0.342	0.327	0.313	0.298
5.5	0.642	0.626	0.608	0.591	0.574	0.557	0.539	0.522	0.505	0.488	0.471	0.454	0.438	0.421	0.405	0.389	0.374	0.358	0.343	0.328	0.314
5.6	0.658	0.641	0.624	0.607	0.590	0.573	0.556	0.539	0.522	0.505	0.488	0.471	0.455	0.438	0.422	0.406	0.390	0.375	0.359	0.345	0.330
5.7	0.673	0.656	0.640	0.623	0.606	0.590	0.573	0.556	0.539	0.522	0.505	0.488	0.472	0.455	0.439	0.423	0.407	0.391	0.376	0.361	0.346
5.8	0.687	0.671	0.655	0.639	0.622	0.606	0.589	0.572	0.555	0.538	0.522	0.505	0.488	0.472	0.456	0.439	0.423	0.408	0.392	0.377	0.362
5.9	0.701	0.686	0.670	0.654	0.638	0.621	0.605	0.588	0.571	0.555	0.538	0.522	0.505	0.489	0.472	0.456	0.440	0.424	0.408	0.393	0.378
6.0	0.715	0.700	0.684	0.668	0.652	0.636	0.620	0.604	0.587	0.571	0.554	0.538	0.521	0.505	0.489	0.472	0.456	0.440	0.425	0.409	0.394
6.2	0.741	0.726	0.712	0.696	0.681	0.666	0.650	0.634	0.618	0.602	0.586	0.570	0.553	0.537	0.521	0.505	0.489	0.473	0.457	0.441	0.426
6.4	0.765	0.751	0.737	0.723	0.708	0.693	0.678	0.663	0.648	0.632	0.616	0.600	0.585	0.568	0.553	0.537	0.521	0.505	0.489	0.473	0.458
6.6	0.787	0.774	0.761	0.748	0.734	0.720	0.705	0.690	0.676	0.661	0.645	0.630	0.614	0.597	0.583	0.568	0.552	0.536	0.520	0.505	0.489
6.8	0.808	0.796	0.783	0.771	0.758	0.744	0.730	0.716	0.702	0.688	0.673	0.658	0.643	0.628	0.613	0.597	0.582	0.566	0.551	0.536	0.520
7.0	0.827	0.816	0.804	0.792	0.780	0.767	0.754	0.741	0.727	0.713	0.699	0.685	0.671	0.656	0.641	0.626	0.611	0.596	0.581	0.566	0.550
7.2	0.844	0.834	0.823	0.812	0.800	0.788	0.776	0.764	0.751	0.738	0.724	0.710	0.697	0.682	0.668	0.654	0.639	0.627	0.610	0.595	0.580
7.4	0.860	0.851	0.841	0.830	0.819	0.808	0.797	0.785	0.773	0.760	0.747	0.734	0.721	0.708	0.694	0.680	0.666	0.652	0.637	0.623	0.608
7.6	0.875	0.866	0.857	0.845	0.837	0.826	0.816	0.805	0.793	0.781	0.769	0.757	0.744	0.732	0.718	0.705	0.691	0.678	0.664	0.650	0.635
7.8	0.888	0.880	0.871	0.862	0.853	0.843	0.833	0.823	0.812	0.801	0.790	0.778	0.766	0.754	0.741	0.729	0.716	0.702	0.689	0.675	0.662
8.0	0.900	0.893	0.885	0.877	0.868	0.859	0.850	0.840	0.830	0.819	0.809	0.798	0.786	0.775	0.763	0.751	0.738	0.725	0.713	0.700	0.687
8.5	0.926	0.920	0.913	0.907	0.899	0.892	0.884	0.876	0.868	0.859	0.850	0.841	0.831	0.821	0.811	0.800	0.790	0.778	0.767	0.755	0.744
9.0	0.945	0.940	0.935	0.930	0.924	0.918	0.912	0.906	0.899	0.892	0.884	0.876	0.869	0.860	0.851	0.842	0.833	0.823	0.814	0.804	0.793
9.5	0.960	0.956	0.952	0.948	0.943	0.938	0.933	0.928	0.923	0.917	0.911	0.905	0.898	0.891	0.884	0.877	0.869	0.861	0.853	0.844	0.835
10.0	0.971	0.968	0.965	0.932	0.958	0.955	0.951	0.946	0.942	0.938	0.933	0.928	0.922	0.917	0.911	0.905	0.898	0.892	0.885	0.877	0.870
11.0	0.985	0.983	0.982	0.979	0.978	0.975	0.973	0.971	0.968	0.965	0.962	0.959	0.956	0.952	0.949	0.945	0.940	0.936	0.931	0.926	0.921
12.0	0.992	0.992	0.991	0.990	0.988	0.981	0.986	0.985	0.983	0.981	0.980	0.978	0.976	0.974	0.971	0.969	0.966	0.963	0.961	0.957	0.954
13.0	0.996	0.995	0.995	0.995	0.994	0.993	0.993	0.992	0.991	0.990	0.989	0.988	0.987	0.986	0.984	0.983	0.981	0.980	0.978	0.976	0.974
14.0	0.998	0.998	0.998	0.997	0.997	0.997	0.996	0.996	0.996	0.995	0.994	0.994	0.993	0.993	0.992	0.991	0.990	0.989	0.988	0.987	0.986
15.0	0.999	0.999	0.999	0.999	0.999	0.998	0.998	0.998	0.998	0.997	0.997	0.997	0.997	0.996	0.996	0.995	0.995	0.994	0.994	0.993	0.992

参 考 文 献

[1] 张子贤主编. 工程水文及水利计算（第二版）. 北京：中国水利水电出版社，2008.
[2] 朱岐武，拜存有主编. 水文与水利水电规划. 郑州：黄河水利出版社，2008.
[3] 张朝晖，拜存有主编. 工程水文水力学. 杨凌：西北农林科技大学出版社，2004.
[4] 蒋金珠主编. 工程水文及水利计算. 北京：水利电力出版社，1992.
[5] 水利部国际合作与科技司. 当代水利科技前沿. 北京：中国水利水电出版社，2006.
[6] 程晓陶，吴玉成，王艳艳，等. 洪水管理新理念与防洪安全保障体系的研究. 北京：中国水利水
      电出版社，2004.
[7] 王国新，陈韵君，杨晓柳，陈家琦. 水资源学基础知识. 北京：中国水利水电出版社，2003.
[8] 叶秉如主编. 水利计算及水资源规划. 北京：中国水利水电出版社，1995.
[9] 季山，周倜合编. 水利计算及水利规划. 北京：中国水利水电出版社，1998.
[10] 梁忠民，钟安平，华家鹏. 水文水利计算. 北京：中国水利水电出版社，2006.
[11] 叶守泽主编. 水文水利计算. 北京：水利电力出版社，1992.
[12] 林益冬，孙保沐，林丽蓉，等编著. 工程水文学. 南京：河海大学出版社，2003.
[13] 詹道江，叶守泽合编. 工程水文. 北京：中国水利水电出版社，2000.
[14] 华东水利学院主编. 水文学的概率统计基础. 北京：水利电力出版社，1988.
[15] 费勤贵编. 水文统计学. 北京：水利电力出版社，1991.
[16] 水利部长江水利委员会水文局，水利部南京水文水资源研究所. 水利水电工程设计洪水计算手
      册. 北京：中国水利水电出版社，1995.
[17] 王俊德编. 水文统计. 北京：水利电力出版社，1993.
[18] 叶镇国编著. 土木工程水文学. 北京：人民交通出版社，2000.
[19] 范荣生，王大齐合编. 水资源水文学. 北京：中国水利水电出版社，1996.
[20] 丁炳坤主编. 工程水文学. 北京：中国水利水电出版社，1994.
[21] 吴之城主编. 工程水文学. 北京：水利电力出版社，1986.
[22] 杨树林主编. 河道修防工与防治工. 郑州：黄河水利出版社，1996.
[23] 林传真，周忠远主编. 水文测验与查勘. 南京：河海大学出版社，1987.
[24] 张后鑫主编. 水文测验学. 北京：中国水利水电出版社，1996.
[25] 徐怡曾主编. 水文资料整编. 北京：中国水利水电出版社，1996.
[26] 李党生主编. 水质监测与评价. 北京：中国水利水电出版社，1999.
[27] 姚永熙主编. 水文仪器与水利水文自动化. 南京：河海大学出版社，2001.
[28] 国家地理空间信息协调委员会办公室编. 国家空间信息基础设施发展战略研究. 北京：中国物
      价出版社，2002.
[29] 水利部长江流域规划办公室等. 综合利用水库调度. 北京：水利电力出版社，1990.
[30] GB/T 50095—98 水文基本术语和符号标准. 北京：中国计划出版社，1998.
[31] SL 26—92 水利水电工程技术术语标准. 北京：水利电力出版社，1993.
[32] GB 50201—94 防洪标准. 北京：中国计划出版社，1994.
[33] SL 252—2000 水利水电工程等级划分及洪水标准. 北京：中国水利水电出版社，2000.
[34] SL 44—2006 水利水电工程设计洪水计算规范. 北京：中国水利水电出版社，2006.
[35] SL 278—2002 水利水电工程水文计算规范. 北京：中国水利水电出版社，2002.

［36］ SL 104—95 水利工程水利计算规范. 北京：中国水利水电出版社，1996.

［37］ SL/T 4—1999 农田排水工程技术规范. 北京：中国水利水电出版社，1996.

［38］ GB 50288—99 灌溉与排水工程设计规范. 北京：中国计划出版社，1999.

［39］ GB 50013—2006 室外给水设计规范. 北京：中国计划出版社，2006.

［40］ GB 50179—93 河流流量测验规范. 北京：中国计划出版社，1993.

［41］ GB 50159—92 河流悬移质泥沙测验规范. 北京：中国计划出版社，1992.

［42］ GBJ 138—90 水位观测标准. 北京：中国计划出版社，1992.

［43］ SL 196—97 水文调查规范. 北京：中国水利水电出版社，1997.

［44］ SL 247—1999 水文资料整编规范. 北京：中国水利水电出版社，2000.

［45］ DL/T 5015—1996 水利水电工程动能设计规范. 北京：中国电力出版社，1996.

［46］ GB 50071—2002 小型水力发电站设计规范. 北京：中国计划出版社，2002.

［47］ SL 77—94 小型水力发电站水文计算规范. 北京：水利电力出版社，1994.

［48］ 中国市政工程东北设计研究院主编. 给水排水设计手册第 7 册《城镇防洪》（第 2 版）. 北京：中国建筑工业出版社，2000.

［49］ 黄廷林，马学尼主编. 水文学（第 4 版）. 北京：中国建筑工业出版社，2006.